中国气象发展报告

(2017)

主　编　于新文

副主编　王志强　张洪广　李　栋

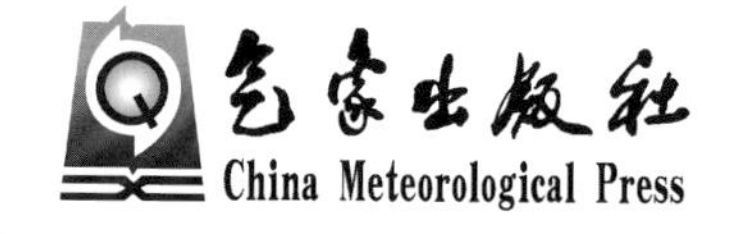

内容简介

本书从气象现代化、公共气象服务、气象预报预测、气象防灾减灾、应对气候变化、生态文明建设气象保障、气象科技创新、气象人才队伍建设、气象改革与法治、气象开放与交流、“十三五”气象发展等方面进行客观描述与评估，力求成为记录中国气象发展轨迹的重要载体，成为国内外了解中国气象发展的窗口。

图书在版编目(CIP)数据

中国气象发展报告. 2017 / 于新文主编. -- 北京 : 气象出版社，2017.10

ISBN 978-7-5029-6636-2

Ⅰ.①中… Ⅱ.①于… Ⅲ.①气象-工作-研究报告-中国-2017 Ⅳ.①P4

中国版本图书馆 CIP 数据核字(2017)第 235603 号

出版发行：气象出版社
地　　址：北京市海淀区中关村南大街 46 号　　**邮政编码**：100081
电　　话：010-68407112(总编室)　010-68408042(发行部)
网　　址：http://www.qxcbs.com　　**E-mail**：qxcbs@cma.gov.cn
责任编辑：林雨晨　　**终　　审**：吴晓鹏
责任校对：王丽梅　　**责任技编**：赵相宁
封面设计：时源钊
印　　刷：北京地大天成印务有限公司
开　　本：710 mm×1000 mm　1/16　　**印　　张**：22
字　　数：441 千字
版　　次：2017 年 10 月第 1 版　　**印　　次**：2017 年 10 月第 1 次印刷
定　　价：120.00 元　　**印　　数**：1—1200

《中国气象发展报告 2017》编写组

主　　编：于新文

副 主 编：王志强　张洪广　李　栋

编写组成员（按姓氏笔画排名）

王　喆　王淞秋　孔　锋　申丹娜　冯裕健
吕丽莉　朱玉洁　刘　冬　刘敦训　汤志亚
孙国芝　李　栋　李　博　肖　芳　辛　源
汪　青　张　杰　张　柱　陈鹏飞　林　霖
易　晖　周　勇　周彦均　姜　智　祝海锋
唐　伟　戚玉梅　龚江丽　谢永华

审稿专家（按姓氏笔画排名）

丁一汇　于玉斌　马　明　王月宾　王世恩
王守荣　王劲松　王金星　田翠英　李丽军
李明媚　李廉水　何立富　余　勇　杨引明
张祖强　张俊霞　张跃堂　周　恒　周广胜
庞鸿魁　荆　晅　施　舍　顾建峰　倪允琪
高　云　高学浩　梅连学　巢清尘　彭莹辉
端义宏

统　　稿：张洪广　姜海如　李　栋　肖　芳　申丹娜

序 言

气象事业是科技型、基础性的社会公益事业，关系防灾减灾救灾大局，关系国家安全和国家利益，关系经济社会发展和群众生产生活，关系生态文明建设和可持续发展。在全面建成小康社会目标日益迫近的新的历史时期，气象工作任重道远，气象工作者的使命愈加光荣，责任和担当也更为艰巨。

2016年7月，习近平总书记在部署防汛抗洪抢险救灾工作时指出，防灾减灾救灾事关人民生命财产安全，事关社会和谐稳定，是衡量执政党领导力、检验政府执行力、评判国家动员力、体现民族凝聚力的一个重要方面。他强调，要科学精准预测预报，密切监视天气变化，加强雨情水情监测预报预警，加强汛情、灾情分析研判，强化应急值守和会商分析，提前发布预警信息，及时启动应急响应，把握防汛抗洪主动权。全面落实习近平总书记关于综合防灾减灾的指示，要求我们把握机遇、应对挑战、加快发展、有所作为。

2016年，在党中央、国务院的正确领导下，全国各级气象部门认真落实新发展理念，科学规划“十三五”气象发展，扎实推进各项工作，圆满完成了各项任务，得到了中共中央政治局委员、国务院副总理汪洋同志批示肯定。他希望广大气象工作者在新的一年里，继续落实新发展理念，围绕中心、服务大局，实施创新驱动和人才优先战略，全面提升气象综合防灾减灾和应对气候变化能力，构建气象现代化体系，努力提升气象国际影响力和服务保障全面建设小康社会的水平，以优异成绩迎接党的十九大胜利召开！

回顾2016年，我们面对超强台风多、降雨强度大、强对流天气频、雾和霾天气重等复杂多变的天气气候背景及气象灾害防御难度大的严峻形势，我们严密监测、科学分析、及时预警、主动服务，有效应对“莫兰蒂”等超强台风、长江流域持续强降雨、历史罕见超强寒潮等严重气象灾害，全力做好浙江丽水等地质灾害应急救援气象保障服务，有力保障了经济社会发展和人民生命财产安全，气象防灾减灾第一道防线的重要作用得到有效发挥。

回顾2016年，我们秉承“以人为本、无微不至、无所不在”的理念，全力做好各项气象服务工作。圆满完成G20峰会气象服务保障任务，得到习近平总书记的充分肯定。圆满完成“天宫二号”、“神舟十一号”载人飞行等气象服务保障。积极参与京津冀、长三角大气污染防治。建立“直通式”为农服务模式，深化城市气象服务。我们强化气候变化科学基础研究，积极参与全球气候治理，履行IPCC国内牵头部门职责，参与联合国气候变化框架公约谈判，不断提高生态、环境、海洋、水利、能源等领域气象服务专业化水平。气象服务保障经济社会发展的能力不断增强，气象工作在生态文明建设中的作用日益凸显，各级党委政府对气象工作高度肯定，全国气象服务公众满意度达87.7分，再创历史新高。

回顾2016年，我们积极推进气象现代化四个体系的建设，狠抓业务服务质量的提升。我们顺应国家改革大局，按照国务院“放、管、服”改革的要求，冲破部门利益的局限，坚决推进防雷减灾体制改革，在全面开放防雷技术服务市场的同时加强防雷安全监管，强化防雷工作组织管理，得到李克强总理等中央领导同志的充分肯定。我们坚持把科技创新作为气象发展的第一驱动，不断完善国家气象科技创新体系。深入实施人才强局战略，大力引才、聚才、育才、用才，为气象现代化建设提供了坚实的人才保证。我们坚持依法发展、依法履职、依法管理，维护和保障人民群众对气象服务的基本需求和合法权益。落实全面从严治党要求，认真做好巡视整改工作，全面加强党的思想、组织、作风、制度和反腐倡廉建设，加强气象文化建设，推动中央各项决策部署落到实处。

站在时代和全局高度，我们清醒看到当前和今后一个时期，经济发展将始终处于新常态，面临着动力转换、方式转变、结构调整的繁重任务，需要更高质量的气象服务保障；社会发展特别是人民生产生活和生命财产安全面临灾害风险，全面建成小康社会面临精准扶贫、精准脱贫和可持续减贫的硬任务，需要更高质量的气象服务保障；生态文明建设面临全球气候变化和大气环境污染的严峻形势，需要更高质量的气象服务保障；“一带一路”建设、京津冀协同发展、长江经济带建设、军民融合等国家重大战略深入推进，需要更高质量的气象服务保障。我们也清醒地认识到，以信息技术创新应用为主导的科技进步，对现代气象科技的内涵、特征及气象业务服务的理念和方式影响深刻，我们要主动跟上科技发展步伐，主动顺应科技发展规律，力争通过核心业务技术的突破实现气象现代化的更大发展，同时也为国家网络强国战略、“互联网+”行动计划、国家大数据战略等的实施做出独具气象特色的重要贡献。

实践表明，气象事业的发展需要不断总结经验、不断创新发展思路、不断探索发展模式。有鉴于此，中国气象局发展研究中心组织精干力量，与各方学者紧密合作，编研了年度《中国气象发展报告》。该报告旨在记录我国气象事业发展轨迹和工作实践，向全社会展示中国在世界气象领域的影响和贡献，提出发展中国气象事业的政策建议。通过该报告，政府部门、科研院所、大专院校和社会公众可更多了解中国气象发展动态、透视气象发展规律，加深认识气象工作对经济社会发展和人民安全福祉的服务保障作用。发展报告的出版对于普及气象科技知识、营造气象法治氛围、传播气象文化、弘扬气象人精神也会大有裨益。

当然，因为编研的时间比较短，报告难免会有一些疏漏和不足之处，还有改进的余地。希望发展研究中心在各相关研究机构、各职能部门和广大读者的共同帮助下，更好地总结经验，在客观性、科学性、系统性和前瞻性上下更大功夫，不断改进和提升发展报告质量，使其更加具有参考价值、研究价值和文献价值。

中国气象局党组书记、局长 刘雅鸣

2017年9月

前言与致谢

《中国气象发展报告》由中国气象局发展研究中心组织研究和编写，是立足于跟踪重大进展、透析发展前沿、解读公众热点、支撑科学决策的行业年度发展研究报告。

作为面向决策、面向公众的中国气象智库系列研究产出之一，《中国气象发展报告》从宏观视角和行业发展维度，聚焦国家创新发展、协调发展、绿色发展、开放发展、共享发展，遵循综合性、研究性、权威性、前瞻性和客观性的研究思路，跟踪中国气象发展进展、记录中国气象发展轨迹，旨在为国家综合防灾减灾、生态文明建设、应对气候变化等宏观决策提供重要支撑，为政府部门、科研院所、大专院校和社会公众了解中国气象发展动态、探索中国气象发展规律、理解气象保障经济社会发展和人民安全福祉的职能和作用提供参考。

《中国气象发展报告(2017)》反映的是2016年中国气象事业发展状况，基本保持《中国气象发展报告(2016)》框架和结构，并略有调整。全书共有七篇、十二章。各章主要执笔人员如下：第一章王喆、唐伟；第二章肖芳、刘敦训、冯裕健；第三章辛源、吕丽莉、孔锋；第四章申丹娜、龚江丽；第五章林霖；第六章周勇、唐伟、王喆、龚江丽；第七章陈鹏飞、王淞秋；第八章刘冬、戚玉梅；第九章李栋、张柱、汪青；第十章李栋、张杰、刘敦训；第十一章朱玉洁、陈鹏飞、李博、周彦均；第十二章朱玉洁、李栋；附录吕丽莉。报告摘要由李栋、肖芳、刘敦训执笔。全书由于新文、王志强、张洪广、李栋、姜海如等同志统稿并审定。

《中国气象发展报告(2017)》在编研过程中，得到了气象行业相关机构、中国气象局机关及直属单位的大力支持。中国气象局刘雅鸣局长亲自作序，许多专家学者对编研工作给予了悉心指导，王守荣、丁一汇、倪允琪、李廉水、荆暄、汤志亚、谢永华、高永福、祝海锋、姜智、易晖、余勇、张祖强、顾建峰、王劲松、于玉斌、胡鹏、王月宾、王金星、王世恩、庞鸿魁、洪兰江、马明、杨引明、高云、彭勇刚、陈楠、周林、赵均壮、李丽军、周恒、张跃堂、张俊霞、端义宏、巢清尘、高学浩、周广胜、梅连学、彭莹辉、何立富、施舍等参与了研讨、咨询和审稿。王昕、孙锐、章建成、李朝生、张迪、郭彩丽、蔡金玲、陈艳艳、蒋品平、王亚伟、袁佳双、任颖、李晓露、桑瑞星、王媛、郭淑颖、曾琮、季崇萍、张帆、刘慧、王丽华、赵志强、郎洪亮、刘东君、张洪政、王建凯、张宇、裴翀、赵滨、李丽、沈文海、鄞薇、陈欣、屈雅、魏超等分别提供了相关资料。气象出版社在编辑、校对、出版等方面给予了大力帮助。在此，我们对所有提供帮助的领导和专家表示衷心感谢！对所有参加编研人员作出的努力和贡献表示诚挚的谢意！

《中国气象发展报告(2017)》引用了气象行业机构、中国气象局职能司和直属单位提供的大量资料和数据，已在参考文献或正文中标注，由于涉及资料较多，未予全列，请谅！《中国气象发展报告(2017)》中涉及的一些述评仅限于编研人员的认识，不代表任何政府部门和单位的观点。作为研究成果，限于编研人员的水平和经验不足，难免存在疏漏和不妥，希望广大读者提出宝贵意见和建议。

于新文

2017 年 9 月

报告摘要

《中国气象发展报告(2017)》是连续出版的第3本发展研究报告。报告分现代化篇、服务篇、保障篇、能力篇、创新篇、改革篇、愿景篇，从气象现代化、公共气象服务、气象防灾减灾、应对气候变化、生态文明建设气象保障、现代气象业务、气象科技创新、气象人才队伍建设、气象工作创新、气象改革与法治建设、气象开放合作与交流、“十三五”气象发展等不同领域，对2016年中国气象发展进程进行研究评估，对2016年中国天气气候特征进行分析总结，对未来气象发展愿景进行研判展望。

2016年是实施“十三五”气象发展规划的开局之年，是实现2020年气象现代化目标决胜阶段的起步之年。在党中央、国务院的正确领导下，地方各级党委政府和全国各级气象部门全面实践“创新、协调、绿色、开放、共享”发展理念，坚持科技引领、创新驱动，大力发展智慧气象，积极构建现代气象监测预报预警体系、公共气象服务体系、气象科技创新和人才体系、气象管理体系，积极推进气象业务现代化、气象服务社会化、气象工作法治化，全面推进气象现代化工作成效显著，为服务保障我国经济社会发展和人民安全福祉作出了新的贡献。评估表明，气象现代化评分比2015年提升了3.5个百分点，24小时晴雨和温度预报准确率分别达到87%和83%，强对流预警提前量达28分钟，台风路径预报、厄尔尼诺等天气气候事件预测达到世界先进水平；广东、上海、北京、江苏、浙江杭州和宁波等第一批气象现代化试点已率先实现基本气象现代化，全国气象现代化呈现区域协调发展趋势。

2016年是我国气象服务精彩纷呈并取得重大效益的一年。评估表明，目前我国公共气象服务的整体水平已居世界前列，具有中国特色的决策气象服务和重大活动专项气象保障已达世界先进水平。2016年，我国决策气象服务体系更加完善，公众气象服务更加及时准确，G20峰会、“天宫二号”、“神舟十一号”载人飞行等重大气象服务保障取得圆满成功；气象支农惠农手段不断创新，城市气象服务内涵继续深化，环境、海洋、交通、民航、兵团、农垦、森工、旅游等专业气象服务不断发展，贫困地区气象信息站乡镇覆盖率达90%，国内外粮食总产预报准确率继续保持在99%和95%以上；气象服务集约化进展步伐加快。气象综合防灾减灾成效显著，“莫兰蒂”等超强台风、长江流域持续强降雨、历史罕见超强寒潮等严重气象灾害防范应对工作有力，极大地减轻了气象灾害损失。2016年，国家突发事件预警信息发布系统已汇集15个部门71种预警信息，发布预警1.3亿人次。全国气象灾害预警发布传播公众覆盖率达到 84.3%,明显高于上年水平。全国气象科学知识普及率超过 77%。全国气象服务公众满意度达 87.7 分,再创历史新高。

《巴黎协定》的成功达成标志着全球气候治理将进入新阶段。我国大力推进农业、水资源、林业、海洋、气象、防灾减灾和健康等领域能力建设,持续采取更有力度的减缓行动积极应对气候变化,并承担与中国发展阶段应负责任和实际能力相符的国际义务,为保护全球气候作出了积极的贡献。大力倡导绿色低碳发展理念,在减排、清洁能源、植树和城市适应性建设等方面采取切实行动,彰显了一个负责任大国的形象。大力推进生态气象保障业务和服务体系建设,加强气候可行性论证,基本形成了生态气象监测评估业务和服务能力,国家级 15 公里分辨率环境气象数值预报模式投入业务运行,初步建立了环境气象监测预报预警体系,进一步提升了服务太阳能、风能、云水资源等气候资源开发利用能力,气象服务生态文明建设取得新进展。

2016 年,全国现代气象业务取得显著进展,以信息新技术为依托,观测、预报和服务业务向无缝隙、精准化、智慧型方向快速发展,适应智慧气象发展要求的业务体系建设初见端倪。智慧气象服务业务科技含量和精细化水平持续提升,灾害天气影响预报和风险预警逐步开展。我国自主研发的数值预报核心技术取得明显进展,全球(区域)同化预报系统投入业务运行,天气预报、气候预测、空间天气等定量化和精细化水平继续提升。地面气象观测全国乡镇覆盖率达 96%,开展超大城市观测试验、风云四号卫星成功发射,综合观测效能明显提高。加快发展气象信息化,气象数据共享开放能力不断提高,中国气象数据网年访问量突破 5000 万次,服务 690 项国家重大科研项目。

围绕深入贯彻落实全国科技创新大会精神,积极响应习近平总书记关于建设世界科技强国的号召,全国气象系统坚持把科技创新作为第一驱动,深入实施创新驱动发展战略,充分发挥科技创新对气象现代化的支撑和引领作用。持续推进国家气象科技创新工程,高分辨率资料同化与全球模式整体研究水平已进入国际先进行列,气象资料质量控制及多源数据融合与再分析、气候系统模式和次季节气候预测、天气-气候一体化模式关键技术等重大攻关取得新进展,17 个项目获得国家科技重点专项支持,60 项成果获省部级科技奖。进一步加强气象人才发展政策环境建设,推进高层次领军人才队伍建设,强化国家创新人才培养示范基地建设和气象青年骨干人才培养、气象创新团队建设,着力完善气象人才培养交流机制、气象教育培训体系建设,2 人入选国家"万人计划"科技领军人才,新增国家人才工程专家 10 人,选拔"双百计划"专家 30 人,气象人才队伍建设取得突出成就。继续开展全国气象工作创新评比,《创新体制机制 聚焦核心技术构建"大科技"格局》《三防联动 构建全天候气象灾害防御安全网》等 29 项气象工作创新项目获得优秀等次,进一步促进了公共气象服务取得明显效益,推动了气象防灾减灾体系建设迈出较大步伐,带动了气象业务科技水平的提高,提高了气象科学管理水平。

2016年，全国上下认真贯彻落实《国务院关于优化建设工程防雷许可的决定》，强化防雷减灾安全管理，74%的省级政府将防雷工作纳入安全责任体系，全面开放雷电防护装置检测市场，防雷减灾体制改革取得突破性进展。坚持运用法治思维和法治方式推进改革，加快清理不再适用的部门规章和政策性文件，取消4项行政许可事项和1项中央指定地方实施行政审批事项。加强气象立法工作，严格气象依法行政，强化气象普法和气象标准化工作，新出台部门规章4部、地方法规和政府规章6部，发布气象国家标准7项、行业标准59项、地方标准57项。围绕全面推进气象现代化、全面深化改革的目标任务和要求，积极开展全方位、宽领域、多层次的对外开放及对内合作，强化气象与国家总体外交战略的对接服务，确定双边合作项目33个，基本完成非洲7国气象援建任务。我国科学家获国际气象组织奖，我国代表成功当选世界气象组织基本系统委员会副主席，气象国际影响力与日俱增。

"十三五"时期，是气象保障我国顺利实现全面建成小康社会伟大目标的关键阶段，也是我国基本实现气象现代化目标的决胜阶段。在我国经济发展进入新常态背景下，经济社会发展和人民生活水平提高对气象服务提出了新需求，气象现代化跟上科技发展新步伐亟需新突破，全面深化改革进入深水区对气象改革提出了新要求，气象发展将面临新的挑战和机遇。推动"十三五"气象事业发展，要坚持公共气象发展方向，坚持发展是第一要务，坚持全面推进气象现代化、全面深化气象改革、全面推进气象法治建设、全面加强气象部门党的建设，突出科技创新和体制机制创新的双轮驱动，以气象核心技术攻关、气象信息化为突破口，以有序开放部分气象服务市场、推进气象服务社会化为切入点，推动气象工作由部门管理向行业管理转变，加快完善综合气象观测系统，全面提升气象预报预测预警水平，不断提高开发利用气候资源能力，构建智慧气象，建设具有世界先进水平的气象现代化体系，确保到2020年基本实现气象现代化目标，不断提升气象保障全面建成小康社会的能力和水平。

目　录

能力篇

创新篇

改革篇

愿景篇

现代化篇

第一章　气象现代化进展

2016 年，是实施《全国气象现代化发展纲要(2015—2030)》《全国气象发展“十三五”规划》的开局之年，在党中央、国务院的正确领导下，地方各级党委政府和全国各级气象部门坚持以五大发展理念为统领，全面布局 2016 年气象发展工作，推进气象现代化建设取得了新的重大进展。

一、2016 年气象现代化概述

2016 年，全国公共气象服务能力、预报预测准确率水平、气象观测水平与业务信息化水平进一步提高。继续发挥省部共推共建气象现代化长效机制，各省(区、市)气象现代化建设取得了重大进展，广东、上海、北京、江苏、浙江杭州和宁波等第一批气象现代化试点已率先基本实现气象现代化，气象现代化建设成效得到当地党委政府、相关部门和社会公众的肯定，促进了地方治理能力的提升。天津、福建等 13 个省(区、市)具备基本实现气象现代化阶段目标的条件，中部地区整体取得了较大进展，西部地区气象现代化较快发展，年度增速首次超过东、中部地区，全国气象现代化发展呈现以下新态势。

(一)坚持以五大发展理念统领气象现代化建设

继 2015 年冬季，中国气象局党组中心组学习会议，提出用“五大发展”理念引领气象现代化以后，2016 年全国气象系统全面实践“创新、协调、绿色、开放、共享”发展理念，突出创新发展，着力激发气象发展的活力，切实把创新作为引领发展的第一动力，把人才作为支撑发展的第一资源；坚持科技引领，突出创新驱动，更加依靠科技和人才，在关键科学领域及核心业务技术方面取得了新的突破。推进协调发展，着力补强气象发展的短板，特别是围绕“一带一路”战略、京津冀协同发展、长江经济带战略，强化了气象服务区域发展总体战略，基本形成了气象服务国家协调发展新格局。重视绿色发展，着力引领气象发展的新领域，切实把服务保障生态文明建设、推动促进绿色发展作为气象推进永续发展、满足人民对美好生活环境追求的必然要求，明显提升了气象服务保障绿色发展的能力和水平，促进了人与自然和谐。坚持开放发展，着力拓展气象发展的新空间，充分发挥科技优势，积极参与全球气候治理，进一步提升了气象领域国际影响力和话语权，为中国在全球气候治理乃至全球治理中掌握更多主动权，提供了有力支撑。强化共享发展，着力增进广大人民群众的福祉，有力保障了国家实施精准脱贫工程和人民生命财产安全,让广大人民群众共享到了更高质量的气象服务成果。

(二)全面推进气象现代化四大体系建设

气象现代化是一个随着时代发展而不断发展的概念。近年来,在全面推进气象现代化进程中,中国气象局提出了气象现代化"四大体系"建设,即构建以信息化为基础的无缝隙、精准、智慧的现代气象监测预报预警体系;构建政府主导、部门主体、社会参与的现代公共气象服务体系;构建聚焦核心技术、开放高效的现代气象科技创新和人才体系;构建以科学标准为基础、高度法治化的现代气象管理体系。"四大体系"互为关联、互为促进,使气象现代化内涵进一步丰富和完善,更具时代特征。2016年,全国气象系统根据中国气象局部署,"四大体系"建设取得了重大进展。

(1)现代气象监测预报预警体系建设。进一步完善了"天地空"一体化、内外资源统筹协作的气象观测业务,加强了资源集约、流程高效、标准统一的气象信息业务,发展了无缝隙、精准化、智慧型的气象预报业务,提高了气象监测预报预警的准确率和精细化水平。

(2)现代公共气象服务体系建设。通过大力推进气象服务业务现代化,充分发挥了气象部门在公共气象服务供给中推进普惠、支撑众创和监管服务的基础作用,激发了社会组织参与公共气象服务的活力,形成了以事业单位、市场和社会组织等多元气象服务供给主体的格局,基本构建形成了中国特色现代气象服务体系。

(3)气象科技创新和人才体系建设。坚持瞄准世界先进气象科技水平,聚焦气象重点领域和关键环节核心业务技术,实施了国家气象科技创新工程和气象人才工程,优化了科技创新与人才体制机制,充分利用国内外高校、科研机构和企业的优势资源,加强了高素质、高技能人才队伍建设,明显提升了气象业务核心竞争力,为全面推进气象现代化提供了坚实的科技支撑和人才保障。

(4)现代气象管理体系建设。坚持和发展了双重领导、部门为主的管理体制,不断完善与之相适应的双重计划财务体制,大部分省(区、市)落实地方气象事业维运保障经费取得了较大进展;省部合作进一步深化,部门联动机制已基本形成;继续加强了气象法规、标准、规划建设,气象工作法治化为全面推进气象现代化提供了制度保障。

(三)强化推进气象信息化建设

信息化是当今世界经济社会发展的大趋势,是国家现代化的必然选择。气象信息化是国家信息化重要组成部分,是现阶段实现气象现代化的重要手段,是气象现代化适应信息时代必然要求,也是不断提升气象事业发展质量和效益重要途径。在2015年中国气象局提出以气象信息化为气象现代化重要标志以后,全国气象部门加快了气象信息化建设进程。2016年,气象部门完成了《气象信息化行动方案(2015—2016年)》目标任务,实现了全国CIMISS业务化和主要业务系统接入运行,统筹集约的气象信息业务体系基本建成。完成了国—省级基础设施资源池第一期建设，推进了业务系统集约整合有序迁入资源池，理顺了资料业务流程和分工，推进以数据为核心的信息流程再造。初步研制多源数据融合和大气再分析试验产品。启动了众创业务平台试验，推进 MICAPS 和数值模式开源开放和众智开发，实现数值预报产品云上服务。提高了中国气象数据网共享开放能力。推动了气象部门电子政务内网建设，初步搭建气象管理信息化平台。

2016 年，中国气象局组织制定了《气象信息化发展规划(2016—2020 年)》，提出了到 2020 年气象信息化发展目标和任务，力图通过五年的建设，明显提高气象数据资源开放共享程度和跨领域融合应用效益，显著提升气象信息系统集约化水平和应用协同能力，充分应用信息新技术，依托智能泛在的气象信息感知网、统管共用的基础设施云平台、开放互联的气象大数据平台，构建初具规模的智慧气象生态体系和趋于完备气象信息化治理体系，使气象信息化真正成为构建网络强国不可或缺的重要组成部分。

(四)大力发展智慧气象

智慧气象是通过云计算、物联网、移动互联、大数据、智能等新技术的深入应用，依托于气象科学技术进步，使气象系统成为一个具备自我感知、判断、分析、选择、行动、创新和自适应能力的系统。智慧气象包括智能感知、精准预测、智慧服务、高效管理、持续创新五个方面。2015 年，气象部门系统地开展了智慧气象的专题研究，并提出了发展智慧气象战略。

2016 年，全国气象系统进一步深化了对智慧气象认识，提出了大力发展智慧气象，统筹构建"四大体系"战略任务。以通过大力发展智慧气象，实现更智慧、更个性、更便捷、更智能的气象服务，更好地践行气象工作"以人为本"的基本理念，使气象信息获取将更加智能、精准、大众化；使气象预报预测将更加准确、精细、多样化；使气象服务将更加个性、贴身、敏捷、普惠化；使气象观测将更加标准、智能、信息化；使气象管理将更加科学、高效、法治化。根据中国气象局部署，一些省级气象部门围绕发展智慧气象进行了有益探索，如广东省突发事件预警信息发布平台，从理念、技术、建设以及运行管理上，充分体现了以精准监测预报预警为核心的业务现代化，体现了以各部门数据集中统一、充分利用社会资源、社会力量发布各类预警信息为代表的服务社会化，体现了以政府主导规划、建设、运行并实现部门联动的气象管理工作法治化。上海市气象局联合上海超算中心、中科曙光信息产业股份有限公司，在上海共建上海超大城市智慧气象创新中心，从而推动了本地智慧气象的发展。

二、2016 年气象现代化进展

(一)国家级气象业务现代化水平进一步提升

国家级气象现代化是全国气象现代化的核心与关键，是我国气象技术水平和业务能力提升的重要标志。国家级气象现代化进展评估，重点围绕国家级气象业务现代化来展开。2016 年国家级气象现代化综合评估得分 76.9 分，较 2015 年提高 2.4 分，较 2014 年提高 14.9 分(图 1.1，图 1.2)。总体来看，国家级气象业务现代化水平稳步提升，主要表现在以下方面。

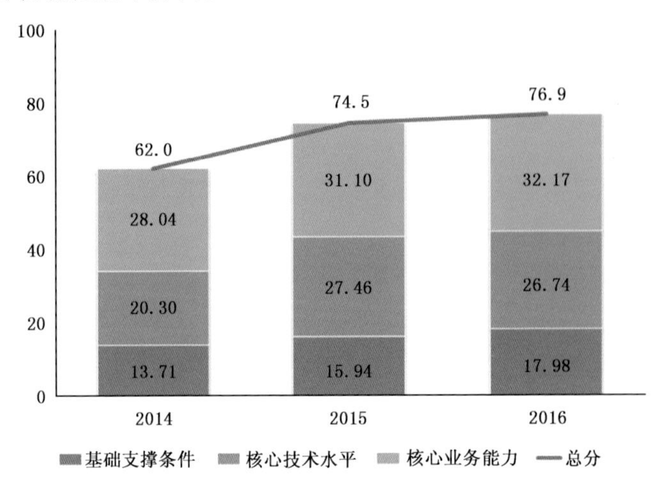

图 1.1 2014—2016 年国家级气象业务现代化指标评估总分与变化趋势(单位:分)

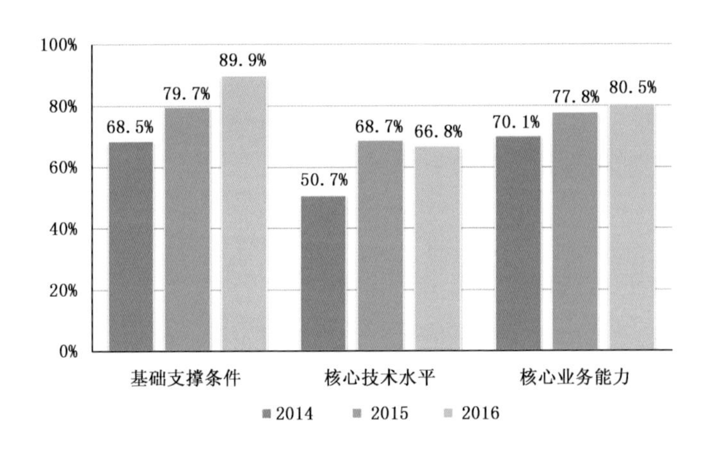

图 1.2 2014—2016 年国家级气象业务现代化评估一级指标完成度

1. 气象核心业务能力明显增强

气象预报预测准确率是衡量和检验气象预报预测水平的最主要指标，是气象工作的核心。2016 年，国家级天气预报准确率水平、气象观测水平与业务信息化水平稳中有升(表 1.1)。

(1)气象预报准确率：24 小时晴雨预报准确率和气温预报准确率分别为 86%和 75%，与 2015 年相比，晴雨准确率提高 5%，气温准确率持平，指标接近设计到 2020

年目标值。暴雨预报准确率明显提升，1～3 天 TS 评分为近 7 年同期最高，其中 24 小时暴雨 TS 评分达 0.22，相对 EC 模式提高 10.7%，48 小时暴雨预报准确率的评分达到 0.17，比 2015 年提升 0.028，预报员对强降水预报订正能力得到体现。短时强降水 12 小时预报准确率 TS 评分 0.24、雷暴 12 小时预报准确率 TS 评分 0.35，这两项指标已达 2020 年目标值，但较 2015 年略低。

2016 年，霾 24 小时预报准确率指标得分提高比较明显，指标完成度达到 74%，环境气象业务服务能力明显提升。寒潮降温 24 小时预报准确率 TS 评分 0.42，得分首度达到目标值。台风 24 小时路径预报误差 67 千米，较 2015 年减少误差 1 千米，继续保持世界先进水平，台风路径和生成预报技术持续改进。气候预测方面，月气温预测准确率 PS 评分 80 分，达到 2020 年目标值，但月降水和汛期降水气候预测准确率 PS 评分与 2015 年评估相比都有所降低，且低于 2000—2015 年的平均值，今后需要进一步加强对气候预测不确定性的研究。

(2)雷达、卫星能力：2016 年，我国天气雷达、气象卫星等大型气象装备建设水平进一步提高，其综合评估得分 4.87，指标完成度达到 69.6%，与 2015 年评估结果提高了 5.2 个百分点。天气雷达观测水平指标得分 1.74 分，指标完成度 87.2%，与 2015 年评估结果相比，有小幅提高。根据 2016 评估结果，我国天气雷达定量降水估测准确率达 75%，比 2015 年提高 1 个百分点，平均业务可用性也由 91%提升至 92%。双偏振技术业务化普及率 4.1%，比 2015 年提升 2.1 个百分点。气象卫星观测水平指标得分 1.67 分，指标完成度 83.5%，与 2015 年评估结果持平。我国新一代静止气象卫星风云四号(FY－4)科研试验卫星已于 2016 年 12 月 11 日成功发射，卫星将装载 14 波段的扫描成像辐射计，波段数量较现有的 FY－2 的 5 个波段有显著提高，且最高空间分辨率也由现有的 1.25 千米提高到 0.5 千米，区域观测能力提高到分钟级。同时，卫星将在国际上首次在静止轨道上装载干涉式大气垂直探测仪，光谱分辨率可达 0.625 厘米$^{-1}$，通道数量 1648 个，达到国际领先水平。随着风云 4 号气象卫星在轨测试的完成并逐步投入业务应用，我国气象卫星观测水平指标预计会有较大提升。

(3)观测数据的可用性：2016 年，观测数据综合评估得分 6.15 分，指标完成度 87.9%，较 2015 年提高 0.62 分，提高率达 8.92%。其中观测资料质量控制，实时气象观测资料可用率已达 99%，比 2015 年提高 9%，显示国家级气象业务单位通过抓观测资料质量控制业务成效明显。气象资料在线管理，实现了地面、高空、海洋、辐射、农气、数值预报、大气成分、雷达和卫星等气象资料的在线存储管理。常规资料综合在线管理服务率为 95%，已接近 2020 年 98%的目标值。

(4)气象信息集约化水平：2016 年，国家级基础信息资源和数据资源集约化程度明显提高，综合评估度达到 50.54%。其中基础信息资源(计算机服务器、存储系统、网络设备等硬件设施)，国家级共有 783 个，其中国家气象信息中心集中管理 238 个，基础信息集约化程度占30.4%,而尚未集中的资源基本在2014年前建设,2015年以后新增的75个基础信息资源均实现了集中管理。数据资源,共为14大类191种气象资料(比2015年多18种),在全国综合信息共享平台系统集中在线存储的有135种(比2015年增加29种),数据资源集约化程度达到70.68%。

表1.1 核心业务能力相关指标原始值与指标得分

编号	名称	2014年实现值	2015年实现值	2016年实现值	单位	权重	2014年得分	2015年得分	2016年得分
C12	气象卫星观测水平	75	75	75	分	2	1.67	1.67	1.67
C13	卫星微波和红外定标精度	1	1	1	K	1	0.5	0.5	0.5
C14	卫星可见和近红外定标精度	10	10	6	%	1	0.5	0.5	0.83
C15	高性能计算机峰值运算能力	1.3041	1.3041	1.3041	PFlops	1	0.13	0.13	0.13
C21	实时气象观测资料可用率	90	90	99	%	2	1.84	1.84	2
C22	观测资料质量控制覆盖率	70	70	85	%	2	1.4	1.4	1.7
C23	气象资料在线管理服务率	80	90	95	%	2	1.63	1.84	1.94
C24	气象信息集约化程度	32.89	44.25	50.54	%	1	0.33	0.45	0.51
C31	台风24h路径预报误差	76	66	67	km	1	0.8	1	1
C32	台风24h强度预报误差	4.8	4.2	5	m/s	1	0.2	0.8	0
C33	暴雨24h预报准确率	0.191	0.17	0.22	—	1	0.73	0.65	0.85
C34	暴雨48h预报准确率	0.151	0.142	0.17	—	1	0.73	0.68	0.83
C35	寒潮降温24h预报准确率	0.18	0.3	0.42	—	1	0.35	0.87	1
C36	寒潮大风24h预报准确率	0.11	0.13	0.12	—	1	0.42	0.5	0.46
C37	霾24h预报准确率	0.11	0.2	0.26	—	1	0.31	0.57	0.74
C38	短时强降水12h预报准确率	0.24	0.25	0.24	—	2	2	2	2
C39	雷暴12h预报准确率	0.31	0.37	0.35	—	1	0.9	1	1
C41	晴雨24h预报准确率	80	81	86	%	2	1.82	1.84	1.95
C42	气温24h预报准确率	73	75	75	%	1	0.91	0.94	0.94
C43	汛期降水预测准确率	60	76	65	分	1	0.75	0.95	0.81
C44	月气温预测准确率	74	78.8	80	分	1	0.93	0.99	1
C45	月降水预测准确率	69	70.4	64	分	1	0.96	0.98	0.89

注:指标年度实现值的数据采集区间为上年12月至当年11月。

2. 公共气象服务能力保持较好水平

2016年国家级公共气象服务业务水平继续保持提升,通过力争实现信息发布的一键式、推送式、智能化、网格化、数据化和规范化,不断提高气象防灾减灾效益。2016年得分4.23分,指标完成度84.6%,较2015年提升1.4个百分点(图1.3)。预警社会公众覆盖率 84.3%，国家突发事件预警信息发布系统功能进一步健全，预警信息服务领域得到拓宽。气象科学知识普及率 77.16%，较 2015 年明显提升，气象科普工作不断改进，气象科学知识的社会普及程度以及公众理解和应用气象信息的能力不断提高。气象服务数据精细化水平，全国达到 3 千米分辨率水平，基本具备未来 12 小时 1 千米分辨率逐小时多要素预报产品和未来 72 小时 0.025°分辨率逐小时基本气象要素预报产品实时加工制作能力。2016 年气象服务公众满意度 87.7 分，与 2014 年、2015 年相比略有增长。

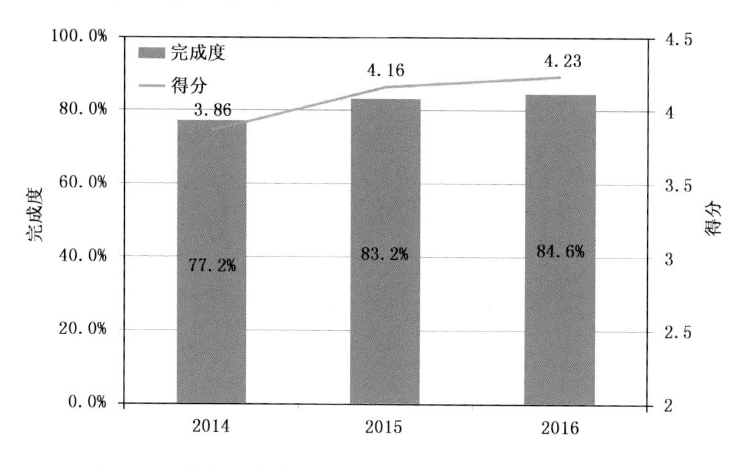

图 1.3　公共气象服务业务水平指标完成度与得分对比

3. 应对气候变化与气象灾害风险能力有较大提高

2016 年，国家级气象业务科研单位针对国家应对气候变化内政外交需求，进一步提升了应对极端气候事件能力和气候资源开发利用能力，不断提高人工影响天气的科技内涵。应对气候变化能力指标得分 3.45 分，指标完成度 69.0%，较 2015 年提高 6 个百分点(图 1.4)。

全球气候变化监测水平评估，包括对全球气候变化事实的监测水平，同时隐性评估在应对气候变化工作中，国内部门的信息共享水平、国际合作和资料交换能力。2016 年应对气候变化综合评估得分 1.29 分，完成度 64.5%。其中，对全球气候监测系统 51 个气候变量其中的 22 个开展了监测，比 2015 年增加了 2 个，但全球气候变量监测率依然不足 50%；全球均一性检验站点覆盖率 60.2%，世界气象组织 12942 个站点中，开展气温资料均一性检验的站点有 7393 个，开展降水资料均一性检验的站点有 8185 个。该项指标还具有较大提升空间。

气象灾害风险管理业务能力，通过统计中小河流、山洪沟、滑坡、泥石流等灾害易发区和隐患点的气象灾害风险普查、区划程度和区划成果应用情况来进行评估，该项业务自 2013 年开展，近三年业务能力逐年呈稳步提高，该项评估已由 2013 年 36 分

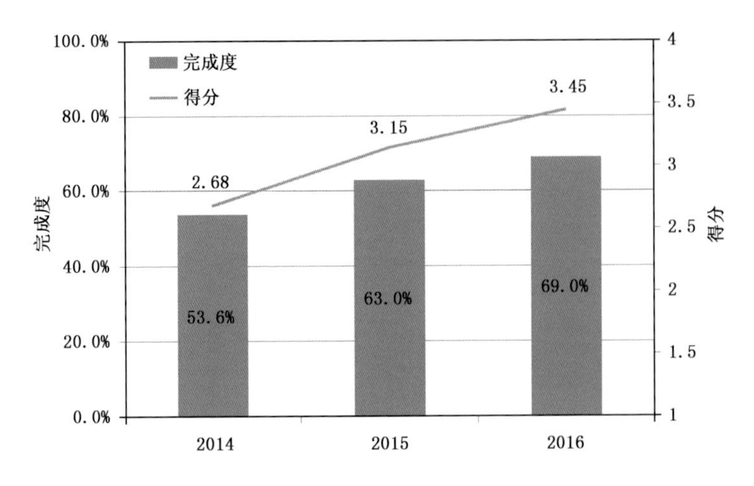

图 1.4　应对气候变化能力指标完成度与得分对比

左右提高到 2016 年 60 分，其中暴雨洪涝灾害风险普查率已达到 98%、气象灾害风险区划完成率已达 50%，提前实现 2017 年的分项发展目标。

人工增雨作业条件的正确识别是开展科学作业的关键技术指标，通过检验依据云系作业条件识别所完成的作业设计的正确率来表征。2016 年云系识别正确率达到 60%，指标完成度达到 75%。随着搭载全套云微物理仪器的高性能飞机投入运行，卫星、雷达、微波辐射计、风廓线等多种观测资料的综合应用，以及全国多区域典型云系的外场实验研究，人工增雨作业条件识别率将进一步提升。

4. 气象科技与人才基础支撑进一步改善

气象科技与人才是气象现代化的基础支撑。2016 年基础支撑条件评估得分 17.98 分，较 2015 年提高 2.04 分，提高幅度达到 12.8%，指标完成度达到 89.9%，保持在较高水平，国家级科技、人才及气象标准化水平为气象业务现代化提供了较好支撑。

人才资源保障度，是反映国家级气象业务科研单位的人才队伍整体素质结构重要指标，2016 年综合评估达 7.22 分，较 2015 年提高 0.26 分，指标完成度 90.3%(图 1.5)。其中，反映学历、专业、职称的人才总体素质指标完成度 92.3%，基本保持较高水平，并较 2015 年评估结果有小幅提高；高层次人才队伍建设水平指标完成度 88.9%，较 2015 年提高 4.7 个百分点。可见通过大力落实国家人才工程、实施“双百计划”等重点人才工程，气象人才支撑创新能力不断加强，人才发展政策环境也不断优化。

气象科技贡献率，是反映气象科技进步的综合指标，通过测算气象科技基础水平和气象科技研发应用水平，表征气象科技对业务的支撑程度。2016 年气象科技贡献率评估得 6.82 分，较 2015 年提高 0.84 分，指标完成度 85.3%。其中，SCI/EI 论文

292 篇，科技成果 49 项，科技奖励省部级一等奖 7 项、二等奖 6 项，标准 17 项（行标），专利 12 项（发明 5 项、实用新型 7 项），软件著作权 17 项，科研与中试转化平台 7 个，数量较 2015 年均有增长（图 1.5）。

气象标准化水平，是气象业务科学管理水平的重要体现，用气象标准完备率和气象标准应用率两项指标表征。2016 年国家级业务科研单位全面落实气象标准化工作改革，通过强化标准意识、完善标准体系、提高标准质量、强化标准执行，使得气象标准化水平不断提高。2016 年该指标得分 3.94 分，较 2015 年提高 0.94 分，指标完成度达到 98.5%。其中，气象标准完备率（A31）97.0%，较 2015 年评估提高 14.6 个百分点（图 1.5），国家级业务科研单位在完善气象标准体系方面取得了明显进展，科学管理水平不断提高。气象标准应用率也大幅提高，按照评估标准该指标完成度已达 100%。但是，国家级业务科研单位改革也在不断进行中，未来随着业务职能的不断调整、细分、完善，该项指标可能还会有所变化。

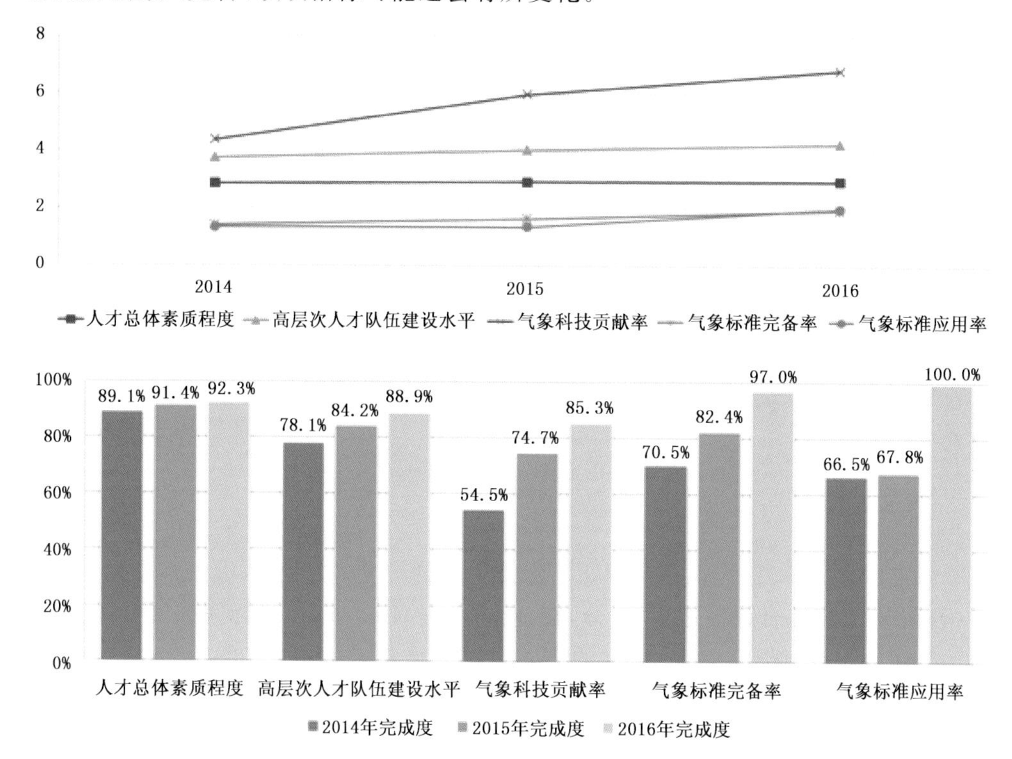

图 1.5　基础支撑条件指标得分（上）与完成度对比（下）

2016 年国家级气象业务科研单位瞄准国家和事业发展需求、国际先进水平以及 2020 年气象业务现代化目标任务，大力推进气象科技创新和体制机制创新，扎实推进国家级气象业务现代化建设，取得了阶段性进展。但对照 2020 年国家级气象业务现代化目标以及国际先进水平，国家级气象业务现代化水平还有一定距离，特别是核心技术水平完成度依然不到70%，数值预报模式关键指标与国际先进水平差距依然较大(见表1.2)，模式预报准确率指标不稳定甚至有所下降(如区域数值预报模式台风路径误差等)，造成核心技术水平指标得分稍有降低，也足见实现核心气象业务技术突破难度之大，需要进一步加以关注并改进。

表1.2 我国气象现代化主要指标与国际先进水平对照表

编号	三级指标	2014年实现值	2015年实现值	2016年实现值	国际先进水平现状值	2020年我国目标值	2020年国际先进水平预期值
B11	全球数值天气预报模式可用性(天)	7.2	7.3	7.3	8.5	8.5	9
B12	全球数值天气预报模式分辨率(km)	50	25	25	9	10	5
B21	区域数值天气预报模式分辨率	10	10	10	1	3	1
B22	区域数值预报模式降水准确率	0.26	0.26	0.26	0.3	0.3	0.4
B23	区域数值预报模式台风路径误差(km)	95.7	76	86	71	75	60
B31	全球气候系统数值模式分辨率(km)	45	45	45	55	30	10
B41	环境气象数值预报模式可用性(天)	3.5	5	5	—	5	5
B42	城市环境气象数值模式分辨率(km)	54	3～15	3～15	3	1	1
B51	气象卫星资料同化量占比率(%)	30	64	67	90	80	95
B52	大气再分析全球产品分辨率(km)	—	31	31	38	30	35
B53	大气再分析区域产品分辨率(km)	15	15	15	10	10	10
B54	陆面再分析亚洲产品分辨率(km)	6.25	6.25	6.25	12.5	1	1
B55	陆面再分析产品土壤温度误差(K)	2.5	2.0	1.8	—	1.5	1.5
B56	陆面再分析产品土壤湿度误差(m^3/m^3)	0.08	0.06	0.06	0.06	0.04	0.04
C11	天气雷达观测水平(分)	76	77	78.5	91	90	100
C12	气象卫星观测水平(分)	75	75	75	95分以上	90	100
C13	卫星微波和红外定标精度(K)	1	1	1	0.5	0.5	0.5
C14	卫星可见和近红外定标精度	10%	10%	6%	5%	5%	5%
C15	高性能计算机峰值运算能力(PFlops)	1.3	1.3	1.3	1.5	20	20
C21	实时气象观测资料可用率	90%	90%	99%	95%以上	98%	98%～100%
C31	台风24小时路径预报误差(km)	76	66	67	81	65	60
C32	台风24小时强度预报误差(m/s)	4.8	4.2	5	4.1	4.0	4.0s
C33	暴雨24小时预报准确率	0.191	0.170	0.22	0.25	0.26	0.31
C34	暴雨48小时预报准确率	0.151	0.142	0.17	0.19	0.20	0.24

数据来源：中国气象局现代化办公室。

（二）全国气象现代化建设成效显著

自2013年全面推进气象现代化以来，全国气象现代化整体水平明显提升，上海、广东、北京、江苏等试点省（市）已在2015年率先基本实现到2020年气象现代化目标。2016年，非试点省级气象现代化取得了新的进展，全国气象现代化呈现区域协调发展趋势，其中，东部地区整体达到了基本实现气象现代化阶段目标的评分标准，为在2017年基本实现到2020年气象现代化目标奠定了基础；中部和西部地区也取得较大进展。各省（区、市）气象工作有力支撑了当地经济社会发展，得到了公众的普遍肯定，气象现代化“四个体系”建设取得较好成效。

1. 省级气象现代化总体水平明显提升

2016年省级气象现代化评估综合评分为88.9分（表1.3），较2015年提高3.5分，较2014年提高9.7分，省级气象现代化进展良好。其中，气象社会评价水平、气象服务能力取得了优异成绩，完成度均在95%以上；气象防灾减灾能力也取得了良好成绩，完成度达到92.1%；气象预报预警能力、保障支撑能力、装备技术水平取得较好成绩，完成度均达到80%以上。24小时晴雨和气温预报准确率近三年平均达到87.1%和81.8%，强对流天气预警提前量平均达到28分钟。同时，省级气象现代化年度增速2014年为11.9%，2015年为7.8%，2016年为4.1%，规模增速逐年放缓，这主要体现在规模增长空间的减小和投入增速的减小上：观测站、固定资产等基础设施增长率已放缓或开始下降、中央和地方财政对气象投入增长率减缓（和国家经济增速减缓基本一致）。综合来看，全国总体水平已经接近基本实现气象现代化的阶段目标评分标准，坚定了全国气象部门到2020年基本实现气象现代化的信心，且已进入提质增效的转型阶段。

表1.3 2016年全国省级气象现代化评估一级指标得分和完成度（全国平均情况）

一级指标	防灾减灾	预报预警	装备技术	气象服务	保障支撑	社会评价	总分
满分	13	20	20	12	25	10	100
得分	11.98	17.33	17.00	11.57	21.19	9.85	88.9
完成度	92.1%	86.6%	85.0%	96.5%	84.8%	98.5%	

2. 区域现代化协调发展呈现良好态势

从气象现代化水平的分布（图1.6）来看，全国气象现代化水平具有一定的区域性差异。其中，上海、广东、北京、江苏4个试点省（市）气象现代化水平非常高，已率先基本实现气象现代化；天津、浙江、福建等13个省（市）气象现代化水平很高，综合评分在90分以上；宁夏、湖南、吉林等12个省（区）气象现代化水平较高，综合评分达到85分以上；青海和西藏2个省（区）气象现代化综合评分也达到75分以上。

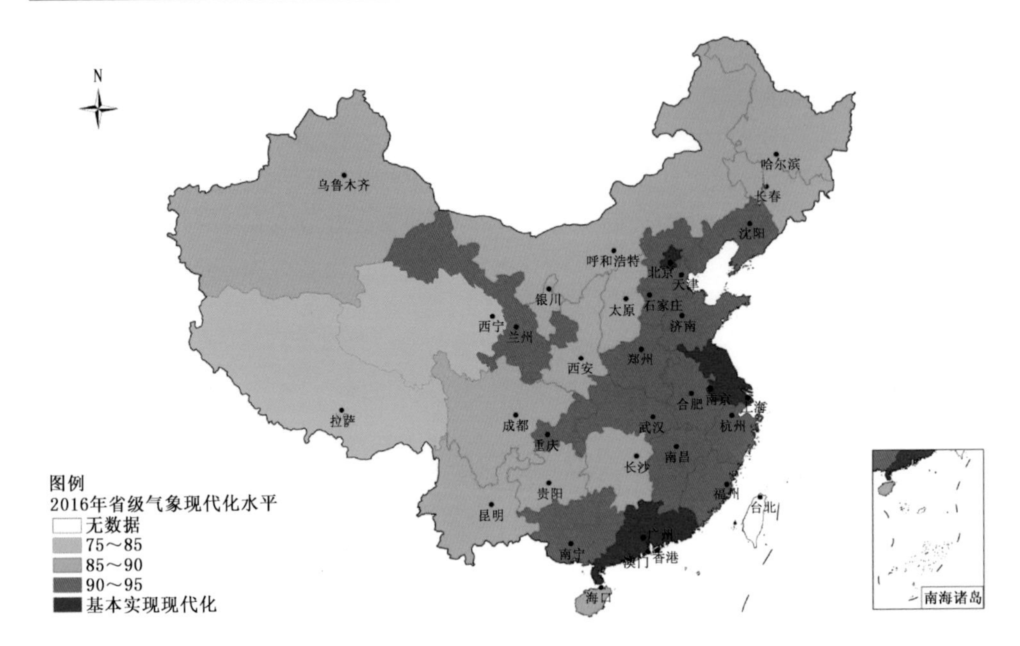

图 1.6　2016 年全国气象现代化水平分布图(单位:分)

虽然气象现代化仍存在区域差异,但从趋势来看,全国气象现代化正向区域协调发展的方向迈进。东部地区综合评分平均为 91.7 分(图 1.7),整体达到了基本实现气象现代化的阶段目标评分标准,为其在 2017 年率先基本实现气象现代化奠定了坚实的基础;中部地区综合评分平均为 89.3 分,即将达到基本实现气象现代化的阶段目标评分标准;西部地区综合评分平均为 87.0 分,也已经接近阶段目标评分标准。区域综合评分之间的差异在 5 分以内,且 2016 年各省气象现代化水平得分的离散度

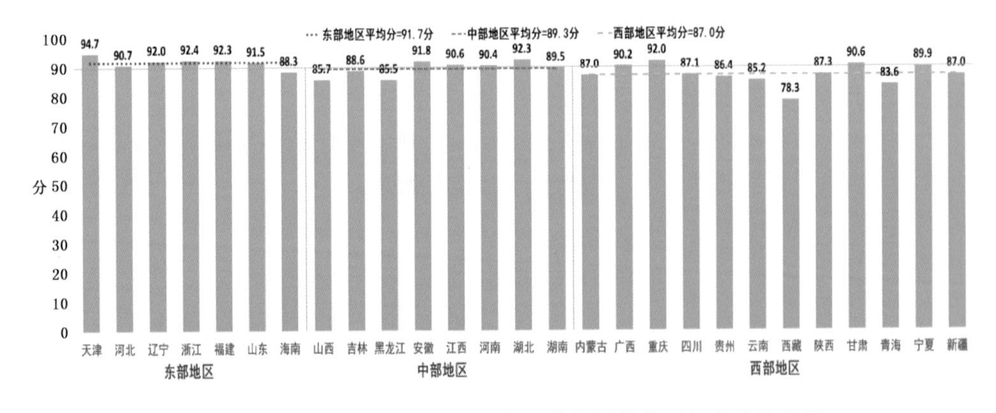

图 1.7　2016 年各省(区、市)气象现代化评估分区域得分柱状图

(上海、广东、北京、江苏已在 2015 年率先基本实现气象现代化,图中不包括这 4 个试点省(市))

(用标准差来表征)也在逐年减小,2016 年较 2015 年减小 1.1,较 2014 年减小 1.8,区域差异在缩小,全国省级气象现代化协调发展基础正在逐步夯实。

2016 年西部地区气象现代化年度增速首次超过东、中部地区(图 1.8)。西部地区综合评分平均较 2015 年提高 4.9 分,年度增速达到 6.0%;中部地区综合评分平均提高 4.2 分,年度增速达到 5.0%;东部地区也有稳步提高,综合评分平均提高 3.3 分,年度增速达到 3.8%。西部地区气象现代化取得较大进展的原因主要体现在两方面。一是国家级的战略部署。中国气象局党组一直高度重视气象事业协调发展,2008 年全国气象局长工作研讨会上把区域协调发展提到重要议事日程,采取重大调控措施提高西部发展速度,从政策支持、财政投入、业务指导等多方面向西部地区倾斜。二是西部地区的不懈努力。西部地区响应中国气象局的战略部署,加强省部合作,强化党委政府主导、部门联动、社会参与的气象现代化工作机制,实现气象现代化融入地方发展,在气象防灾减灾和公共气象服务领域取得了和东部地区同步发展的水平。

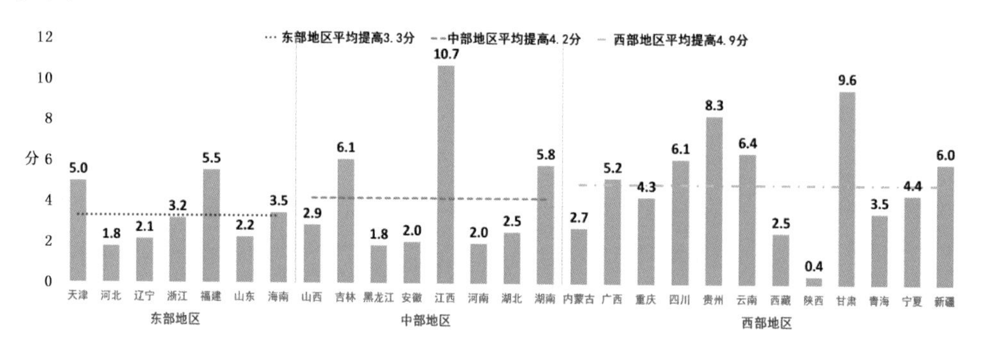

图 1.8　2016 年省级气象现代化评估得分不同区域年度进步情况

3. 试点省(市)气象现代化示范效应突出

2016 年,全国气象现代化进展明显,其中试点省(市)起到了很好的示范带动作用。广东、上海、北京、江苏等试点省(市)在 2015 年率先基本实现气象现代化的基础上,通过了政府主导的第三方评估和阶段总结,并制定更高水平气象现代化指标体系和评估办法,形成了一批可推广、可借鉴的经验和做法。

(1)完成了第三方评估和阶段工作总结。广东、上海、北京、江苏、浙江杭州和宁波等第一批率先基本实现气象现代化试点,完成了政府主导的第三方评估和阶段工作总结。各地地方政府和相关部门、社会各界肯定了现代化建设的成效,气象工作已经融入到地方经济社会发展的方方面面,气象综合保障能力持续提高,也在一定程度上促进了地方政府治理能力的提升。通过联合召开省部合作会,对基本实现气象现代化阶段工作进行了总结,在肯定成绩的同时,明确提出了下一步共同推进更高水平气象现代化的重点任务。

(2)形成了更高水平气象现代化指标体系和评估办法。按照统一部署,广东等四个试点省(市)结合各地“十三五”气象事业发展规划要求、2016年全国气象局长工作研讨会和全国气象科技创新大会精神,瞄准国际先进水平,以发展智慧气象为重要标志,以建设四大体系为重要任务,突出服务国家战略和地方经济社会发展,研究制定了本省(市)实现更高水平气象现代化指标体系和评估办法,为该省(市)气象现代化更上一个台阶奠定了基础。

(3)取得了一批可推广、可借鉴的经验。试点单位大胆探索,创新发展,主要形成了六个方面基本经验:一是坚持发挥双重管理体制优势,加强省部合作,强化党委政府主导、部门联动、社会参与的气象现代化工作机制,实现气象现代化融入式发展;二是坚持公共气象发展方向,构建满足地方经济社会发展需求的服务体系,实现气象现代化效益型发展;三是坚持科技引领,创新驱动,人才优先,实现气象现代化创新发展;四是坚持以气象业务现代化为核心,统筹推进服务社会化、工作法治化,实现气象现代化全面发展;五是坚持试点带动和目标导向,加强督导检查和工作考核,形成目标任务倒逼机制,实现气象现代化务实发展;六是各级党组坚定信心和决心,加强组织领导,统筹推进气象现代化、深化改革、法治建设和党的建设各项工作,形成风清气正、奋发有为、实干创业的气象现代化文化氛围。

(4)形成最具代表性的推进现代化典型案例。试点省(市)分别从工作思路目标、主要做法、重要进展、发挥成效等方面进行剖析和提炼,形成一系列推进气象现代化的典型案例总结。广东总结了以突发事件预警信息发布体系建设为抓手全面推进广东气象现代化建设工作,上海总结了以“数值预报+”发展理念助推更高水平气象现代化持续发展工作,北京总结了以科技创新引领0～12小时预报发展工作,江苏总结了突出重点明确目标构筑江苏强天气预警业务体系工作等。

广东:以突发事件预警信息发布体系建设为抓手全面推进广东气象现代化建设

自2007年开始省预警信息发布系统建设以来,通过采取政府主导、持续推动、狠抓落实等措施,广东省气象局把构建突发事件预警信息发布体系作为推进广东气象现代化的有效载体和重要抓手,推动气象事业发展转型升级。

一、注重建立权责明晰、运行高效的现代气象管理体系

1. 明确部门职责。2010年省人大颁布《广东省突发事件应对条例》,明确由气象部门发布突发事件预警信息。2014年省人大颁布《广东省气象灾害防御条例》,明确了强化政府及有关部门气象灾害防御工作职责。省政府下发《进一步加强突发事件预警信息发布工作的意见》《应急管理工作考核办法》《突发事件预警信息发布管理办法》等文件,明确各级突发

事件预警信息发布中心承担突发事件预警信息发布工作职能，统一发布自然灾害、事故灾难和公共卫生事件信息三大类突发公共事件预警信息。

2. 健全标准体系。2015年12月广东省气象标准化技术委员会获批成立，制定了广东省气象标准化2015—2018年发展规划。不断完善预警信息发布业务运作流程，制订了“突发事件预警信息发布中心建设规范”的平台构建(DB44/T 1796.1—2016)、岗位设置与业务运行(DB44/T 1796.2—2016)、信息发布与传播(DB44/T 1796.3—2016)3个地方标准，从2016年6月7日起实施。

3. 分类规范运行。目前，全省已成立了96个突发事件预警信息发布中心，90%的市县成立了突发事件预警信息发布中心，配备地方公益一类编制1388个。明确了三种模式的三定方案，其中，充分集约型模式整合了应急、三防、气象等多部门的预警信息发布业务，适度集约型模式整合了应急、气象等部门预警信息发布业务，整合集约型模式授权发布气象灾害类突发事件预警信息和其他信息。

4. 增进部门合作。以“数据共享、技术融入、流程对接、系统共建”等技术手段实现重大气象灾害应急预案与25个应急委成员的应急处置预案对接，有效提高了部门间的应急联动能力。气象与教育、人社部门联合建立台风暴雨自动停课机制，提升了全社会自觉响应、主动防御气象灾害的能力；与省应急办、省广电有线网络公司合作试点建设基于省广电网络建设的“村村响”农村大喇叭系统；与国土、民政、旅游、电力、地震、住建等部门紧密合作，服务效果良好。

二、积极构筑以智慧服务为目标的现代公共气象服务体系

1. 建设基础数据“一张图”。制定数据格式标准，通过应急办共享、部门合作、分级收集等三种途径收集各部门专业数据，将各地的人口、经济、学校、医院、危化点、水库、船舶实时位置等数据全部整合到一张地图上，形成了涵盖重点目标、重大危险源、应急队伍、应急资源、应急预案等基础数据信息的“一张图”，为“突发事件应急指挥决策辅助系统”提供数据支撑。

2. 编织精细预警“一张网”。以“一张图”数据为基础，推进预警发布决策辅助系统的建设，将精细化网格天气监测预警预报、灾害影响预报落区、地理信息数据、部门数据叠加融合，编织精细化预警信息发布“一张网”，为灾害监测预警、灾情综合分析、影响区域精确圈选提供有力支撑。

3. 实现靶向发布“一键式”。坚持“标准化、集约化、信息化”原则，建成省、市、县一体化预警信息发布系统，并与国家预警发布系统无缝连接，

实现了系统的上下贯通,左右衔接,目前已接入民政、国土、水利、卫生、地震、武警等16个省应急委主要成员单位。预警发布系统对接决策辅助系统和多种发布渠道,突出"在线监控,在线显示,在线管理"功能,实现预警信息"一键式"、多渠道快速发布。

4. 多措并举拓展发布渠道。充分用好传统媒体,拓展建设了微博、微信、网站、手机客户端、农村大喇叭、电子显示屏、海洋广播电台、应急气象频道、12121气象电话、短信等10种渠道。目前全省已自建1452个气象服务站,3822个电子显示屏和5852个预警大喇叭,并通过设立标准共享外部门建设的大喇叭和显示屏,气象信息员达3万余人,实现19517个行政村至少有一种技术手段可以获得预警信息。

5. 组建气象服务"合唱团"。积极培育社会企业开展气象信息服务。据不完全统计,广东境内共有145家气象信息服务单位为公众提供气象信息服务。开发了"气象信息传播包",供气象服务单位下载传播。在省气象局新成立了服务监督处,对在本省从事气象信息服务的法人和组织进行备案管理,抽查气象信息服务单位传播气象信息情况,并向社会公布质量评估结果,确保百姓放心享用气象信息。

随着广东省突发事件预警信息发布系统的不断完善,发布手段不断丰富,发布流程更加顺畅,发布种类不断增多,发布面不断拓宽,防灾减灾效益显著。系统运行以来,广东省气象灾害对GDP的影响率,连续三年低于0.8%;因气象灾害死亡人数,2015年创30年来最低(28人);气象服务满意度,连续七年位居40个政府部门前4位;巨灾影响下人员伤亡降到最低,其中应对2014年"威马逊"、"海鸥",2016年"妮妲"等台风实现人员零死亡。充分发挥了气象现代化建设效益,为广东实现"三个定位,两个率先"目标作出了积极的贡献。

(资料来源:中国气象局现代化办公室)

上海:"数值预报+"发展理念助推更高水平气象现代化

自2014年上海市气象局成立区域高分辨率数值预报创新中心以来,上海市气象局围绕核心技术突破,大胆探索科技创新体制改革,逐步形成"数值预报+"的发展理念,为上海更高水平气象现代化提供持续发展的动力和活力。

一、区域高分辨率数值预报核心技术取得突破

通过完善区域高分辨率模式(云)初始化方案,建立自适应模式网格的三维边界层次网格混合(3D TKE)方案、适用于高分辨率模式的次网格

云参数化方案、基于GRAPES模式框架的台风数值预报系统、与中尺度天气模式耦合的环境模式(CMAQ)和海洋模式(FVCOM)系统,取得了区域高分辨率数值预报核心技术的突破。在2016年汛期,华东区域模式在5月7—8日福建三明泥石流和强降雨过程、7月19—20日华北区域极端强降雨过程及1601号台风“尼伯特”路径预报等个例表现出色,为预报员提供了有效支撑。

二、“数值预报+”应用体系建设初具成效

(一)数值预报+格点预报,助力大城市精准化预报服务

依托高分辨率区域模式,发展基于目标匹配识别的0~12小时雷达外推及NWP订正和融合、基于多模式产品输出的极端强降水概率预报等技术,实现长三角地区的精细化客观定量降水预报空间分辨率1千米,时间分辨率10分钟,更新间隔30分钟。以此为基础,建立了高影响天气监测预警业务平台,逐步实现从基于探测的预警向基于预报的预警转变。建立了精细化格点预报业务平台,上海精细化格点预报业务实现0~6小时逐10分钟、24小时逐小时、10天逐12小时精度,预报精准化、集约化和智能化水平得到显著提高。

(二)数值预报+影响预报,丰富新型气象服务内涵

选定城市积涝、航空气象、海洋气象、健康气象和交通气象五个方向为重点,建立以区域高分辨率模式为基础、与用户需求相结合的新型交互式天气影响预报和灾害风险预警业务体系,逐步实现从基于现象的天气预报向基于影响的预报转变。发挥区域高分辨率数值预报创新中心、上海海洋气象台等气象业务单位科研和人才优势,加强远洋气象导航技术攻关,探索开展导航工作。

(三)数值预报+观测试验,实现观测预报互动双向促进的良性循环机制

开展长三角地区天气观测网适应性布局试验。2015年,以数值预报对地面站观测资料的敏感性评估为依据,通过开展不同站点密度的数据敏感性试验,得到地面站布局对数值预报的贡献评价,总结形成了遴选方法,并在各区域中心推广,为全国地面天气观测网遴选提供支撑。2016年完成华东区域的地面站网遴选,并同步开展雷达、风廓线、探空、地面站等观测资料对区域数值预报模式影响的定量评估。针对综合气象观测站(超级站)、多波段雷达网络化观测、城市环境气象观测和观测网布局优化四个方面开展上海超大城市综合气象观测试验,获取更高精度的三维大气融合实况分析场。开展不同观测仪器、观测要素和观测布局对数值预报贡献的定量评估,提出科学、集约、智能的上海超大城市综合气象观测

布局方案。

(四)数值预报+信息化,探索气象部门众创型核心技术研发与应用新实践

建立统一标准、统一数据和统一管理的集约化众创型数值预报专业云平台,形成数值预报业务、科研等的"云+端"应用模式,建立以区域高分辨率数值预报系统为核心的集约化数值预报格点数据应用业务体系。通过租用公共云资源、规范数据传输标准、统一数据格式,目前已实现了高分辨率数值预报格点数据的单点上传和多用户下载,单次上传或下载约1.7GB的全国范围格点数据可在10分钟内完成,大大提高了气象大数据的传输效率,创新了数据服务方式。

(五)数值预报+一体化业务系统,构建"信息化、集约化、标准化"现代气象业务

在全国综合气象信息共享平台数据标准和环境支撑下,坚持符合ISO9001质量管理要求的标准化管理,坚持一体化、集约化布局,建设上海一体化气象业务系统。系统包括面向决策部门和专业用户的多灾种早期预警决策指挥平台、面向社会公众用户的智能化公共气象服务平台以及格点精细化预报制作、短临预报及灾害风险分析研判、智能化公共气象服务支撑系统,同步完善各类专业服务平台,延伸布局区县综合业务平台。

上海"数值预报+"发展取得成功,主要的经验和做法有三点:一是立足"放管服"组建创新团队,改革人才培养和激励机制。全权授权区域高分辨率数值预报创新中心组建团队,团队成员"可进可出";并完善分配和奖励制度,进一步激发区域高分辨率数值预报创新中心人员工作积极性;复制推广改革经验,分批组建"创新团队群"。二是坚持国际视野开放合作,汇区域众智、借社会外力,加大发展步伐。组建了包括来自美国国家大气研究中心、美国国家海洋和大气管理局、欧洲中期天气预报中心、德国气象局和中国气象局数值预报中心等共计11名专家的国际专家咨询委员会;制定出台《外籍专家聘用管理办法》,支持鼓励创新中心短期聘任国际专家;制订《华东区域气象科技协同创新工作方案》,成立华东区域气象科技咨询委员会,设立华东区域气象科技协同创新基金,开展区域科技资源共享平台建设等;与华东师范大学、复旦大学等在沪高校对接,建立科技创新联合体,提升气象科技创新能力。三是注重科学总结和客观评价,建立第三方综合评价长效机制。

(资料来源:中国气象局现代化办公室)

北京:科技创新为短临预报腾飞增添"翅膀"

北京市气象局紧密围绕首都城市安全运行、重大活动保障服务和京津冀协同发展战略需求,全力推进以"12小时短临预报预警准确率提升工程"为核心的现代化任务,初步构建了以快速更新多尺度分析和预报系统(RMAPS)模式体系,建立了技术研发、业务应用、成果转化紧密结合的链条式研发机制,形成了开放、合作、共赢的首都气象大科技研发格局。

一、凝心聚力、统筹发展,首都大科技格局护航气象业务发展

1. 中试基地初显活力,实现科研与业务有效互动

以推进中国气象局北京城市气象研究所深化科技体制改革为契机,推进业务应用中试基地实体化。北京市气象局围绕京津冀天气预报和环境气象预报及服务核心问题,以联合承担科研项目为纽带,以共同开展模式系统测试、检验、评估、改进等应用开发和业务试用为关键点,以聚焦首都典型天气个例开展复盘、技术总结、凝练科技问题、开展攻关为着眼点,推进科研和业务有效互动,在推进中试基地实体化过程中,建立(首席)预报员到中试平台定期交流轮岗制度,尝试建立研究人员到气象台定期交流值班制度,通过城市气象研究所基金项目、气象局科研专项设立专项资金支持科研成果应用研发,有效推进缝合科研与业务"两张皮"的问题。

2. 体制机制不断健全,助力科技成果转化

通过制订发布《北京市气象局科技成果业务化准入实施办法(试行)》,规范了科技成果的业务化管理、流程及其后效评估等内容;将科技成果转化工作作为对本单位人员的评价、科研经费支持等的重要参考依据。在科技成果转化后,对完成、转化该项科技成果做出重要贡献的人员给予奖励。制定了《北京市气象局科学技术成果认定办法》,加强对科技成果转化、业务成果应用、决策评估报告等的奖励,激励气象科技人员致力于气象现代化建设和核心技术突破。

3. 区域协同创新机制助推华北地区瓶颈科技问题突破

以"互联网+"的思维,以"集约化、分布式、信息化"为原则,积极整合区域内科研业务资源,建立区域数值预报模式协同创新机制,推进核心技术进步。构建的华北区域数值预报业务研发平台,实现了北京、内蒙古、山西和河北之间高性能计算资源的共享访问,同时将天津铁塔纳入京津冀铁塔观测网络建设体系,建立了集计算资源、存储资源、数据资源共享为一体的科技研发平台,使四地气象科技人员能够随时随地访问科技研发平台。华北区域数值模式研发团队加强资料同化方法和应用技术研究,推动了数值模式发展,提升华北区域内数值预报的精细化水平。

4. 发挥首都区位优势，实现人才、智慧、资源三“聚集”

打造人才、智慧、资源聚焦—聚合—聚变的平台。与中国气象局直属多个气象科研业务单位深入合作，推进城市综合气象探测、观测数据质量控制及同化技术、高影响天气预报、重污染天气预测等方面的联合攻关。与北京师范大学等高校在陆面模式、陆面资料、模式参数优化建立项目合作、资源共享机制，与北京大学、清华大学等高校开展深入合作，聘请各高校专家，建立专家信息库，为首都气象发展建言献策，吸引专家智力资源研究气象问题，带动北京气象局科技人才能力提升。与中科院大气所、中国环境科学研究院、中国原子能科学研究院、天津市气象科研所合作，推进京津冀大城市12座边界层铁塔数据资源共享。

5. 长期开展以我为主的国际合作，借脑引智助力关键技术提升

建立长期稳定、目标明确、环境友好的国际合作交流机制。锁定短临预报技术、陆面模式、资料同化和融合等亟需发展的核心技术领域，依托国际科技合作基地、北京市重点实验室等科技创新平台，陆续与美国NCAR、奥地利气象局等7个国家、2个地区开展常态化、高效实质的国际科技合作，并长期坚持至今。在区域数值模式、陆面模式、资料的实时融合分析和临近预报系统、城市气象观测及模拟等方向，分别聘请国际专家担任首席技术专家，组建创新团队，开展点对点的、深入的、长期的国际合作。

二、需求牵引，核心工程推动数值预报技术从点的突破向系统能力提升

面向首都无缝隙、精准化、智慧型的气象服务要求，坚持以提高0～12预报准确率为目标，构建了新一代0～12小时无缝隙、多物理过程融合的模式体系，加强了模式研发的有效性、集约性、系统性。融合了多种观测资料，丰富了短时数值预报的内涵，由分段、分时的预报变为不间断、连续、无缝隙的预报，由固定、单一、单独调用的资料使用变为多种资料融合、空基—地基—天基综合立体资料的随时调取，由模式仅采用自带的物理过程向综合考虑具有中国大城市特点的边界层过程、陆面过程、云微物理和气溶胶参数化方案发展，由点对点的模式应用变为模式可叠加、穿插融入的模式使用，弥补了1～2小时临近预报和2～12小时短时预报产品的空白，数值预报模式实现了量变到质变的飞跃。RMAPS模式体系包括：短时数值预报子系统(RMAPS—ST)、临近数值预报子系统(RMAPS—NOW)、城市数值预报子系统(RMAPS—URBAN)、客观预报集成子系统(RMAPS—IN)、空气质量数值预报子系统(RMAPS—AQ)、云物理

催化数值模式子系统(构建中)六大模块。为京津冀区域"末端"客观预报提供1千米分辨率、10分钟更新的产品,提升了0～12小时精细化客观预报预警能力。

(资料来源:中国气象局现代化办公室)

江苏:突出重点　构筑强天气预警业务体系

2011年以来,江苏省气象局在气象业务现代化中突出精细化预报和灾害性天气监测预警两个重点,在强天气监测预警工作中基本形成了以"一条主线、两大目标、三级分工、四项保障"为格局的气象业务体系,为江苏气象现代化提供了持续支撑。

一、强化精细化预报"一条主线"

完善气象要素格点预报系统,开展格点预报和落区预报相互转化。统一短临、短时和中短期格点预报网格参数,形成标准化0～168小时常规天气要素全序列无缝隙精细化预报产品,最小时空分辨率可达10分钟和1千米。实现省市两级精细化预报产品上下协同交互订正,建立精细化预报指导、订正和产品实时共享业务流程。完善灾害性天气格点指导预报,特别强化前端效应着力开展强天气预警。应用基于多普勒雷达、自动站、卫星、闪电定位、风廓线、探空等多源观测资料快速融合的强对流天气客观识别算法和风暴单体移动的临近外推技术,已实现全省精细化0～2小时灾害性天气落区预报。

二、明确潜势预报和分类预警"两大目标"

一是有序完善强对流天气潜势预报。开展了中尺度分析技术本地化研究,建立了不同类型强对流天气动力、热力物理量指标体系和强对流天气概念模型,制定了中尺度分析技术规范。目前,全省区域内强对流潜势中尺度分析已形成0～3小时预报产品;建立了强对流天气潜势指数客观预报系统,每日两次提供72小时逐时潜势指数产品。二是着力推进分类强对流监测预警试验。研发了雷暴、短时强降水、雷雨大风、冰雹及龙卷等分类强对流客观预报产品。研发的基于多源观测资料的龙卷、冰雹、大风客观识别算法已业务融入江苏省强天气综合追踪报警平台(SWATCH),在三次("150428""150724""160623")强对流天气过程中均有良好表现。

三、优化省市县业务"三级分工"

按照"省级指导、市级制作、县级服务"的原则,以SWATCH平台为依托,在定时预报基础上进一步强化灾害性天气实时指导、互动和服务,逐步建立了一套可行的层级业务分工和流程。其中，强天气监视以省市两级气象台实时监视为主，省级负指导责任，市县级负属地责任。预报预警以省级强对流天气分类分区业务产品和实时指导为基础，市级以强对流天气预警制作和公共传播为重点，县级以强对流天气预警发布和政府服务为落脚点。联防和实时指导实行扁平化联防和指导方式，省际联防由省台和相关市台负责，省内联防以谁发现谁发起的原则，第一时间叫应所在市县。

四、打造预警体系“四项保障”

以南京大气科学联合研究中心(NJCAR)为技术保障，聚焦精细化天气预报，着力分类强对流天气监测预警研究。以科技创新团队建设为人才保障，组建强对流天气短时临近预报科技创新团队，团队培养了一批人才，团队多项成熟技术以一体化平台为依托进行了业务转化，建立了强天气综合追踪报警平台。以强天气综合追踪报警平台为业务保障，实现了对全省及周边强对流风暴的自动识别追踪和报警、主客观预警产品交互制作、上下级预警产品主动推送、交互订正和实时反馈等功能，在2016年6月23日阜宁和射阳的强龙卷过程中自动识别与报警，省级快速指导、市县及时响应，发挥了重要作用。以优化业务制度为管理保障，构建了省市县业务同步联动、产品实时共享、预警信号发布协调一致的一体化短临预警业务发布规范和流程，推动了强天气监测预警业务的规范化、标准化发展。

(资料来源：中国气象局现代化办公室)

4. 省级气象现代化核心指标取得较大进步

2016年，全国气象预报预警能力、气象保障支撑能力、装备技术水平和社会评价水平等均取得较大进步(图1.9)。2016年气象预报预警水平较2014和2015年有较大进步，完成度较2015年提升了10.3%，较2014年提升了12.6%，体现了2016年省级预报预警工作卓有成效；气象保障支撑能力、装备技术水平、社会评价水平也在逐年提高，分别较2015年提升4.9%、3.4%和1.9%，较2014年提升10.5%、8.5%和4.5%；气象防灾减灾能力和气象服务能力稳定发展，由于评估内容和标准的优化，这两项原始数据和指标算法与前两年有较大差异，因此，完成度的年度差异不代表防灾减灾能力和气象服务能力工作的年度进展情况，这两项未做年度对比。

从一级指标的区域对比(图1.10)来看，中部地区主要是在气象保障支撑能力上存在短板，其完成度和东部地区的差异达到9.0%；西部地区在气象预报预警能力和气象保障支撑能力上存在短板，其完成度和东部地区的差异分别为8.0%和8.9%。

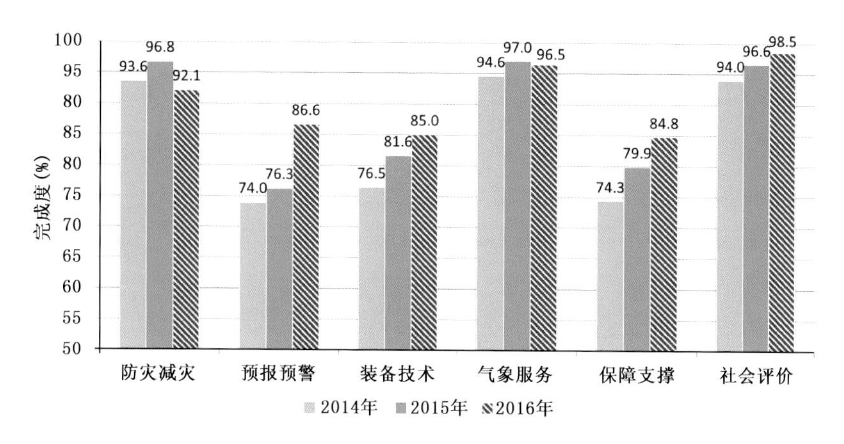

图 1.9　省级气象现代化评估一级指标完成度年度对比

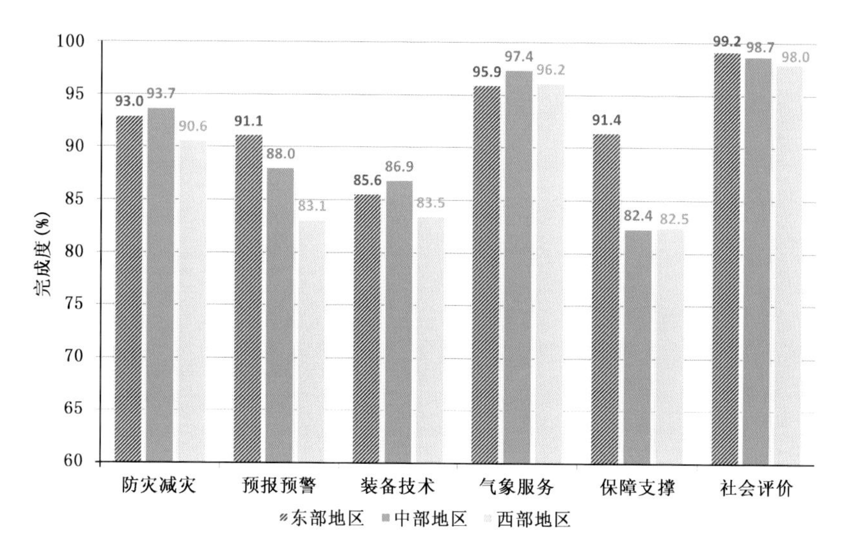

图 1.10　省级气象现代化评估一级指标完成度分区域对比

气象防灾减灾组织体系和气象依法行政水平不断完善。防灾减灾能力指标评估各地气象部门"两个体系"机制建设完善度以及气象依法行政水平。2016 年气象防灾减灾能力全国平均得分 11.98 分，完成度达到 92.1%①。该项指标完成情况各省(区、市)差异很小，有 25 个省(区、市)的气象防灾减灾能力完成度达到 90%以上(图 1.11、图 1.12)。该项指标评估结果体现了基层气象防灾减灾组织体系和气象依法行政的水平日趋完善，体现了近年来全国气象部门推进"政府主导、部门联动、社会参

① 较 2015 年下降 4.7%，是由于该项二级、三级指标有所修订，和前两年评估的角度和指标不同，不代表年度进展水平。

与”的气象防灾减灾机制建设取得显著成效。

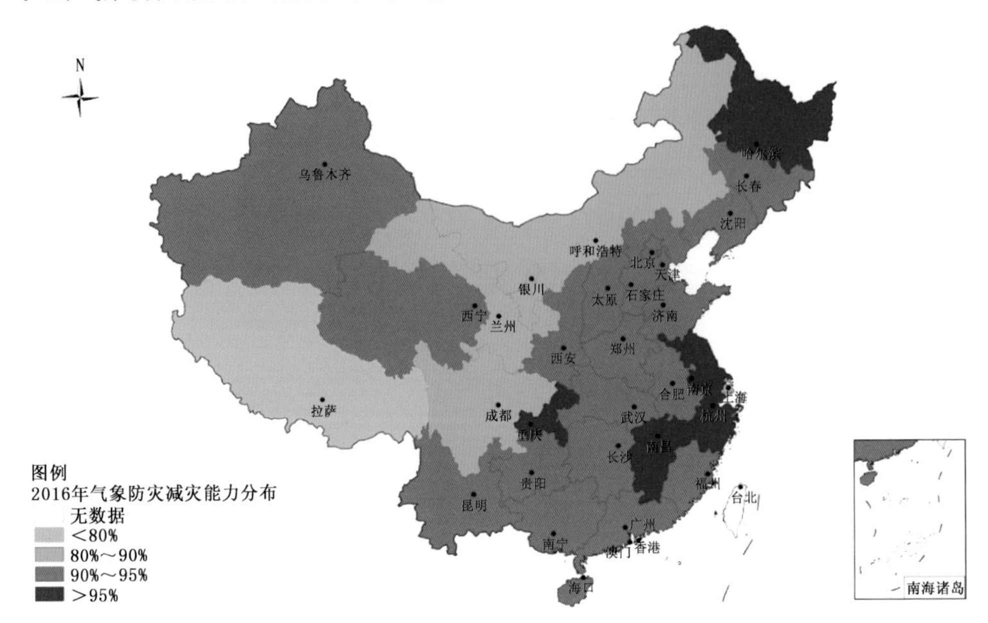

图 1.11　2016 年全国气象防灾减灾能力(完成度,下同)分布

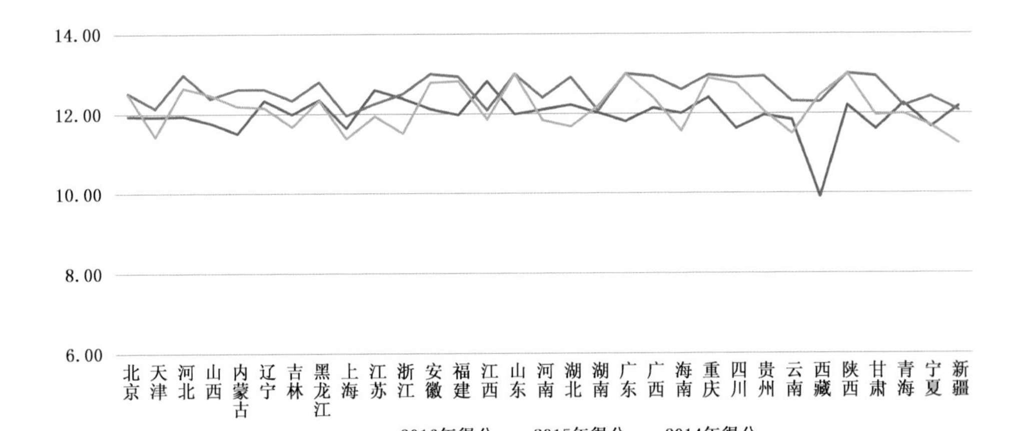

图 1.12　2014—2016 年各省(区、市)气象防灾减灾能力得分

气象预报预警能力取得较大提升。2016 年气象预报预警能力全国平均得分 17.40 分,完成度达到 87.0%(较 2015 年提升 10.6%,较 2014 年提升 24.1%)。该项体现了 2014—2016 年来全国 24 小时天气预报能力得到了较大提升,2016 年全国灾害性强对流天气预报预警业务有了明显进展,2016 年全国精细化气象格点预报业务建设取得良好进展,中国气象局以“信息化、集约化、标准化”的理念和方式部署推

进气象业务现代化取得了明显成效。但同时也要看到,气象预报预警能力存在较为明显的区域差异,有 11 个省(区、市)完成度达到 90%以上,其中江苏、天津和辽宁三省(市)完成度最高,有 20 个省(区、市)完成度在 90%以下,其中西部地区较为滞后(图 1.13、图 1.14)。

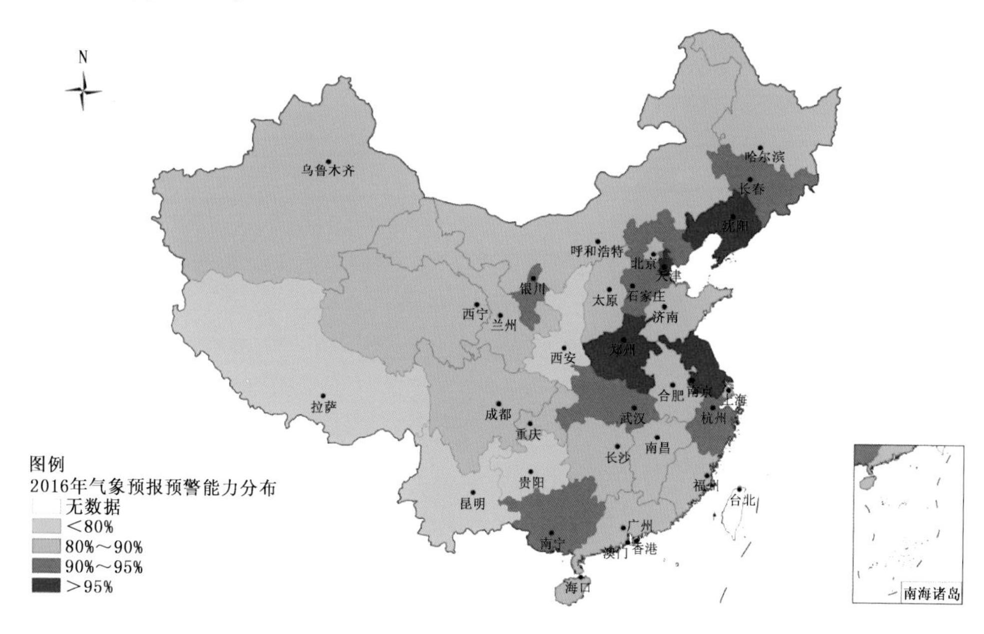

图 1.13 2016 年全国气象预报预警能力分布

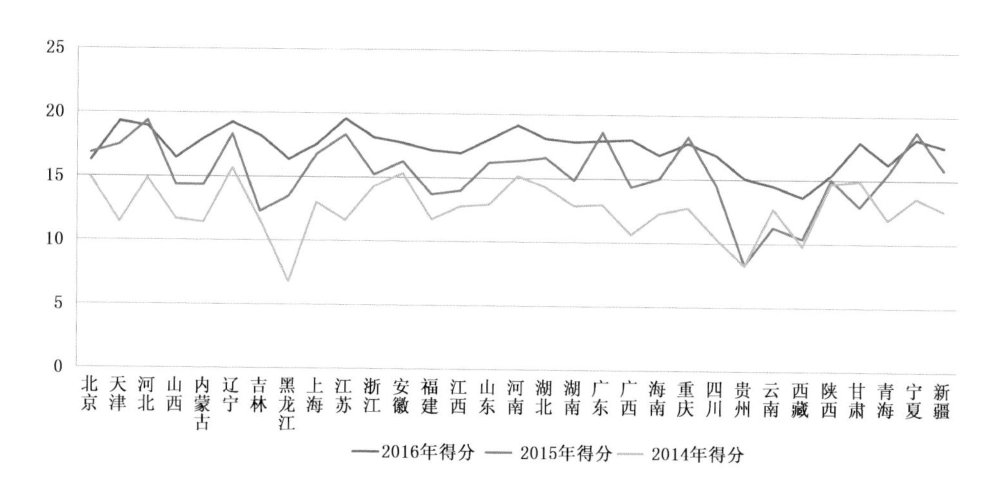

图 1.14 2014—2016 年各省(区、市)气象预报预警能力得分

气象装备技术水平还有较大提升空间。2016 年气象装备技术水平全国平均得分 17.05 分,完成度达到 85.3%(较 2015 年提升 3.4%,较 2014 年提升 9.4%)。该

项指标评估结果反映了2016年全国气象部门综合观测能力、数据质量控制以及气象信息化能力建设取得了一定成效。该项各省(区、市)差别不明显,福建和贵州两省完成度最高,达到90%以上,有27个省(区、市)完成度在80%~90%(图1.15、图1.16)。但西部地区相对东、中部地区仍较为滞后。整体而言,各地的气象装备技术水平还有较大提升空间,需要以“信息化、集约化、标准化”的理念和方式持续提升综合气象观测能力、观测数据质量控制能力以及气象信息化能力。

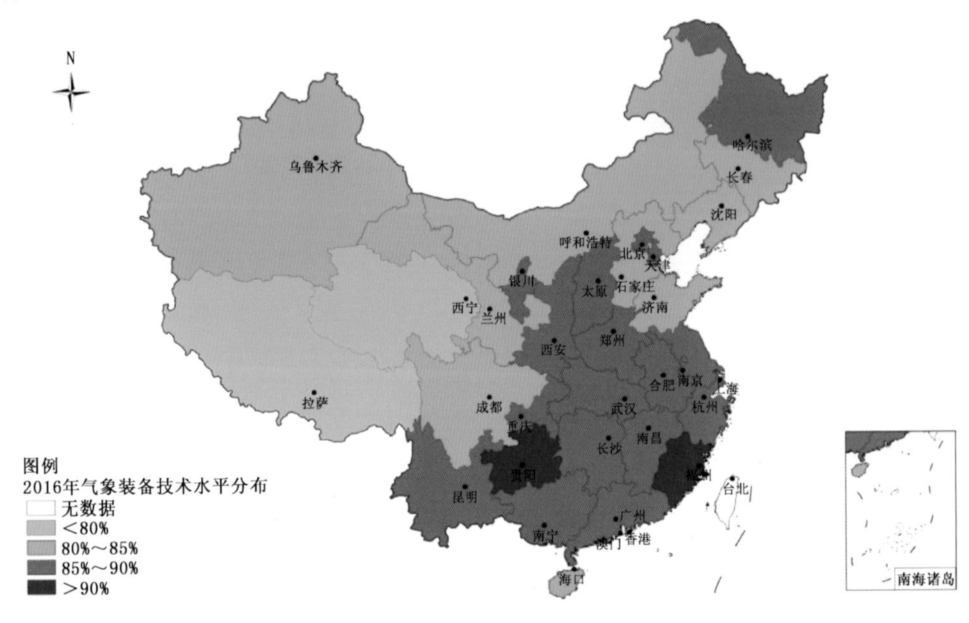

图1.15 2016年全国气象装备技术水平分布

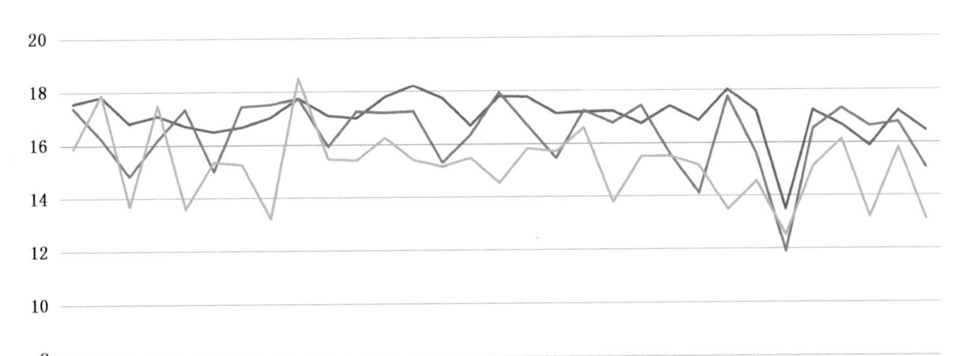

图1.16 2014—2016年各省(区、市)气象装备技术水平得分

公共气象服务成绩突出。2016年气象服务能力全国平均得分11.60分，完成度达到96.7%(较2015年下降0.5%，较2014年提升1.9%，相比2015年下降是由于该项二级、三级指标有所修订，和之前评估的角度和指标不一样，不代表年度进展水平)。各省(区、市)差别很小，仅个别省份由于受气象灾害影响有较大经济损失，使得气象服务能力得分偏低。其中宁夏、湖南两省(区)完成度最高，达到99%以上(图1.17、图1.18)。该项指标评估结果反映了省级公共气象服务能力成绩突出，体现了各级气象部门认真履行灾害监测、预报预警、信息发布及应急联动响应职责，及时为各级党委政府提供决策气象服务，为公众和各行各业提供气象灾害预报预警服务，为经济社会发展提供了有力保障。

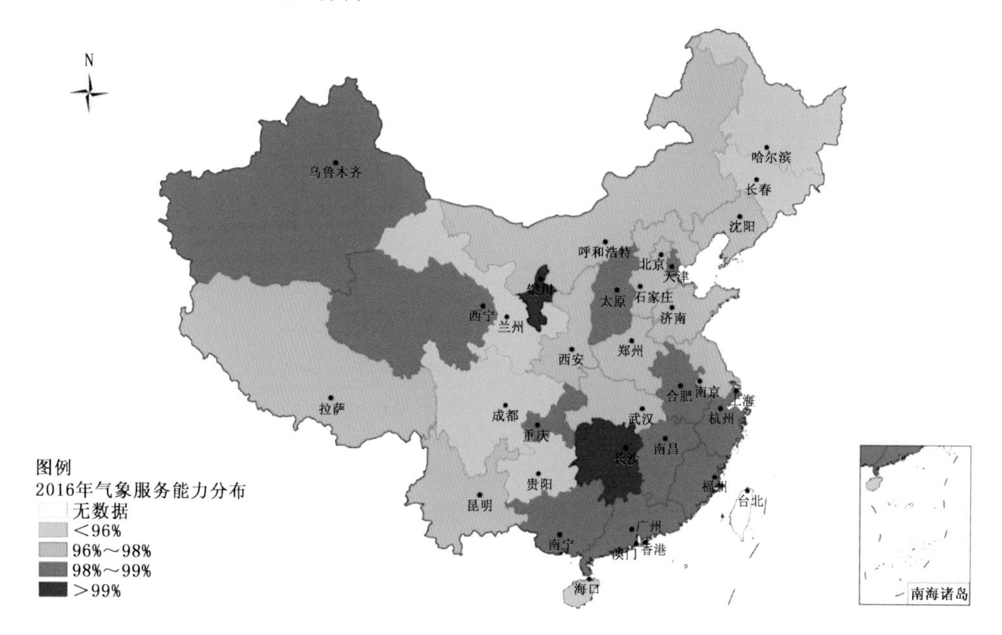

图1.17 2016年全国气象服务能力分布

气象保障支撑能力区域差异较为明显。2016年气象保障支撑能力全国平均得分21.57分，完成度达到86.3%(较2015年提升6.4%，较2014年提升11.9%)，各省(区、市)差异较大，有12个省(市)完成度达到90%以上，13个省(区)在80%～90%，6个省(区)未达到80%(图1.19、图1.20)。该项指标评估结果体现了全国气象事业的保障支撑能力有一定提升，但可持续发展水平和协调发展水平呈现地区差异，东部地区普遍保障支撑能力较高，而中、西部地区较低。由于该项主要评估科技、人才和财政三方面的保障支撑能力，其区域差异和我国区域经济发展不平衡有很大关系。中央和地方还需加大对中西部地区气象部门科技、人才、基础设施和财政保障等的投入，提升可持续发展水平。

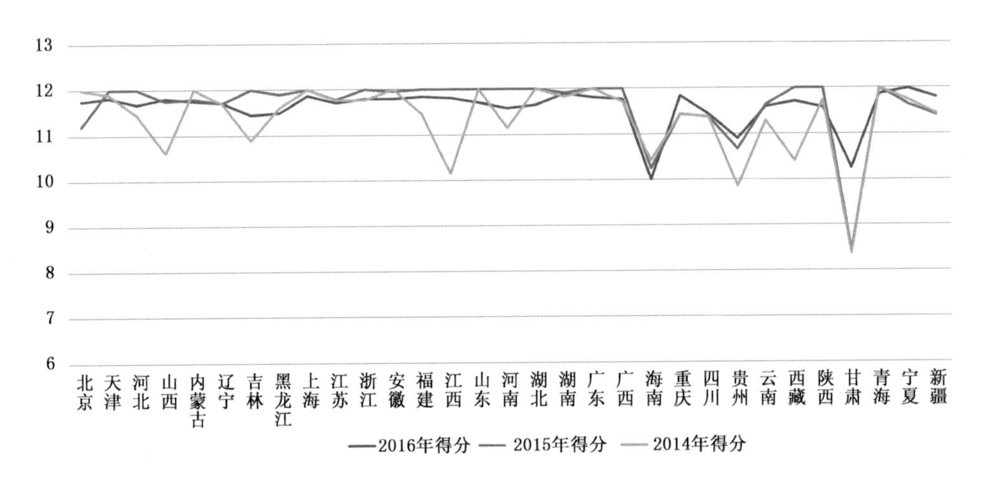

图 1.18　2014—2016 年各省(区、市)气象服务能力得分

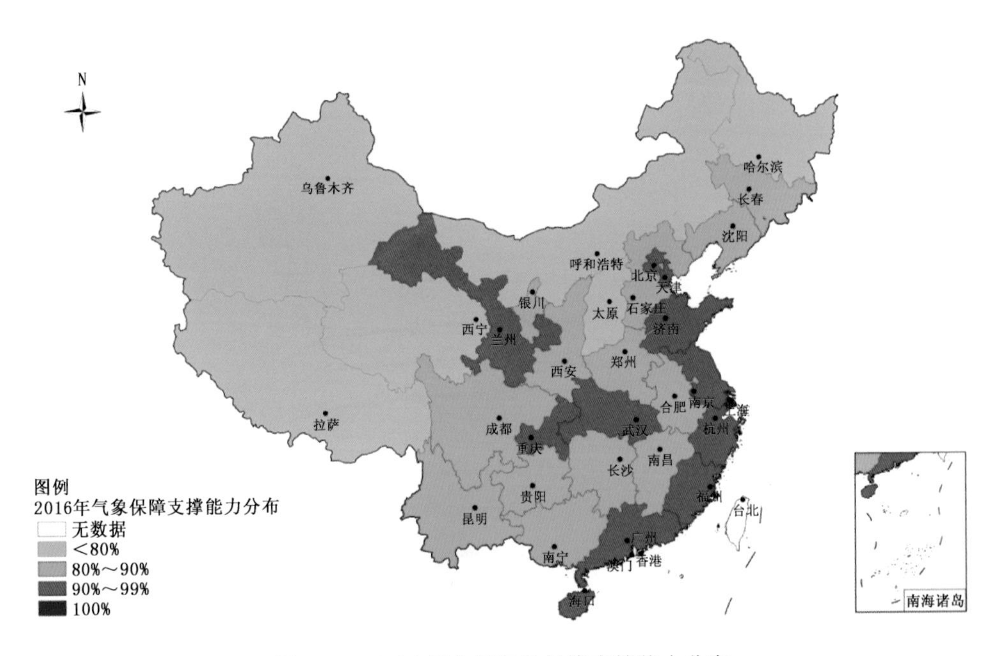

图 1.19　2016 年全国气象保障支撑能力分布

各地气象工作得到公众普遍认可。2016 年气象社会评价水平全国平均得分 9.83 分，完成度达到 98.3%(较 2015 年提升 1.7%，较 2014 年提升 4.3%)，各省(区、市)差别很小，完成度均在 94%以上，其中天津、内蒙古、辽宁、吉林、安徽、湖北、贵州 7 个省(区、市)完成度达到 100%(图 1.21、图 1.22)。该项指标评估结果反映了气象事业社会评价水平稳步提升，各地气象工作得到了公众的普遍认可，气象科学

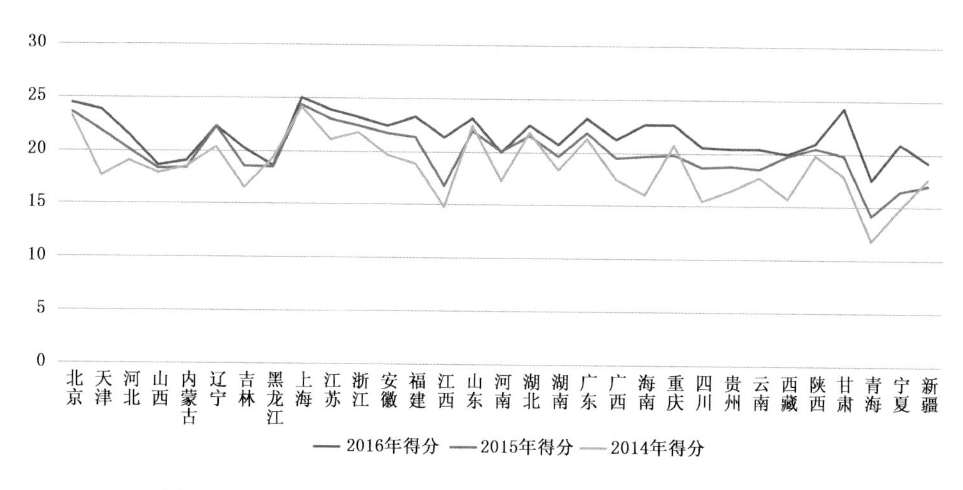

图 1.20 2014—2016 年各省(区、市)气象保障支撑能力完成度

普及也取得了很好的成效。同时也要看到,全国省级公众气象服务满意度已经达到很高的水平,随着经济社会发展和人民对公共服务需求的提高,公众对气象预报的精准化、个性化需求更为突出,而当前和未来几年气象科技水平还较难达到这一要求,因此,保持该项水平在今后几年还有较大难度。

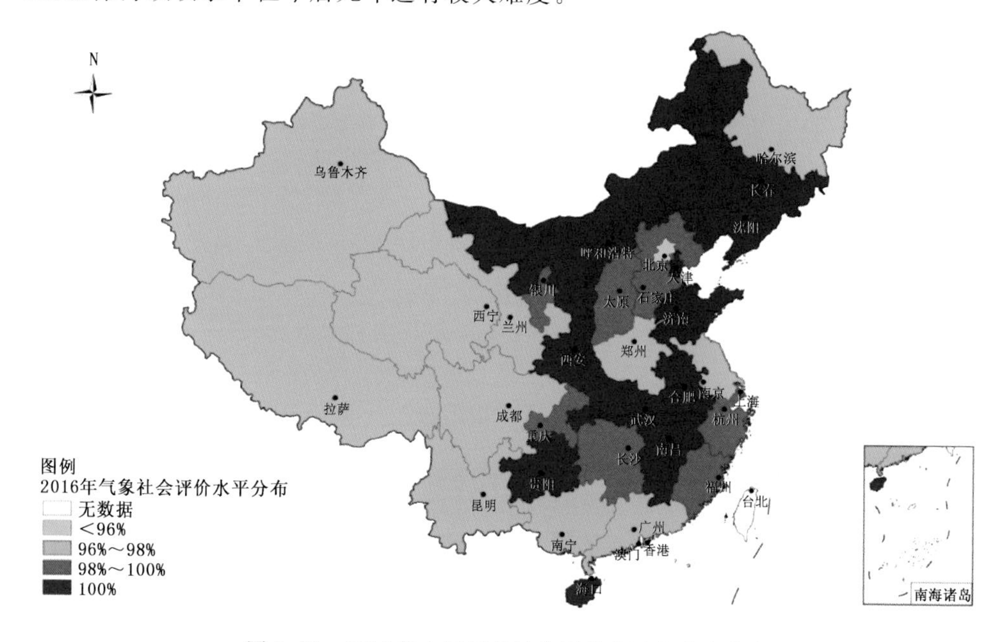

图 1.21 2016 年全国气象社会评价水平完成度分布

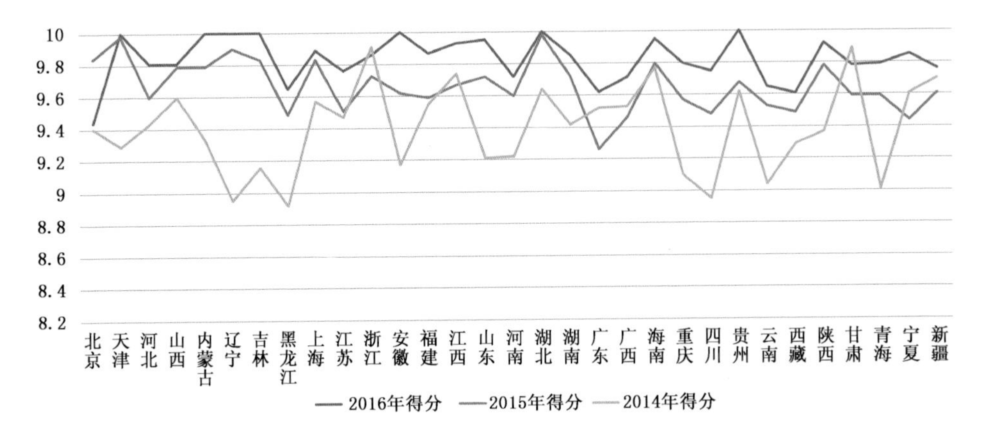

图 1.22　2014—2016 年各省(区、市)气象社会评价水平得分

三、展望

总的来看,2016 年中国气象局围绕全面推进气象现代化,加强顶层设计,强化统筹协调,推进气象现代化“四大体系建设”,探索智慧气象发展,突出科技创新,着力改革攻坚,狠抓法治建设。各地认真落实中国气象局的决策部署,全面推进气象现代化取得了明显成效。但也要看到,气象现代化发展仍然存在一些突出问题,从国家级气象现代化发展分析,主要是数值预报模式等能力与国际先进水平差距较大、预报准确率有待进一步提升、气象信息集约化水平还有较大提升空间等;从省级气象现代化发展分析,主要是预报预警能力还存在短板、气象信息化水平还需进一步提高、气象科技人才的保障支撑问题凸显等。围绕这些问题以及 2020 年基本实现气象现代化目标要求,今后还应从以下几个方面加强工作。

一是大力推动核心技术攻关。深入实施国家气象科技创新工程,继续推进三大核心技术攻关,加快推进天气气候一体化模式攻关,全力实现攻关任务中期目标,启动实施国家重点研发计划和重点专项,进一步强化以任务为导向的联合攻关机制。

二是坚持科技创新和人才优先发展。国家级要完善创新驱动体制机制,推进科技成果转化应用,推进气象重点领域科技成果转化中试基地建设,打通科技成果向业务服务能力转化通道,强化科技支撑气象业务服务。完善有利于激发创新活力的激励制度,不断强化引人进人、岗位设置、职称评聘、绩效激励、考核评价等机制,还需要加强对已有人才的再培养再教育,充分发挥人才的作用。省级自身要加强对地方科技和人才政策的运用,为科技创新和人才引进赢得更多地方支持。

三是提高全国信息化水平。气象信息化是实现气象现代化的重要途径,是实现气象业务与互联网融合，推进气象业务标准化、集约化是重要手段。提高气象信息化水平应坚持标准先行，要统一数据标准和规范，建立国家级—省级统一的气象数据环境，健全气象资料质量控制和评估体系，全面提高观测数据与产品质量；要按照气象信息化标准规范，建立业务运行和气象管理的信息化扁平业务体系，推进云计算、大数据、物联网、移动互联等技术的气象应用，提升气象信息化水平。

四是要注重上下联动，加快区域气象事业协调发展。分级分类推进省级气象现代化，继续推动第一批试点省市继续发挥示范带动作用，东部地区加大建设力度，重点提升预报预警、装备技术和保障支撑能力建设；中西部地区结合实际，突出地方特色，学习引进先进地区的经验做法和技术成果，加快气象现代化建设。同时，国家级先进的业务技术也要对外和对下辐射，使气象与经济社会发展更加融合，气象核心业务技术更好地支撑服务于基层气象现代化发展。

未来我国将继续全面推进气象现代化建设。《全国气象发展"十三五"规划》提出了到 2020 年的战略目标，即，基本建成适应需求、结构完善、功能先进、保障有力的以智慧气象为重要标志，由现代气象监测预报预警体系、现代公共气象服务体系、气象科技创新和人才体系、现代气象管理体系构成的气象现代化。建设以智慧气象为重要标志的气象现代化"四大体系"，是新时期气象现代化内涵的进一步丰富和完善，是持续全面推进气象业务现代化、气象服务社会化和气象工作法治化的具体体现。新时期推进气象现代化"四大体系"建设，应贯彻"创新、协调、绿色、开放、共享"发展理念，坚持公共气象发展方向，坚持服务引领和科技引领，强化目标导向和问题导向，充分利用国内国际两种资源，充分调动政府、部门、社会等各方面力量重点推进。一是建设以信息化为基础的无缝隙、精准化、智慧型的现代气象监测预报预警体系，大力推进现代气象监测预报预警业务，建立完善集约高效、充分互动的现代气象业务发展运行体制机制，其中包括构建无缝隙、精准化、智慧型的气象预报预警业务，构建天—地—空一体化、内外资源统筹协作的气象综合观测业务，构建资源集约、流程高效、标准统一的气象信息业务；二是建设政府主导、部门主体、社会参与的现代公共气象服务体系，大力推进现代公共气象服务业务，建立以智慧服务为目标的气象服务业务运行机制，发挥政府在气象服务中的主导作用，推进气象服务社会化发展；三是建设聚焦核心技术、开放高效的气象科技创新和人才体系，拓展国家气象科技创新工程内涵，进一步完善气象科技创新体制机制，创新气象人才发展体制机制；四是建设以科学标准为基础、高度法治化的现代气象管理体系，健全全面正确履行气象行政管理职能的体制机制，建立新型现代气象管理体制机制，完善依法发展气象事业的制度体系。

新时期的气象现代化建设将更加注重气象信息化能力的提升。从 2017 年起，我国气象信息化建设将进入第二阶段，全国气象系统应践行"气象大数据是用来用的，不是用来存的"，"气象信息化应该在'化'上下功夫，以更加开放的思维充分调动社会资源”等重要思想，实施气象大数据行动计划、建设气象大数据平台，加快推进跨部门、跨学科、跨领域的气象大数据资源整合并提升应用挖掘能力。全国气象系统力争到 2020 年，使气象数据资源共享应用水平显著提升，气象信息系统能力全面增强，气象信息技术实力更加雄厚，基本建立适应气象信息化转型发展的体制机制，智慧气象生态体系初具规模。

服务篇

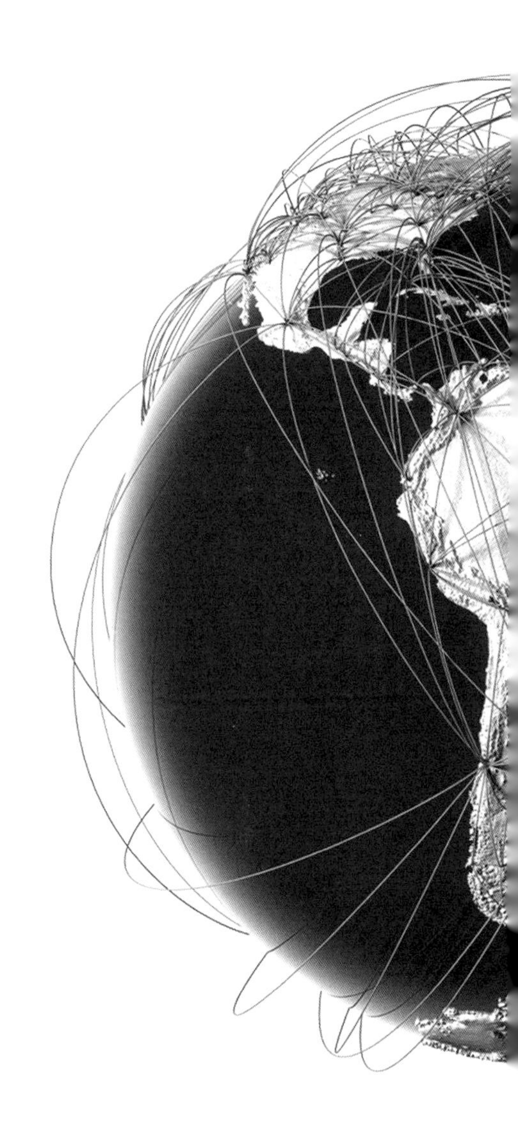

第二章　公共气象服务

公共气象服务是政府公共服务的重要组成部分。推进公共气象服务发展是提高政府公共服务水平的重要举措，是推动气象服务供给侧结构性改革、解决气象服务能力与需求不相适应矛盾的根本途径。总体上，我国公共气象服务水平已居世界前列，具有中国特色的决策气象服务和重大活动专项气象保障已达世界先进水平。2016年开始实施的《气象发展"十三五"规划》把"共享共用，提高以人民为中心的气象服务能力"作为气象事业发展的重大任务之一，旨在促进提高公共气象服务水平，实现公共气象服务的共享共用，为国家经济社会发展发挥更大的效益。

一、2016年气象服务概述

2016年，全国气象部门以供给侧结构性改革精神为指导，坚持构建完善业务现代化、主体多元化和管理法治化的中国特色现代气象服务体系，不断深化气象服务体制改革，实现了重点突破和整体推进相结合，突出了需求导向和绩效评价，优化了气象服务供给结构，扩大了气象服务有效供给，提高了气象服务质量和效率，气象服务取得了重大经济社会效益。

（一）决策气象服务体系加快向基层延伸

2016年，全国气象部门以突发事件预警信息发布系统为依托，大力推进决策气象服务系统向基层延伸，组织推进了"横向到边、纵向到底"的城市突发事件预警信息发布平台建设，全国有36个城市在区(县)建设了196个预警信息发布中心，2609个街道建设了预警信息发布终端，1.9万个社区建立了预警信息发布联络点，基本形成了省(市)—区(县)—街道—社区网格为一体的城市突发事件预警信息审核发布架构和"区县＋街道＋社区＋防灾减灾群体"的预警联动工作体系，实现了一键式预警信息的精准靶向发布，把决策气象服务系统延伸到了基层。各地通过推进省(市)政府制定突发事件预警信息发布管理办法等方式，真正落实了"政府主导、部门联动、社会参与"的气象灾害防御机制和应急体系。

2016年，全国农村气象"两个体系"建设进一步深化，到年底全国县级已建有气象防灾减灾机构或气象为农服务机构2167个，2723个县出台了气象灾害应急准备制度管理办法，2712个县市出台实施了气象灾害应急专项预案，1537个县将气象工作纳入地方“十三五”发展规划,60%以上的乡镇(街道)将气象灾害防御和公共气象服务纳入政府职责,气象信息员达78.1万名,村屯覆盖率达99.7%。

(二)公众气象服务特色基本形成

2016年,全国气象部门以移动互联网、大数据为支撑,着力推进公众气象服务个性化、精细化。全国30个省(区、市)建立精细化预报服务业务,江苏、浙江、上海实现了气象预报逐10分钟滚动更新,北京、宁夏、天津、浙江实现了空间分辨率1千米、逐小时的精细化预报服务,广东、安徽、江苏等15个省(区、市)提供预报到乡镇的气象服务产品。

2016年,全国各级气象部门依托互联网,积极打造智能气象服务手机APP品牌,根据用户手机定位,及时推送灾害性天气影响地区预警信息服务,公众气象服务由静态向基于位置的精细化动态服务发展。依托电视、广播等传统媒体,以及网站、微博、微信及各类APP等新媒体,公众接收气象信息更加便捷,气象信息的覆盖面不断扩大。

2016年,全国气象灾害预警发布传播公众覆盖率达到84.3%,明显高于上年水平。全国气象科学知识普及率超过77%。全国公众满意度达87.7分,再创历史新高。

(三)气象服务集约化进展步伐加快

推进气象服务集约化是气象服务体制改革的重要任务。2016年,全国气象部门继续以扩大气象服务有效供给为目的,加快推进气象服务集约化步伐。国家级气象服务以减员增效为目的,推进了服务机构改革,以流程再造为抓手,开展了服务体制改革;以规模发展为目标,推动了供给机制改革。通过气象服务体制机制改革,优化了气象服务供给结构,扩大了气象服务有效供给,提高了气象服务质量和效率。省级气象部门进一步强化了省级气象服务的集约化发展,推进了省、市、县气象服务业务布局改革,推动了影视、网络、短信、电话等公众气象服务业务系统建设和精细化产品制作向省、市级集约,专业气象服务业务向省、市级集约。

2016年是气象服务集约化取得突破性进展的一年。到年底全国共有549个县的影视业务、583个县的短信平台、154个县电话声讯业务向市(省)集约,120个市的短信平台、100个市电话声讯业务向省级集约,电力有17个、交通有16个、旅游有10个地区气象服务集约到省级,其中广东、上海、湖北等17省(市)集约建设全省一体化公共气象服务平台。全国31个省(区、市)共清理144类900种“僵尸”产品。有27个省(区、市)建立气象服务网站和手机APP公众气象服务质量监控业务,公众气象服务出错率大幅下降。全国30个省(区、市)的区县制定了基层气象预警服务标准规范,1697个县按照气象预警服务标准开展规范化公众服务。全国31个省(区、市)实现了公益性气象服务由省级气象服务中心承担,大部分省(区、市)气象专业服务打破了属地原则，实现了跨区域服务。

（四）气象服务市场参与取得新进展

2016年，为有效推进气象服务的社会和市场参与，中国气象局组织实施气象信息服务市场管理系统设计，完成气象服务市场管理系统的框架和备案管理子系统的建设，开展了气象服务企业的备案管理工作。组织北京、上海、浙江、广东等省（市）气象局开展了气象服务市场管理机构和队伍试点建设，开展了备案、预报传播质量评价和企业信用评价等市场监管工作。同时，制定了数据开放清单，探索建立气象服务众创机制，有效促进气象服务业发展。

2016年，为积极推进气象服务业发展，国家和省级气象部门还为各种力量参与气象服务创新提供产品、技术、资金和资源支持；面向部门和社会力量发展提供了气象服务基础支撑平台，分类、有序、规范了基本公共气象服务产品的提供和应用，明显提高了气象信息的社会利用水平。如深圳市气象局以“人人参与、人人尽力、人人共享”的气象服务新理念，探索气象数据开放模式及开放政策，对气象服务市场进行有序引导，创建了国内首个垂直气象类创新产品实验孵化基地，培育了12家社会企业，激发了市场潜力，在培养气象社会力量参与气象服务市场方面发挥了良好的示范作用。据统计，截至2016年底，全国各类气象服务企业达到近1500家，主要集中在气象信息增值服务、雷电防护技术与咨询服务、专业气象服务、气象仪器装备制造、气象工程咨询、气象软件开发等领域。

二、2016年气象服务主要进展

2016年，全国气象系统秉承“以人为本、无微不至、无所不在”的理念，全力做好各项气象服务，全国公众满意度达再创历史新高，气象服务产业取得了新发展。

（一）决策气象服务效益显著

决策气象服务是面向政府部门等决策者的公共气象服务，是公共气象服务的重要组成部分，是最具中国特色的气象服务。决策气象服务对综合防灾减灾、保障民生和经济发展，以及国家重大战略、重大工程和重大活动的实施都发挥着十分的重要作用。

1. 决策气象服务产品总量持稳

数据显示，2010—2015年，全国气象部门向中央政府和地方各级政府提供决策气象服务产品的总量总体呈持续增长态势（图2.1）。2016年，全国决策气象服务产品总量达到105.6万期（次），明显高于近七年69.1万期（次）的平均水平，比2015年的113万期（次）略有减少。

2016年，中国气象局向党中央、国务院及有关部门提供的决策气象服务产品总量达到了1640期（次），比2015年增长18.9%，为2006年以来年均值的206.8%（图

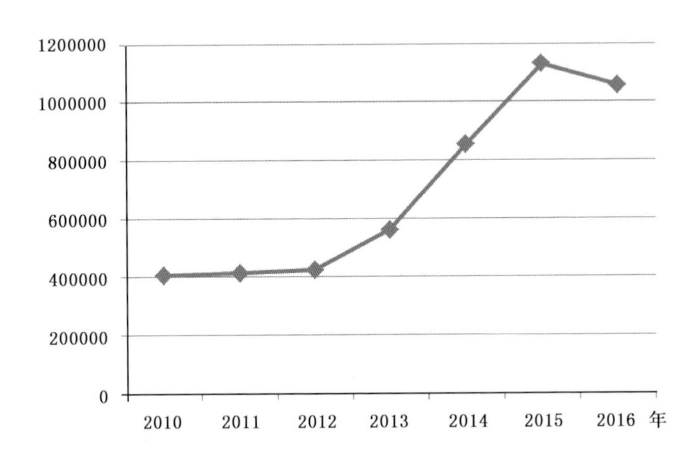

图 2.1　2010—2016 年全国决策气象服务产品总量(单位:期(次))
(数据来源:《气象统计年鉴》(2010—2015 年);2016 年数据来自中国气象局财务核算中心)

2.2),达到了 11 年来的最高值。其中,专题报告 119 期,《重大气象信息专报》70 期、气象灾害预警服务快报 137 期,中央有关领导同志批示达 95 人次;其他决策气象服务服务产品 1314 期(次)。需要说明的是,由于不同年份气象灾害情况、重大活动和重大工程等数量的不同,决策气象服务的数量也会有一定差别。

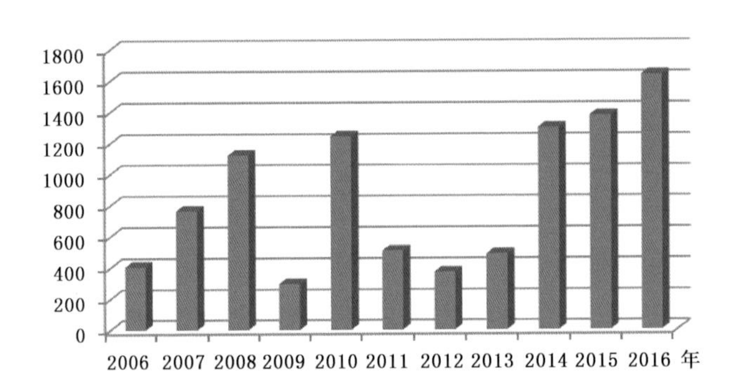

图 2.2　2006—2016 年向中央政府提供的决策气象服务产品数量(单位:期(次))
(数据来源:《气象统计年鉴》(2006—2015);2016 年数据根据中国气象局内设机构和直属单位相关资料计算整理)

2016 年,省级气象局向省级政府提供的决策气象服务产品达到 32074 期(次),比 2015 年增加了 31.2%;地(市)级气象局向地(市)级政府提供决策气象服务产品 118022 期(次),比 2015 年下降 36.7%;县级气象局向县级政府提供决策气象服务产品 904091 期(次),与 2015 年数据基本持平(图 2.3)。从近六年的数据上看,总体上,向省级、地(市)级政府提供的决策气象服务产品基本保持稳定,但向县级政府提供决策气象服务产品却呈现大幅增长，2016 年的数量达到了 2010 年的 2.19 倍。这充分反映出在基层气象与生产生活的结合越来越紧密，政府和社会需求也日趋增长，特别是防灾减灾、为农服务等领域的需求增长更为明显。

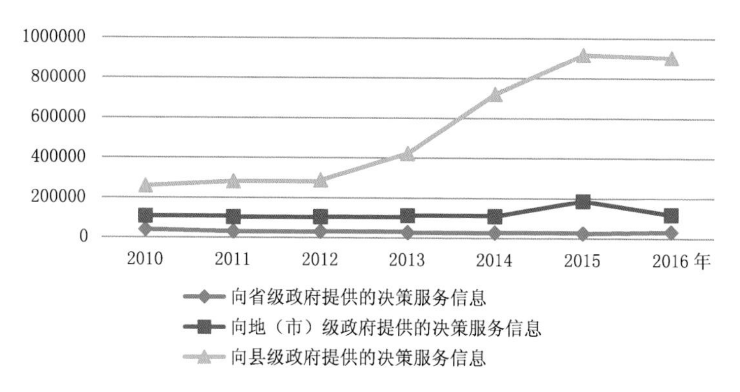

图 2.3　2010—2016 年地方气象部门提供的决策气象服务产品数量（单位：期（次））
（数据来源：《气象统计年鉴》2010—2015，2016 年数据来自中国气象局财务核算中心。向省级、地（市）级、县级政府的提供决策服务信息包括重要气象信息服务和其他气象信息服务）

2. 重大气象保障卓有成效

2016 年，全球气候系统非常复杂，在我国登陆超强台风多、降雨强度大、强对流天气频繁、重雾和霾天气多，气象灾害防御难度大。气象部门严密监测、科学分析、及时预警、主动服务，有效应对各种灾害天气过程，有力保障了经济社会发展和人民生命财产安全，保障了国家重大政治、经济、文化活动的开展。

2016 年，国家重大活动比常年明显增多，气象服务保障任务非常繁重。气象部门圆满完成了 G20 峰会气象服务保障任务；圆满完成了“天宫二号”、“神舟十一号”载人飞行等气象服务保障；积极参与京津冀、长三角大气污染防治；“一带一路”沿线国家气象合作得到加强，首届中国—东盟气象合作论坛成功召开。

G20 杭州峰会气象服务保障

G20 杭州峰会气象保障服务是一项政治任务。2016 年，出席 G20 杭州峰会的国家元首和国际组织领导人比较多。会议气象保障，既有人工增雨保障空气质量任务，也有人工消减雨作业任务，尤其是领导人室外活动安排，天气条件成为影响活动成功的一个关键因素。

早在 2016 年年初，中国气象局就成立峰会气象保障协调指导小组和国家、省、市气象局一体化的峰会气象保障服务工作组，印发《G20 杭州峰会气象保障工作方案》《G20 杭州峰会气象保障服务工作总体方案》等 4 个方案，成立了省、市一体化的峰会气象台，在峰会总指挥中心搭建现场气象台。从 G20 杭州峰会期间的灾害性天气预报服务、到重要活动气象保障服务,从配合开展空气质量预报、到加强防雷安全及施放气球安全管理工作,气象部门全力以赴、协同用力,以现代化建设成果支撑气象服务保障圆满完成。

8 月,气象服务进入关键阶段。中国气象局各部门积极行动,实行负责人 24 小时领班、专人值班制,全力做好加密观测、滚动预报、及时预警、跟进服务等工作。利用风云卫星、高分卫星、多普勒雷达等进行精细化立体加密观测,提供区域中尺度模式快速同化更新与 1 千米分辨率的精细化数值预报,并基于移动互联网手机 APP“智慧气象”进行精细定位服务,有效提升了气象监测预报的定量化、客观化、精准化水平。

气象部门科学分析峰会期间气候背景和高影响天气风险。在筹备工作前期,浙江气象部门制作《杭州市 9 月份高影响天气及‘西湖蓝’大气扩散条件分析报告》,为相关部门在制定活动方案、应急预案和工作计划时规避可能出现的高影响天气风险提供了决策参考。8 月 5 日开始,气象部门相关机构联合开展气候趋势会商,提前 1 个月准确预测了“9 月 4—5 日期间降水概率大于平均气候概率,受台风直接影响可能性小”。

从 8 月 16 日起,气象部门每天发布未来 10 天浙江全省和杭州天气趋势分析预报。9 月 3 日夜间,峰会气象台正式向峰会筹委会汇报:4 日夜间天气不影响户外演出,但可能会有小雨。正是因为相信气象部门的预报,演出指挥部最终确定了在西湖湖面进行表演的方案。9 月 4 日 11 时 30 分,峰会气象现场服务组进驻峰会文艺活动部,两部气象现场观测保障车进驻西湖景区。此时,浙江东部舟山、宁波、台州等地均出现降雨,降雨云系向西偏南移动,直奔杭州。15 时,西湖区域有小雨。气象部门向文艺指挥部提供短时临近服务,确认当天 19 时至 23 时演出区域无雨。

精准服务贯穿了整个 G20 杭州峰会及其系列活动。气象部门应用了“逐 10 分钟更新 0～6 小时预报,逐小时更新 24 小时逐小时预报,逐日更新未来 15～30 天延伸期预报”的最新精细化监测预报产品体系,有针对性地开发了 200 米至 1 千米分辨率的精细化产品,以及重点场所定点温度、降水、高度梯度风、体感温度和舒适度等气象要素服务产品。

气象部门还对“智慧气象”APP 进行升级,丰富服务内容,新增英文服务模式。有近两万名峰会服务人员安装了这一软件,有效扩大了服务覆盖面。

“天宫二号”发射气象保障

9月15日22时4分，“天宫二号”在甘肃酒泉卫星发射中心成功升空。气象部门针对此次保障任务提早安排、精心部署，又一次为航天任务提供了精准的气象预报服务。

为做好气象保障服务工作，气象部门专门成立了气象服务保障组，并于9月5日赴酒泉卫星发射中心现场，与发射中心气象专家一道会商研判天气形势。

垂直转运是所有保障节点中对天气条件要求最高的，尤其是对风的要求特别严格。气象服务专家充分利用气象现代化成果，依据区域中尺度数值模式产品、集合预报产品等进行分析研判，仔细分析各种气象要素，最后确定9日8时为垂直转运“窗口”。事实证明，这次预报非常成功。转运“窗口”时，发射场能见度非常好，气象条件完全满足火箭飞船组合体垂直转运。

14日下午到夜间，执行此次发射任务的长征二号F—T2型运载火箭开始加注推进剂，气象服务现场保障小组提供了精确的实时气象信息。15日，火箭即将正式点火发射，发射“窗口”的气象条件是气象保障的核心任务，气象专家经过研判和会商，最终确定“天宫二号”发射“窗口”满足需求。

“神舟十一号”载人飞行气象保障

11月18日14时许，“神舟十一号”飞船降落在位于内蒙古自治区的主着陆场。在整个飞行任务中，从加密观测到精细预报、从军地会商到派出预报员，从正常通信到对外服务，气象部门全力保障飞船着陆。着陆场的气象条件是飞船能否按时返回的关键。为确保飞船安全着陆，在确保飞船安全返回期间，气象参试人员提高释放探空气球密度，每天释放4～5个气球，同时加大地面观测密度，由原来一个小时观测一次改成15分钟观测一次，为返回舱落点预报提供气象数据支持。气象部门深入分析研究着陆场区域天气，利用数值预报模式和集合预报等，制作了专项服务产品，包括主着陆场区精细化浅层风和主着陆场区精细化高空风预报。

11月17—18日，伴随着“神舟十一号”33天的飞行任务接近尾声，气象保障服务也进入了关键时期。从加密观测仪器的稳定运行到观测资料准确传输，从开展逐3小时的滚动天气预报到开展逐1小时的滚动天气预报，从做好面向基地的气象保障服务到面向媒体的气象信息通报，在关注各类复杂天气变化的同时，气象部门进一步加强沟通与协调，确保气象保障服务任务万无一失。

11 月 18 日 14 时许，“神舟十一号”返回舱在着陆点安全降落，着陆场气象要素实测值与气象预报结论完全吻合。

长征 5 号运载火箭发射气象保障①

2016 年 11 月 3 日 20 时，长征 5 号运载火箭在海南文昌发射成功，这是目前中国直径最大、运载能力最大的火箭，它的成功发射标志着我国航天事业跨入了一个新的里程。为了确保发射任务的顺利完成，海南省气象局全力以赴做好气象保障工作。

军地共建，提前做好服务部署。为了全力配合海南航天火箭发射基地做好长征 5 号运载火箭发射气象服务保障工作，海南省气象局与文昌卫星发射基地签订了《海南航天发射气象保障合作协议》(以下简称《协议》)。根据《协议》要求，海南省气象局参加火箭发射军地联合气象保障，以便推动军民融合深入发展，综合利用军地气象资源，全面检验军地协同保障能力，确保气象保障圆满成功。火箭发射前一个月，海南省气象局积极加强与基地联系，了解服务和需求，共同制定了联合气象保障组织实施方案和工作方案，并安排海南省气象台具体负责提供保障服务。海南省气象台根据部署，对气象资料共享、天气会商、危险天气通报机制等事项进行周密安排，层层落实，全程跟进，做好联合气象保障工作。

积极沟通，加强临近天气会商。从 10 月初到火箭发射，在长达 1 个月的时间里，海南省气象台作为气象保障的主要技术协作单位，积极与基地试验技术部气象室加强沟通协商，确定气象资料共享、天气会商以及协助制作各类预报预警等方面的合作及通报方式。特别是在气象保障的重要节点和关键过程加强短临天气监测预警，以及危险天气的预报预测，通过电话、传真等多种方式进行天气会商。

现场保障，协助做好发射保障。11 月 3 日，为了做好火箭发射工作，海南省气象台派人员进驻发射场区，参加现场气象保障，协助基地技术部气象室制作各类预警、预报(常规天气预报、专题天气预报、窗口预报等)以及参加专题气象汇报。现场保障人员多次进行内部会商，并与省气象台值班室进行天气连线会商，提出海南省台的预报结论。

① 资料来源：中国气象局应急减灾与公共服务司。

根据天气预报，11 月 3 日文昌发射场区无降水、无雷暴、无地面大风，满足任务最低发射条件。但由于上午冷空气势力有所加强，11 月 3 日下午，场区开始出现零星降水，浅层风出现 6 级以上风力，这给预报增加了难度。通过军地双方对资料的再分析及内部会商，得出结论：冷高压梯度在逐小时减弱，傍晚起云量将会减少，风力也会有所减弱，窗口时间气象条件总体上非常有利于火箭发射。3 日傍晚实际天气情况与预报完全吻合，火箭最终成功发射。

3. 气象信息共享进一步深化

气象信息是政府部门作决策时的重要参考依据，深化气象信息部门间共享是做好决策气象服务的重要基础。根据国务院要求，2016 年年底，中国气象局与国务院办公厅、农业部、民政部、水利部、海洋局、民航局、地震局等 14 个部委或单位建立了信息数据传输同城专线；中国气象局与国土资源部、交通运输部、农业部、住建部、地震局、测绘局等 10 个部委或单位实现了信息共享；中国气象局与农业部、民政部、国土资源部等采取多员合一方式，共建共享信息员，实现了防灾减灾资源的充分利用。国家突发事件预警信息发布系统与民政、国土资源、水利等 15 个部门对接应用，实现了多灾种综合预警信息的权威发布。充分发挥气象灾害预警服务部际联席会议制度的作用，强化了气象、应急、旅游、交通、卫生、国土、水利、环境等部门的协同应急，有效促进了防灾减灾体系融合发展。

2016 年年底，全国气象部门面向农业、水文、地质、住建、海洋、公路、铁路、民航、森林草原、旅游、电力等 20 余个行业或部门提供了气象服务。与农业、水利、民政、林业、国土、交通等部门建立了联合会商机制，与农业部联合发布农业干旱和农业病虫害发生发展等级预报，与国土部门联合发布地质灾害气象风险预警，与林业部门联合发布森林火险等级预报和林业有害生物预警信息，与交通部门联合发布公路气象预报，与水利部门联合发布山洪灾害气象预警，与旅游部门联合共建中国旅游天气网，有效提升了综合防灾减灾能力。

（二）公众气象服务能力持续提升

公众气象服务是公共服务的重要内容，是满足人民群众生产生活气象需求的重要保障，是全民共享气象服务最集中的体现。2016 年，全国气象部门根据中央“保基本、守底线”的原则，加快推进气象发展转型，进一步强化了以公众气象服务为重点的基本公共气象服务公益属性，深入推进了共享气象发展，切实提高了为人民群众提供基本公共气象服务能力和水平，公众气象服务取得了突出成效。

1. 公众气象服务满意度持续提升

2016 年全国公众气象服务满意度达到 87.7 分，比 2015 年提高 0.4 分，为 2008

年以来的最高值。其中,城市满意度和农村满意度分别为 86.7 分和 88.9 分(表 2.1,图 2.4),各省份气象服务总体满意度见图 2.5。2016 年,公众对气象服务的准确性、实用性、及时性和便捷性评价分别为 78.5 分、92.0 分、88.2 分和 93.4 分,较 2015 年均有明显提高,其中公众对气象信息接收的便捷性评价提升最大,较 2015 年提升 3.1 分。

公众气象服务经济效益明显提高。有关调查结果显示[①],2016 年,六成公众认为气象服务可以为个人或家庭节省一定费用,2016 年气象服务为全国公众节省的费用是 1068.0 亿元,为 2015 年 1.46 倍。

表 2.1 公众气象服务满意度评估结果(2010—2016 年)

年份	全国满意度(分)	城市公众满意度(分)	农村公众满意度(分)
2010	83.5	82.3	84.6
2011	85.7	83.9	87.3
2012	86.2	84.5	87.8
2013	86.3	84.7	88.2
2014	85.8	84.8	87.0
2015	87.3	86.3	88.4
2016	87.7	86.7	88.9
平均	86.1	84.7	87.4

数据来源:中国气象局公共气象服务中心。

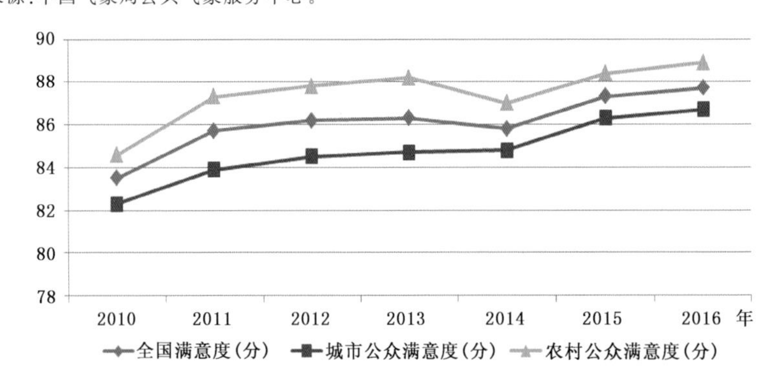

图 2.4 2010—2016 年全国、城市、农村公众气象服务满意度
(数据来源:中国气象局公共气象服务中心)

2. 公众气象服务覆盖面继续扩大

公众气象服务覆盖面是检验公众气象服务成效的重要指标,近 10 年来这一指标

① 数据来源:中国气象局公共气象服务中心。

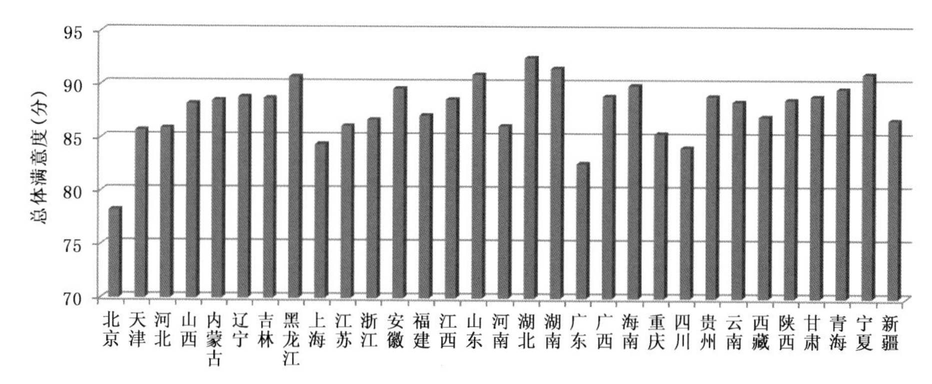

图 2.5 2016 年各省(区、市)气象服务总体满意度

(数据来源:中国气象局公共气象服务中心)

一直保持在较高水平。2016 年,气象部门除依托电视、广播等传统媒体,以及自办的网站、微博、微信、APP 等新媒体渠道发布和传播气象信息外,还大力鼓励社会媒体参与气象信息传播,使公众接收气象信息更加便捷,气象信息覆盖面和受众人口继续扩大。

2016 年,公众气象服务通过全国广播传播综合人口覆盖率达到 98.4%,通过电视传播综合人口覆盖率达到 98.9%,通过 APP 天气手机覆盖率达到 81.5%,再加上城市网格覆盖和农村信息网覆盖,公众气象信息覆盖率达到近 100%。其中,中国气象频道在 31 个省(区、市)324 个城市实现落地,覆盖 1.25 亿数字电视用户,全国覆盖服务人口达 4.4 亿。气象部门通过 27 个国家级广播电视媒体平台制作首播广播影视节目近 52100 档,约 2082 小时。

2016 年,中国天气网以及全国 144 家各级气象部门门户网站年总浏览量达 235 亿页。其中,中国天气网日均浏览量 2646 万页,最高日页面浏览量 6039 万页。围绕重大气象灾害启动直播报道 16 次,单次最高浏览量超 2200 万,同比提升 3 倍;并形成国省联动灾害直播报道模式,全年与 10 余个省级站联合直播 5 次。

2016 年,中国天气通总装手机量为 1 亿,月活跃用户 1400 万。全国气象部门共有 1600 余个微博、微信账号,粉丝数达 6260.9 万。中国气象局驻人民日报、今日头条、搜狐、新浪、网易等新闻客户端政务账号订阅用户超过 2000 万。

3. 公众气象服务品牌化取得新进展

2016 年,中国气象局组织相关力量,以需求为牵引,建立了格点化实况和精细化预报服务业务,构建了以国家级技术和产品为支撑的精细化服务体系,有效提升了全国公众气象服务的水平。格点化实况和精细化预报为精细化专业服务提供了基础,江苏、河北、安徽省气象局将精细化预报产品与公路路网和路况叠加,开展了精细化公路交通气象服务;湖北、湖南将电力气象灾害普查结果与精细化预报相结合,建立了电力气象灾害风险预警业务;陕西、福建、青海等地基于中国气象局公共气象服务中心精细化预报和实况产品，开展了热门旅游景点、重要灾害隐患点、主要粮食作物产区等特定站点和区域的精细化服务，丰富了气象服务产品。国家级精细化服务产品支撑中国天气网、中国气象频道的同时，也逐步应用于三星、微软、搜狗、好123、微信等媒体和企业，为其开展气象服务提供了基础支撑。

2016年，公众气象服务的品牌化取得新发展。中国气象频道继续探索版权经营与市场运作，建立了《四季养生堂》合作模式，并与爱奇艺进行视频流量分成；加强对外合作，着力推进频道品牌影响力的提升，先后与腾讯新闻、搜狐、新浪、网易、东方卫视、CCTV-1晚间新闻和CCTV纪录等媒体建立了联系并开展业务合作，网络视频流量显著增长，品牌网络影响力显著提升。中国天气网着力打造一系列结合生活场景的功能型轻产品；积极拓展面向行业的精细服务，如，打造国内首家为用户提供国内外共计5万多个旅游景点气象信息的手机网站，为旅游出行提供保障；面向开发者和社会企业提供在线气象数据接口服务，提供全球近20万个站点的基础气象预报、预警、实况等相关数据；联合阿里公益基金会共同举办"公益云图——数据可视化创新大赛"。通过一系列举措，中国天气网影响力显著提升，全年累计发布资讯6800余条，微信粉丝数增长5倍，微博微信阅读量均创历史新高。

4. 气象科普率大幅提升

气象科普是公众气象服务的重要组成内容，是提高人民群众气象灾害防御能力、保障人民群众生命财产安全，促进公众积极参与应对气候变化的重要途径。全国气象部门一直致力于气象科学技术普及工作，极大地提高了全民气象灾害防御能力，强化了应对气候变化意识。

2016年，中国气象局继续推进气象科普的业务化、集约化、信息化和标准化发展，全国气象宣传科普资源共享与传播系统1.0版本在全国20个省市县气象单位试运行并完成业务验收。举办全国气象宣传科普资源共享与传播系统工作研讨会，对系统2.0版本建设提出了业务需求，目前基本完成系统2.0版的功能开发。初步完成"全国校园气象科技教育交流平台"建设并在几十所学校落地使用。[①]

2016年，全国气象部门共制作气象科普宣传品2999种，282个气象科普教育基地共接待公众385.5万人次。各级气象部门利用世界气象日、防灾减灾日等重要时间节点，组织开展各具特色的气象科普活动7700余次，邀请专家1.3万人次，参与公众达381.8万人次，累计发放各类宣传资料915.6万份。同时，中国气象局联合人民网打造的品牌媒体活动"绿镜头·发现中国"系列采访活动写入《中国应对气候变化的政策与行动2016年度报告》。气象部门有1个集体和3名个人获得科技部、中央宣传部和中国科协全国科普先进集体和先进工作者的表彰。

2016年，全国气象部门按照"互联网＋气象＋社会热点"思路，依托先进技术，开

① 资料来源：中国气象局气象宣传与科普中心。

发多种宣传科普产品，设置气象话题，其中台风、梅雨、暴雨及雾霾、二十四节气等微博话题阅读量屡破千万，累积阅读量7亿。开展全媒体互动直播，在线访问人数累计超过2000万。围绕重大、关键性天气气候事件及应急服务中公众可能产生的疑惑进行策划和科普创作，其中，针对江苏盐城龙卷风创作的《龙卷风能被预报出来吗?》阅读量突破1500万，为"科普中国"年度图文类产品排行榜第一名。制作具有自主知识产权的科普动画近50个。设计开发游戏产品70余个，原创网络专题访谈图解等362个，有效提升气象信息社会关注度。

截至2016年年底，全国建有50余个气象科普场馆(展区)，218个国家级气象科普教育基地，144个省级气象科普教育基地和245个地市级气象科普教育基地。

2016年，全国气象科学知识普及率为77.16%，比2015年提高5.29%，比2014年提高1.3%，为近年最高值，气象科学知识普及率的提高在一定程度上也为对全民科学素质的进一步提升做出了贡献。2016年，气象科学知识普及率最高的五个省(区、市)依次是贵州、天津、安徽、北京、吉林(图2.6)。

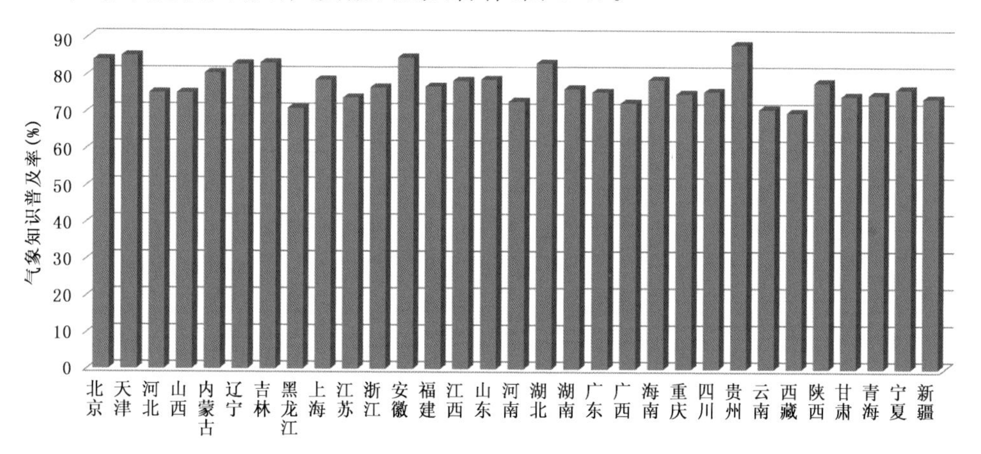

图2.6　2016年各省(区、市)气象知识普及率
(数据来源:中国气象局现代化办公室)

(三)气象服务产业取得新发展

目前，我国气象服务产业发展总体还处于起步阶段，但近些年有明显加快趋势。根据中国气象服务协会的相关研究，2013—2015年，中国气象服务产业发展指数(指标体系见表2.2)逐年增长(图2.7)。其中，产业生产力指数在2014年、2015年提升较快(图2.8)。从产业影响力指数具体情况来看(图2.9)，2014年、2015年的重点企业收入增长较快，特别是其中的小微型企业，2014年、2015年的营业收入增速保持了43%以上的快速增长，2013年增速仅为16.2%。气象服务产业规模增速也保持了较快的增长，平均增速接近20%。

表 2.2　中国气象服务产业发展评价指标体系框架

一级指标	二级指标	三级指标
气象服务产业生产力指数	资本	固定资产规模
	人力资源	从业人员素质
	设施	专业设施覆盖
	技术	专业技术能力
气象服务产业影响力指数	经济影响	产出规模增速
		行业收入增速
	社会影响	预报质量检验
		灾害经济损失
气象服务产业驱动力指数	需求程度	市场需求规模
	创新环境	科研经费投入
	市场环境	产业景气程度

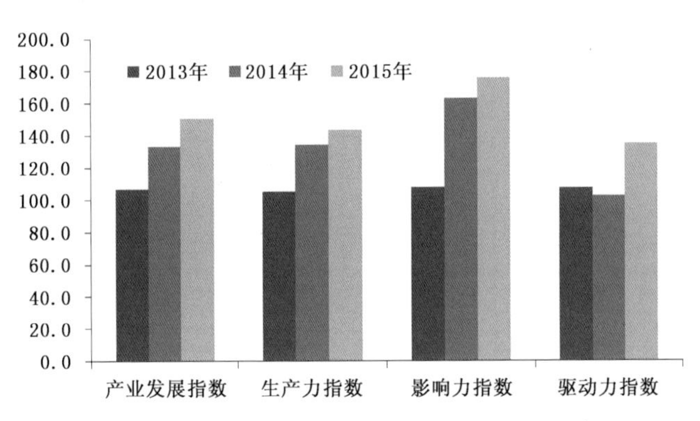

图 2.7　2013—2015 年产业发展指数变化(%)

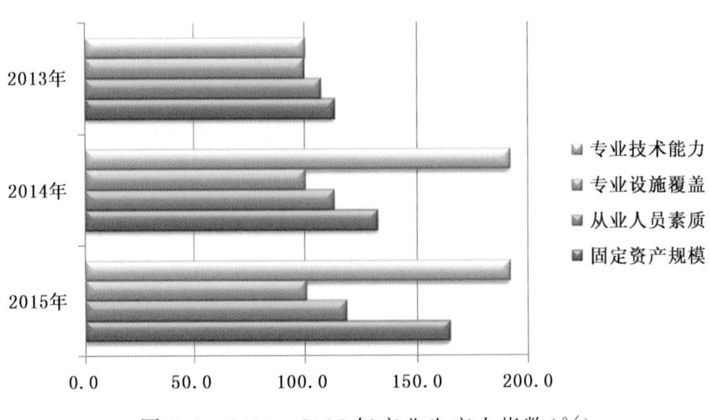

图 2.8　2013—2015 年产业生产力指数(%)

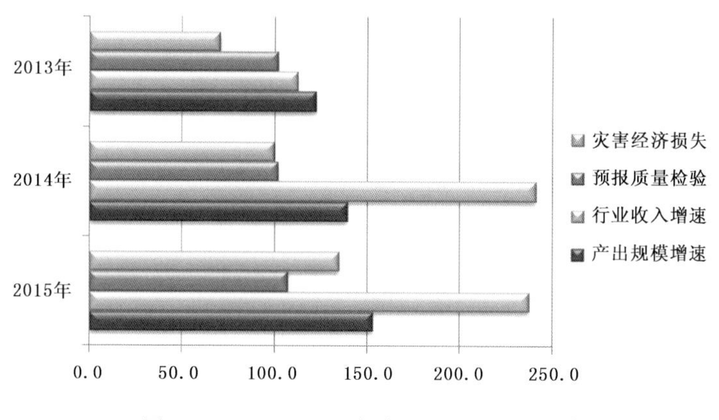

图 2.9　2013—2015 年产业影响力指数(%)

2016 年,是我国气象服务业取得新发展的一年。中国气象局组织制定《公共气象服务发展指导意见》和《中国气象局关于促进专业气象服务改革发展的若干意见》,提出了建立适应不同气象服务类型、现代信息传播技术特点和气象服务市场开放要求的业务体制,针对公众气象服务提出了影视、网络、短信、电话、新媒体等公众气象服务业务系统建设和产品制作向省、市集约,县级气象部门主要基于省、市下发的各类公众气象服务产品,利用影视、网络、短信、电话、新媒体、显示屏等各种手段向公众提供服务等要求。据不完全统计①,到 2016 年年底在册的气象服务企业有 1871 家,为近年的最高值。其中防雷领域最多,占 72.4%,其次为专业气象服务、气象信息传播、广告类企业等;从盈利情况看,防雷、专业气象服务、气象信息传播类企业盈利状况良好。

1. 气象信息服务

(1)新媒体气象服务发展迅速

一是手机天气类 APP 渗透率持续居高,市场基本成型。天气 APP 几乎是公众必备手机 APP 之一。天气 APP 可以及时、便捷地向用户提供天气实况、预报、卫星和雷达等综合气象信息,还可以通过移动位置服务技术为用户提供当前所在位置和多时次的具体气象信息。近年来,天气 APP 的用户持续增加,产品持续创新。

用户规模持续增加。2016 年,天气类 APP 的用户规模持续增加,第三季度的活跃用户数超过 2.3 亿。综合 360 手机助手、豌豆荚、安卓市场、91 助手、PP 助手等几大主流手机助手,初步统计结果显示,截至 2016 年年底,手机天气 APP 达到约 600 个,与 2015 年基本持平。主流天气 APP 的综合下载量持续增加,其中墨迹天气的下载量比 2015 年增加了 45%,天气通的综合下载量增加了 29%,中国天气通、360 天气等的下载量也有所增加。渗透率持续居高。2016 年上半年中国手机网民规模达

① 数据来源:中国气象局应急减灾与公共服务司。

6.6亿人,天气类APP用户规模达5.4亿人,天气类APP活跃用户在手机网民中的渗透率达81.6%[①]。

在产品创新方面,预报空气质量成为必备功能[②]。当雾、霾一波接一波地袭来时,人们对空气质量指数,尤其是$PM_{2.5}$也越来越关心。在主流的天气APP中,除了“Yahoo天气”之外,几乎所有天气APP都将预报空气质量作为了主要功能之一。墨迹天气投入精力开发智能手表天气应用,积极拓展智能可穿戴领域。墨迹天气在二级菜单栏增加“时景天气”功能,“和天气”设置“美图”专区,都是对用“社区”或者“社交”增加用户黏性,打通用户与用户之间的关系的一种尝试。

天气类APP市场已经基本成型。随着移动互联网的高速发展,用户的使用习惯和天气应用厂商的品牌形象已经基本成型,天气类APP市场已经基本成型。目前,国内天气市场整体呈现高集中度的市场格局,以墨迹天气为首的排名前三的天气应用市场份额总和已经接近90%[③]。其中,墨迹天气的市场份额占据51%[④]。另外,以2016年7月的数据为例,比达咨询(BigData－Research)数据中心的监测数据显示,在当月主要天气类APP月活跃用户数方面,墨迹天气优势明显以8299.1万人排第一,天气通以3297.6万人排名第二,MIUI天气以2237.7万人排名第三,华为天气、黄历天气分别以1872.4万人和1166.8万人分列第四、第五位,其余产品月活跃用户不足千万。

“天气＋”概念是未来天气类APP的发展趋势。在“天气＋”的概念提出后,天气类APP将基于气象大数据的分析,将天气类生活指数渗入用户的日常生活中,从“天气”这个入口,更好引导用户的需求,为用户服务。比如,墨迹天气的发展重点是将“天气＋”战略无限扩展,切入更多的生活场景,提供更加场景化的服务。比如短时预报与叫车、叫餐服务相结合,大雨来临前收到墨迹的提醒,用户可以选择一键叫车。又如墨迹洗车、墨迹观影等。

二是气象相关微博和微信发展较快。近年来,国家和省级气象机构积极探索开展“双微”(微博、微信)气象服务业务。气象微博发展较快,但关注度和活跃度有待提高。微博(Weibo)是一种通过关注机制分享简短实时信息的广播式社交网络平台。中国互联网络信息中心《第36次中国互联网络发展状况统计报告》将微博划分为“交

---

① 2016年7月天气APP用户监测报告．比达网．2016－09－01 10:25:18).http://www.bigdata－research.cn/content/201609/322.html.

② ASO100 2016年2月天气预报App竞争报告．科技讯．(2016－03－30 11:16).http://www.ccidnet.com/2016/0330/10116095.shtml.

③ 2016年第1季度中国天气应用市场数据统计分析．中商情报网．(2016－06－09 15:32).http://www.askci.com/news/hlw/20160609/15322327140.shtml.

④ 服务用户,墨迹天气正在用大数据和机器学习说话．(2016－10－31 16:29).http://www.ccidnet.com/2016/1031/10202306.shtml.

流沟通类应用”，相较于出现较晚但用户量更庞大的微信平台，微博属于公开性社交平台，尽管其社交黏性不足，但具有发散性传播的特点，时效性较强。

有关调研结果显示，67.7%的省(区、市)官方气象微博于2011年完成微博注册，25.8%的账号在2012年注册。目前，微博粉丝数量在10万～50万的省份占51.6%，100万～150万的省份不足10%，而粉丝量在100万以上的仅有“天津气象”、“河北天气”和“广东天气”。全国31个省级官方气象微博粉丝总量为982.38万人，占全国人口比例的0.72%，其中90.3%的省(区、市)粉丝/人口比在2%以下，微博粉丝/人口比最高的依然是“天津气象”，达到9.81%，超全国平均水平12.6倍。截至2016年10月31日，微博发布量最高的5个官方气象微博为：“南京气象”“江淮气象”“江苏气象”“深圳天气”“气象北京”，分别为34345、31162、30411、29880、28081条。48.4%的省(区、市)日均微博量在6～8条。其中，“江苏气象”“气象北京”“江淮气象”最为活跃。

气象微博的转发量相对较低。随机选取2015年9月1—7日为统计时段，51.6%的博文转发量都在10次以下，转发量在10～50次的只占32.3%，50次以上的仅有16.2%。从形式上看，图文并茂的博文是网友转发次数最多的，占74.2%；从内容上看，天气预报和热点占据转发前两位，分别为35.5%和25.8%。

总的来说，气象部门对新媒体的敏感性并不高，早期官方气象微博账号注册时间整体较晚，一些识别度较高的账号名称早已被提前抢注。现阶段，各省级气象官方微博消息内容质量和丰富度仍然参差不齐，且鲜有气象微博关注微博领域新兴的短视频、直播和付费阅读业务。虽然天气预报和天气相关热点事件自然转发率很高，但转发气象微博仍然属于小众行为，下一步，需要考虑如何在保持科学性和严谨性的前提下将专业的气象信息包装为“接地气”的网络产品。

气象微信影响力有待提升。据腾讯2016年中期业绩报告，截至第二季度末，微信每月活跃用户已达8.057亿，微信公众平台注册用户数超过2000万。具体到气象微信，全国31个省级官方气象机构大部分(77.4%)在2016年完成微信公众平台的注册和公众号认证，16.1%在2015年完成认证，6.5%在2014年完成认证。省级官方气象微信的认证主体机构包括：气象局、气象服务中心、专业台、气象台、气象影视中心、防雷中心、预警中心、环境中心以及公司。44%的省级官方微信以气象服务中心为主要认证机构；其次是影视中心，占全国19%；陕西共有3个微信公众号，其中两个由社会公司提供气象服务。

根据腾讯公布的数据，用户刷微信的高峰时段在18—22时之间。目前，95%的省级官方气象微信订阅号每天都会发布图文消息，但大多数官方气象微信都没能充分利用18—22时这一黄金时段。以2016年10月21日为例，62.5%的省级官方气象微信订阅号在16—18时发布，16.8%在08—16时发布，而在用户最喜欢的18—22时，只有20.8%的气象微信在发布信息。事实上，在当前的微信公众号信息推送规则下,如果服务信息没能在阅读高峰时段发布,那么将很容易淹没在用户的各类订阅信息中,导致实践中气象微信的阅读量较低。以 2016 年 10 月 21 日各气象微信发布的主图文消息阅读量数据为例,50.0%的气象微信阅读量<1000;29.2%在 1000～2000 之间。也就是说,在一般情况下,省级官方气象公众号推送的主图文消息阅读量很难超过 2000。

为了增加气象微信的阅读量,可以考虑改变传统气象服务业务流程,把握用户阅读时段和碎片化的阅读习惯,将文章推送时段从与预报时间较为接近的 17 时调整到 22 时前后的阅读高峰时段,并强化微信图文消息的美工设计和易读性等。

在气象相关微博、微信快速发展的同时,也需要关注微博、微信传播气象信息存在的潜在隐患,加强社会主办微博微信传播气象信息行为的规范和监管。部分微博、微信等互联网平台在传播气象信息,尤其是灾害性天气预报信息时,或者任意篡改气象部门的权威预报,导致信息失真,误导公众;或者夸大灾害性天气的强度,导致社会恐慌,甚至影响社会正常生产秩序;或者在传播气象信息时不按规定标明信息来源等,需要依据相关法律规范加强监管。

(2)传统媒体气象服务保持平稳发展态势

广播、电视和报刊气象服务总体持稳。2016 年,全国传播气象信息的广播频道为 1735 个,与 2015 年基本持平;传播气象信息的电视频道数达 3565 个,比 2015 年略低;提供气象服务的报刊种类数量为 1435 个,比 2015 年略增。图 2.10、图 2.11、图 2.12 表明,从 2004 到 2016 年,广播、电视、报纸气象服务的数量虽略有起伏,但从总的发展趋势看,基本保持稳定发展态势,表明传统媒体传播气象服务仍有较为稳定的受众。

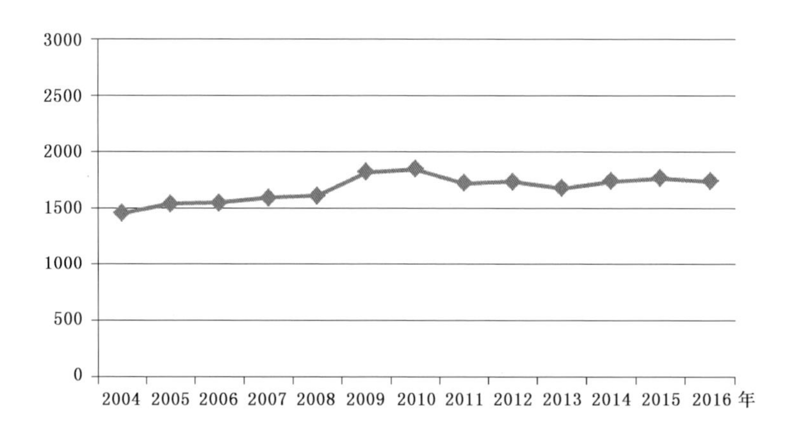

图 2.10　2004—2016 年提供气象服务的广播频道数量

(数据来源:《气象统计年鉴》(2004—2015);2016 年数据来自中国气象局资产管理事务中心)

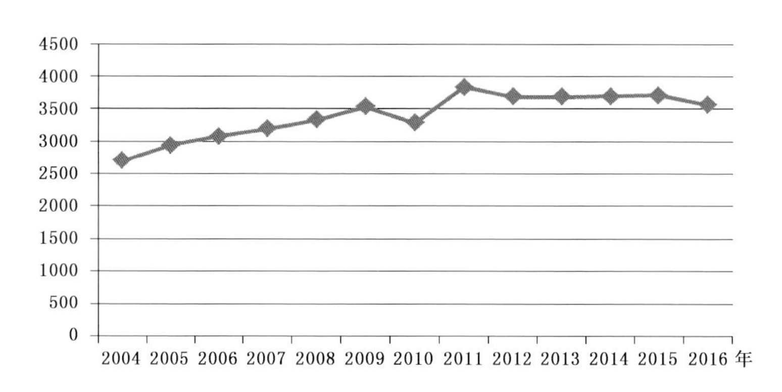

图 2.11　2004—2016 年提供气象服务的电视频道数量
（数据来源:《气象统计年鉴》(2004—2015);2016 年数据来自中国气象局资产管理事务中心）

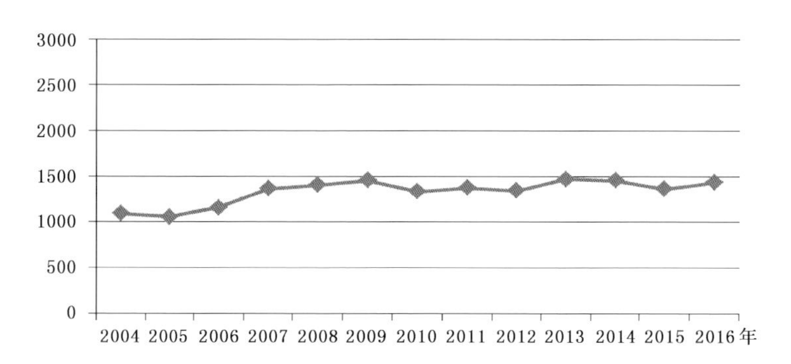

图 2.12　2004—2016 年提供气象服务的报刊种类数量
（数据来源:《气象统计年鉴》(2004—2015);2016 年数据来自中国气象局资产管理事务中心）

电话、短信气象服务总量略呈下降。电话气象服务是比较传统的气象服务方式。数据显示，电话气象服务在 20 世纪 90 年代得到快速发展，到 21 世纪初出现持续增长，2008 年达到最高值(25.3 亿次)后逐年降低，至 2010 年拨打数量基本稳定，进入了发展平稳期。目前，全国气象服务电话有 121、12121、96121、96221 和气象服务热线 400－6000－121。2016 年，全国电话气象服务达到 8.05 亿次(图 2.13)，比 2015 年略有减少。但全国气象服务热线 400－6000－121 的用户总拨打量近 4 年持续增长。2013 年，气象服务热线用户总拨打量为 72919 人次，2014 年增加到 82414 人次，2015 年达到 12 万人次，2016 年达到了 18.9 万人次，为历年最高值，其中，陕西、湖南、山东排名前 3 位。

短信气象服务的定制用户数量在经历了 2004—2009 年持续五年的增长后，从 2010 年起基本保持稳定(图 2.14)。2016 年，短信气象服务的定制用户为 1.16 亿，

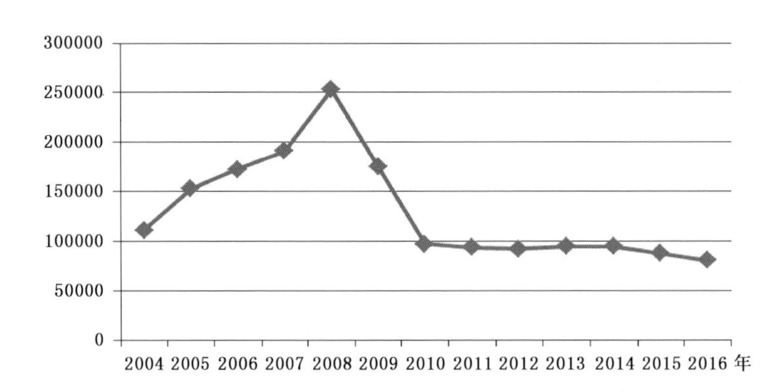

图 2.13　2004—2016 年气象服务电话的拨打数量(单位:万次)
(数据来源:《气象统计年鉴》(2004—2015);2016 年数据来自中国气象局资产管理事务中心)

比 2015 年略有减少。需要说明的是,在定制短信这一服务方式之外,通过手机短信免费发布和传播气象灾害预警信息已成为重要的气象灾害防御手段并得到了持续发展。目前,全国各级政府各部门气象灾害防御责任人和全国 78.1 万名气象信息员(数据截至 2016 年年底),均通过短信形式接收气象灾害预警信息,而且各级政府都在采取措施加强这一服务方式,这也在一定程度上促成了气象灾害预警短信接收数量在近几年的持续增长。同时,国家预警信息发布中心已完成 15 个部委 70 类预警信息的接入工作,实现业务试运行;短信平台也已稳定运行。截至 2016 年 10 月 31 日,全国共发布预警信息 321374 条。从一定意义上讲,在发展定制短信气象服务的同时,进一步优化和完善气象灾害预警短信发布平台,仍然是未来气象服务发展的重要内容。

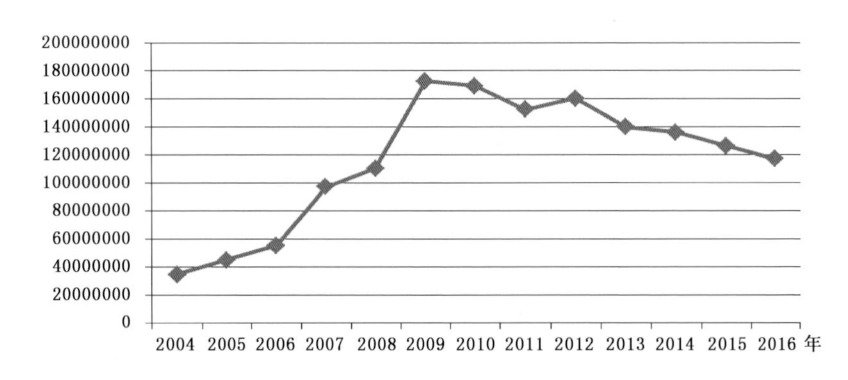

图 2.14　2004—2016 年短信气象服务的定制户数
(数据来源:《气象统计年鉴》(2004—2015);2016 年数据来自中国气象局资产管理事务中心)

综上所述，广播、电视、报刊气象服务总体呈平稳发展态势，电话、短信气象服务在近5年也进入了稳定发展期，说明在新媒体快速发展的今天，仍有一部分用户习惯于通过广播、电视、报纸、电话、短信等传统的服务方式来获取气象信息。这就要求我们在发展新媒体气象服务的同时，也应继续关注这部分公众，继续做好传统媒体气象服务。

2. 防雷服务①

持续推进的防雷体制改革减低了准入门槛，扩大了社会参与。据不完全统计，2016年，新增社会防雷企业160余家，整个防雷企业还缺乏知名品牌，80%的防雷企业每年只有几百万的营业额度，同行出现有不良竞争。

有学者研究认为，现代防雷行业的发展大体可分为投入期、成长期、成熟期和衰退期，目前，防雷行业处于成长期向成熟期发展，防雷企业的规模化升级发展势在必行。如，民营防雷企业已有中光防雷及明家科技两家创业板上市公司，多家企业挂牌新三板。雷迅、深圳盾、欧地安、华炜等企业与外资企业或上市公司并购，借助资本的力量获得了发展。

省级以下气象部门在切实做好原有防雷业务工作的基础上，调整防雷业务重心，强化雷电监测预警业务和服务，大力推进防雷减灾监测预警的技术研究开发、提升了雷电专项服务。

（四）面向行业和特定领域的气象服务

加快推进面向农业、能源、民航、海洋、环境保护、旅游、保险等重点行业，以及城市、农村、兵团、农垦、森工等特定领域的气象服务，是近年来气象工作的重要内容之一。2016年，面向重点行业和特定领域的气象服务取得了新进展，气象服务能力明显加强，服务效益大幅提升。

1. 气象为农服务②

2016年，各级气象部门以提能力、建机制、促合作、强基层为工作重点，积极推进资金和技术向农村倾斜、气象基础设施向农村延伸、公共气象服务向农村覆盖，气象为农服务各项工作取得显著成效。

提升监测预报预警能力，保障社会主义新农村建设。一是农村气象灾害监测预报能力持续提升。全国建成5.7万个区域自动气象站，乡镇覆盖率达95.9%。建立精细到乡镇的气象预报和灾害性天气短时临近预警业务。完成2190个县的暴雨洪涝灾害风险普查和风险区划。二是强化农村气象预警信息发布能力建设。建成国家、省、市三级突发事件预警信息发布平台和2016个县级终端，气象覆盖93.6%的乡镇，高音喇叭覆盖70.2%的行政村。三是推动建立农村气象防灾减灾组织体系。

① 资料来源：中国气象局应急减灾与公共服务司。

② 资料来源：中国气象局应急减灾与公共服务司。

2167 个县成立气象防灾减灾或气象为农服务机构,2.6 万多乡镇明确气象灾害防御分管领导,全国气象信息员达 78.1 万名,行政村覆盖率 99.7%。2018 个县出台了气象灾害防御规划,2712 个县、2.1 万个乡镇和 11.8 万个村屯制定了气象灾害应急专项预案或应急行动计划。

发展智慧农业气象服务,保障农业现代化建设。一是有力保障国家粮食安全。与农业部建立了主要农作物生产联合监测、预测工作机制,每月联合开展中国农产品供需平衡表编制。实现南美大豆产量、澳大利亚和加拿大小麦产量预报业务化运行,国内和国际粮食总产预报准确率继续保持在 99%、95%以上。开展"镰刀弯"地区玉米种植的气候适宜性分析,向国务院报送了玉米种植结构调整决策报告。二是提升信息化水平,增强服务供给。通过智慧农业气象服务手机 APP 等智能服务终端向 236.8 万用户提供精细化、互动型服务。"直通式"气象专项服务覆盖 98.2 万新型农业经营主体,较 2015 年增加 17%。气象部门与农业部、中华全国供销合作总社联合启动了气象信息进村入户工作,共建共享益农信息社、基层供销社与气象信息站。三是强化保障农民增收的特色气象服务集约发展。完成县级精细化农业气候区划 3686 项、主要农业气象灾害风险区划 4875 项,组织开展雪灾、大风、低温寡照等设施农业气象灾害影响预报服务,启动苹果、茶叶、烤烟、甘蔗和设施农业等 5 个全国性特色气象服务中心建设。四是推进农业保险气象服务创新发展。初步建立天气指数、气象灾害定损业务规范、流程,研发各类天气指数保险产品 43 项,开展面向保险行业的气象服务,探索发展保险企业与气象事业单位相互支持、公益与市场相结合的农业保险气象服务模式。

全国气象服务助力精准扶贫取得重大进展①。一是强化顶层设计,形成气象扶贫模式。中国气象局印发了《关于打赢脱贫攻坚战气象保障行动计划(2016—2020年)》,"三农"服务专项覆盖了 57%的国家级贫困县。宁夏以气象监测精准到乡镇、预报精准到村、预警精准到户、服务精准到产业、"研服产"精准到点为目标,探索形成了"闽宁气象扶贫模式"。二是贫困地区气象灾害监测预报预警能力不断增强。各类区域气象站覆盖 832 个国家级贫困县 89.2%的乡镇。1.3 万个气象信息服务站覆盖 90%的乡镇,8.7 万个气象预警大喇叭覆盖 50%的行政村。804 个贫困县建立了气象预警信息发送平台,气象服务短信推送防汛责任人近 30 万。三是贫困地区智慧农业气象服务有效推进。394 个贫困县依托智能服务终端开展互动式、订单式农业气象服务。安徽通过农业气象物联网、"惠农、聚农、爱农"APP 等手段,将气象服务延伸至农产品销售、增值服务以及乡村旅游。四是贫困地区人工影响天气作业能力和清洁能源开发利用能力不断提升。2016 年为国家级贫困县所在的 22 个省(区)下达人工影响天气补助资金 1.647 亿元,占资金总量的 82.3%。贫困地区太阳能资源评

① 资料来源:中国气象局应急减灾与公共服务司。

估水平分辨率提高到10千米。2016年全国气象扶贫项目达到1925项，总投资达到30341万元，其中气象科技服务项目投资达到19958万元。重点帮扶乡为2006个，蹲点干部达到2765人，帮助引进各类资金16830万元，引进各类技术312项。[①]

宁夏精准气象助力脱贫攻坚的探索与实践

宁夏地处西北内陆高原，大陆性半湿润半干旱气候，气候贫困是造成宁夏贫困人口脱贫难、脱贫后又返贫的重要原因。经过多年的生态保护和异地搬迁扶贫，宁夏扶贫覆盖区域不仅包括原有贫困县及连片特困地区，还包括异地搬迁安置点，涵盖的区域也已扩至宁夏所有县区。据此，宁夏气象部门结合地方经济社会发展需求与自身实际，推进气象监测精准到乡镇、预报精准到村、预警精准到户、服务精准到产业、“研服产”精准到点，探索和实践精准气象助力脱贫攻坚。

1. 气象监测精准到乡镇

气象监测精准是基础。宁夏全区在开展气象为农服务中，通过农村“两个体系”建设，目前全区已建成自动气象站948个、高空气象观测站1个、新一代天气雷达站3个、自动土壤水分观测站37个、交通气象观测站10个、固态降水观测站47个。宁夏气象部门还计划在未来3年，重点开展地面、高空、雷达、生态等监测网升级建设，优化站点的空间布局和观测要素的精准化配置，逐步建成地基、空基、天基相结合的立体化气象监测网，为精准脱贫气象服务奠定可靠基础。

2. 气象预报精准到村

气象预报精准是前提。宁夏气象部门已初步建立了客观化精准化预报技术体系。建立了宁夏区、市、县三级集约化预报业务平台、短临灾害性天气监测预警业务平台、宁夏极端气候事件监测预警业务平台、天气预报质量评定系统等业务系统，已具备了发布行政村精细化要素预报、5千米×5千米格点化定量降水预报、11～30天长期天气预报等产品的能力。但2200多个行政村精细化要素预报产品时间分辨率较粗，0～24小时预报为6小时间隔，24～168小时预报为24小时间隔，且预报要素少，与精准脱贫对精准预报的要求还有一定差距。为此，宁夏气象部门加快推动现代气象预报业务体系建设，2016年，重点推进了精细化格点预报业务，已初步完成格点化天气预报客观方法研发，制作全区5千米×5千米、1千米×1千米格点化预报产品。其中，0～2小时临近预报时间间隔缩短到10分钟，2～12小时短时预报时间间隔1小时，12～72小时预报时间

① 数据来源：中国气象局资产管理事务中心。

间隔3小时,4～10天预报时间间隔6小时,并正组织开展检验评估和方法优化。

开始发布乡镇的灾害性天气预警产品,气象扶贫试点县灾害性天气预警产品到行政村。针对贫困地区冰雹、局地暴雨频发等情况,正在组织分灾种灾害性天气预报模型、定量化预报指标技术研发与完善。

3. 气象预警精准到户

帮助贫困人口及时便捷地接收和利用气象灾害预警信息,关涉贫困人口的生命财产安全,对防范"因灾致贫、因灾返贫"至关重要。宁夏贫困地区人口256万,占全区总人口的40%,全区建档立卡贫困人口达到58.12万。为确保气象预警精准到户的目标实现,宁夏气象部门推动国家突发公共事件预警信息发布系统落实落地,逐步完善基层气象防灾减灾体系。大力推进融入式发展,与国土、水利、交通、扶贫等部门深化合作,实现与自治区精准扶贫云的衔接。利用智慧气象建设成果和贫困地区日益完备的网络基础设施资源扩大气象信息覆盖面,实现气象服务信息可发布到每一个贫困户和新型农业经营主体。

4. 气象产品精准到产业

宁夏气象部门从气象为农服务供给侧着眼看问题,从体制机制上着手解决,力争气象为农服务的专业化,主动融入自治区特色产业、设施农业、休闲农业等的发展,建设"两基地、五中心"的任务,即宁夏人工影响天气作业基地和特色农业气象试验基地;枸杞、酿酒葡萄、马铃薯、草畜、新能源等5个专业气象服务中心。以智能化综合气象业务服务共享管理平台为依托,逐步建立基于"互联网＋气象＋各行各业","分布式布局、集约化发展、全链条服务"的宁夏特色优势产业气象服务众创模式,逐步解决各层级和同级各单位气象服务产品同质化、一般化的弊端,探索解决核心业务向省级集约之后市县气象部门出现的空心化问题。目前,宁夏气象部门开发马铃薯、枸杞、酿酒葡萄等农业气象服务指标,加强与自治区农牧厅、农科院和农业企业等的合作,启动了精准农业气象服务平台建设,同时,还围绕特色林业、光伏产业、旅游、电力、交通、物流、仓储等开展专业化精准气象服务。

5. 气象"产研服"精准到点

在推动气象助力精准脱贫工作中,宁夏气象部门提出了"气象＋企业＋科研",气象"产研服"(产品、科研、服务)精准到点的工作思路。目前,宁夏气象部门针对固原西吉县的马铃薯产业,建立了马铃薯生长全过程的气象服务年度方案,以佳立种薯薯业有限公司和原州区彭堡蔬菜产业基地为精准扶贫"产研服"示范点,以马铃薯产业为突破口,重点研究不同生长环境、不同播种期获得的产量、不同生长发育期、不同病虫害等与气象要素的关系,建立马铃薯气象服务指标,开发智能化气象服务系统,提供全链条服务。同时,针对贺兰山东麓酿酒葡萄种植,服务异地搬迁移民生计,与宁夏葡萄酒产业发展局、宁夏大学及酒庄合作,梳理和完善酿酒葡萄气象服务指标,初步建立酿酒葡萄智能化服务平台。以点带面,整体推进,推进气象扶贫工作的纵深开展。

2. 城市气象服务[①]

2016年,城市气象服务取得新进展。气象部门基于城市安全,从关注天气本身转向关注灾害性天气对城市运行造成的影响。中国气象局印发了《城市气象防灾减灾体系和公共气象服务体系建设纲要》。在全国主要城市建立空间分辨率1~5千米、逐小时更新的精细化气象预报网格。在全国36个重点城市研发气候细网格资料,开展热岛效应、暴雨强度、风玫瑰图气候因素对水资源、交通等的影响评估。在主要城市建立"城市—区县—街道—社区"四级气象灾害防御和服务机构,建立与民政、水利、国土、交通等涉灾部门的联动机制,深圳、广州、宁波、上海、北京等城市建立重大气象灾害停课(停工)等气象灾害预警联动和应急响应制度,构建城市灾害防御第一道屏障。

2016年,精细化预报服务在城市广泛开展。各城市广泛应用高分辨率格点实况产品和精细化格点预报产品,建立空间分辨率1~5千米、逐小时更新的城市精细化、格点化气象监测和预报服务网格。为保障G20峰会,杭州形成了5分钟更新、200米分辨率的预报服务能力。北京等18个城市将精细化实况和预报产品纳入城市网格化管理体系,制作发布城市环境、交通出行、旅游景区、健康气象、城市运行、海洋以及生活指数等7大类40余种气象服务产品,有效提高了气象服务供给能力。各城市均实现了灾害性天气分县区预警;北京、天津、南京、杭州、海口、南昌、西安、上海、银川、合肥、武汉等11个城市实现气象灾害预警产品精细化到街道,深圳率先实现气象灾害预警产品精细化到社区。北京市气象局联合市经信委在北京市门户APP"北京服务您"上推出"出行预警"功能,向社会提供基于位置的气象实况、预报信息服务。

2016年,基于影响的预报服务在城市起步。29个城市开展了城市内涝风险普查,共普查城市内涝隐患点3290个,上海还普查雷电隐患点407个,大风隐患点483个;建立城市气象灾害风险数据库,计算不同降水历时的四级临界阈值共1807个;完善城市内涝影响预报模型,制作并发布城市内涝气象灾害风险预警服务产品784期。

① 资料来源:中国气象局应急减灾与公共服务司。

天津、福州等城市与市供排水中心合作开展城市内涝普查和信息收集,共同发布风险预警产品指导城区排涝工作。天津以1千米精细化QPF格点产品为驱动场,自主研发了城市暴雨内涝风险评估业务系统,可提前24小时生成城市内涝风险定量化评估产品,计算要素包括淹没范围、淹没水深、逐小时水深和风险等级等。西安还利用易受内涝点雨量阈值和城市内涝淹没模型,进行西安主城区城市暴雨内涝风险区划。

3. 环境气象服务

2016年,气象部门强化环境气象监测预报预警能力,加强大气污染气象条件影响评估工作。国家级业务单位在启动霾应急响应期间,充分发挥激光雷达观测的技术优势,依托正在开展的超大城市综合观测试验,组建环北京周边及北京城区激光雷达观测网,实时监控观测北京地区霾层厚度变化,获取丰富的大气垂直高度的气象及气溶胶颗粒信息。每日提供北京地区霾厚度激光雷达观测产品,供全国天气会商和上报中央领导材料编制使用。

2016年,国家级业务单位开发了雾霾中期客观预报产品,研制$PM_{2.5}$浓度1～10天客观预报产品。推进环境气象指数算法的推广应用,编制环境气象指数预报服务业务规范(暂行),实现京津冀及周边地区环境气象指数预报服务的业务化应用。组织编制了《2016年大气环境气象公报》,开展全国沙尘、雾和霾监测预报预警服务,分别提前3天、5天发布霾过程预报和空气扩散气象条件预报。霾预报预警准确率达到80%左右,与发达国家相当。国家气象中心和中国气象科学研究院被世界气象组织基本系统委员会批准为亚洲沙尘暴预报专业气象中心。

截至2016年年底,全国202个地市级气象、环保部门联合开展了空气质量预报。北京、天津、河北、山西、内蒙古、山东、河南等7省(区、市)气象部门开展了环境气象指数预报服务业务。

2016年,全国省会城市及计划单列市空气质量预报综合评分中,预报质量综合排名前三的城市为:银川、上海、西宁。综合评分70分以上的有17个城市,两个城市没有达到60分。

4. 海洋气象服务

截至2016年年底,我国的海洋气象服务业务体系已经初步建立。已建成了石岛、舟山、茂名、三沙等四个国家级海洋气象信息发布站,组成我国海洋气象广播网,部分地区依托我国北斗导航系统试验性开展了北斗终端预警信息发布。通过实时播报中国海域的短期天气预报和警报,为近海海域海上作业船只和滩涂养殖用户提供实时海洋气象信息。同时,面向港口及跨洋航运、海上油气开发、海洋资源开发、海上风能开发、近海渔业养殖和海上捕捞、近海海洋旅游、国防安全等需求,提供了专业海洋气象信息服务,基本形成了全国统一的面向海洋发布预警信息的能力。

截至2016年年底,涉海12个省(区、市)有6万多渔船安装了各个型号的北斗卫星信息接收终端,极大地提高了信息接收的覆盖面。气象部门基本形成了海洋气象专业服务的业务能力,多次为中国海上搜救中心提供相关海域天气和海况预报,为海上搜救或军事演习提供了保障。近年来,气象部门逐步开展了钓鱼岛及周边海域、西沙永兴岛、中沙黄岩岛和南沙永暑礁等重点岛礁、海域的气象基本建设和天气预报服务,既维护了国家主权,也为中国海监对我国管辖海域的维权巡航提供保障服务。

2016 年,海洋气象预报精细化程度提高。开展了风、浪、天气状况、能见度等要素的空间分辨率 10 千米、时间分辨率 12 小时、预报时效 120 小时的海洋气象格点化预报业务。其中,24 小时时效内时间分辨率精细至 6 小时。

5. 公路气象服务

2016 年,我国公路交通恶劣天气预报预警服务、重要节假日、重大活动以及突发事件交通气象服务能力显著增强。发布了 72 小时时效逐 3 小时、空间分辨率 5 千米的全国主要公路路网精细化气象要素预报服务产品。开展了交通气象灾害风险预报,研发了低能见度、大风、降雨、冰冻雨雪等高影响天气的全国主要公路交通气象灾害风险预报预警服务产品。建立完善气象、交通部门国家级与省级协作互通、上下联动的天气影响公路路网运行联合会商机制。到 2016 年年底,公路交通气象服务覆盖全国主要高速公路和国道,累计达到 30 万千米。31 个省建立了交通气象服务业务,除山西、吉林、广西、陕西省(区)外,27 个省建立了交通气象监测预报预警系统,其中,江苏、河北、安徽省试点开展了交通气象灾害风险预警业务。

6. 民航气象服务①

民航气象服务是指民航气象部门为用户提供履行其职责所必需的气象情报、咨询讲解和用户培训,目的是保证航空飞行的安全、正常和效率。民航气象服务的用户主要包括航空公司、机场运行部门、空中交通管制部门、飞行情报服务部门、搜寻和救援部门等。民航气象系统采用国际民航组织制定的服务标准,建立了一套较完整的业务运行和服务体系,该体系集综合观测、预警预报、信息发布和气象服务为一体,承担着民航飞行全过程的气象服务工作。

民航气象服务由中国民用航空局统一管理,民航气象业务运行由民航气象中心、民航地区气象中心、机场气象台(站)三级气象服务机构承担。截至 2016 年年底,民航各级气象服务机构承担了全国 218 个机场航班起降和国内、国际航线飞行的气象保障工作。随着民航飞行量的增大,灾害性天气对航班正常的负面影响更加明显,针对民航气象工作面临的紧迫问题,2016 年,民航局出台了《关于加强民用航空气象工作的意见》,民航气象管理和运行部门认真落实各项工作任务,气象服务水平显著提升。民航气象中心进一步完善气象服务业务体系,建立了航空气象资源共享平台,民航地区气象中心和大中型机场气象台,依托民航气象数据库系统建设了自己的航空气象服务局域网,为航空公司等用户提供民航气象数据资料和具有区域特点或个性

① 资料来源:中国民航空管局。

化的气象服务产品。

民航气象以用户需求为导向,改进服务产品,创新服务方式,提升服务品质。2016 年推进和试点运用了一批新的航空气象产品和服务方式,主要包括研发针对大流量运行决策支持的数字化、图形化气象服务产品;推广使用气象与航管信息融合显示系统;完善空管运行气象支持工具;优化以雷达拼图为基础的本地区 2 小时临近预报产品;根据用户需求进行产品研发,改进气象服务平台;调整部分地区重要天气预告图的发布时间,更好地满足用户需求。2016 年,民航各级气象服务机构共发布机场天气报告 506021 份(其中特殊天气报告 10108 份);机场预报 193962 份(其中 FT 报 60925 份);重要天气预告图 25301 份;高空风/温预告图 232645 份;区域预警 1090 份;机场警报 7091 份;终端区预警 2745 份。2016 年,机场预报准确率为 91.47%,比 2015 年提高 1.03%;观测错情率为 0.01‰,与去年持平;气象装备运行正常率为 99.96%,较前两年稳步提升。

2016 年,航空气象部门与管制部门联合建立天气与运行情况复盘机制,分析重要天气过程中的天气实况、天气预警及航空流量管理措施,加大了天气预警信息与管制运行的融合力度,提高了民航运行的效率。中国气象局与中国民用航空局、香港天文台联合推进亚洲航空气象中心建设,面向亚洲国家提供航空气象服务。①

7. 兵团气象服务②

经过多年的发展,目前,新疆生产建设兵团基本建成了覆盖兵团大部分辖区的骨干台站网、天气预报服务网、气象信息传输网和人工影响天气作业网络四位一体的农业减灾综合防御技术体系。

结合农业生产,积极组织做好农作物生长期气象服务工作。密切关注重大天气过程,做好重大转折性、灾害性天气的预警预报和服务工作。针对农业生产各个阶段,主动提供年景分析、春播期、夏秋季热量、终霜期等关键期天气预测产品,并针对夏季高温天气、春季倒春寒、秋冬季冷空气入侵等转发了多期气象预警传真,为生产决策及时提供气象信息服务。2016 年,共编辑《气象信息简报》2860 余期,通过电视、广播、报纸、网络、手机短信、微信等多种形式发布有关天气信息 25 万余条。兵团自动气象站实时资料互联网查询 4.6 万次,手机移动端用户 500 人,自动查询软件得到广泛应用,取得较好效益。

提供垦区气象基础数据资料,保障团场经济社会发展。为三江新能源等多个企业无偿提供历年气温、降水、风速、冻土以及气象灾害等要素统计资料,为招商引资企业顺利落地提供了第一手资料。同时,还为师(市)机关部门等单位提供气象资料咨询服务,公益效益显著。

① 资料来源:中国气象局应急减灾与公共服务司。

② 资料来源:新疆生产建设兵团气象局。

为防灾减灾、保险理赔提供气象服务。2015 年，中华联合财产保险股份有限公司与八师 150 团签定棉花低温指数保险合同，承保棉花面积 1.3 万亩，这是保险公司和当地气象部门合作，签下全疆首例棉花低温气象指数保险合同。2016 年六师垦区多次发生大风、强降水等灾害天气，给农业生产带来一定的损失，为了职工能顺利理赔，组织专人在第一时间为奇台农场、新湖、芳草湖、红旗、军户、土墩子、六运户等单位的保险公司出具详尽的气象证明，共计 35 份，确保了职工尽快获得赔偿，恢复生产生活，为保障民生提供必要支撑。

为师(市)大型主体活动提供有力的气象服务和保障。多次为师(市)有关单位举办的各种重大活动提供了准确的预报服务，在郁金香节和第二届兵团绿洲产业博览期间，组织专业技术力量对天气演变进行了系统分析，向举办单位、参展单位和公众提供天气预测信息，并进行了跟踪服务，确保了活动顺利进行。积极开展防雷工作，为兵团建设和重点场所消除雷电安全隐患。

8. 农垦气象服务①

黑龙江垦区地处东北亚经济区位中心，辖区总面积 5.54 万千米^2，现有耕地 4353 万亩②、林地 1387 万亩、草原 514 万亩、水面 385 万亩，是国家级生态示范区。下辖 9 个管理局、113 个农牧场，分布在黑龙江省 12 个市，总人口达 167.2 万人。垦区是我国耕地规模最大、现代化程度最高、综合生产能力最强的国家重要商品粮基地和粮食战略后备基地。垦区已累计生产粮食 6130.6 亿斤③，向国家交售商品粮 4851.8 亿斤，为保障国家粮食安全、食品安全和生态安全作出了积极贡献。目前，垦区粮食综合生产能力达到 450 亿斤，提供商品粮 400 亿斤以上，可保证 1.2 亿城镇人口一年的口粮供应。作为国家重要商品粮基地，每到国家粮食出现短缺之时，垦区都发挥了突出作用，被誉为靠得住、调得动、能应对突发事件的“中华大粮仓”。历经 60 余年的发展，垦区已建成较完善的气象体系，成为现代化农业的重要组成部分，发挥了不可替代的作用。

垦区气象以适应现代化大农业发展需求，保障国家粮食安全，提高垦区农业综合效益为目标，以农业生产服务为重点，开展测报、预报、农气、人工影响天气等主要气象业务和服务工作。根据农场不同作物分布进行物候、墒情的定期观测。紧密配合农业科研部门开展各类农业课题研究和科技攻关，进行气候区划等，为合理利用气候资源、农业趋利避害提供气象资料。完成了垦区《主要作物的气候区划》《三江平原地区降水分布及预报》《三江平原旱涝分析》《垦区五大作物最大气候生产潜力》《气象服务垦区现代化大农业研究》等重大课题研究，为有效指导和服务于农业生产，提供了

① 资料来源：黑龙江省农垦总局气象管理站。

② 1 亩＝1/15 公顷，下同。

③ 1 斤＝0.5 千克，下同。

可靠的依据。2016 年垦区各级台站共完成物候观测 100 余站次，土壤墒情观测 1300 余站次。

9. 森工气象服务①

黑龙江省森工系统是我国最大的国有林区，施业区总面积约 11 万千米^2，即 1100 万公顷，森林总蓄积逾 6 亿米^3。森工总局下设伊春、牡丹江、松花江、合江 4 个林业管理局，40 个林业局、15 个大型木材加工厂以及林机修造、建筑施工、林业科学院、林业设计院、森林调查规划院、牡丹江林校等县团级以上企事业单位 125 个，有职工 90 多万人。黑龙江省森工系统现有森林物候气象站 45 处，气象哨 114 处，工作人员 424 人。实行总局气象站、管理局气象站、林业局气象站三级管理。具备全省林区的常规天气预报、灾害性天气警报、气候区划，为全林区人民提供预报服务、各项经济建设提供信息服务、各级领导提供决策服务的体系。

黑龙江森工各森林物候气象站定时发布 24 小时短期预报、旬报及中、长期天气预报；发布播种、造林、采种、抚育等营林生产预报；发布火险、霜冻、日灼、干旱、洪涝等灾害性天气预报；发布农业、商业、多种经营等服务性预报。为农业生产、营林生产提供准确的气象信息等，提供每年的最佳造林期、采种期等特色产品。开展对干旱、洪涝、低温、大风、冰雹、霜冻等农、林业气象灾害的评估和预警。建立森林病虫害预警系统，开展林木病虫害气象预报等。2016 年，黑龙江森工气象站与黑龙江省气象局、黑龙江省农垦总局等部门共同建立了联防联动机制，开展了第三批标准化气象站验收工作，参加了第十一届全国气象行业职业技能竞赛。进行了珍贵树种的物候观测，提高了预报准确率，错情率下降到 1.5‰。今后将拓宽为产业发展、民生改善、生态安全、国家森林公园及湿地景区观测等服务渠道。

10. 其他

旅游气象服务持续发展。截至 2016 年年底，全国共有 24 个省级气象部门针对 211 个山岳型景区开展了旅游气象服务业务。

2016 年，建立淮河(太湖)流域水文气象预报模型，并开展暴雨诱发洪水定量化预报业务试验。正式对外发布中小河流洪水气象灾害风险预警产品，进一步完善了水文气象预报产品体系。

三、评价与展望

近年来，围绕党中央的战略部署，中国气象局召开了全国第六次气象服务工作会议，提出坚持公共气象发展方向，努力构建以业务现代化、主体多元化、管理法治化为主要特征的中国特色现代气象服务体系。出台了《气象服务体制改革实施方案》，明确 2020 年基本建成政府主导、主体多元、覆盖城乡、适应需求的现代气象服务体系。

---

① 资料来源：黑龙江省森工气象站。

围绕上述工作部署，全国气象系统扎实推进现代气象服务能力建设，努力培育气象服务市场，积极探索开展气象服务市场监管，气象服务保障经济社会发展的能力不断增强，气象发展活力不断迸发。

新时期，经济社会发展和人民生活水平提高对气象服务提出了新需求。一方面，我国经济发展进入新常态，发展方式加快转变，结构不断优化，新型城镇化和农业现代化进程加快，社会财富日益积累，气象服务赖以发展的经济基础、体制环境、社会条件正在发生深刻变化。另一方面，气象灾害潜在威胁和气候风险更加突出，各行各业对气象服务的依赖越来越强，面向各个行业的气象服务发展呈现蓬勃之势，人民群众更加注重生活质量、生态环境和幸福指数，对高质量气象服务的需求更加多样化，气象服务需求逐步呈现出多层次、多元化特点，这些都对气象服务的开放、多元化发展，对气象服务供给侧结构适应需求变化等提出了新的更高要求。同时，目前我国公共气象服务存在着气象服务产品供给不足、专业气象服务发展滞后、气象服务市场体系不健全等发展短板，迫切需要深入推进气象服务体制改革，推进气象服务社会化，进一步提升气象服务供给能力和供给效率。

未来气象服务的发展目标是，到 2020 年，“政府主导、部门主体、社会参与”的现代公共气象服务体系基本建立，公共气象服务覆盖率显著提高，公众对公共气象服务的获得感和满意度明显增强。智能生产、按需供给、互动共创、全程追溯、自我学习的智慧气象服务初步形成，实现用户随时随地获取到所需气象服务信息，随时随地交互参与和自我服务。“气象＋”植入更广更深领域，气象在农业、交通、海洋、生态等重点领域的融合应用成效明显，对国家重大发展战略的支撑作用更加凸显，气象服务减损增效的倍增效应显著提高。气象部门公共气象服务发展动力和活力有效激发，气象部门对社会参与气象服务的支撑作用显著提高，气象服务大数据平台基础建成，气象服务信息的社会应用能力明显提升。公共气象服务质量和效益进一步提高，全国公众气象服务满意度稳定在 86 分以上，气象预警信息公众覆盖率达到 90％以上，气象灾害损失占国内生产总值比重逐步下降。

未来公共气象服务发展的主要任务包括以下几方面：

一是构建智慧气象服务，促进气象服务创新发展。建设气象服务大数据平台，发展智慧气象服务技术，发展面向用户的智慧气象服务，推动气象服务互动共创，实现气象服务全程追溯、自我学习。促进气象业务、服务、管理的深刻变革，实现气象与新技术、新业态、新产品的深度融合。实施“互联网气象＋”和气象大数据战略，推进气象信息化工程建设，建立开放互联的气象大数据平台。全面推进气象现代化，落实《全国气象现代化发展纲要（2015—2030 年）》《全国气象发展“十三五”规划》等总体部署和重点安排，统筹推进以智慧气象为重要标志的气象现代化“四大体系”建设。

二是服务国家重大战略，促进气象服务协调发展。坚持以质量和效益为中心，提升公共气象服务发展能力。紧跟《中共中央　国务院关于推进防灾减灾救灾体制机制改革的意见》的改革步骤,融入国家公共安全体系建设,融入基本公共服务体系建设,找准气象服务的发展定位,为生态文明建设、军民融合与国家安全、国家综合防灾减灾救灾、"一带一路"建设、京津冀协同发展、长江经济带发展等提供优质气象服务保障。

三是改善气象服务供给,建立和完善"政府主导、部门主体、社会参与"的现代公共气象服务体系。以加强事业单位分类改革、引导社会力量参与、大力发展社会组织等手段培育多元供给主体,在推进政府购买公共服务、加强政府和社会资本合作、鼓励发展志愿和慈善服务、发展互联网+益民服务、扩大开放交流合作等方面推动供给方式多元化。使公共气象服务更加全面均等地惠及全国人民,使广大人民群众更好地共享气象改革发展的成果。实现面向各级党委政府决策者、相关部门行业责任人和基层气象信息员的气象灾害预警服务全覆盖,提高气象灾害预警信息进村入户覆盖率。完善服务业务体系,促进气象服务集约发展。构建合理业务布局,明确各级业务分工,建立科学业务流程,完善业务组织体系,加强基础业务系统建设。

四是发展"气象+",促进气象服务融合发展。发展"气象+"现代农业,服务农业供给侧结构性改革,融入农业社会化服务体系;围绕海洋经济发展,海洋资源开发,海洋交通运输保障、海上应急救援和海洋权益维护等发展海洋气象;围绕安全城市、宜居城市建设,城市可持续发展,城市群协调发展等,发展城市气象服务;围绕水旱灾害防治,中小河流洪水、山洪灾害防治,重大水利工程建设与运行管理,水资源调度及保护等,发展水利气象;围绕公路交通网络建设和提高交通应急能力,围绕内河水运、民用航空、交通信息化建设和现代物流发展等,发展交通气象服务;围绕林业、能源、旅游、健康、金融以及重大活动保障、地质灾害防治等,发展相关气象服务。

五是完善气象服务管理制度,促进气象服务依法发展。建立长效的公共气象服务政策体系,完善的公共气象服务标准体系,规范的气象服务市场监管体系和推动气象服务市场健康发展的支撑体系等。

第三章　气象防灾减灾

2016年是我国防灾减灾理念发生重大变化的一年。习近平总书记发表四次重要讲话，提出防灾减灾救灾事关人民生命财产安全，事关社会和谐稳定，是衡量执政党领导力、检验政府执行力、评判国家动员力、彰显民族凝聚力的一个重要方面，将防灾减灾救灾工作的重要性提到前所未有的新高度。2016年12月19日，中共中央、国务院印发《中共中央 国务院关于推进防灾减灾救灾体制机制改革的意见》(中发〔2016〕35号)(以下简称《意见》)。《意见》充分体现了习近平总书记关于防灾减灾救灾工作的重要讲话精神，对推动我国防灾减灾救灾工作具有里程碑意义。

一、2016年气象防灾减灾概述

2016年，受超强厄尔尼诺影响，我国总体气候状况异常于往年，气候年景较差，极端天气气候事件较多，暴雨洪涝和台风灾害重，长江中下游出现严重汛情，气象灾害造成的经济损失较大。2016年，极端天气气候事件多于往年，造成了比较严重的气象灾害。全国平均气温是我国自1951年有完整气象记录以来的历史第三高年，较常年平均温偏高0.81℃；平均降雨量超过1998年，为1951年有气象记录以来最多的一年，长江中下游地区梅雨期间降雨量较常年同期显著偏多70%以上；共发生59次大范围强对流天气过程，其中雷暴大风、冰雹、龙卷风等突发性强对流天气为2010年以来最多；全年共有8个台风登陆，较常年偏多1个，强度也较常年偏强。面对严重的气象灾害，全国各级党委和政府部门坚持完善“政府主导、部门联动、社会参与”的气象灾害防御机制和应急体系，不断提升气象灾害监测预警和气象灾害风险防御能力，显著降低了气象灾害的影响，有效保障了人民群众生命财产安全。

(一)气象综合防灾减灾能力持续提升

经过多年的努力建设，我国“政府主导、部门联动、社会参与”的气象灾害防御机制不断完善，基本形成了比较完善的气象防灾减灾体系，为气象灾害防治奠定了良好基础。面对2016年严峻的气象灾害形势，各级党委政府对气象防灾减灾工作的投入不断加大，部门联动和社会参与的气象防灾减灾格局不断完善，我国的气象综合防灾减灾能力提升明显。

1. 政府气象防灾减灾机制进一步健全

到2016年年底，全国县级建有气象防灾减灾机构或气象为农服务机构2167个，

2723个县级出台了气象灾害应急准备制度管理办法，2712个县级出台实施了气象灾害应急专项预案，1537个县级将气象工作纳入地方“十三五”发展规划，60%以上的乡镇(街道)将气象灾害防御和公共气象服务纳入政府职责。由各乡镇政府组织的气象信息员队伍达到78.1万名，覆盖了全国99.7%的村屯。

2. 气象防灾减灾部门合作不断深化

2016年，国家级充分发挥气象灾害预警服务部际联席会议制度和联合会商机制作用，强化防灾减灾合力。中国气象局与国务院办公厅、民政部、水利部、海洋局等14个部委或单位建立了信息数据传输同城专线，气象与农业、民政、国土等部门采取多员合一等方式，实现了防灾减灾资源的充分利用。气象局与国土资源部成立地质灾害气象预警预报工作协调领导小组和联络小组，推动各级地质灾害气象预警预报业务融合发展，联合开展地质灾害示范基地建设；气象与农业部门联合开展了面向新型农业经营主体直通式气象服务，联合推进气象信息进村入户；气象与林业部门联合开展森林火险气象服务示范项目建设，联合开展林业气象灾害风险调查和服务效益评估；气象局与公安部、交通运输部推动公路交通应急管理工作。气象与各部门间信息互通、协调配合、高效联动，有效提升了气象防灾减灾工作的融合发展和行业服务能力。

3. 社会共同防御气象灾害格局初显成效

2016年，围绕党中央、国务院“四个全面”战略布局、“五位一体”总体布局、“五大发展理念”和中央领导同志对气象工作重要指示精神，努力做好新常态下的气象宣传科普工作，加大对春运、汛期及极端天气气候事件、风云卫星发射、世界气象日、防灾减灾日等气象宣传科普，促进了社会共同防御气象灾害新格局的形成。

减轻社区灾害风险，提升基层减灾能力。在主要城市建立“城市—区县—街道—社区”四级气象灾害防御和服务机构，建立了气象与民政、水利、国土、交通等涉灾部门的联动机制，广州、宁波、上海、北京等城市建立重大气象灾害停课(停工)等气象灾害预警联动和应急响应制度，实现将气象灾害预警由“消息树”上升为“发令枪”，构建城市灾害防御第一道屏障。

(二)气象防灾减灾效益显著

1. 气象防灾减灾经济社会效益

从2004年到2016年，我国因气象灾害造成的直接经济损失占GDP的比重基本呈现下降趋势(图3.1)。2016年因受厄尔尼诺极端气候事件的影响，台风灾害、洪涝灾害及强对流灾害频发，如“莫兰蒂”等超级台风、长江流域持续强降雨、历史罕见超强寒潮、江苏盐城冰雹龙卷、“7·20”华北超强暴雨等严重气象灾害，导致2016年直接经济损失将近5000亿元，占GDP比重为0.67%，低于10年平均值。

2016年，全国各类自然灾害共造成全国直接经济损失5032.9亿元、近1.9亿人次

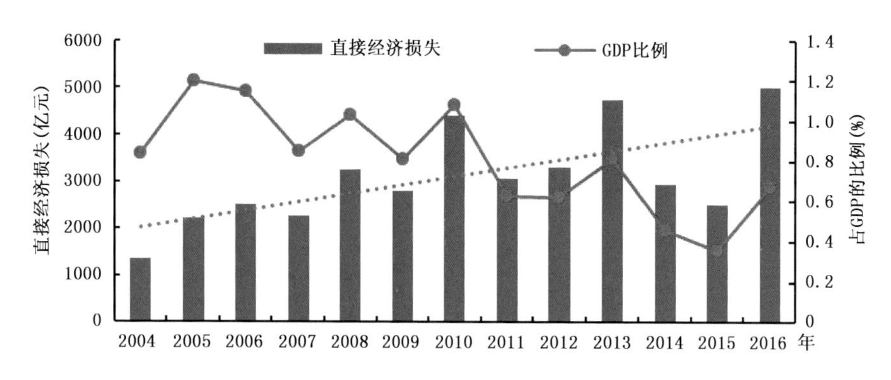

图 3.1　2004—2016 年全国气象灾害造成的直接经济损失及占 GDP 的比例
（数据来源：中国民政统计年鉴；中国气象灾害年鉴；中国气候公报）

受灾，1700 余人因灾死亡或失踪、农作物受灾面积 2622 万公顷，其中绝收 290 万公顷[①]。这其中，气象灾害造成的直接经济损失达到 5000 亿元左右、死亡或失踪人口 1600 余人以及全部的农作物受灾面积（2622 余万公顷）[②]。2016 年气象灾害导致的直接经济损失达到 2004—2016 年的最高值，比之前的最高值（2013 年直接经济损失达 4756.3 亿元）高出约 250 亿元，但是直接经济损失占 GDP 的比重却并非最高，比 2013 年的比重低近 0.14 个百分点。

2016 年因气象灾害造成的直接经济损失的分布空间差异与 2015 年有较大的区别。2015 年高损失区主要集中在南方沿海省份，如浙江、福建、广东等受台风影响较重的区域；2016 年高损失区主要集中在河北、陕西和湖北等区域，三省直接经济损失分别达到约 455 亿元、713 亿元和 1209 亿元（图 3.2），其主要是受厄尔尼诺影响，全国暴雨频发，汛期形势严峻，尤其是长江中下游“暴力梅”及华北暴雨灾害的影响；直接经济损失较为严重的地区主要集中在长江中下游，主要有湖南、江西和福建，三省经济损失分别达到约 256 亿元、248 亿元及 203 亿元，主要受长江中下游暴力梅及台风灾害的影响；直接经济损失较轻的地区分布较为分散，主要集中在东北三省，西北地区，如新疆、青海，西南地区，如四川、重庆、贵州等地区。

为应对厄尔尼诺带来的复杂极端气象气候事件，2016 年中国气象局全年启动 22 次应急响应和特别工作状态响应，应急天数达 86 天，启动 23 次风云二号气象卫星区域加密观测和高分四号气象应急观测，发布暴雨、强对流、台风等各类预警 649 期。32 亿人次通过各种渠道接收预报预警信息，预警信息公众覆盖率在 85% 以上，较 2015 年提高 1.6%，尽全力减轻灾害危害，减少社会和民众的经济损失。

---

① 民政部国家减灾办．2016 年全国自然灾害基本情况。

② 中国气象局国家气候中心．2016 年中国气候公报。

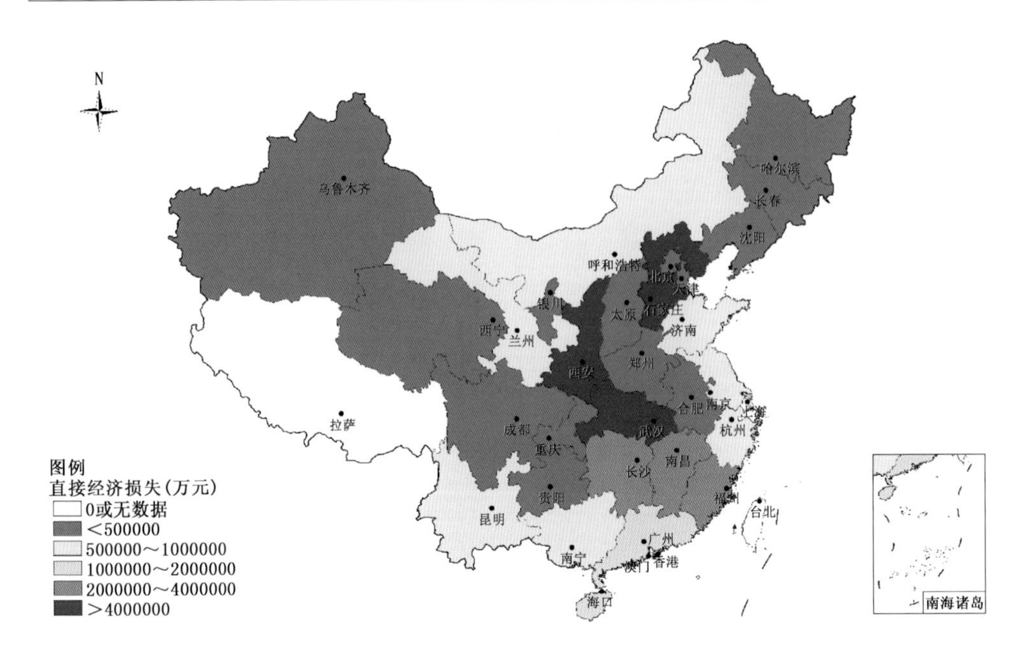

图 3.2　2016 年全国各省(区、市)因气象灾害造成的直接经济损失

(数据来源:中国气象局决策服务共享平台 http://10.10.34.51/dzsp2/disasterreport.list)

2. 农业气象防灾减灾效益

2016 年,全国主要气象灾害造成农作物受灾面积 2622 万公顷,危害比 2015 年多约 522 万公顷,但比 2014 年少约 348 万公顷(图 3.3)。从 2004 年以来,我国农作物暴雨洪涝和干旱受灾面积基本上呈逐年降低趋势,即使 2016 年农作物受灾面积有所扩大,但该反弹是由复杂天气气候系统所造成的,并且反弹比例并不很大。这说明自 2007 年以来,国家通过持续推进农业气象服务体系和气象防灾减灾体系建设、推动气象灾害预警信息进村入户、及时方便地为广大农户提供气象信息等措施产生了明显成效,也说明我国农业防灾减灾措施越来越完善,农作物良种改造、农业结构调整取得了明显效果。

气象灾害造成的农作物受灾有着较强的时空差异(图 3.4)。2015 年,气象灾害造成农业损失的重灾区主要集中在河北、山西、辽宁、内蒙古及安徽等区域。2016 年,气象灾害造成农作物受灾最严重的区域主要集中在内蒙古和湖北,其受灾面积达到约 33 万亩和 182 万亩;较严重的区域主要集中在江西,其受灾面积达到约 22 万亩;严重区域主要集中在湖南和甘肃,其受灾面积达到约 15 万亩和 12 万亩;受灾较轻的区域主要集中在东北三省、西北的青海、陕西、新疆等地区,西南的四川、重庆、贵州、广西等地区,华东的山东、浙江、安徽、江苏、福建等地区。

受气候变化影响,2016 年在冬小麦生长前期气候条件较好,但后期雨日偏多;早稻生育期内频繁出现暴雨洪涝、寡照、高温等灾害性天气,气候条件较差;晚稻、一季

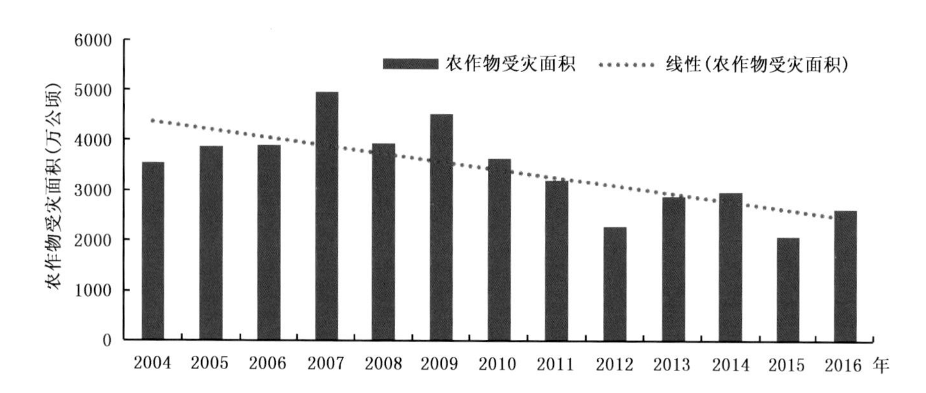

图 3.3　2004—2016 年全国气象灾害造成的农作物受灾面积年际分布

（数据来源：中国民政统计年鉴；中国气象灾害年鉴；中国气候公报）

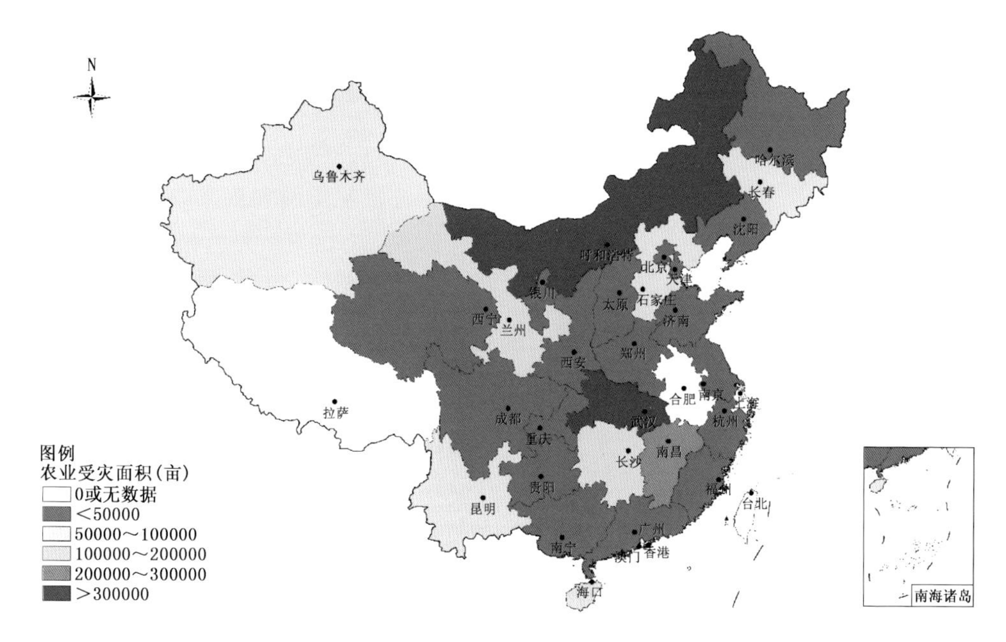

图 3.4　2016 年各省(区、市)因气象灾害造成的农业受灾面积

（数据来源：中国气象局决策服务共享平台 http://10.10.34.51/dzsp2/disasterreport.list）

稻和玉米产区气候条件接近常年；极端灾害性天气对农林渔业都产生了一定的影响。为了将影响降至最低，在各级党和政府统一组织和领导下，政府各部门通力合作，加强气象预警的同时，组织技术人员深入田间开展调查，加强分类指导，指导群众及时处理受损农田，补种或改种品种；加强基础设施修复，保证灾后渔业正常生产，通过及时补放鱼苗，调整灾后养殖结构等减少损失。

3. 因灾死亡人口的变化

2016 年,气象灾害造成的死亡(失踪)人数为 1600 人,是 2014 年以来最高的一年,约为 2015 年死亡(失踪)人数的两倍,但低于 2004 年以来因气象灾害造成的年均死亡人口数(图 3.5)。从时间上看,2016 年气象灾害造成的死亡(失踪)人数主要集中在 6—7 月,这主要是因为 6—7 月份暴雨洪涝灾害突发连发,灾情发展迅猛,死亡(失踪)人口占全年灾害总损失的 5 成以上(图 3.6)。

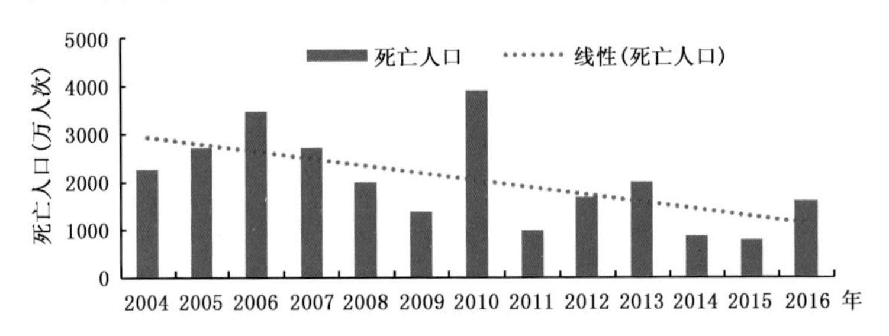

图 3.5　2004—2016 年全国气象灾害造成的死亡人口年际分布
(数据来源:中国民政统计年鉴;中国气象灾害年鉴;中国气候公报)

2015 年,因气象灾害造成的死亡人口超过 65 人以上的重灾区主要集中在受台风影响和暴雨洪涝及其引发的滑坡、泥石流等次生灾害影响的浙江、四川和云南等 3 省。2016 年,全国各地死亡人口超过 65 人以上的区域不仅有所扩大,而且区域分布也发生了明显变化,主要集中在长江以南区域,如湖北、湖南、江西、福建、云南和广西等地,以及长江以北的河北和江苏等地,这主要是因为全国入汛早,江南、华南及华北等地区多次出现历史罕见地强降雨过程,并由此引发了严重的山体滑坡、泥石流和城乡积涝等次生灾害,同时华南地区还深受强台风登陆的影响等多种原因的影响。因气象灾害死亡人口在 45 人以上 65 人以下的地区主要有广东和新疆,死亡人口达 59 人和 47 人;因气象灾害死亡人口在 25 人以上 45 人以下的地区主要有四川、贵州和浙江等省份;因气象灾害死亡人口相对较轻的区域主要集中在东北三省、西北地区大部地区,如甘肃、宁夏、内蒙古、西藏等地区、及华北部分地区(图 3.7)。

总体来说,2016 年气象灾害造成的死亡(失踪)人口较 2015 年有所上升,为近三年来的最高值,但并未改变十多年来因气象灾害造成人口死亡逐年减少的趋势。这也从另一方面说明了多年来持续加强气象防灾减灾能力建设很有成效,但在气象大灾之年仍然要高度重视避免因灾造成重大人员伤亡。

二、2016 年气象防灾减灾进展

2016 年,全国各级气象部门坚持综合减灾,着力提高气象灾害监测能力、气象灾害预警发布能力,强化气象灾害风险防御与管理,极大地提高了气象灾害监测预报预警水平。

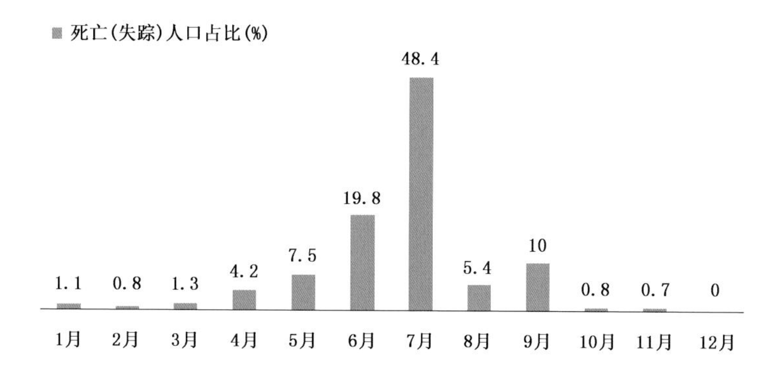

图 3.6　2016 年各省(区、市)因气象灾害造成的死亡(失踪)人口时间分布
(数据来源:中国气象局决策服务共享平台 http://10.10.34.51/dzsp2/disasterreport.list)

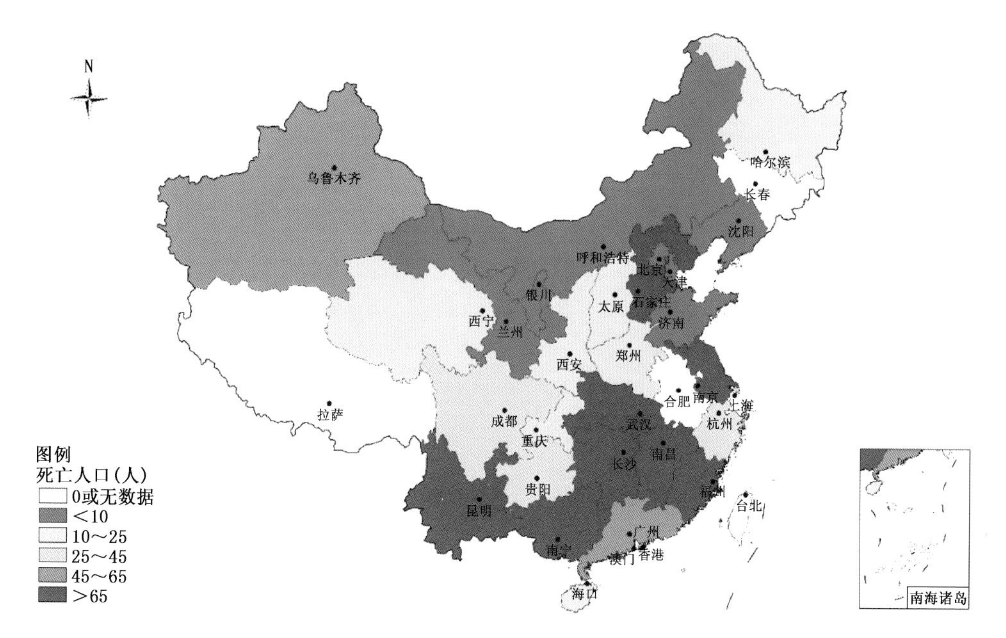

图 3.7　2016 年各省(区、市)因气象灾害造成的死亡人口分布
(数据来源:中国气象局决策服务共享平台 http://10.10.34.51/dzsp2/disasterreport.list)

(一)气象灾害预警与应急响应

根据《中华人民共和国突发事件应对法》《气象灾害防御条例》《中共中央国务院关于推进防灾减灾救灾体制机制改革的意见》《国务院办公厅关于加强气象灾害监测预警及信息发布工作的意见》等相关法律法规文件的支持下,我国不断加强国家突发事件预警信息发布系统能力建设,发挥国家突发事件预警信息发布系统作用,充分利用各类传播渠道,利用多种途径将灾害预警信息发送到户到人,显著提高灾害预警信息发布的准

确性和时效性,扩大社会公众覆盖面,有效解决信息发布“最后一公里”问题。

1. 国家突发事件预警信息发布平台

2016年,全力推动国家突发公共事件预警信息发布系统应用列入政府报告专项工作,将发布能力提升工程列入国家应急体系“十三五”规划第一个重点建设项目。作为国家应急平台的重要组成部分,国家突发事件预警信息发布系统已汇集15个部门71种预警信息,19省(区、市)已完成10个以上重点部门的预警信息接入,27省(区、市)建立多部门间信息共享机制。2016年,共发布352477条预警信息,其中国家级预警信息1318条,省级预警信息14015条,市级预警信息72542条,县级预警信息264602条;发布红色预警信息7944条,橙色预警信息68535条(图3.8)。除气象预警外,林业、国土、环保、水利、海洋、农业、公安、民政、交通、卫计委等部门通过国家预警发布系统发布预警信息共计4039条,其中非气象部门发布预警信息数量最多的为国土部门,发布2839条,占62.52%,其次是林业部门,占20.68%,地震、水利、环保等其他部门发布的预警信息占比相对较少(图3.9)。

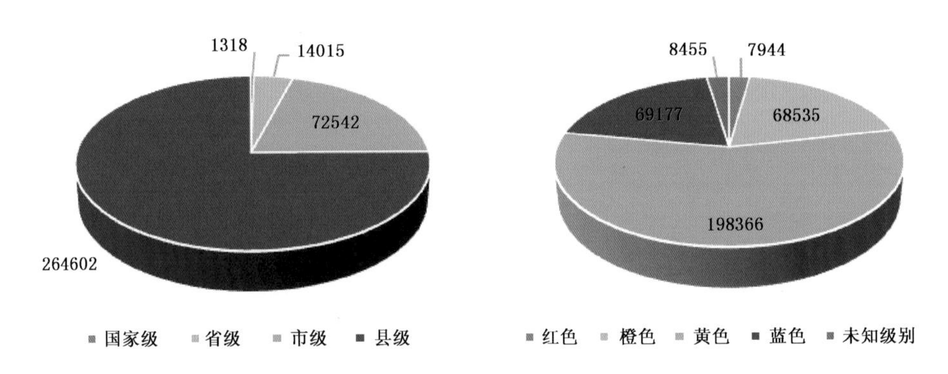

图3.8　2016年国家预警信息发布系统发布不同行政单元级别和预警级别的预警信息数量

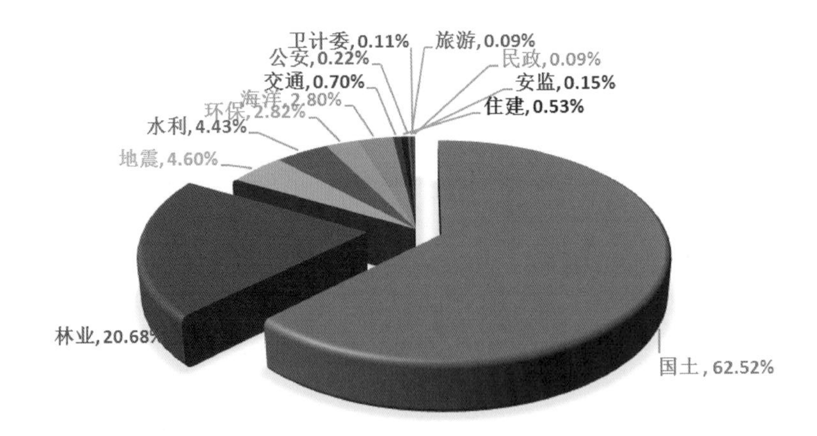

图3.9　2016年全国非气象部门发布预警信息数量比例

2016 年，发布预警接收 1.3 亿人次，实现了多灾种综合预警信息的权威发布，社会防灾减灾应急联动效率明显提升。集成广播、电视、网站、手机短信、微博、微信、电子显示屏等多种信息发布手段，实现了自然灾害、事故灾难、公共卫生事件、社会安全事件四类突发事件预警信息分级、分类、分区域、分受众的精准发布，以及快速有效的反馈信息收集与分析评估(图 3.10)。以"12379"作为统一标识的国家预警信息发布品牌效益初显。广东基于突发预警信息发布平台打造防灾减灾"一张网"，形成重点目标、重大危险源、应急队伍、应急资源、应急预案等基础数据信息"一张图"，有力支撑政府防灾减灾的科学决策。

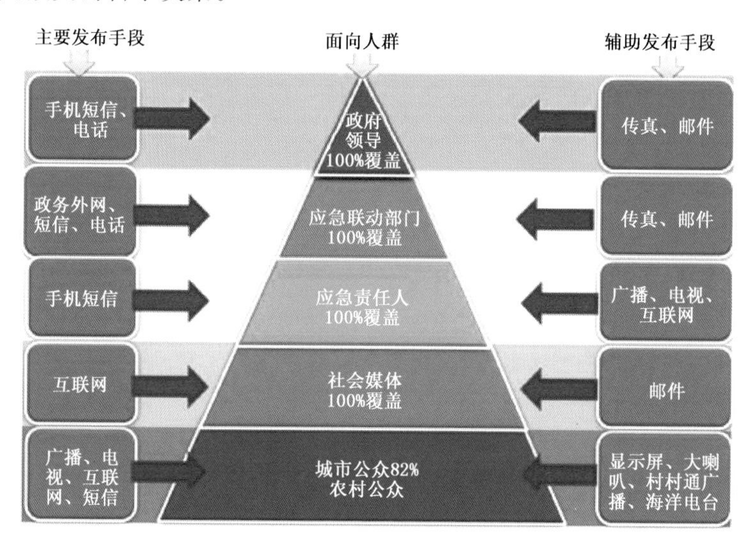

图 3.10　国家突发公共事件预警信息发布系统面向人群和发布手段示意图

不断完善预警发布体系。到 2016 年年底，全国有 19 个省(区、市)批复成立突发事件预警信息发布中心，其中 2016 年新增黑龙江、江苏、浙江、江西、山东、重庆、贵州、甘肃、陕西、宁夏、新疆等 11 个省(区、市)获得机构批复(图 3.11)。

2016 年，发布预警信息较多的省份主要集中在华北和华南地区(图 3.12)，如，发布预警信息超过 20000 条的省份主要有河北、湖北、广东和福建，分别发布预警信息 21995 条、23551 条、23264 条和 29890 条；发布预警信息超过 15000 条但低于 20000 条的省份主要集中在山东、河南、江西、四川、贵州、云南和广西等地，分别发布预警信息 17363 条、17474 条、17806 条、17450 条、15893 条、18264 条和 16144 条；低于 15000 但超过 5000 条预警信息的省份主要集中在华东的江苏、浙江和安徽，以及中西部的山西、陕西、甘肃、内蒙古和新疆等地区；低于 5000 条预警信息的省份主要集中在东三省的黑龙江和辽宁、华北的北京和天津、西部的宁夏、青海与西藏，以及长江中下游地区的重庆和湖南等省份。由此也体现了中国南北东西格局差异大，气象灾

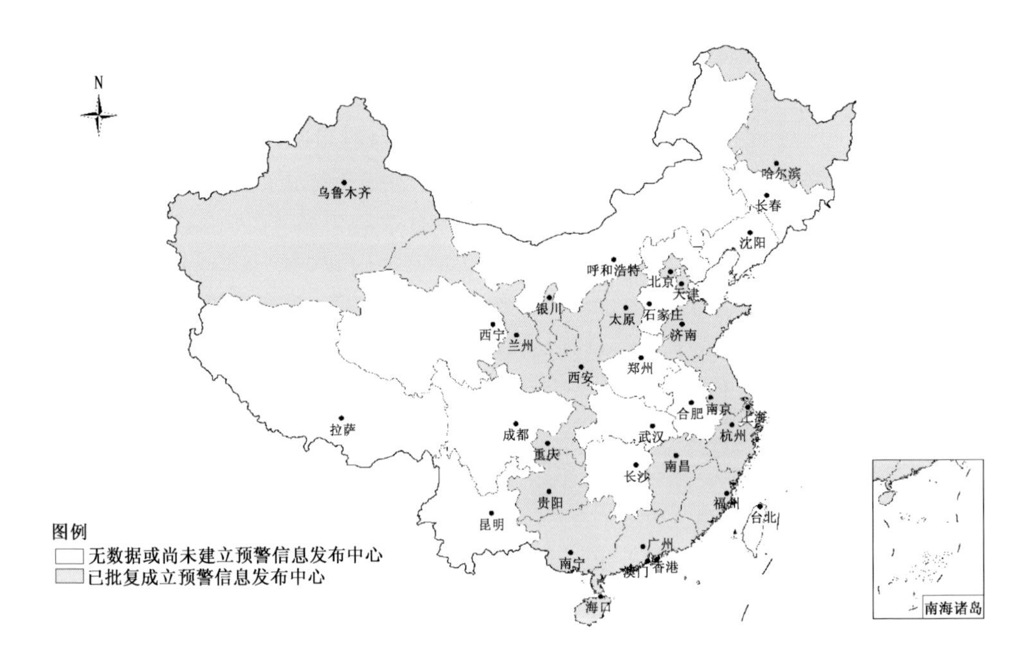

图 3.11　全国建立预警信息发布中心的省份分布

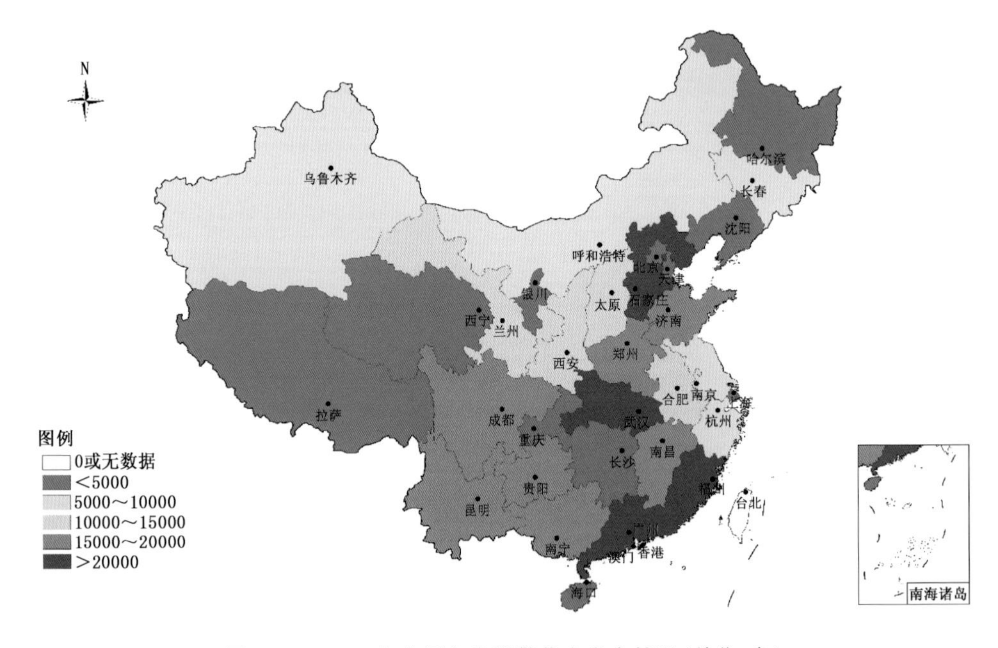

图 3.12　2016 年全国各省预警信息发布情况(单位:条)

害分布不均匀的客观事实。

2. 预警信息传播网络

为适应移动互联网时代下新媒体气象服务需求，在不断完善预警发布体系的同时，充分发挥手机客户端、网站、微博、微信等新媒体手段的作用，结合传统传播方式，搭建广覆盖的预警信息传播途径，为社会群众提供便利化、智能化、信息化的值得信赖的气象服务。

预警信息传播网络主要由应急广播系统、移动运营系统及社会媒体三部分组成（图 3.13）。在广播电视系统方面，各省预警中心已经实现与当地电视台、电台建立专线，实现电视、广播及时插播，尤其是实现了与应急广播网的全面对接；在移动运营系统方面，31 个省（区、市）实现了全网专线接入，其中 29 个省（区、市）与 12379 建立了预警信息发布绿色通道；在社会媒体方面，与主流媒体均签订了相关服务协议，并覆盖大部分用户，如覆盖腾讯微信 6 亿用户、QQ 弹窗 4 亿用户，覆盖阿里支付宝 4 亿用户，覆盖奇虎 PC 用户约 4.6 亿、手机用户约 3.38 亿，覆盖百度搜索和百度地图约 83%用户，覆盖新浪微博约 3 亿用户等。

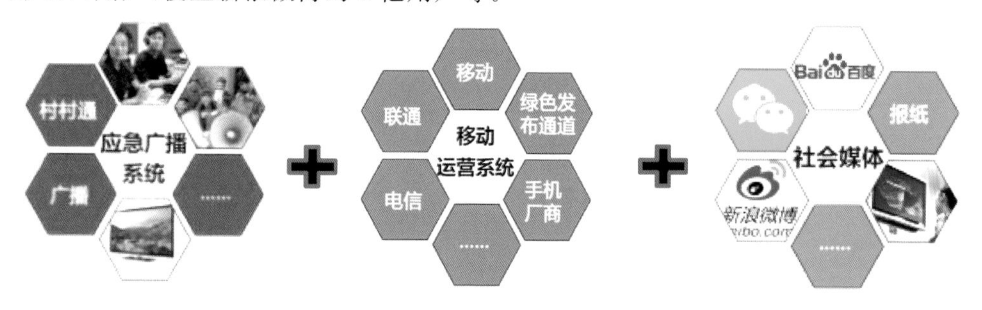

图 3.13　广覆盖的预警信息传播网络

同时，国家预警信息发布中心也在将“12379”打造成权威预警发布平台。“12379”短信平台自 2015 年 5 月 1 日正式运行以后，发挥了很大的作用，但在使用过程中也发现了一些问题和设计上的不合理环节。为此，国家级和 29 个省（区、市）的“12379”短信平台进行了全面升级，升级后的平台与国家预警信息发布系统相匹配，强化了安全性和可靠性，增加了报警机制，并且对短信平台的系统环境采用实时监控的方式，提前发现因系统环境有可能造成的业务中断从而能够及时规避此类风险。“12379”平台是预警信息发布的重要渠道和权威发布平台，不仅能够在第一时间将预警信息发送至国、省、市、县四级应急责任人，保证各级政府及时做出应急处置，而且也可通过网站、微博、微信、APP、电视等发送给公众，引导公众及时调整出行计划，保障公民的人参和财产安全，为救灾联动和辅助决策提供有力保障。

3. 气象灾害的应急响应

2016 年，面对超强厄尔尼诺背景下严峻复杂的天气气候形势，科学有效应对台风、大范围暴雨等气象灾害。中国气象局共启动应急响应22次,其中台风应急响应7次,共响应23天,占响应总天数的24%;暴雨应急响应7次,共响应39天,占响应总天数的41%;寒潮应急响应4次,共响应15天,占响应总天数的16%;霾应急响应2次,共响应8天,占响应总天数的9%;为做好江苏阜宁抢险救灾和G20杭州峰会气象保障服务,启动特别工作状态2次,共响应9天,占响应总天数的10%(图3.14)。2016年累计响应时间94天,其中Ⅱ级以上17天;响应天数主要集中在6月、7月以及9月,占响应总天数的57.4%(图3.15)。

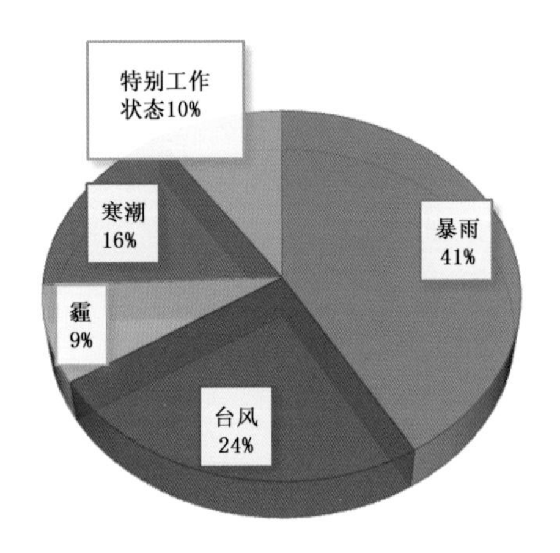

图3.14　2016年中国气象局应急响应类型及比例

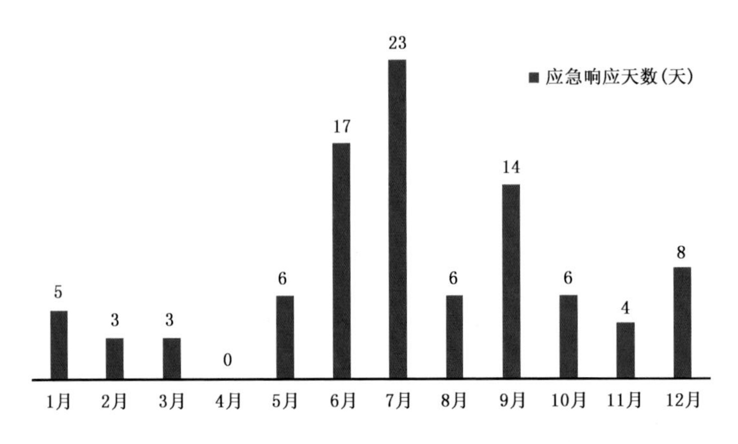

图3.15　2016年中国气象局应急响应天数

4. 气象灾害信息管理系统

为了破解“信息孤岛”和“应用烟囱”现象,推进气象与水利、测绘、民航、环保、海洋等部门数据的开放共享与融合应用,组织实现了国家和省级统一的数据系统。基于统一的数据环境和国家气象业务网,不仅构建了暴雨洪涝及致灾阈值收集系统、城市内涝灾情收集系统以及历史灾情收集系统，而且支持国、省、市、县四级业务用户实时在线填报，大力促进“气象＋社会经济＋防灾减灾”大数据融合应用试点。2016年，全国县级以上3630个用户基于该系统完成中小河流、山洪、泥石流、滑坡等灾害信息共计约174万条，发布55类灾害数据服务接口，提供国家级业务单位使用，有效提升了灾情数据收集、审核、评估的效率和自动化水平，为全国气象灾害数据的业务应用提供基础支撑。

（二）城市气象灾害防御

1. 气象防灾减灾组织体系在城市初步建立

2016年，通过强化城市气象灾害防御指挥部职能，气象部门与市政府相关部门联合发文，将气象工作纳入街道或城市管理局的职能和绩效考核，赋予乡镇预警信息传播职能，搭载城市网格化管理平台，杭州、西安等20个城市初步建立了“城市—区县—街道—社区”四级气象防灾减灾组织体系。在这些城市有312个区县落实了分管领导，有3372个城市街道落实了有气象协理员，气象与民政、公安等部门共建全国综合防灾减灾示范社区1105个，全国安全社区2403个，另外，部分城市还参与创建了科普社区、智慧社区、美丽乡村、应急管理示范社区、地方政府防灾减灾示范社区等。

气象防灾减灾应急响应联动机制在城市真正落地。2016年，许多城市通过推进省（市）政府发布突发事件预警信息发布管理办法等方式，真正落实“政府主导、部门联动、社会参与”的气象灾害防御机制和应急体系，明确各级政府、气象部门、灾害主管部门、广电和通信主管部门、事业企业单位的气象防灾减灾职责，规范突发事件预警信息发布的发布流程；气象与相关单位建立气象灾害红色预警全网快速发布机制，充分利用政府网格化综合信息指挥平台等部门和社会化发布手段传播高级别预警信号。广州、杭州、宁波、上海等城市制定《公众应对主要气象灾害指引》，建立以预警信号为先导的停工停课机制；广州还与教育部门联合发布停课、延迟上学等预警信息提醒，推动公众强化自身防范意识，主动参与获取灾害预警信息。

2016年，36个城市累计出台市级气象灾害防御规划24部，区县级气象灾害防御规划207部，明确了气象灾害防御的责任主体、联动机制和主要任务。各城市应用气象信息员管理平台，将城市各级气象灾害防御责任人、气象协理员、气象信息员和网格员、气象志愿者等信息纳入平台进行综合管理，总数达2.6万余人。各城市均建立了社区气象防灾减灾科普宣传体系，编制了社区气象防灾减灾宣传方案，广泛应用宣传栏、多媒体显示屏、科普长廊、触摸屏、微信群等气象防灾减灾宣传手段。

2. 融入式发展长效机制在城市得到推广

2016年，广东、上海、南京、深圳等地开展了城市气象防灾减灾标准、城市气象公共服务体系综合标准等标准体系研究，共出台或送审地方标准8个，行业标准3个；深圳市气象局开展了地方标准体系“深圳标准”的创建工作，内容包括标准工作计划的制定与落实、机构建设、总结报送、标准工作创新等。18 个城市将城市两个体系工作纳入城市公共服务体系，21 个城市将城市两个体系工作纳入城市发展相关规划与重点工程，10 个城市将城市两个体系工作纳入政府责任清单，17 个城市将城市两个体系工作纳入政府购买服务目录，23 个城市将城市两个体系工作纳入公共财政保障，21 个城市将城市“两个体系”工作纳入政府考核体系。

突发事件预警信息发布平台在城市部署。2016 年，以政府为依托，以气象部门为主体，全国各城市均建立了“横向到边、纵向到底”的突发事件预警信息发布平台，实现了自动传真、短信、电子邮件、微博、微信、手机客户端、大喇叭、显示屏等发布手段的有效接入(图 3.16)。36 个城市在区(县)建设了 196 个预警信息发布中心，街道建设了 2609 个预警信息发布终端、社区建立了 1.9 万个预警信息发布联络点，推进建立省(市)—区(县)—街道—社区网格为一体的城市突发事件预警信息审核发布架构和“区县＋街道＋社区＋防灾减灾群体”的预警联动工作体系，实现一键式预警信息的精准靶向发布。广州、深圳基于突发预警信息发布平台打造防灾减灾“一张网”，形成重点目标、重大危险源、应急队伍、应急资源、应急预案等基础数据信息“一张图”。上海开通了“社区气象服务一点通”服务终端推送预警信息，覆盖全市 4000 余个社区。天津市局与街道办达成意向，以政府购买服务方式在街道办事处设立“气象与应急专员”。

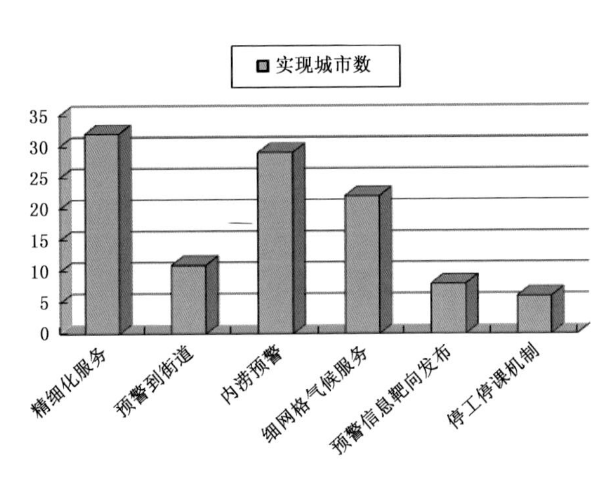

图 3.16　2016 年实现预警联动工作体系的城市数量

从各省(区、市)气象灾害预警信息覆盖的城市社区比例来看，2016 年除河北、湖南和江西外，其他 28 省(区、市)均实现了辖区内城市社区 100％预警信息覆盖。相比于 2015 年，2016 年有了较明显的进步，2015 年信息覆盖率只有 53％的辽宁以及覆盖率为 95％的内蒙古实现了 100％预警信息全覆盖；而河北、湖南和江西尽管尚未达到 100％，但相较于 2015 年，覆盖率均有所增长，分别达到了 97.6％，98.1％和

98.8%(图 3.17)。

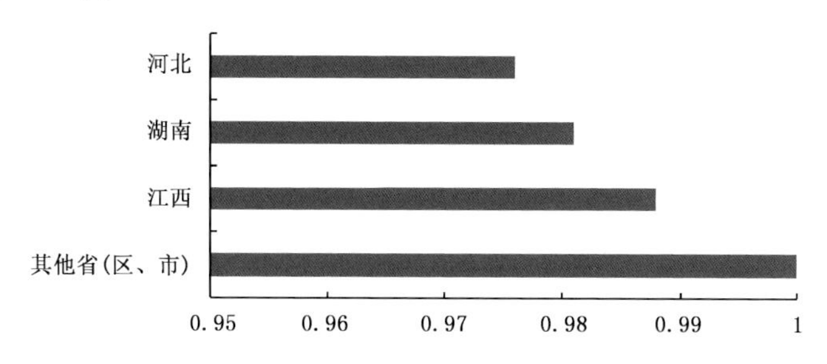

图 3.17 2016 年各省(区、市)预警信息覆盖的城市社区比例

3. 互联网+气象信息发布网络在城市覆盖

2016 年,南京、深圳等城市充分利用大数据、云计算和互联网技术优势,结合城市特点和用户习惯,构建全媒体气象服务平台和与用户互动的智能移动气象服务终端,以为公众提供定点、定时、定量的要素预报和个性化、定制式的服务为目标,满足不同人群、不同层次的社会需求,实现市民全方位无缝隙获取气象信息。共构建智能移动气象服务终端(APP)32 个,目前活跃用户达 705.8 万人;36 个城市创建气象微博 40 余个,粉丝总数超千万;创建微信公众号 60 余个,实现气象预警信息城市公众覆盖率在 90%以上。“深圳天气”微博粉丝量达 118 万,最高单日阅读量超过 300 万,在政务微博影响力榜单中名列总榜第六名。

(三)农村气象灾害防御

继续深化农村气象灾害防御体系建设,推进将气象信息传播服务全面融入农村信息服务体系、将气象灾害防御全面融入农村社会综合治理体系。制定并下发《2016 年气象为农服务专项建设指南》,推动气象大喇叭、显示屏等发布手段与国突平台的规范对接。到 2016 年,全国建有县级气象防灾减灾机构或气象为农服务机构 2167 个,28248 个乡镇明确了分管气象灾害防御的副镇长;1537 个县将气象工作纳入地方“十三五”发展规划;2712 个县人民政府出台实施了气象灾害应急专项预案,26921 个乡镇制定了气象灾害专项预案,15.47 万个村屯制定了气象灾害应急行动计划;2723 个县政府出台了气象灾害应急准备制度管理办法,累计 5.73 万个重点单位或村屯通过了气象灾害应急准备评估。全国气象信息员达到 78.1 万名,村屯覆盖率达 99.7%。乡镇气象信息服务站 7.8 万余个,农村高音喇叭 43.6 万套,乡村气象电子显示屏 15.1 万块,海洋气象广播电台 8 个。各级政府主办、气象部门承办、涉农部门协办的农村经济信息网已覆盖 31 个省的 270 多个市(区)和 1300 多个县。2013—2016 年共评选标准化气象灾害防御乡(镇)1009 个。

从各省(区、市)乡镇气象信息员的比例来看,2016 年除内蒙古、河北、山东、广西和山西外,其他 26 省(区、市)均 100%实现了每个乡镇均有一名气象信息员。相比于 2015 年,2016 年有了较明显的进步,2015 年信息员覆盖率为 91%的江西实现了100%乡镇全覆盖;而内蒙古、河北、山东、广西和山西尽管尚未达到 100%,但相较于2015 年,覆盖率均有所增长,分别达到了 94.7%,96.4%,96.5%,99.4%和 99.6%(图 3.18)。

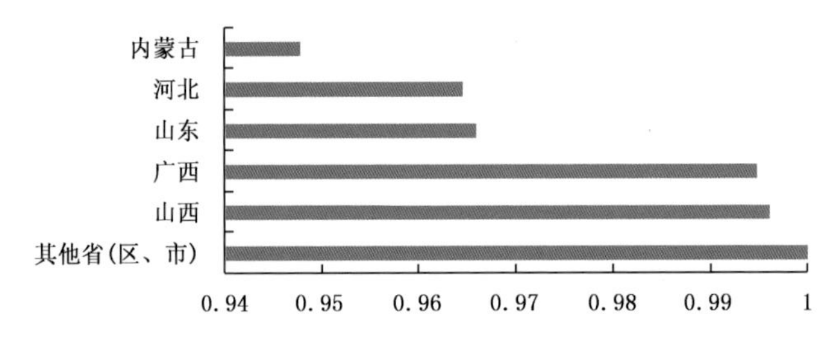

图 3.18　2016 年各省(区、市)乡镇气象协理员、气象信息员比例分布情况

从各省(区、市)乡镇预警信息覆盖的村屯比例来看,2016 年除山西、湖南和山东外,其他 28 省(区、市)均 100%实现了乡镇预警信息 100%覆盖(图 3.19)。在尚未实现 100%覆盖的三省,山西的乡镇预警信息覆盖率相对较低,只有 83.7%,辖区内将近 3698 个村屯尚未实现预警信息覆盖,湖南和山东的乡镇预警信息覆盖率虽未实现 100%,但均已达到 98%以上。

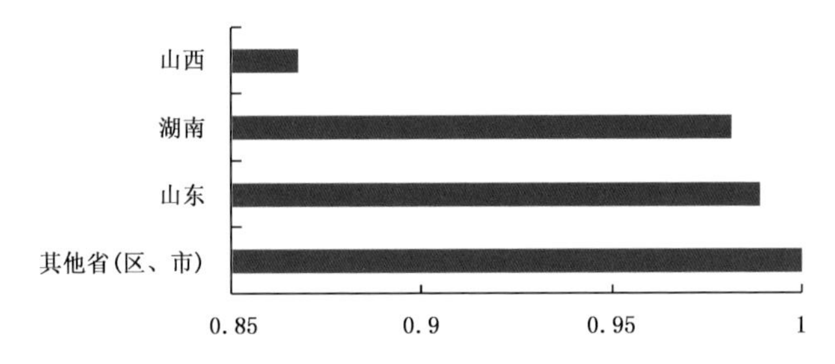

图 3.19　2016 年各省(区、市)乡镇预警信息覆盖的村屯比例分布情况

(四)气象灾害风险管理

2016 年,气象灾害风险管理以重基础、强基层、提效益为重点,坚持气象灾害风险预警与基层气象灾害防御体系相融合,重点推进基层气象灾害风险管理业务能力建设,提升气象防灾减灾的效益,取得一定进展。

1. 风险预警业务规范体系建设

2016 年,国家级气象灾害风险预警业务规范体系建设进一步完善。中国气象局组织全国修订了《暴雨诱发中小河流洪水气象风险预警业务规范(暂行)》和《暴雨诱发地质灾害气象风险预警业务规范》,重点规范了国省两级风险预警业务流程。编制出版《地质灾害气象风险预警服务业务技术指南》,制订了中小河流洪水、山洪、地质灾害气象风险预警等级行业标准以及相应灾害类别的气象风险预警业务检验办法，并利用灾情直报系统收集的数据开展了国家级气象灾害风险预警业务的检验，其中地质灾害风险预警命中率与2015年基本持平。

2016年推进构建高效的集灾害信息采集、致灾阈值确定、基于阈值和定量化风险评估的风险预警、业务检验和效益评估于一体的气象灾害风险管理业务体系。在2015年完成的全国中小河流洪水、山洪、地质灾害易发区暴雨洪涝灾害风险普查和阈值确定工作，0.05°×0.05°的格点化定量降水预报产品，以及逐半小时0.05°×0.05°分辨率的定量降水估测等产品的基础上，2016年逐步实现精细化到隐患点的灾害信息收集，暴雨洪涝灾害风险普查数据完整率达到80%、质量合格率达到90%；中小河流洪水、地质灾害气象风险预警服务业务产品达到72小时时效逐24小时间隔，山洪风险预警达到6小时时效逐小时间隔、12小时时效逐3小时间隔、24小时时效逐6小时间隔5千米分辨率的精度需求；20个易受内涝影响的直辖市和省会城市的城市内涝风险预警达到2小时时效逐半小时1千米分辨率的精度需求；逐年稳步提高气象灾害风险预警的准确率①。

2. 气象灾害风险管理实现向纵深拓展

以山洪工程项目为依托，一是完成全国所有区县气象灾害风险普查。到2016年年底累计完成5425条中小河流、19279条山洪沟、11947个泥石流点、57597个滑坡隐患点的风险普查和数据整理入库。二是开展风险区划和影响预评估。全国完成1/3以上中小河流洪水、山洪风险区划图谱的编制和应用，湖北、安徽、江西、福建、广东、浙江等地试点开展暴雨洪涝灾害影响预评估业务。三是完成气象灾害风险信息管理系统一期建设。编制气象灾害风险信息“一张图”，建立统一的气象灾害风险管理数据库，完成空间、时间和灾害三个不同维度气象灾害风险信息的水平拼接和垂直叠加，实现全国灾害风险普查、阈值、区划、影响评估、社会人口经济、灾情、GIS数据等信息的融合应用。

到2016年年底，全国31个省(区、市)全部印发突发事件预警信息发布管理办法。北京、天津、山西、上海、安徽、福建、湖南、广东、重庆、四川等10个省(市)完成省级突发事件预警信息发布系统建设。30个省(区、市)已对接10个以上部门的预警信息(图3.20)。

3. 灾害风险管理业务向基层延伸

一是将气象灾害风险预警纳入基层基本业务，2016年中国气象局印发了《基层气象台站突发气象灾害临近预警服务业务基本要求》，各省级制定了延伸基层的风险预警业务流程和实施细则，明确了基层气象灾害风险预警业务的职责和任务。

二是开展基于省、市、县一体化业务平台的气象灾害风险预警系统模块建设，17

---

① http://www.cma.gov.cn/root7/auto13139/201612/t20161213_349514.html.

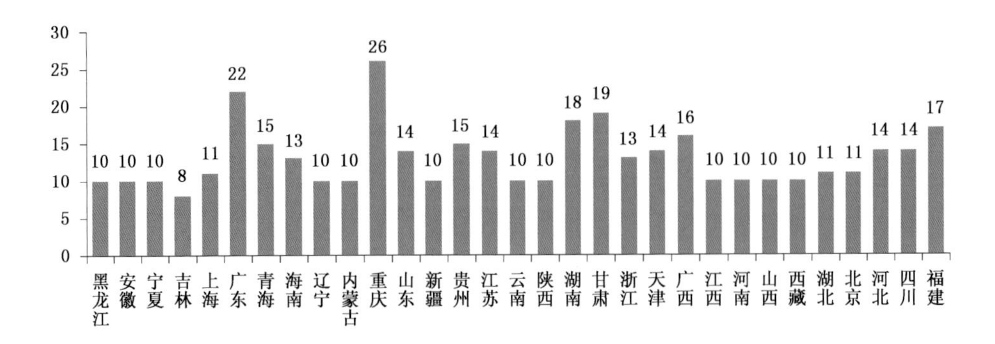

图 3.20　2016 年各省(区、市)突发预警系统对接部门数量

省(区、市)完成了风险预警与一体化业务平台的融合对接,实现了灾害风险普查信息(地理地形、边界、隐患点等)、致灾阈值、风险区划以及气象监测预报预警信息的在一体化业务平台的叠加显示,基于致灾阈值的自动报警和预警信息的一键式发布。

三是灾害风险预警业务在基层全面铺开。截至 2016 年 11 月,全国共有 2175 个县开展气象灾害风险预警服务,其中有 1797 个县国土、气象联合发布地质灾害气象风险预警,有 1594 个县和 1618 个县分别开展中小河流洪水和山洪灾害气象风险预警业务,开展中小河流洪水和山洪风险预警的县比 2015 年增加 42%和 37%。吉林、江西、重庆、云南、宁夏等省(区)已实现水利、气象部门联合发布山洪、中小河流洪水气象风险预警。16 省(区、市)开展了台风灾害风险区划工作。

四是完成了全国所有区县气象灾害风险普查。2016 年,累计完成 5425 条中小河流、19279 条山洪沟、11947 个泥石流点、57597 个滑坡隐患点的风险普查和数据整理入库(图 3.21,图 3.22,图 3.23)。全国 1/3 以上中小河流完成了洪水、山洪风险区划图谱的编制和应用。湖北、安徽、江西、福建、广东等地试点开展暴雨洪涝灾害影响预评估业务。气象灾害风险信息管理系统完成了一期建设,编制气象灾害风险信息"一张图",建立统一的气象灾害风险管理数据库,完成空间、时间和灾害三个不同维度气象灾害风险信息的水平拼接和垂直叠加,实现全国灾害风险普查、阈值、区划、

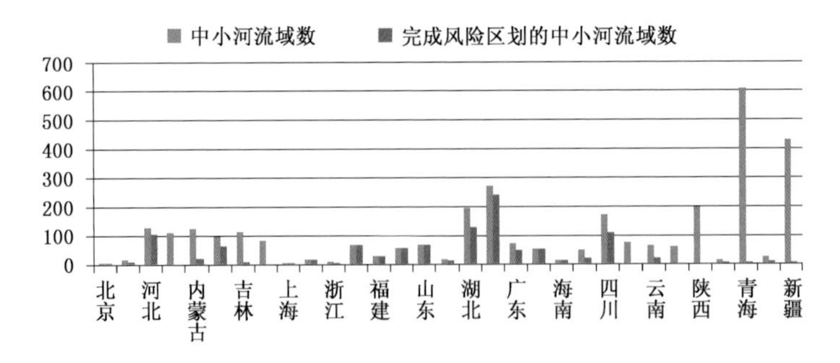

图 3.21　2016 年各省(区、市)中小河流域数风险区划完成情况

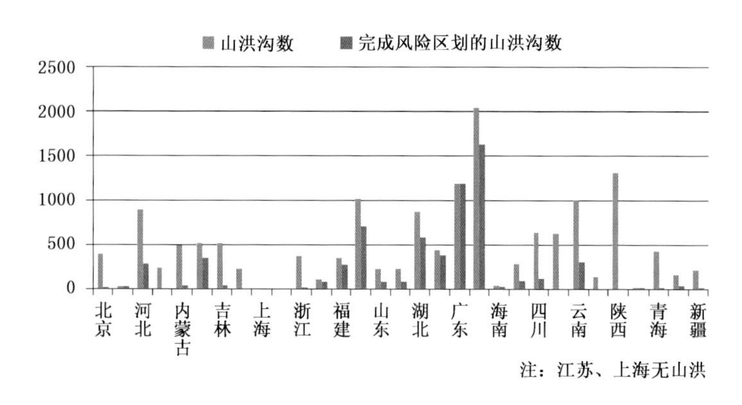

图 3.22　2016 年各省(区、市)山洪沟数风险区划完成情况

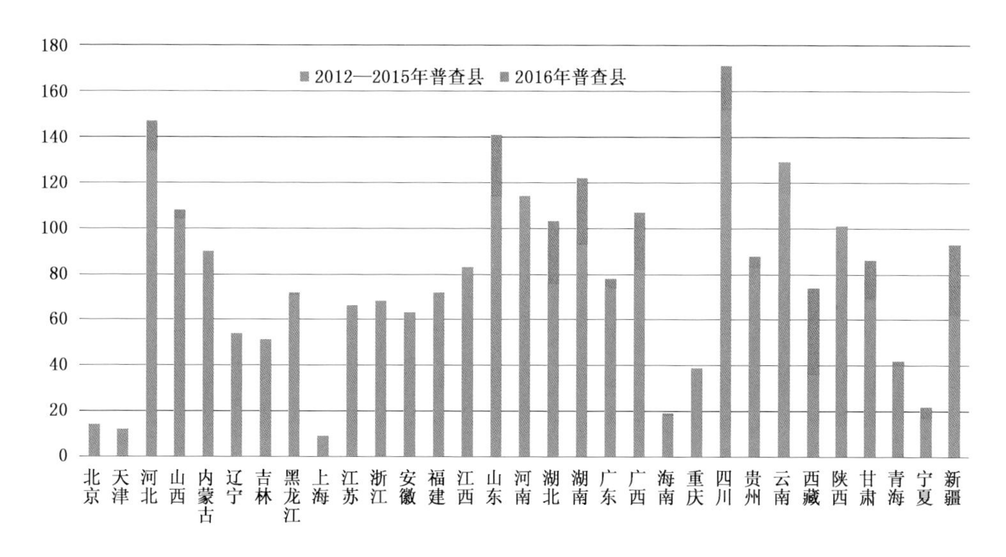

图 3.23　2016 年全国暴雨洪涝气象灾害风险普查工作情况

影响评估、社会人口经济、灾情、GIS 数据等信息的融合应用。

4. 气象灾害风险考核评估逐步建立

气象灾害风险考核评估主要体现在三个方面：一是建立国家级气象灾害风险预警检验业务。制定中小河流洪水、山洪、地质灾害气象灾害风险预警检验办法，利用灾情直报系统收集的灾情数据开展国家级气象灾害风险预警业务的检验，地质灾害风险预警命中率与 2015 年基本持平。二是建立与国土部门灾情共享机制和重大气象灾害的总结机制，针对台风“莫兰蒂”等重大灾害开展预警服务效益评估及部分案例的对比分析。三是初步建立气象灾害风险预警的融合评估机制，将气象灾害风险预警纳入城市气象服务体系建设评估指标体系，实行统一评估。

三、展望

气象综合防灾减灾工作是一项长期的艰巨的历史任务,必须按照中央要求坚持常态减灾和非常态救灾相统一,努力实现从注重灾后救助向注重灾前预防转变,从应对单一灾种向综合减灾转变,从减少灾害损失向减轻灾害风险转变,全面提升全社会抵御自然灾害的综合防范能力。

(一)加强气象综合防灾减灾

加强气象综合防灾减灾,需要正确处理人和自然的关系,正确处理气象防灾减灾救灾和经济社会发展的关系,确立安全第一、人与自然和谐、趋利避害、主动防范、预防优先的气象防灾减灾理念,遵循以下基本要求:

1. 坚持以人为本,更加注重全民气象防灾减灾。人民是推动气象防灾减灾的根本力量,应牢固树立以人为本理念,把确保人民群众生命安全放在首位,把提升全民气象灾害风险意识、灾害风险管理水平、公众知识普及和自救互救技能摆在重要位置,增强全民防灾减灾意识,增强全民主动防范应对能力,充分调动人民防灾减灾的积极性、主动性和创造性,切实减少人员伤亡和财产损失。

2. 坚持预防优先,更加注重全程气象防灾减灾预防是综合防灾减灾的首要环节。应把预防放在防灾减灾的优先位置,坚持防灾抗灾救灾过程有机统一,高度重视减轻灾害风险,认真研究全球气候变化背景下灾害孕育、发生和演变特点,充分认识新时期灾害的突发性、异常性和复杂性,准确把握灾害衍生次生规律,提高灾害预报预警的准确率、时效性和覆盖面,发挥灾害监测、预报、预警的气象防灾主体和优势作用,强化抗灾、救灾、重建的气象保障作用。

3. 坚持统筹协调,更加注重全域气象防灾减灾。改革创新体制机制是气象防灾减灾的强大动力。应发挥我国的政治优势,落实责任、完善体系、整合资源、统筹力量,强化分级负责、属地管理为主,注重建立党委领导、政府主导、社会力量和市场机制广泛参与体制机制,建立和完善军地信息沟通和协调配合机制,中央发挥统筹指导和支持作用,各级党委政府发挥主体作用、承担主体责任。注重组织动员社会力量广泛参与,建立完善气象灾害保险制度,加强政府与社会力量、市场机制的协同配合,形成工作合力。

4. 坚持开放合作,更加注重全球气象防灾减灾。全方位开放合作是气象综合防灾减灾的必然要求。应开展全球监测、全球预报和全球服务,共商、共建、共享"一带一路"气象防灾减灾体系,参与全球气象灾害治理,推进国际气象防灾减灾合作,参与、主导和发起国际气象防灾减灾研究计划、行动计划,积极跟踪学习国际先进的气象科学研究技术和成果,强化国际气象灾害治理的中国方案、中国贡献、中国力量。

(二)完善和发展中国特色气象防灾减灾体制机制

气象综合防灾减灾的总目标是完善和发展中国特色气象防灾减灾体制机制,推进气象防灾减灾体系和防灾减灾能力现代化，努力实现从注重灾后救助向注重灾前预防转变，从应对单一灾种向综合减灾转变，从减少灾害损失向减轻灾害风险转变。在完善和发展中国特色气象防灾减灾体制机制方面重点做好以下工作。

一是把创新作为引领气象综合防灾减灾的第一动力，不断推进气象防灾减灾理论创新、制度创新、科技创新、文化创新等各方面创新，让创新贯穿监测、预报、预警、防灾、抗灾、救灾、重建等气象灾害防范应对的各环节、各领域。

二是把协调作为气象综合防灾减灾持续健康发展的内在要求，重点促进城乡气象防灾减灾协调发展，注重常态防灾减灾和非常态救灾相结合、预防优先与抗救相结合、综合治理与重点应对相结合、工程措施与非工程措施相结合，构建属地为主、分级负责、区域协同的气象防灾减灾体制机制，构建党委、政府、社会、市场有序组合的多维气象防灾减灾体制机制，不断增强气象防灾减灾的整体合力。

三是把绿色作为气象综合防灾减灾永续发展的必要条件和人民群众对美好生活追求的重要体现，有度有序开发天气气候资源，形成人与自然和谐共生新格局，减轻气象灾害对生态文明建设的重大影响，减轻气象灾害对资源节约型、环境友好型社会和美丽中国建设的破坏，保障人民群众的生命财产安全。

四是把开放作为推进气象综合防灾减灾的必由之路，顺应我国经济深入融入世界经济的趋势，坚持引进来和走出去并举，发展更高层次的气象防灾减灾合作，加强气象防灾减灾技术交流，积极参与国际重大气象灾害的监测、预报、预警、信息传导、国际救援等，真正承担起气象大国对整个人类社会重大气象灾害防范应对的重要责任，为全球气象灾害治理作出应有贡献。

五是把共享作为气象综合防灾减灾的本质要求，坚持气象综合防灾减灾为了人民、气象综合防灾减灾成果由人民共享，作出更有效的气象灾害防御法律、法规、标准、制度安排，使全体人民在气象综合防灾减灾建设中有更多的获得感、安全感、幸福感，不断增强全民气象防灾减灾意识，不断提升民族凝聚力。

（三）加强突发事件预警信息发布工程建设

预警信息发布是防灾减灾的重要抓手，预警信息发布系统是利国利民的重要工程。加快推进预警信息发布系统建设，提升预警信息发布能力和应用效益是当务之急。

1. 国家治理体系现代化要求预警信息发布工作更加集约规范

预警信息发布是应急管理的重要基础，是国家治理体系和治理能力现代化的重要支撑。党的十八届三中全会要求推进国家治理体系和治理能力现代化，其核心要求是法治与规范。当前，突发事件预警信息发布能力建设区域不平衡现象比较突出，部分地区预警信息发布分散、碎片化、不规范的现象仍未得到根本解决，需要充分利用现代信息科技发展最新成果，以“互联网＋”和“大数据”为依托，按照全国一盘棋的方针部署推进，实现各类公共安全事件监测预警信息资源融合与集成，以信息化推动突发事件预警信息发布工作集约化、规范化协调发展,提升政府应对突发事件和提供公共服务的效能。

2. 国家应急管理体系建设要求预警信息发布工作更加权威开放

国家"十三五"发展规划明确提出健全预警应急机制,加强预警信息发布系统建设的要求。新时期应急体系建设要求预警信息发布工作更加权威和及时,在第一时间代表政府发声,预警信息发布体制机制更加健全和开放,鼓励各类媒体、社会组织和公众参与预警信息传播,调动全社会资源形成应对突发事件的合力与正能量。

3. 防灾减灾严峻形势和属地责任制要求预警信息发布工作更加精准高效

当前,在我国经济社会快速发展和全球气候变暖的大背景下,极端自然灾害突发性增强、灾损性加剧,引发连锁突发事件的风险增大,带来的社会稳定压力加大。特别是随着防灾减灾属地化责任制的落实,各级政府部门迫切需要建立反应更加快速、传播更加迅捷、定向更加精准、覆盖更加广泛、运维更加集约高效的发布系统和传播渠道,迫切需要推进各类自然灾害精准监测、精准预报、精准防御、精准救助,以提高防灾减灾效率,降低防灾减灾成本。基层是防灾减灾的一线,广大人民群众对预警信息准确、快速、便捷获取的需求更加紧迫,需要针对偏远地区以及社区、乡村、学校、企业等基层组织和单位,强化预警信息接收能力,增强基层应对公共安全的能力。

保障篇

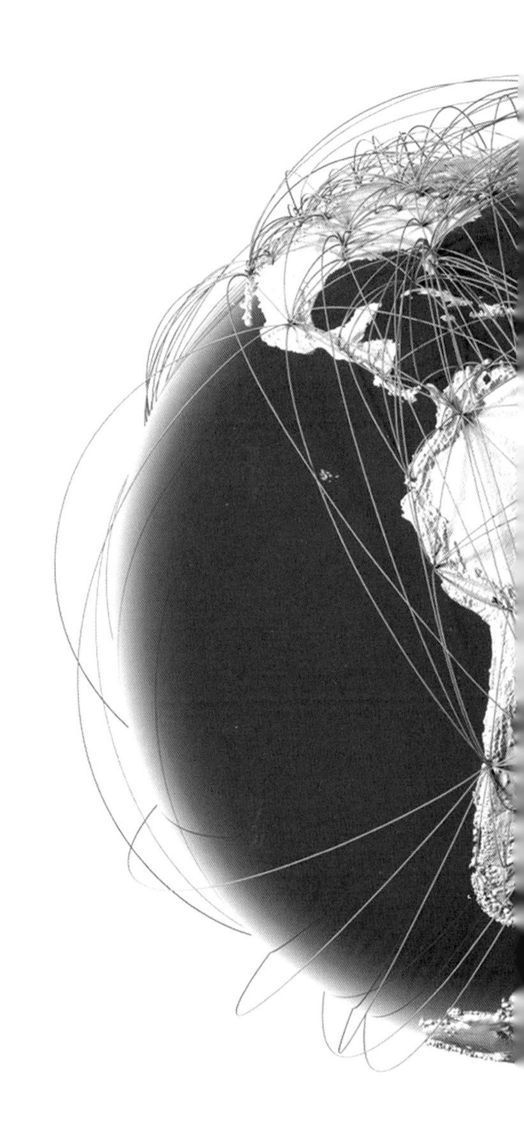

第四章　应对气候变化工作

气候变化问题是21世纪人类生存发展面临的重大挑战，积极应对气候变化、推进绿色低碳发展已成为全球共识和大势所趋。中国政府高度重视应对气候变化工作，在参与国际气候变化重大事件、适应气候变化、减缓气候变化、加强气候变化科技支撑能力建设等方面积极采取强有力的政策行动，有效控制温室气体排放，增强适应气候变化能力，2016年推动应对气候变化各项工作取得了重大成效。

一、2016年应对气候变化概述

2016年，对我国应对气候变化工作而言，是具有里程碑意义的一年。无论是国际层面的《巴黎协定》生效，还是全国碳市场启动前最后的冲刺，均突显出2016年是应对气候变化不平凡的一年。2016年，国家实施了《“十三五”控制温室气体排放工作方案》《国家应对气候变化规划(2014—2020年)》《国家适应气候变化战略》等重大政策，积极采取强有力的政策行动，有效控制温室气体排放，增强适应气候变化能力，尤其在碳交易市场、城市适应气候变化、气候变化国际谈判、气候投融资、气候科技支撑等重点领域均取得重大进展。

(一)气候变化国际谈判彰显全球气候正义

2015年《巴黎协定》的达成可谓是气候变化国际谈判的里程碑，它将为2020年后全球应对气候变化建章立制并作出行动安排。而2016年，在各国把握政治共识的势头，用行动兑现气候承诺的这一年里，联合国秘书长潘基文宣布协定于11月4日(即生效条件满足后第30天)正式生效。《巴黎协定》是人类历史上第一份覆盖近200个国家的全球减排协议，其灵活务实地创造了以国家自主贡献为基础的“自下而上”的机制，成为全球治理的新范例，凝聚了中国智慧和贡献。这无疑都体现了各国携手推动“去碳化”转型、共同应对气候变化的决心和信心，彰显了全球气候正义。

(二)减缓气候变化开启全国碳交易市场

减缓气候变化工作是一项全方位的行动计划。进入2016年，我国全面减缓计划的同时，重点启动了全国碳交易市场。1月，国家发展改革委出台《关于切实做好全国碳排放权交易市场启动重点工作的通知》，就全国统一的碳排放权交易市场启动前重点准备工作作出部署。提出了2016年是全国碳排放权交易市场建设攻坚时期，国家、地方、企业上下联动,协同推进全国碳排放权交易市场建设,确保 2017 年启动全国碳排放权交易,实施碳排放权交易制度。随后,国家发展改革委提出了加快推动出台《碳排放权交易管理条例》及有关实施细则,强化全国碳排放交易法规的支撑。2016 年 8 月,新能源汽车领域的碳配额管理办法率先“出炉”,国家发展改革委发布《新能源汽车碳配额管理办法》征求意见稿,该管理办法几乎将所有车企纳入碳配额交易范围,届时碳配额不足的企业可向配额充足的企业购买碳减排量。下半年还出台了《“十三五”控制温室气体排放工作方案》,更是为全国碳市场的启动筑牢政策“地基”,《方案》明确了到 2020 年,我国单位国内生产总值二氧化碳排放比 2015 年下降 18%,碳排放总量达到有效控制的目标;明确将全国碳排放权交易市场作为落实“十三五”规划纲要的最主要抓手之一。2016 年,通过采取各种有效措施,中国单位 GDP 碳排放比 2015 年下降 3.9%。

(三)城市适应气候变化启动试点

2016 年,我国应对气候变化工作开始进入相对成熟阶段。为落实《国家适应气候变化战略》的要求,在全面推进适应气候变化工作的同时,国家发展改革委、住建部会同有关部门共同制订发布了《城市适应气候变化行动方案》,对城市规划提出新的要求,明确在城市相关规划中充分考虑气候变化因素。在国家“十三五”规划纲要中,也明确提出要积极应对全球气候变化,坚持减缓与适应并重。

2016 年中,很多城市受特大暴雨的影响,出现城市“看海”,如何让城市适应气候变化,更加成为全社会关注的一个重要问题。适应气候变化虽然与城市基础设施建设相关,但建设基础设施是载体,目的是提高城市快速应对极端气候变化的能力,进而减少气候变化对于公众生活的冲击。由此,紧锣密鼓开展地下管网、廊道建设和海绵城市试点工作成为 2016 年城市规划建设的重要部分。国家发展和改革委员会与住房和城乡建设部下发通知,挑选 30 个左右典型城市开展气候适应型城市建设试点。根据两部委制订的《气候适应型城市建设试点工作方案》,试点城市将开展城市气候变化影响和脆弱性评估、出台城市适应气候变化行动方案、组织开展适应气候变化行动和加强适应气候变化能力建设 4 个方面的行动内容,注重谋划近中期的适应气候变化行动措施,确保在 2020 年之前取得阶段性成果。

2016 年,通过提升重点领域适应气候变化能力,加强适应气候变化基础能力建设,减轻了气候变化对中国经济建设和社会发展的不利影响。建设了 100 个全国节水型社会建设试点,启动了 105 个全国水生态文明城市试点建设,启动 8 个城市的城市内涝风险预警试点,推进中国气候服务系统建设,开展农业气候资源、农业气象灾害风险区划和生态气象监测与评价服务。

(四)气候投融资呈现蓬勃发展态势

2016年以来,气候投融资一直呈现蓬勃发展的态势。1月份,中国倡议、推动成立了G20绿色金融研究小组,研究各国发展绿色金融经验,探讨建立全球绿色金融体系、推动全球经济绿色转型、加强绿色金融国际合作等问题。8月份,习近平总书记主持的深改组第二十七次会议明确指出,要通过创新性金融制度安排,引导和激励更多社会资本投入绿色产业,同时有效抑制污染性投资。利用绿色信贷、绿色债券、绿色股票指数和相关产品、绿色发展基金、绿色保险、碳金融等金融工具和相关政策为绿色发展服务。而这一表态也成为这一年来气候投融资领域举措不断推陈出新的主要依据。

2016年,中国人民银行、财政部等七部委联合印发了《关于构建绿色金融体系的指导意见》,提出了支持和鼓励绿色投融资的一系列激励措施,包括通过再贷款、专业化担保机制、绿色信贷支持项目财政贴息、设立国家绿色发展基金等措施支持绿色金融发展。在杭州G20峰会上,首次将绿色金融纳入G20峰会重点议题进行探讨。年底,发布了《2016中国气候融资报告》,对《巴黎协定》正式生效后,围绕发达国家如何继续向发展中国家提供资金支持、南南合作气候资金如何发挥更重要的作用以及全球金融体系的绿色金融行动如何展开等问题作了详尽阐释。数据显示,中国绿色金融几乎在所有领域都有较大推进,截至2016年9月底,中国已发行绿色债券约1400亿元,占全球绿色债券发行规模的40%以上。

(五)气候变化科技支撑能力持续增强

2016年,通过实施国家重点基础研究发展计划,"应对气候变化科技专项"和全球变化研究国家重大科学研究计划,支持气候变化领域基础研究工作。第三次《气候变化国家评估报告》编制完成,系统总结中国气候变化科研最新成果。中国气象局组织完成政府间气候变化专门委员会(IPCC)第五次评估报告的专家提名及报告的编写和评审工作。风云二号G星投入业务运行,综合观测系统的自动化、标准化和集约化程度明显提高。继续开展区域气候模式研发,完成东亚区域25千米高分辨率气候变化预估试验,为下一步进行未来10～50年区域尺度的极端事件的变化、气候变化的影响及可能的相关风险分析提供了基础数据。新建了全球陆地气温、降水序列,重建了中国西部近百年气温变化序列,中国百年气温序列研制取得新突破。

二、2016年应对气候变化主要进展

(一)应对气候变化重大事项

1.《巴黎协定》正式生效

应对气候变化的《巴黎协定》在中国、美国、欧盟等国家和地区的积极推动下,于2015年12月12日最终达成。2016年4月22日,中美两国同时签署《巴黎协定》。

2016年11月4日,《巴黎协定》正式生效[①],标志着合作共赢、公正合理的全球气候治理体系正在形成,具有里程碑意义。《巴黎协定》从通过到生效历时不足一年,成为史上获得批准生效最快的国际公约之一,它的如约达成和快速进入生效期,彰显了全球各国低碳转型的决心,极大地提振了全球应对气候变化的信心。其履行,有利于指引全球温室气体排放,形成气候适应力。中国在《巴黎协定》的达成、签署、批准、生效的整个过程,做出了关键性的重要贡献,推动全球气候治理进入新阶段。

《巴黎协定》是国际气候治理进程的一个里程碑。全球应对气候变化的基本格局已从20世纪80年代的南北两大阵营演化为当前的南北交织、南中泛北、北内分化、南北连绵波谱化的局面。在这种格局下,《巴黎协定》实现了利益平衡。发展中国家快速发展,主要经济体或谈判方在经济、排放、贸易等领域中的国际格局有所调整,导致各方谈判诉求出现变化,南北界限趋向模糊,而这些变化成就了《巴黎协定》新共识。虽然未来国际气候治理的总体框架已经确立,未来谈判仍面临"原则"、减排模式和目标、资金来源及治理、透明度及全球盘点等问题,要使它成为具体的实施方案,还需开展精细化、规则化的谈判。在后巴黎时代,《巴黎协定》所确立的责任共担的共识,将成为各方积极开展务实行动的基础。

联合国发布公报庆祝《巴黎协定》生效

联合国气候大会组委会11月4日在摩洛哥城市马拉喀什发布新闻公报,庆祝《巴黎协定》生效,强调这是人类历史上一个值得庆祝的日子,也是一个正视现实和面向未来的时刻,需要全世界坚定信念,完成使命。

《联合国气候变化框架公约》第22次缔约方大会11月7日至18日将在马拉喀什举行,同时还将举行《京都议定书》第12次缔约方大会和《巴黎协定》第一次缔约方大会。

《联合国气候变化框架公约》秘书处执行秘书帕特里夏·埃斯皮诺萨和摩洛哥外交与合作大臣、马拉喀什气候变化大会主席萨拉赫丁·迈祖阿尔联合签署了这份公报。

《公报》说,人类将记住2016年11月4日这一天,因为这一天全世界开启了可持续发展的道路,停止了走向气候灾难的脚步。

《公报》强调指出,《巴黎协定》是迄今最复杂、最敏感也是最全面气候谈判的结果,它在如此短的时间里得以生效体现了世界各国面对气候变化采取全球行动的坚定决心,它的生效使得政府、城市、地区、公民、企业和投资者的努力得以具体化,这是人类在战胜气候变化威胁上的一个历

---

① 2017年4月6日,环境保护部宣传教育中心和中国日报社共同主办的"2016年度全球十大环境热点"揭晓,"《巴黎协定》正式生效"位居首位。

史转折。这个协定的基础是牢固的，在目标达到之前，我们不能有丝毫松懈。

《公报》表示，希望马拉喀什气候变化大会能绘制出发达国家在2020年达到每年提供1000亿美元气候资金目标的明确路线图，以扶持发展中国家应对气候变化的行动。

（来源：新华网，原作者：卢苏燕）

2. 马拉喀什气候大会

《联合国气候变化框架公约》第22次缔约方大会（马拉喀什气候变化大会）11月7日在摩洛哥马拉喀什开幕，这是《巴黎协定》正式生效后的第一次联合国气候变化大会。也是《巴黎协定》正式生效后在落实行动方面的一次承前启后的大会。中方参加此次大会，期待各方遵循公平、共同但有区别的责任和各自能力原则，以合作、务实的态度参与新的气候治理进程。

大会讨论的议题主要有《巴黎协定》实施细则后续谈判路线图和时间表；督促各国按照《气候变化框架公约》《京都议定书》及多哈修正案的规定，提高2020年前的行动力度，落实自己的承诺，为《巴黎协定》的实施奠定政治基础；发达国家对发展中国家的气候变化应对资金、技术和能力建设援助，特别是审议发达国家为发展中国家每年提供1000亿美元资金的落实情况；审议各国落实"国家自主贡献"的行动情况。马拉喀什气候大会上，各缔约方所关注的焦点主要有二：一是《巴黎协定》实施细则的后续谈判路线图和时间表，特别是《巴黎协定》的实施模式、程序、指南的谈判问题；二是2020年前，如何使发达国家每年1000亿美元的气候资金、技术和能力建设援助落到实处，确保融资的可及性。

尽管此次马拉喀什大会还面临挑战，但是一些发达国家还是提出了自己的承诺，这有助于进一步增强各缔约方互信；同时，由于机制灵活，所有的缔约国对《巴黎协定》的实施充满了期待，这也为《巴黎协定》未来的执行创造了良好的政治氛围。

3. 中美气候变化合作成果

2013年中美两国元首安纳伯格庄园会晤，2014年11月发表里程碑式的气候变化联合声明，2015年9月和2016年3月发表元首气候变化联合声明，中美在引领全球应对气候变化方面建立了历史性的伙伴关系，中美两国的意见也激励全球采取行动构建绿色、低碳、气候适应型世界，并对达成历史性的《巴黎协定》做出了重要贡献。气候变化已经成为中美双边关系的一大支柱。双方致力于落实关于气候变化问题的三份元首联合声明，并将在迄今已取得的实际进展和丰硕成果基础上，不断深化和拓展中美双边气候变化合作。

中美元首气候变化联合声明

(2016年3月)

一、过去三年来,气候变化已经成为中美双边关系的支柱。两国已在国内采取了有力措施建立绿色低碳和气候适应型经济,助推全球应对气候变化行动,并最终于去年12月达成了《巴黎协定》。习近平主席和贝拉克·奥巴马总统2014年11月一起宣布了富有雄心的气候行动,志在率先垂范,至一年后巴黎会议开幕时已有186个国家提出了气候行动。2015年9月,习近平主席对华盛顿进行国事访问期间,两国元首提出了关于巴黎会议成果的共同愿景,并宣布了应对气候变化的主要国内政策措施和合作倡议以及在气候资金方面的重要进展。在巴黎,中美两国共同并与其他各方一道,为达成具有历史意义的、富有雄心的气候变化全球协议发挥了关键作用。

二、今天,两国元首在共同努力应对气候变化方面又宣布了一项重要举措。中美两国将于4月22日签署《巴黎协定》,并采取各自国内步骤以便今年尽早参加《巴黎协定》。他们还鼓励《联合国气候变化框架公约》其他缔约方采取同样行动,以使《巴黎协定》尽早生效。两国元首进一步承诺,将共同并与其他各方一道推动《巴黎协定》的全面实施,战胜气候威胁。

三、两国元首认识到,《巴黎协定》标志着应对气候变化的全球性承诺,也发出了需要迅速向低碳和气候适应型经济转型的强有力信号。为此,两国元首也承诺今年双方共同并与其他国家一道努力在相关多边场合取得积极成果,包括《蒙特利尔议定书》下符合"迪拜路径规划"的氢氟碳化物修正案和国际民航组织大会应对国际航空温室气体排放的全球市场措施。为加快清洁能源创新和应用,双方将共同努力落实巴黎会议上宣布的"创新使命"倡议各项目标,并推进清洁能源部长级会议工作。两国元首支持今年在杭州举行的二十国集团峰会取得成功,包括在气候和清洁能源方面取得强有力成果,并号召二十国集团成员国建设性开展能源和气候变化国际合作。双方将通过中美气候变化工作组、中美清洁能源研究中心以及其他努力继续深化和拓展双边合作。

四、最后,两国元首承诺采取具体步骤落实2015年9月联合声明关于运用公共资源优先资助并鼓励逐步采用低碳技术的承诺。自联合声明发表以来,美国在经济合作与发展组织框架下推动成功制订了第一套利用出口信贷支持燃煤电厂的多边标准,中方也一直在加强绿色低碳政策规定以严格控制公共投资流向国内外高污染、高排放项目。

五、中美气候变化方面的共同努力将成为两国合作伙伴关系的长久遗产。

（来源：新华通讯社）

双方欢迎国际民航组织理事会向国际民航组织大会提交的关于国际航空排放全球市场措施方案决议草案的决定。认识到国际航空在应对气候变化中的重要作用，中美两国支持国际民航组织大会在 2016 年 10 月就全球市场措施方案达成协商一致，并期待成为该措施的早期参与方。两国元首祝贺中美气候变化工作组和中美清洁能源研究中心近年来取得的成就，承诺在这些及其他框架下进一步加强气候变化双边合作。他们欢迎 2015 年、2016 年成功举行的中美气候智慧型/低碳城市峰会，期待将于 2017 年在美国波士顿举行的下届峰会，以及 2017 年由中方主办的下一届清洁能源部长级会议。

中美承诺将继续采取有力度的国内行动，以进一步推动国内国际两个层面向绿色、低碳和气候适应型经济转型。

美国在国内层面：电力行业，对风能和太阳能生产和投资的税收抵免政策延期五年相当于在未来五年部署约一亿千瓦可再生能源，美方还暂停了联邦土地上的煤炭开采租赁，同时对占全美煤炭供应量约 40%的联邦煤炭项目开展全面评审。在交通领域，美方已经完成载重汽车的能效标准制定，在项目实施期间将减少至少 10 亿吨碳污染。在建筑领域，美方将于年内制定完成 20 项额外的电器和设备能效标准，将有助于实现减少 30 亿吨碳污染的目标。在非二氧化碳排放方面，美方 2016 年完成了减少国内氢氟碳化物及油气和垃圾填埋行业甲烷排放的措施制定。

中国在国内层面：大力推进生态文明建设，促进绿色、低碳、气候适应型和可持续发展。“十三五”期间（2016－2020 年），中国单位国内生产总值二氧化碳排放和单位国内生产总值能耗将分别下降 18%和 15%，非化石能源占一次能源消费比重将提高至 15%，森林蓄积量将增加 14 亿米^3，作为实施其国家自主贡献的切实和关键步骤。中方将继续努力提高工业、交通和建筑领域的能效标准，推动绿色电力调度以加速发展可再生能源，于 2017 年启动全国碳交易市场，逐步削减氢氟碳化物的生产和消费。中方还将推进交通运输低碳发展，加强标准化、现代化运输装备和节能环保运输工具推广应用。

在国际层面，作为强化低碳政策长期承诺的一部分，2015 年美国与其他经济合作与发展组织（OECD）成员一道通过了限制海外投资燃煤电厂的新 OECD 指南。美方还仍坚持承诺与其他发达国家一道，在有意义的减缓和适应行动背景下，到 2020 年每年联合动员筹集 1000 亿美元的目标，用以解决发展中国家的需求。该资金将来自各种不同来源，其中既有公共来源也有私营部门来源，既有双边来源也有多边来源,包括替代性资金来源。中方正在采取切实步骤加强绿色和低碳政策与规定,旨在严格控制公共投资流向国内外高污染、高排放项目。

4. 气候变化带来更多极端天气变化

根据 WMO 发布的 2016 年全球气候状况声明显示,2016 年是有气象记录以来最热年,高出工业化时代之前水平约 1.1℃,高出 2015 年 0.06℃。这一事件入选全球十大环境热点(表 4.1)。

表 4.1 2016 年度全球十大环境热点事件

排名	事件名称
1	《巴黎气候协定》正式生效
2	第二届联合国环境大会关注绿色可持续发展
3	二十国集团(G20)峰会引领可持续发展
4	空气污染侵扰全球多个国家
5	全球就 HFCs 提出减排要求,推动保护臭氧层和减缓气候变化协同应对
6	美国《清洁电力计划》悬而未决,新一届政府环保立场恐有变
7	中国共产党力推生态文明,成为全球最具环保意识政党
8	中国出台多项重磅环保新政,迎来环保制度大变革时代
9	英国重启大规模核电建设,用清洁能源应对气候变化
10	2016 年成为史上最热年,气候变化带来更多的极端天气变化

来源:中国日报。

2001 年之后的 16 年中,每一年全球气温都至少高出 1961—1990 年基准期长期平均值 0.4℃。全球气温上升趋势保持每十年上升 0.1～0.2℃的速度。除了温室气体排放导致长期以来的气候变化,2015/2016 年的厄尔尼诺也助推全球气温上升。在厄尔尼诺事件期间,全球海平面显著上升,2016 年年初海平面上升打破纪录。11 月,全球海冰面积减少了 400 多万千米^2,这是历史同期前所未有的反常状况。

气候变化导致全球二氧化碳平均浓度再创新高,突破 400ppm 的警示线。同时,海洋中不断出现的创纪录高温导致珊瑚礁白化现象扩散,洪水、热浪、热带气旋影响了陆地上数以百万计的人口。2016 年的高温纪录使得北极海冰面积逐渐萎缩至 1979 年开始记录以来最小值。2016 年初以来,非洲南部遭受严重干旱,亚马孙流域经历有记录以来最干旱一年;中国长江流域受到 1999 年以来最大洪水的侵袭,全国平均降水量为 730 毫米,高于长期平均值 16%。7 月 21 日,科威特西北部的米特巴哈小镇(Mitribah)的气温达到 54℃,为 2016 年全球最高气温。

(二)重点领域积极行动起来加强适应气候变化能力建设

2016 年以来,中国不断强化适应气候变化领域的顶层设计,先后出台了《国家适应气候变化战略》和《城市适应气候变化行动方案》,提升重点领域适应气候变化能力,加强适应气候变化基础能力建设,减轻气候变化对中国经济建设和社会发展的不利影响。

1. 农业领域

2016 年,农业部等部门印发《关于推进节水农业发展的意见》《关于做好旱作农业技术推广工作的通知》,《关于印发农业综合开发区域生态循环农业项目指引(2017—2020 年)的通知》。继续开展农田基本建设、土壤培肥改良、病虫害防治等工作,大力推广节水灌溉、旱作农业、抗旱保墒与保护性耕作等适应技术。进一步落实草原经营管护制度,推进草原畜牧业生产方式转型发展,加大草场改良、饲草基地以及草地畜牧业等基础设施建设,鼓励农牧区合作,推行易地育肥模式,合理调整水产养殖品种、密度,加强渔业基础设施和装备设施。实施退牧还草、京津风沙源治理和游牧民定居等重大工程。为推动资源利用高效化、农业投入减量化、废弃物利用资源化、生产过程清洁化,促进农业提质增效和可持续发展。

2. 水资源领域

2016 年,全国继续实施国务院 2012 年出台《关于实行最严格水资源管理制度的意见》,连续三年开展最严格水资源管理制度年度考核,实现了“十二五”全国用水总量控制目标。推进农业、工业和生活服务业节水,强化用水定额和计划管理,建设 100 个全国节水型社会建设试点和 200 个省级节水型社会建设试点。水利部出台《关于加快推进水生态文明建设工作的意见》,启动了 105 个全国水生态文明城市试点建设。开展全国重要河湖健康评估。积极推进江河湖库水系连通,改善河湖水生态环境。加强黄河、黑河、南水北调水量调度工作,确保重点城市供水安全和生态安全。开展国家水资源监控能力建设,基本建成重要取水户、重要水功能区和大江大河省界断面三大监控体系。加强江河治理骨干工程建设,完善大江大河防洪减灾体系。流域和区域水资源配置格局不断完善,全国新增供水能力 380 亿米^3,城乡供水保障能力明显提高。开展大规模农田水利设施建设,实施大型和重点中型灌区续建配套和节水改造,加快东北节水增粮、华北节水压采、西北节水增效等区域规模化高效节水灌溉。强化水土流失的综合治理,“十二五”期间累计完成水土流失综合治理面积 26.6 万千米^2。

2016 年 4 月,水利部发布了《水生态文明城市建设评价导则》①(以下简称《导则》),这一导则的发布,为在全国范围内创建水生态文明城市提供了重要的专业指导,为评价水生态文明城市建设成效提供了技术标准。《导则》为今后城市水利工作,特别是城市水生态系统的保护和修复工作,提出了基本要求。《导则》的核心目的是评价城市水生态文明建设的效果,它的主要内容是评价指标、评价要求、评价方法和

① 2013 年 1 月,水利部出台《关于加快推进水生态文明建设工作的意见》,启动了 105 个全国水生态文明城市试点建设。

总体评分。在评价指标的选取上主要从水安全、水生态、水环境、水文化、用水行为和监督管理方面选取指标。以水生态为例,选取了河流生态基流满足程度、河流纵向连通性指数、河湖生态护岸比例、水域空间率、水生生物完整性和水土流失治理程度等6个指标,以全面反映城市河湖的自然状态的完整性或保护修复成效。在用水行为方面重点考虑了节约用水,选取了万元工业增加值用水量相对值、农田灌溉水有效利用系数、生活节水器具普及率和公共供水管网漏损率等4个指标。

3. 林业和生态系统

2016年6月,国家林业局印发《林业应对气候变化"十三五"行动要点》,落实国家应对气候变化相关行动目标、战略规划,统筹"十三五"林业应对气候变化工作,确保林业增汇减排能力持续提升。9月,国家林业局发布《林业适应气候变化行动方案(2016—2020年)》,开展森林适应气候变化试点工作。继续实施湿地保护恢复工程,提升湿地生态系统适应能力,启动国家沙漠公园建设试点。强化气候变化对生物多样性的影响评估。环境保护部提出生物多样性与气候变化相互影响的评价指标体系,组织东北地区、青藏高原等典型区域气候变化对生物多样性影响的评估。国家林业局加强生态观测研究平台建设,加入国家陆地生态系统定位观测研究站的数量达到166个。

4. 海洋领域

2016年,通过继续实施国务院批准的《全国海洋功能区划》(2011—2020)和沿海各省(区、市)省级海洋功能区划,对中国管辖海域的开发利用和环境保护作出了全面部署。国家海洋局印发《海洋生态文明建设实施方案》,扩大海洋生态红线制度实施范围,加大沿海地区海洋生态修复力度;组织编制《全国海洋经济发展规划(2016—2020)》《全国海岛保护"十三五"规划》,辽宁、河北、山东、江苏、浙江、福建、广东、广西8省(区)编制了海岛保护规划。积极推进海洋生态建设和整治修复,组织制定"蓝色海湾""南红北柳""生态岛礁"整治行动规划,构建三大工程的统筹协调机制,协同推进工程前期预研和组织实施。继续支持沿海省市开展海域、海岛和海洋生态整治修复,建立项目库,加强资金使用管理,确保项目高效规范实施。印发《关于加强滨海湿地管理与保护工作的指导意见》,提出将7处重要的滨海湿地选划为保护区,通过海洋保护区建设,保护好我国的海洋生物和海洋生态系统。

到2016年年底,国家海洋局初步建立了近海海一气界面二氧化碳交换通量监测业务,加强海洋灾害观测预警和防灾减灾,开展海平面变化监测和影响评估,每月发布《海洋与中国气候展望》,强化面向沿海重点保障目标的精细化预报,完善海洋渔业生产安全环境保障服务系统,加强海洋灾害防护能力建设,发布了《2016年中国海平面公报》和《2016年中国海洋灾害公报》,开展了国家、省、市、县海洋灾害风险评估与区划试点。

5. 气象领域

2016年,全国气象系统持续加强极端天气气候事件监测预警和气象灾害风险管理,国家级预警信息实现自动对接。风云二号G星投入业务运行,综合观测系统的自动化、标准化和集约化程度明显提高。编写了《气象灾害信息管理系统建设实施方案》,建立全国统一的气象灾害信息管理数据库,编制了《台风灾害风险区划技术指南》。推进暴雨洪涝气象灾害风险普查和城市内涝风险预警工作,启动了8个城市的城市内涝风险预警试点。推进了中国气候服务系统建设,开展农业气候资源、农业气象灾害风险区划和生态气象监测与评价服务。加强环境气象预报预警,完善了静稳天气指数等评价指标,开展大气污染扩散气象条件和污染减排效果的定量化评估服务。发布了《2016年中国气候公报》和《2016年中国气候变化监测公报》。

6. 防灾减灾领域

2016年,完成了《国家综合防灾减灾规划(2011—2015年)》和《国家综合防灾减灾规划(2016—2020年)》的任务对接,全面实施了《国家气象灾害防御规划(2009—2020年)》,重点实施全国七大流域防洪工程、全国山洪灾害防治工程、国家救灾物资储备库建设工程等,积极推进国家自然灾害救助指挥系统建设工程、全国自然灾害综合风险调查工程等,健全灾害管理体制机制,建立灾害预警体系,加强防灾减灾基础设施建设。2016年,各地深入推进社区综合减灾工作,共创建命名全国综合减灾示范社区6551个,全面加强城乡综合防灾减灾能力。民政部组织开展140余项减灾救灾领域重大科研工程项目,增强减灾科技支撑能力。"十二五"期间国家减灾委、民政部共针对各类自然灾害启动国家救灾应急响应158次。国务院印发《国家突发事件预警信息发布系统管理办法》。民政、水利、农业、气象、林业、地震、海洋等部门进一步加强灾害监测预警体系建设,完善江河洪水、干旱和暴雨、森林火险、海洋观测等监测站网,提升预警预报的时效性和准确性。全面开展了山洪灾害防治、洪水风险图编制、抗旱应急水源工程和国家防汛抗旱指挥系统工程建设,国务院批复了长江、黄河和松花江防御洪水方案,初步建成2058个县级山洪灾害监测预警系统和群测群防体系,全国报汛站点增加到9.7万个,有力应对了频发重发的水旱灾害,防汛抗旱防灾减灾能力不断提高。

7. 健康领域

2016年,国家卫生计生委联合九部委发布的《关于加强健康促进与教育的指导意见》中明确"把健康融入所有政策",即所有人民享有获得健康的权利,宏观经济、教育、就业等部门的多方面政策会对健康及健康公平产生深刻影响,解决健康问题需要多部门政策支持。

2016年,继续加强了气候变化对人群健康影响评估,不断推进完善气候变化脆弱地区公共医疗卫生设施;继续开展了气候变化相关疾病,特别是相关传染性和突发性疾病流行特点、规律及适应策略、技术研究,探索建立对气候变化敏感的疾病监测预警、应急处置和公众信息发布机制;探索建立极端天气气候灾难灾后心理干预机制。

2016 年,继续深入开展风险评估,确定季节性、区域性防治重点。加强对气候变化条件下媒介传播疾病的监测与防控。加强与气候变化相关卫生资源投入与健康教育,增强公众自我保护意识,改善人居环境,提高人群适应气候变化能力。

(三)减缓气候变化彰显大国责任

2016 年,中国政府持续采取更有力度的减缓行动,积极应对气候变化,并承担与中国发展阶段应负责任和实际能力相符的国际义务,为保护减缓气候变化作出了积极的贡献。

1. 减少碳排放

2016 年中国单位 GDP 碳排放比 2015 年下降 3.9%,从可获取的近几年数据来看,单位 GDP 碳排放持续下降,下降幅度基本保持稳中有升。

2016 年,国务院制定下发了《"十三五"节能减排综合工作方案》,要求各地区、各部门不能有丝毫放松和懈怠,要进一步把思想和行动统一到党中央、国务院决策部署上来,下更大决心,用更大气力,采取更有效的政策措施,切实将节能减排工作推向深入,并对"十三五"各地区下达了能耗总量和强度"双控"目标(表 4.2),对主要行业和部门下达节能指标(表 4.3)。

表 4.2　十三五"各地区能耗总量和强度"双控"目标

地区	"十三五"能耗强度降低目标(%)	2015 年能源消费总量(万吨标准煤)	"十三五"能耗增量控制目标(万吨标准煤)
北　京	17	6853	800
天　津	17	8260	1040
河　北	17	29395	3390
山　西	15	19384	3010
内蒙古	14	18927	3570
辽　宁	15	21667	3550
吉　林	15	8142	1360
黑龙江	15	12126	1880
上　海	17	11387	970
江　苏	17	30235	3480
浙　江	17	19610	2380
安　徽	16	12332	1870
福　建	16	12180	2320
江　西	16	8440	1510
山　东	17	37945	4070
河　南	16	23161	3540

续表

地区	“十三五”能耗强度降低目标(%)	2015年能源消费总量(万吨标准煤)	“十三五”能耗增量控制目标(万吨标准煤)
湖　北	16	16404	2500
湖　南	16	15469	2380
广　东	17	30145	3650
广　西	14	9761	1840
海　南	10	1938	660
重　庆	16	8934	1660
四　川	16	19888	3020
贵　州	14	9948	1850
云　南	14	10357	1940
西　藏	10	—	—
陕　西	15	11716	2170
甘　肃	14	7523	1430
青　海	10	4134	1120
宁　夏	14	5405	1500
新　疆	10	15651	3540

注:西藏自治区相关数据暂缺。

来源:《“十三五”节能减排综合工作方案》。

表4.3　“十三五”主要行业和部门节能指标

指　标	单　位	2015年实际值	2020年	
			目标值	变化幅度/变化率
工业:				
单位工业增加值(规模以上)能耗				[-18%]
火电供电煤耗	克标准煤/千瓦时	315	306	-9
吨钢综合能耗	千克标准煤	572	560	-12
水泥熟料综合能耗	千克标准煤/吨	112	105	-7
电解铝液交流电耗	千瓦时/吨	13350	13200	-150
炼油综合能耗	千克标准油/吨	65	63	-2
乙烯综合能耗	千克标准煤/吨	816	790	-26
合成氨综合能耗	千克标准煤/吨	1331	1300	-31
纸及纸板综合能耗	千克标准煤/吨	530	480	-50

续表

指　标	单　位	2015 年实际值	2020 年	
			目标值	变化幅度/变化率
建筑：				
城镇既有居住建筑节能改造累计面积	亿米^2	12.5	17.5	+5
城镇公共建筑节能改造累计面积	亿米^2	1	2	+1
城镇新建绿色建筑标准执行率	%	20	50	+30
交通运输：				
铁路单位运输工作量综合能耗	吨标准煤/百万吨千米	4.71	4.47	[−5%]
营运车辆单位运输周转量能耗下降率				[−6.5%]
营运船舶单位运输周转量能耗下降率				[−6%]
民航业单位运输周转量能耗	千克标准煤/吨千米	0.433	<0.415	>[−4%]
新生产乘用车平均油耗	升/百千米	6.9	5	−1.9
公共机构：				
公共机构单位建筑面积能耗	千克标准煤/米^2	20.6	18.5	[−10%]
公共机构人均能耗	千克标准煤/人	370.7	330.0	[−11%]
终端用能设备：				
燃煤工业锅炉(运行)效率	%	70	75	+5
电动机系统效率	%	70	75	+5
一级能效容积式空气压缩机市场占有率：小于 55kW	%	15	30	+15
一级能效容积式空气压缩机市场占有率：55kW 至 220kW	%	8	13	+5
一级能效容积式空气压缩机市场占有率：大于 220kW	%	5	8	+3
一级能效电力变压器市场占有率	%	0.1	10	+9.9
二级以上能效房间空调器市场占有率	%	22.6	50	+27.4
二级以上能效电冰箱市场占有率	%	98.3	99	+0.7
二级以上能效家用燃气热水器市场占有率	%	93.7	98	+4.3

注：[　]内为变化率。

来源：《“十三五”节能减排综合工作方案》。

2. 提高能效与发展清洁能源

近年来中国单位国内生产总值(GDP)能耗不断下降，2012—2016 年，单位 GDP 能耗分别下降 31.4 千克、31.2 千克、38.1 千克、41.9 千克和 35.4 千克，降低率①分

① 万元国内生产总值能耗降低率=[(本年能源消费总量/本年国内生产总值)/(去年能源消费总量/去年国内生产总值)−1]×100%。

别达 3.7%、3.8%、4.8%、5.6% 和 5.0%，节能成效显示出逐年向好的趋势（图 4.1）。

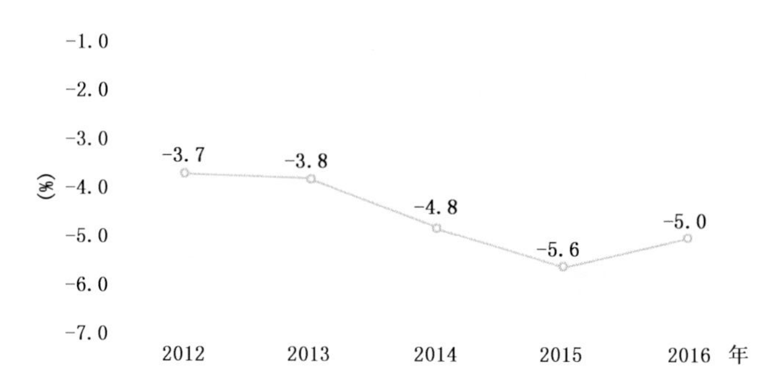

图 4.1　2012—2016 年万元国内生产总值能耗降低率
（数据来源：2016 年国民经济和社会发展统计公报）

与此同时，2012 年—2016 年清洁能源消费量占能源消费总量的比重逐年上升，分别是 14.5%、15.5%、17.0%、18.0%、19.7%，发展清洁能源政策落实良好，能源消费结构不断优化（图 4.2）。

图 4.2　2012—2016 年清洁能源消费量占能源消费总量的比重
（数据来源：2016 年国民经济和社会发展统计公报）

3. 增加森林碳汇

2016 年，全国完成造林 678.8 万公顷，完成森林抚育 836.7 万公顷。退耕还林工程新增退耕还林还草任务 100.7 万公顷，完成造林 79.6 万公顷，累计下达新一轮退耕还林还草任务 200.7 万公顷。京津风沙源治理工程完成造林 25.1 万公顷，工程固沙 9800 公顷。三北及长江流域等重点防护林体系工程完成造林 117.3 万公顷。到 2016 年年底，全国城市建成区绿地率达 36.4%；人均公园绿地面积达 13.5 米^2。

城市建成区绿地达 197.1 万公顷，城市公园绿地达 64.1 万公顷(图 4.3)。

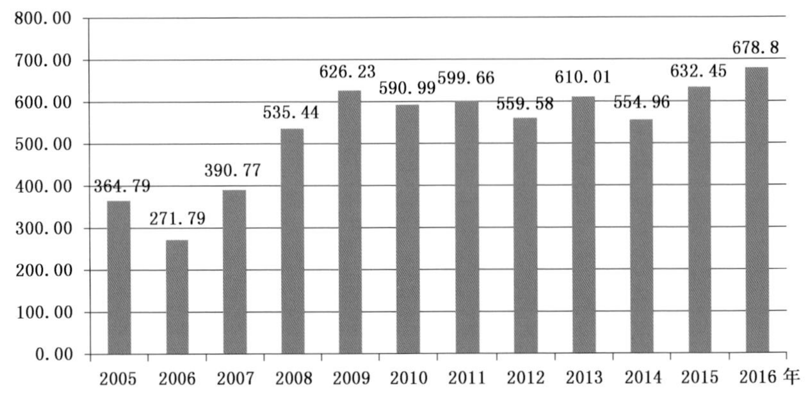

图 4.3　2005—2016 年全国造林面积(单位:万公顷)
(资料来源:《2016 年中国国土绿化状况公报》)

4. 开展低碳试点

为推进生态文明建设，推动绿色低碳发展，确保实现我国控制温室气体排放行动目标，国家发展改革委分别于 2010 年和 2012 年组织开展了两批低碳省区和城市试点。按照"十三五"规划《纲要》《国家应对气候变化规划(2014—2020 年)》和《"十三五"控制温室气体排放工作方案》要求，为了扩大国家低碳城市试点范围，鼓励更多的城市探索和总结低碳发展经验，经统筹考虑确定在内蒙古自治区乌海市等 45 个城市(区、县)开展第三批低碳城市试点(表 4.4)。

2016 年，各试点省市认真落实试点工作要求，在推动低碳发展方面取得积极成效。试点地区碳排放强度的下降速度远远快于类似条件的省市，且地方经济发展也保持平稳。2017 年中国要启动全国的碳市场，钢铁、石化等高耗能行业将逐步纳入该市场。未来中国全国性碳排放交易市场将采取中央和地方分工合作的模式，即中央政府负责确定配额方法，设计排放标准和市场监管，地方政府直接向企业发放配额，并监管企业履约。中国以先进企业的单位产品二氧化碳排放作为标准，通过基准线法来编制配额分配方法，是基于生态文明建设的一个长期信号，将引导企业决策者的未来投资方向。目前各项准备工作正在积极进行，首先，已经在全国 7 个省市开展了碳市场的试点工作，进展比较顺利。现在是做到了有机构、有地方立法确定了配额，也分配了这些配额，建立配额的分配办法，还建立了核算报告、核查的体系，建立了交易规则，完善了监管的体系和能力建设，基本形成了要素完善、特点突出、运行平稳的地方碳排放权交易市场。

具体措施体现在:第一，制定了全国碳排放交易配额总量设定和分配方案。第二，印发了关于做好全国碳排放权交易市场启动重点工作的通知，开展了重点排放企业历史碳排放数据的核算、报告与核查工作,涉及到重点企业7000多家。第三,加快了立法。起草完成了《全国碳排放交易管理条例》,已经列入了国务院的立法计划。也起草了企业碳排放报告管理办法、市场交易管理办法等,在法律法规上做了充分准备。第四,加强了基础能力建设。加强了参与市场建设的人员培训,建立了报告核查的技术问询平台,还有温室气体排放数据的报送系统等。中国的碳市场启动和全面建成需要一定的时间,但按照目前考虑,一旦建成之后将是全球碳排放交易市场当中规模最大的市场,有效应对环境污染。

表4.4 低碳试点工作开展情况

时间	事件	备注
2010年7月《关于开展低碳省区和低碳城市试点工作的通知》	第一批低碳试点五省八市	广东、辽宁、湖北、陕西、云南五省和天津、重庆、深圳、厦门、杭州、南昌、贵阳、保定
2011年10月《关于开展碳排放权交易试点工作的通知》	碳排放交易试点	上海、北京、广东、深圳、天津、湖北、重庆等七省市开展碳交易试点工作
2012年11月《关于组织推荐申报第二批低碳试点省区和城市的通知》	第二批低碳试点29个试点省市	北京市、上海市、海南省和石家庄市、秦皇岛市、晋城市、呼伦贝尔市、吉林市、大兴安岭地区、苏州市、淮安市、镇江市、宁波市、温州市、池州市、南平市、景德镇市、赣州市、青岛市、济源市、武汉市、广州市、桂林市、广元市、遵义市、昆明市、延安市、金昌市、乌鲁木齐市
2014年3月《关于开展低碳社区试点工作的通知》	到"十二五"末,全国开展的低碳社区试点争取达到1000个左右,择优建设一批国家级低碳示范社区。	
2017年1月7日《国家发展改革委关于开展第三批国家低碳城市试点工作的通知》	第三批低碳试点45个城市(区、县)	乌海市、沈阳市、大连市、朝阳市、逊克县、南京市、常州市、嘉兴市、金华市、衢州市、合肥市、淮北市、黄山市、六安市、宣城市、三明市、共青城市、吉安市、抚州市、济南市、烟台市、潍坊市、长阳土家族自治县、长沙市、株洲市、湘潭市、郴州市、中山市、柳州市、三亚市、琼中黎族苗族自治县、成都市、玉溪市、普洱市思茅区、拉萨市、安康市、兰州市、敦煌市、西宁市、银川市、吴忠市、昌吉市、伊宁市、和田市、第一师阿拉尔市

数据来源:国家发展和改革委员会。

5. 气候适应型城市试点建设

2016 年,国家发改委、住建部印发了《城市适应气候变化行动方案》,将选择近 30 个典型城市开展气候适应型城市建设试点。根据《行动方案》,我国将按照地理位置和气候特征将全国划分东部、中部、西部三类适应地区,根据不同的城市气候风险、城市规模、城市功能等,选择 30 个典型城市,开展气候适应型城市建设试点。试点城市将根据自身气候变化问题,编制气候适应型城市试点工作方案,在试点城市或城市的某一试点区域,选择城市气候脆弱性评估、城市规划、气候变化监测体系、水资源管理、地下工程、绿化防沙等领域中的一个或多个方面,启动相关适应工程或项目。

全国气候适应型城市试点工作计划于 2020 年之前取得阶段性成果,相关成果经考核验收后进行推广示范。到 2020 年普遍实现将适应气候变化相关指标纳入城乡规划体系、建设标准和产业发展规划,典型城市适应气候变化治理水平显著提高,绿色建筑推广比例达到 50%。到 2030 年,适应气候变化科学知识广泛普及,城市应对内涝、干旱缺水、高温热浪、强风、冰冻灾害等问题的能力明显增强,城市适应气候变化能力全面提升。

(四)应对气候变化科技支撑得到充分夯实

应对气候变化,建设生态文明,事关全局,需要各部门、全社会通力合作。气象部门在应对气候变化工作中,发挥着提供应对气候变化决策科技支撑的重要作用。2016 年,中国气象局统筹协调全局应对气候变化工作,进一步完善了工作运行机制,出台了"十三五"加强气候变化工作的指导意见,印发了 2016 年气候变化重点工作计划等重要文件,应对气候变化科技工作取得了重大进展。

1. 气候综合观测系统不断完善

2016 年,是气候综合观测系统不断完善的一年。气象部门加快推进国家气候观象台建设,完成了世界气象组织(WMO)和气象部门气候观测系统需求调查;形成了国家气候观象台发展建设思路,进一步明确了观象台的业务定位、主要功能和运行管理机制;开展了地面观测要素数字传感器测试评估和自动气候站整站测试评估工作;完成自动日照计与气象辐射观测系统测试评估方案编制;温室气体本底监测分析业务流程得到进一步规范,大气成分本底观测站网的运行保障能力得到提高。

2016 年,通过推进国家气候观象台建设,对 5 个本底站 10 套双通道气相色谱阀箱进行优化升级,完成了 7 个大气本底站仪器设备的巡检和标校工作,10 个中韩沙尘暴站的业务巡检,提升大气成分本底观测站网的运行保障能力。完成了瓦里关、临安和中心实验室的温室气体和臭氧国际督查考核,数据质量满足 WMO 要求,部分在国际上处于领先水平。分析完成大气成分样品 1257 个、降水化学样品 340 个、温室气体样品 756 瓶。完成 376 站第 25 次酸雨观测质量考核。

2016 年,积极推进高光谱温室气体监测仪研制,完成风云三号 04 星(FY－3D)、全球二氧化碳监测科学实验卫星(简称碳卫星)发射前准备工作。中国首颗碳观测实验卫星(图 4.4)已于 2016 年 12 月 22 日成功发射,卫星携带 2 个有效载荷:高光谱 CO_2 探测仪、云和气溶胶探测仪 CAPI,大大推动了天基温室气体监测能力建设,将在全球二氧化碳浓度监测中大展身手。而侧重于大气定量探测和气候变化监测的"风云三号"04 星发射前准备工作也于 2016 年宣告完成,预计于 2017 年发射。

图 4.4　中国首颗碳观测科学实验卫星

2. 气候变化基础数据建设取得新进展

2016 年,是气候变化基础数据建设取得新进展的一年。中国百年气温序列研制取得新突破。研究人员利用均一化数据集重建了中国近百年(1900 年以来)气温序列,我国第一套日尺度全球降水格点资料宣告完成。到 2016 年,新建了全球陆地气温、降水序列,重建了中国西部近百年气温变化序列。开展了全球基础数据集、再分析资料及模式产品对比评估技术;建立了全球地面平均气温、最高气温、最低气温及降水量等要素的质量控制及日值的统计算法;通过筛选中国周边国家站点资料,实现对中国西部地区站点资料的补充。新建了中国格点化日降水数据集,重建了中国高空气温和水汽序列,为我国气候变化研究提供可信的基础资料。

2016 年,经过完善与升级的全球均一化气温、降水产品,帮助实现了全球数据产品定时值、日值、月值滚动更新。此外,北极海冰长序列资料集也已完成,并可通过国产"风云"产品进行更新,为安全、及时、有针对性地提供高质量高分辨率资料提供支撑。

2016 年,整合了中国分区县灾情数据集,引入了国民经济统计综合数据集产品。研制包括灾害发生时间、灾种、影响强度等的中国区县级灾情历史数据集;分析各个气候变量之间的相互关系,得到导致各区县典型灾害的主要致灾气候变量。开展区县国民经济关键指标统计数据和气象台站基本要素数据的关联组织与分析，构建一套时空统一的、长序列的分区县综合要素(人口、地区生产总值、农产品产量、气温、降水等)数据产品。

3. 气候变化科技研发稳步推进

2016 年，是气候变化关键科技研发稳步推进的一年。我国的气候变化检测归因研究走向国际前沿；通过开展国际合作，完成了对中国气温变化的归因分析、中国极端气温变化强度的归因分析；区域气候模式继续研发，东亚区域 25 千米高分辨率气候变化预估试验完成，这为下一步进行未来 10～50 年区域尺度的极端事件的变化、气候变化的影响及可能的相关风险分析提供了基础数据。

2016 年，气候变化科技研发项目保持稳定增长，中国气象局气候变化专项项目数达 56 项，较 2015 年的 28 项增加了一倍，气候变化专项科研经费总计达 1355 万元(图 4.5)。

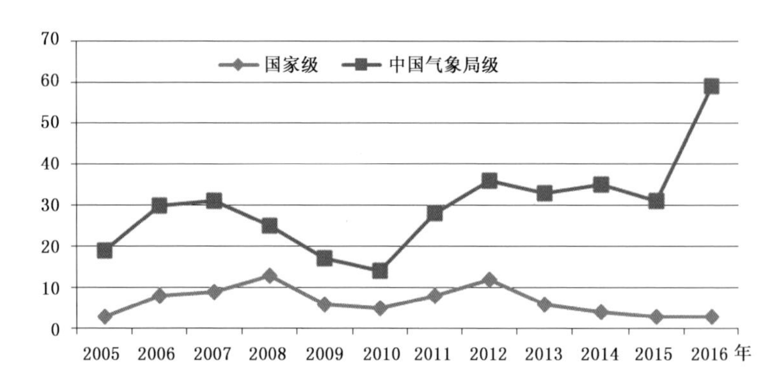

图 4.5　2005—2016 年气候变化科研立项情况(单位：个)
(数据来源："气象科技管理信息系统"网站)

2016 年，研发了新版本气候系统模式(表 4.5)，利用新版本模式正式开展了试验，完成了 100 年的连续积分。实现了全球网格在陆气耦合模式中的应用，解决了 T266 高分辨率气候系统模式大气垂直分辨率明显偏低(仅 26 层)问题。尤其在研制多方法集成的 ENSO 预测技术、建立季节内变化监测和诊断预测业务系统、效果检验等三个方面取得具有创新性的研究成果。实现了国家气候中心自主研发的新一代海洋资料同化 BCC－GODAS2.0 业务应用，建立了多时空尺度精细化全球海洋监测诊断业务系统，提升了全球海洋业务监测诊断能力。MJO 业务预报技巧由 2015 年 18 天提高到 20 天。

表 4.5 中国现有的气候系统模式

序号	模式名称	研发单位	大气模式	海洋模式	陆面模式	海冰模式	耦合器
1	BCC－ESM	国家气候中心	BCC－AGCM	MOM4	AVIM	CICE	CPL
2	BNU－ESM	北京师范大学	CAM3.5	MOM4p1	CoLM	CICE4	CPL
3	CAMS－CSM	中国气象科学研究院	ECHAM5	MOM4	CoLM	FMS－SIS	FMS－coupler
4	CAS－ESM	中科院大气所 ICCES	IAP4 AGCM	LICOM	CLM	CIEC	CPL
5	FIO－ESM	国家海洋局一所	CAM3.5	POP2	CLM	CIEC	CPL
6	FGOALS－s2	中科院大气所 LASG	SAMIL，FAMIL	LICOM	CLM	CIEC	CPL
7	FGOALS－g2	中科院大气所 LASG	GAMIL	LICOM	CLM	CIEC	CPL
8	CICSM/CIESM	清华大学地学中心	FDAM	FDOM	CLM4	CIEC4－LASG	C－coupler
9	ICM	中科院大气所季风中心	ECHAM5	NEMO2.3	JSBACH	LIM2	OASIS3
10	NIUST Model 1.0	南京信息工程大学	ECHAM4	NEMO	JSBACH	CIEC	OASIS3

气候变化检测归因研究走向国际前沿。积极开展气候变化检测归因领域的国际合作，完成对中国气温变化的归因分析、中国极端气温变化强度的归因分析。量化了不同强迫因子对中国气温变化的影响，指出温室气体和城市化效应是中国气温变化的主要影响因子；完成对中国极端气温变化强度的归因分析，指出在中国极端温度强度的变化中人类活动的信号可以被清楚地检测到。尝试开展了全球和亚洲地区的检测归因分析。利用极端温度持续性指数（WSDI 和 CSDI）初步进行了全球范围的检测分析。

2016 年，继续推进气候承载力评估分析研究，完成了中国范围气候生产潜力分析，并结合我国人口的空间分布，评估了气候资源对社会经济系统的基本承载情况。研究人员利用区域气候模式的模拟结果，分析了中高排放情景下未来 100 年气候变化对我国陆地生态系统结构和功能的影响，从生态系统格局和功能的可能变化两个方面对生态环境承载力进行评估分析，推动了气候承载力评估工作向前发展。

4. 气候变化风险与适应技术研发能力不断提升

2016 年，继续深化了灾害性天气气候的时空变化研究，建立了农业气象灾害的辨识流程。发布了气候风险指数（图 4.6）；开展了《中国灾害性天气气候图集》的编制工作；利用观测资料和模式预估资料，分析了东北地区 80％保证率下农业气候资源的时间变化和空间分布特征。分析了不同灾种的业务分析流程在我国不同区域的适用性，研发了灾损风险指数和灾损综合风险指数，分析了我国主要农业气象灾害的

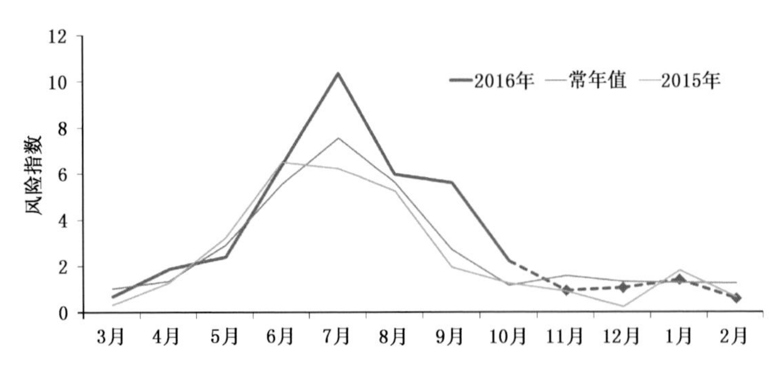

图 4.6　中国气候风险指数监测和预测

时空变化态势。建立了生态系统的适应性与脆弱性定量评估方法,发展了生态系统的适应性与脆弱性评价指标体系;评估中国自然与农业生态系统的适应性与脆弱性时空演变特征和趋势。建立了城市内涝预警模型的基本思路并进行模拟试验,研制了区域性干旱过程划分标准和强度评估指标,构建了区域性暴雨过程综合强度评估模型。尝试建立了基于致险因子的广州登革热发病人数风险预警模型。继续推进城市暴雨分析评估工作。

2016 年,气象部门与住建部门联合,继续开展城市暴雨评估,新增 146 个城市的暴雨公式修订和暴雨雨型编制。开展了极端事件对城市影响评估。印发《城市气象防灾减灾体系和公共气象服务体系建设纲要》,开展了城市内涝风险普查,共普查城市内涝隐患点 3290 个;建立城市气象灾害风险数据库,完善城市内涝影响预报模型,制作并发布城市内涝气象灾害风险预警服务产品 784 期。

5. 气候影响评估和可行性论证稳步推进

2016 年实施的《国务院关于印发清理规范投资项目报建审批事项实施方案的通知》(国发〔2016〕29 号)将"重大规划、重点工程项目气候可行性论证"列为"涉及安全的强制性许可",为气候可行性论证的稳步推进提供了强有力的法律支持。

2012 到 2016 年,全国已完成了 2702 项气候可行性论证项目,安徽、北京、广西、贵州、河北、湖北、江西、陕西、浙江是气候可行性论证项目数较多的省份。2016 年完成 526 项气候可行性论证项目,包括 48 项机场选址、高速铁路、高速公路、大型桥梁等交通设施的气候可行性论证,46 项核电、大型输变电线路、火电空冷等发电项目和电力设施建设的气候可行性论证,19 项大型化工产业园区、化工建设项目的气候可行性论证。参与全国城镇体系规划编制,参与 32 个城乡规划、区域性经济开发和重大区域农(牧)业结构调整规划,开展了北京城市副中心、常德等多个城市的通风廊道编制。加强排水防涝规划服务,新增 146 个城市的暴雨公式修订和暴雨雨型编制。

加强气候可行性论证规范发展,推进气候可行性论证监管体系建设,制定气候可行性论证监管体系建设实施方案。进一步完善了气候可行性论证技术规范,完成《电力线路覆冰舞动技术指南》,组织开展了《气候可行性论证规范》等多个气候可行性论证技术规范的编制。加强气候可行性论证监管制度建设,开展《气候可行性论管理办法》修订工作,组织开展了涉及安全的气候可行性论证强制性评估目录、气候可行性论证机构信用评价办法等规范性文件的制定工作(图 4.7 和图 4.8)。

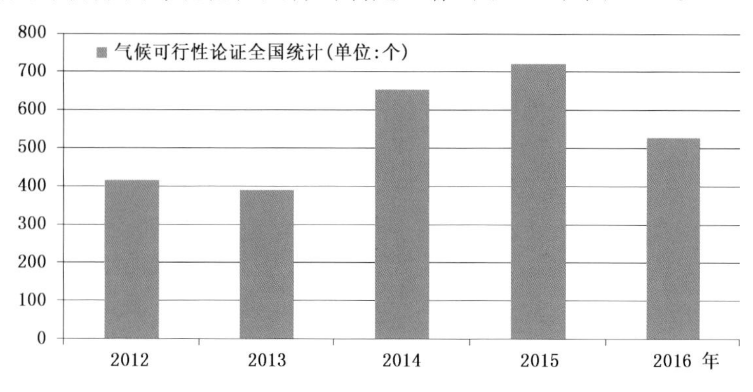

图 4.7　2012—2016 年全国气候可行性论证

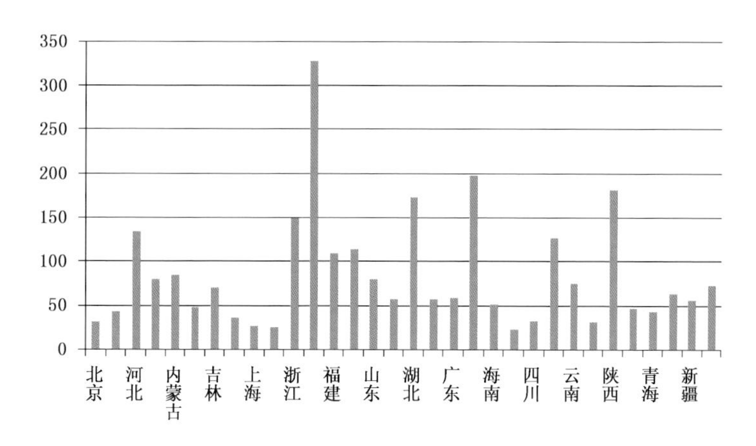

图 4.8　2012—2016 年全国各地气候可行性论证情况(单位:个)

2016 年,继续推进气候影响评估的研究工作。对气候与农业、气候与水资源、气候与能源、气候与植被、气候与交通、气候与大气环境、气候与人体健康七个方面进行了研究,形成了《2016 中国气候公报》。

6. 应对气候变化决策支撑和保障作用凸显

2016 年,围绕气候安全和国家战略、强化气候变化科学基础研究、参与全球气候治理和国内气候变化应对、美丽中国建设等工作,为了发挥国家气候变化基础性的重要作用,气象部门积极进取,继续为制定应对气候变化政策、保障经济可持续发展提供支撑。

2016 年，中国气象局积极推动与“一带一路”沿线国家的气象合作，通过了继续推动《中亚气象防灾减灾及应对气候变化乌鲁木齐倡议》的实施。草拟了中国气象局关于落实“一带一路”建设三年(2016—2018 年)滚动实施方案重点任务的方案。

2016 年，中国气象局通过统筹规划与设计，出台了“十三五”《中国气象局关于加强气候变化工作的指导意见》，印发了《中国气象局 2016 年气候变化重点工作计划》等重要文件，加强对气象部门气候变化工作的总体指导。积极参与国家气候变化领导小组及其协调联络办公室工作，参与清洁发展机制审核理事会的有关工作，参与国家“十二五”碳强度省级考核工作。积极参与气候变化南南合作工作，分别对特别不发达国家的技术人员和官员开展培训。积极参与国家“十三五”控制温室气体排放工作方案的编制，参与《中国应对气候变化的政策与行动》(2016)、《低碳年鉴》(2016)等报告的编写。参与国家第三次信息通报、中国气候变化第一次两年更新报告、北极气候变化政策与行动白皮书编写的有关工作。

2016 年，组织完成了第三届国家气候变化专家委员会换届工作，组织完成了新一轮评估报告专家提名工作。组织 16 家 IPCC 联络员单位，完成 5 份报告大纲规划会专家提名和“全球 1.5℃增暖”特别报告中国作者遴选事宜。圆满完成 IPCC 第 43、44 次全会及第 51、52 次主席团会议参会任务。召开 3 次国际交流会议，推进中英、中印气候变化政策与行动交流，落实中英“关于推进气候风险评估的工作协议”。配合国内重点工作，赴河北雄县开展地热资源开发利用情况调研，为我国应对气候变化战略决策提供有力的支撑。

2016 年，成功组织召开气候变化绿皮书发布会和高峰论坛。中国气象局气象探测中心首次独立完成《2015 年中国温室气体公报》编制，完成“2015 年全球和我国二氧化碳平均浓度首次超过 400ppm”解读报告，得到中央领导批示。编写《中国气候变化监测公报》(2015)，由科学出版社正式出版发行。

2016 年，广泛开设科学应对气候变化和生态文明建设相关课程，讲解我国面临的主要气候风险和维护气候安全的重要战略意义。面向南南合作国家和相关国家从事气候和气候变化的业务和科研人员，举办全球气候服务框架国际培训班 1 期、气候变化国际培训班 2 期，培训国际学员 70 余人。

7. 省级气候变化适应能力不断提升

上海、西藏等 11 个省(区、市)气象局积极参与地方应对气候变化“十三五”规划编制。28 个省(区、市)气象局组建了省级气候变化工作团队，加强本省气候变化规律研究，开展气候变化影响评估工作，为地方经济发展和应对气候变化决策提供科技支撑。其中，北京、上海、湖北开展了城市通风廊道规划、大城市暴雨内涝风险评估研究，辽宁、吉林开展了气候变化对东北玉米种植、黑土地影响评估、长白山森林火灾影响分析，广东开展了气候变化对人群健康影响评估和适应政策研究。河南、湖南、陕西、宁夏分别开展了气候变化对烤烟种植、油茶产量、贺兰山酿酒葡萄以及马铃薯抗旱生产等的影响评估研究。各省(区、市)气象局为地方经济发展提供53份决策服务材料,其中,安徽、河南、甘肃的服务材料得到地方领导高度重视。全国八个区域气象中心完成了气候变化监测公报(2015)。

优化了农业生产结构和区域布局气象服务。开展"镰刀弯"地区玉米种植的气候适宜性分析,针对玉米种植结构提出了调整建议并上报国务院领导及农业等相关部门。各地完成县级精细化农业气候区划3686项(图4.9)、主要农业气象灾害风险区划4875项(图4.10),为农业转方式、调结构以及农业气象灾害风险管理提供了支撑。

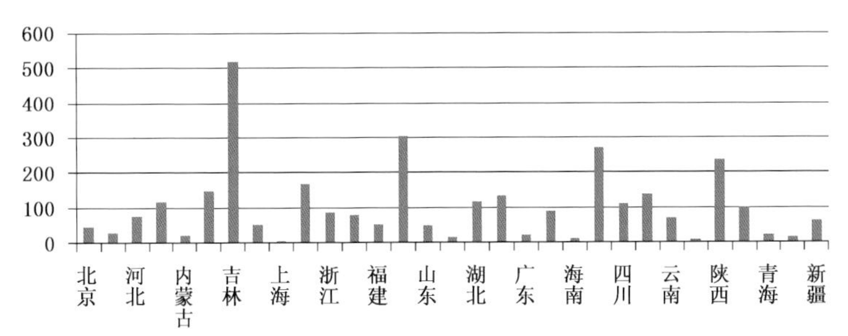

图4.9　2016年气象部门各地农业气候区划数量

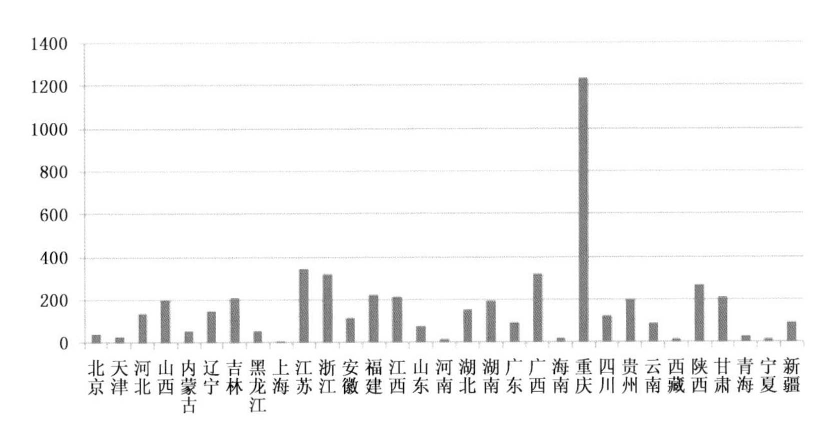

图4.10　2016年气象部门各地农业气象灾害风险区划数量

三、展望

2016年中国应对气候变化工作取得了积极进展,《巴黎协定》的成功达成标志着全球气候治理将进入新阶段,向全球传递了绿色低碳转型的积极信号,进一步推动绿色低碳发展成为大势所趋。围绕适应气候变化战略,在农业、水资源、林业、海洋、气象、防灾减灾和健康等领域能力建设得到提升,取得初步成效。大力倡导绿色低碳发展理念,在减排、清洁能源、植树和城市适应性建设等方面采取了切实行动,彰显一个负责任大国的形象。气象部门在应对气候变化工作中扎实推进,加强基础业务建设、适应气候变化技术研究,为国家应对气候变化提供了科技支撑。

“十三五”时期是中国全面建成小康社会的决胜阶段,也是实现2020年、2030年控制温室气体排放行动目标的关键时期,未来几年,全球变暖已经并还将继续对生态环境和经济社会系统产生重大影响,保障生态安全和气候安全已成为全球共同利益,应对气候变化工作面临着新的形势、新的任务和要求。应对气候变化的挑战,降低气候变化的影响和风险,转变经济发展方式,必须深入实施创新驱动战略,发挥科技创新在经济社会发展中的引领作用。

“十三五”时期,我国将全面提升我国应对气候变化科技实力,促进气候变化基础研究的深化,推动减缓和适应技术的创新与推广应用,降低气候变化的负面影响和风险,支撑我国可持续发展战略的实施;完善应对气候变化科技创新的国家管理体系和制度体系,形成基础研究、影响与风险评估、减缓与适应技术研发、可持续转型战略研究相结合的全链条应对气候变化科技发展新模式。

未来在气候变化科技支撑领域,我国将研发出新的观测技术、数据同化和融合技术,建成全球变化大数据平台,建成5～10个具有国际影响力的全球变化与温室气体排放基础数据集(库);研制出2～3个具有自主知识产权的、国际先进水平的地球系统模式和高分辨率气候模式以及温室气体排放量计量核算系统;大幅度提高我国在气候变化事实、机制、归因、模拟、预测等方面的研究水平,并进入国际先进行列。

深化应对气候变化基础研究。改进气候变化观测和重建数据质量,精确刻画和模拟气候变化关键过程及趋势,揭示气候变化新事实,发展新理论。重点加强陆地和海洋碳氮循环及水和能量循环过程的耦合机制、水循环与碳氮磷生物化学循环的耦合关系以及陆地和海洋碳库、碳源汇变化与温室气体的气候敏感性研究,阐明陆地和海洋生物地球化学循环的关键过程及其对气候变化的反馈作用与临界突变过程,降低对气候变化过程、幅度、影响、风险认识的不确定性,提高辨识人类活动使地球系统突破阈值的可能性、潜在临界因素和转折时间点的能力,形成气候变化早期预警基础理论和方法体系。

加快保障基础研究的数据与模式研发,填补全球关键空白观测区,加快发展高分辨率、多参数遥测技术以及多源数据同化和融合技术,提高有效信息的估计精度和实时性,研发5～10个具有国际影响力的长系列、高精度气候变化及效应数据集(库),并运用云技术等技术手段,建立气候变化大数据平台,减少关键物理过程参数化方案和海—陆—气—冰耦合机制中的不确定性,在数值模式中更客观地描述陆地和海洋生物化学循环、云—气溶胶—辐射相互作用等过程。

建立气候变化影响评估技术体系,聚焦气候变化对自然和人类社会系统的影响阈值及不同领域和区域的差异,深化气候灾害危险性和人类生存环境脆弱性时空分布特征、变化规律和不同时间尺度气候灾害的可能影响研究，建立气候变化对重点领域、行业、重大工程与区域影响的定量关系和综合评估模型，制定重点领域、行业、重大工程、区域气候变化影响评估国家标准与可操作性评估技术规范，提升气候变化与极端事件对脆弱领域（农业、林业、牧业、渔业、海洋和水资源、大气和水土环境质量、人体健康等）影响分类评估技术水平，增强极端情景下气候灾害危险性等级、资源—生态—环境综合承载能力、气候变化和极端气候事件对生态系统服务和生态安全影响的综合评估能力。

建立气候变化风险预估技术体系，强化气候变化引起的致灾因子、致灾机制、风险类型与风险级别研究，研发气候变化引起灾损的检测与归因技术、精细化区域气候环境模式与气候变化风险预估系统、大气条件变化产生的环境污染风险预估技术，形成规范化技术体系，提高城镇化区域极端事件风险与气候变化背景下重大工程建设与安全运行风险预估能力、未来10～30年我国重大气象—水文等极端事件演变的预估能力以及未来30年气候情景、社会经济情景、适应气候变化的技术与政策情景下我国粮食、水、生态、城市与乡村的气候变化风险预估能力。

第五章　生态文明建设气象保障

气候变化对全球自然生态系统和人类经济社会产生了重要影响，未来全球气候变化对生态安全的不利影响还将进一步增大。保障生态文明建设事关人民生产生活安全，是我国当前和未来面临的严峻挑战，也是实现可持续发展的内在要求。2016年，全国生态文明建设气象保障取得了重大成就。

一、2016年生态文明建设气象保障概述

天气气候作为影响生态系统和大气环境最活跃、最直接的因子，对我国生态保护和建设有着重要影响。重大气象灾害、极端气候事件给生态环境造成巨大的破坏，给生态保护和建设带来巨大压力。推进生态文明建设、实现经济社会的可持续发展对气象部门业务和服务工作等提出了更加紧迫的需求，保障生态安全和气候安全成为气象工作一项十分重大的任务。2016年，全国气象系统围绕加强生态文明建设气象保障，大力推进生态气象保障业务和服务体系建设，基本形成了生态气象监测评估业务和服务能力，初步建立了环境气象监测预报预警体系，进一步提升了服务气候资源开发利用能力，气象服务生态文明建设工作取得新的进展。

(一)生态气象监测取得积极进展

2016年，气象部门基于70个农业气象试验站、2075个自动土壤水分观测站、100个国家级太阳辐射观测站以及大量常规气象要素观测数据，开展了全国植被、草地、森林和重点区域湿地、水体、荒漠等的生态气象研究和业务服务。国家级建立了植被、草地、森林为主的基于动力和统计模式的监测评估业务系统，为国家和相关部委提供定期和不定期的服务产品。部分省级气象部门针对辖区内生态脆弱区、敏感区和重大生态保护问题，建立了生态气象地面监测站网，充分利用卫星遥感资料，开展了生态气象监测评估研究和服务。配合当地生态规划、生态治理工程，开展退耕还林(草)、重点流域生态治理的气象监测和评估，为当地政府科学决策提供依据。

(二)环境气象监测预报预警体系基本建成

到2016年年底，气象部门在全国建有376个酸雨观测站、29个沙尘暴观测站、28个大气成分观测站、1个全球大气本底站和6个区域大气本底站、259个大气负离子观测站、300个颗粒物质量浓度观测站，风云系列气象卫星可遥感监测雾、霾天气

的空间分布及其发生发展过程。同时，自主研发建立了全国范围15千米分辨率72小时预报时效的中国化学天气预报系统(CUACE)环境气象数值预报模式，京津冀、长三角和珠三角地区模式分辨率达3～9千米。

2016年，国家级、区域中心和各省市气象部门全面开展了24小时雾、霾预报预警和72小时预报空气污染气象条件预报。针对重污染天气过程、重大社会活动气象保障、突发环境气象事件应急响应，国家级和省级气象部门开展了环境气象决策和评估服务。环境气象预报预警工作为区域联防联控及有关应急措施提供了重要的支撑和决策参考，取得了较好服务效果。开展全国沙尘、雾和霾监测预报预警服务，分别提前3天、5天发布霾过程预报和空气扩散气象条件预报。霾预报预警准确率达到80%左右，与发达国家相当。2016年，国家气象中心和中国气象科学研究院被世界气象组织基本系统委员会批准为亚洲沙尘暴预报专业气象中心。

(三)气候资源开发利用服务能力持续提高

2016年，全国气象部门结合国家优化能源结构的总体需求，围绕国家能源安全和重点工程建设，继续推进了风能、太阳能和水能的开发利用和气候可行性论证，开展了极端天气气候事件和气候变化对新能源供给和需求的影响评估，为国家和地方新能源发展规划提供科学依据。为改进基于数值预报系统的多尺度新能源精细化评估和预报技术，建立了全国高时空分辨率新能源数据库和新能源综合利用与服务业务平台，继续开展了风电场和太阳能电站观测、选址、评估、预报和运行的气象保障服务。

2016年，气象部门统筹国家生态、粮食、水资源战略和区域发展、地方需求，结合我国开展跨省(区、市)人工影响天气作业实际，完善了全国人工影响天气区域布局。大力发展飞机作业，进一步提高了地面作业装备现代化水平，推进了地面标准化作业站点建设，上下联合开展了多样化的人工影响天气作业服务。通过加强试验研究和作业试验示范，深化了对云降水物理过程的研究，提高了作业决策指挥和行业管理水平，持续提升了我国空中云水资源开发技术水平。

二、2016年生态文明建设气象保障进展

2016年，气象部门为服务国家生态文明建设，积极配合各地生态规划、生态保护与建设工程，开展退耕还林(草)、重点流域生态治理，开展了生态气象监测和评估，为各级政府开展生态文明建设提供了科学决策依据。

(一)生态环境建设气象服务稳步推进

1.完善生态气象业务服务体系

(1)提高以遥感为主的实时立体观测能力

2016年，全国气象部门利用气象卫星和高分辨卫星开展典型下垫面状况以及气

候变量、温室气体、气溶胶的观测(表 5.1),监测全国地表生态变化。依托现有综合观测站网,补充和完善植被物候、覆盖程度、生产能力、以及气溶胶和反应性气体等生态环境关键要素自动化观测,因地制宜开展酸雨、沙尘暴、紫外线、花粉等观测项目,构建高效的质量管理和运行保障体制,加强遥感产品真实性检验、积累气候变化与生态系统相互影响长期可对比观测数据。利用气象综合探测系统的无人机和人影作业飞机,开展遥感产品精度校验、模型参数验证以及重大工程建设和重大灾害的影响调查。

表 5.1　2003—2016 年气象部门大气污染相关观测站点情况

年份	PM_{10} 观测站	$PM_{2.5}$ 观测站	PM_1 观测站	酸雨观测站	主要大气污染物观测站	沙尘暴观测站	臭氧观测站	紫外线观测站	大气成分站	全球大气本底站	区域大气本底监测站
2003				220		85	10	100		1	3
2004				277		94	9	121		1	3
2005				299		85	14	178	21	1	5
2006				513		86	18	178	73	1	6
2007				327			4	174	29	1	6
2008				330			20	203	35	1	6
2009				337			17	150	35	1	6
2010				342		29	22	164	28	1	6
2011				342		29			28	1	6
2012				365		29	36	157	28	1	6
2013				365		29	41	157	28	1	6
2014				365		29	48	168	28	1	6
2015	272	264	156	365	50	29				1	6
2016	45*			376		29			28	1	6

数据来源:《气象统计年鉴》与全国气象观测站点(设施)数量统计表,统计截止日期:2016 年 12 月 31 日。

*:数据来源:统计数据,综合观测业务部分 CO_3 特种。

2016 年,进一步加强部门合作,气象联合林业、农业等相关部门开展大气负离子、土壤水分等要素的联合自动化观测;气象与环保部门实现空气质量实时观测数据交换;气象与公安消防部门共建消防执勤车载气象监测设备。通过强化天地空协同、融合多部门资料,实现对全国典型生态系统的植被、土壤、水、大气以及气象灾害、次生衍生灾害发生发展情况的实时、立体观测。

(2)整合完善一体化的集约业务支撑能力

2016 年,在充分调研、摸清已有系统情况的基础上,根据气象信息化建设要求,以全国综合气象信息共享平台(CIMISS)为数据共享交互平台,统一标准、优化设计,为生态环境气象和应对气候变化业务提供集约化的业务支撑能力。按照平台研发和技术支撑集约发展、地面观测和基层服务业务下沉的布局原则,业务系统在国、省两级部署,形成上下一体的业务平台,支撑国—省—地—县四级服务。

2016 年,基于气象信息综合分析与处理系统 4 版本(MICAPS4)、全国现代农业气象业务服务系统(CAgMSS)和气象业务内网,整合开发生态气象监测评估、环境气象预报分析等模块,实现各级产品一体化订正反馈及产品共享。依托气候变化影响评估与服务系统、气象灾害风险管理系统和气候信息交互显示与分析平台 2.0 版本(CIPAS2.0),开发气候变化影响评估、气候可行性论证、生态气象灾害风险普查与区划等模块,支撑应对气候变化各项业务开展。加强国家突发事件预警信息发布系统的推广应用,提高气象灾害预警信息覆盖面和时效性。

(3)统筹推进数据共享和大数据应用服务

2016 年,制定水利、地质、交通、农业、林业、环境健康、旅游、公安、能源、安监等主要气象灾害敏感行业气象相关数据标准,统筹建设基于全国综合气象信息共享平台(CIMISS)的生态环境基础数据库,加强生态环境数据共享支撑能力;建设东亚和中国地区关键气候变量长时间序列的卫星反演资料数据产品,形成具有国际影响力的全球和区域基本气候变量长序列数据集产品和公报类产品,提高数据集产品共享发布能力。

2016 年,结合政府部门、科研机构、社会组织等数据,开发数据应用工具,加强气候变化对生态质量影响、空气污染对交通与人体健康影响、气候变化对行业领域影响等的数据挖掘分析,推进大数据在业务服务中的应用,提高应对气候变化保障生态文明气象服务产品的创新能力。

(4)加强关键技术研究提高科技支撑能力

2016 年,国家级加强了生态参数的自动识别观测和卫星融合反演关键技术,构建了生态系统和大气环境气象条件综合评价指标体系,建立了相关评估模型;加强了污染排放源反演、污染源实时追踪和减排效果评估技术研发,建立了污染—气象要素全耦合、双向反馈的环境气象模式系统。

2016 年,国家级加强了气候变化检测归因、气候变化预估、未来极端事件风险预测等关键技术研究,建立了气候变化综合影响评估模式;发展气候承载力评估技术,构建相关评估指标体系,建立动态气候承载力模拟模型;加强气候灾害风险致灾机理及演变规律的技术研发,完善风险评估指标与评估方法。

(5)加快推进业务服务规范化标准化发展

2016 年,气象部门制定了生态气象、环境气象观测规范,确定了生态环境气象数据格式与交换标准;建立针对重大生态系统的气象监测预测评估业务、大气成分观测预报、大气污染监测预测评估等技术规范;结合新型探测资料和多源观测资料改进霾、沙尘实况判定标准和霾观测预报等级标准。

2016 年,开展了气候变化对生态系统和大气环境质量的影响评估预评估标准化建设,推进气候变化评估、气候可行性论证、极端气候事件监测预测、灾害风险预警服务等标准的制修订。积极参与电力、交通、水利等气候变化敏感部门基础设施设计建设与标准的制修订;参与国家有关生态文明建设、应对气候变化相关标准的制定。

2016 年,通过强化生态气象、应对气候变化、环境气象领域标准的实施应用,加大标准的宣传、贯彻和培训力度,研究解决标准实施所需的基础、技术和政策条件,制定和完善配套措施及考核机制,建立标准应用效果评估和实施监督检查机制,推进标准在相关业务、服务、管理以及技术开发工作中的贯彻执行。

2. 提高典型生态系统气象保障服务水平

2016 年受超强厄尔尼诺事件等因素的影响,全国年平均降水量为 1951 年来最多一年,干旱影响总体偏轻,植被生态质量好于往年;但区域性、阶段性暴雨洪涝、高温干旱等灾害影响严重,部分地区生态质量偏差。2016 年广西植被生态质量蝉联三年全国第一,贵州跃居第二;青海、内蒙古 2016 年遭受大范围干旱,植被生态质量受到较大影响。

(1)开展农田生态系统气象监测评估

2016 年,全国大部农田水热充足,旱灾影响轻,全年粮食再获丰收。气象部门组织开展了盐碱化、石漠化、荒漠化、黑土地退化等土壤退化重点地区农田生态系统的气象条件监测与影响评估,为土壤退化防治工作提供气象服务支撑。

(2)加强森林生态系统气象监测评估

2016 年,全国大部林区气象条件较好,森林生态质量提高明显。气象部门组织开展了森林面积(覆盖率)、生产力、固碳能力气象监测评估,重大森林保护工程气候可行性论证及效益评估,退耕还林、植树造林气象条件评估,以及林火监测及火险气象等级预报、森林病虫害发生发展气象条件监测预报。气象与林业部门的合作进一步深化,共同建设森林火险示范基地,健全应急联动机制。

(3)加强草地(草原)生态系统气象监测评估

2016 年,全国大部草原降水偏多、气温偏高,生态质量偏好。气象部门组织开展全国草原气象条件及气象灾害的影响实时监测评估,并及时对全国草原牧草产量、草原生态质量等进行动态监测评估和灾害预警,2016 年,全年共发布牧草产量监测估测产品 5 期、草原生态质量产品 1 期、旱灾雪灾监测预警评估产品 4 期。

(4)加强荒漠生态系统气象监测评估

2016 年,完善了春季沙尘天气趋势预测会商机制,加强重点预警期滚动会商,研判沙尘天气发展趋势,及时发布预警信息。开展荒漠面积、植被覆盖度、绿洲变化、固碳能力、水源涵养、防沙固沙绿化带、沙漠边缘变化等荒漠生态气象监测预测与评估,荒漠化治理重大工程气候可行性论证及效益评估。

(5)开展湿地(近海、水体)生态系统气象监测评估

2016 年,气象部门组织开展了湿地面积变化、植被覆盖度、固碳能力等气象监测与评估,内陆水体面积变化、蓝藻水华、封冻解冻期等气象监测与评估,红树林面积、近海污染、浒苔、赤潮、海冰、入海口三角洲变化等气象监测与评估。

生态安全气象服务能力建设

依托现有业务平台和集约化基础设施资源池,提升生态气象业务支撑能力和生态气象服务能力,支撑生态气象预警与评估、生态气候影响评估、生态气象信息智慧服务、生态文明气象保障服务和生态文明体制改革的决策服务等业务开展。由国家级气象业务单位集中开发业务系统,在各级气象业务单位进行有针对性的部署。

1. 生态气象业务支撑能力建设

在农业气象业务平台(CAgMSS)基础上增加典型生态系统、重点生态功能区、综合生态气象质量监测评价与预测预报功能模块。在卫星遥感应用平台(SMART＋SWAP)基础上增加卫星遥感生态应用业务功能。在现有气候评价业务平台基础上,建设生态工程的气候可行性论证子系统、生态工程效益的气候评估子系统和气候变化对生态保护和建设的影响评估子系统。

2. 生态气象服务能力建设

建设国家、省、市、县四级共享的生态气象信息智慧服务系统。在重点省建立生态主体功能区气象服务系统,开发主体功能区生态气象监测评价、预测预报和效益评估等功能模块。在省级建设面向生态文明体制改革的决策服务系统。

(二)大气污染防治积极参与

1. 大气污染防治气象保障服务

(1)提高空气质量和霾天气预报预警水平

到 2016 年年底,气象部门已经建立了集约化、0～10 天无缝隙的环境气象预报业务,24 小时时效霾预报真实技巧(TS)评分达 0.35;发布 72 小时时效逐 3 小时霾预报产品及霾、能见度的格点化预报产品,发布县级以上地区 1～7 天空气污染气象条件预报,开展月度和季度时间尺度的霾中长期预测。开展大气污染减排效果数值模拟分析,试验开展环境气象指数研发和检验。霾预警时效提前至 48 小时。实现雾、霾预报的空间检验,开展国家级模式及京津冀、长三角和珠三角等区域模式产品的对比检验和评估。

(2)实现大气污染气象条件评估业务化

2016 年,气象部门基于大气污染气象条件的概率预报产品,延长预评估时效,开

展4～15天时效的环境气象中长期预评估服务业务。基于环境气象预报能力的提升和人口、交通等基础数据的完善,结合城市环境气象立体观测数据,开展霾天气事件影响的定量化预评估和颗粒物特征变化趋势分析。通过数值模拟,提供气象条件在空气质量转变中的贡献、模拟减排效果、达标减排量等定量化的评估业务产品,为制定区域污染防治措施提供科学支撑。针对不同区域建立光化学烟雾统计预报方法,发展环境气象数值模式对光化学烟雾前体物观测数据的同化模块,提高环境气象模式对臭氧浓度的数值预报能力。加强产品检验和应用,逐步开展光化学烟雾气象条件预报业务。

(3)开展霾对人体健康的影响评估

2016年,气象部门在霾多发高发重点区域,评价人群暴露度、敏感度和适应能力,开展环境一健康脆弱性综合评估,识别霾敏感人群,建立霾对人体健康脆弱性评价体系,分析霾导致的疾病负担;分析过去不同时空尺度上疾病的分布变化,研究气候变化对病原体和传播媒介等的影响,识别对气候变化敏感的地区,评估气候变化对健康影响的发展趋势。在基础较好的区域逐步开展人体健康环境气象风险评估等业务。

大气污染防治气象保障能力建设

加强星一空一地三基资料在模式系统中的应用,提升雾、霾、重大污染天气的预报预警和服务能力,支撑光化学烟雾气象条件预报、健康气象相关业务发展。

1. 遥感环境监测应用系统建设

升级风云系列气象卫星的臭氧、气溶胶、雾、霾和沙尘监测产品应用系统,开发新一代静止气象卫星的高时空分辨率的气溶胶监测定量产品、卫星遥感全球主要温室气体和污染气体的主要监测产品制作模块,升级模式预报订正模块。

2. 环境气象业务支撑平台建设

利用国家气象中心业务内网及中央气象台综合显示平台等业务平台,开发多种环境气象观测数据和人口、交通等基础数据的综合显示分析模块;依托MICAPS4预报业务平台,完善环境气象预报分析、实况统计模块,开发光化学烟雾、健康气象相关功能模块;完善环境气象模式和预报预警自动检验功能;升级完善国家级、区域级、省级环境气象服务平台;升级完善核和有害气体扩散的应急响应业务平台。

2. 突发环境事件的气象应急保障能力

2016年,针对影响公共安全的突发性核泄漏、有毒气体扩散事件,完善国家级核和有害气体扩散的应急响应预报系统，并在江苏、广东等重点省份推广使用。建立核电厂、危化品场所的地理位置与大气污染物信息数据库；完善核污染物扩散模式的气象场插值模块；通过中尺度气象模式与街区模式嵌套技术，实现污染扩散预报系统在不同尺度上的无缝连接；分别建立与 GRAPES—GFS 全球数值预报业务系统和全球集合预报系统耦合的 HYSPLIT 的大气扩散模式系统和大气扩散集合预报系统，做好突发核生化环境污染事件气象应急保障。

到 2016 年年底，气象部门已初步建立气象、环境要素相综合的多要素、星地一体化的环境气象观测网络，拓展了多源卫星的综合使用，利用高时间分辨率的静止卫星，监测霾的扩散和传输，并估算霾影响面积。建立了以雾、霾为核心的预报预警业务，开展了雾、霾、重污染天气短时(1～12 小时)、短期(1～3 天)、中期(4～7 天)及长期(10 天以上)预报预警，构建了环境气象从小时到月尺度的无缝隙预报预警业务。21 个省级气象与环保部门联合开展空气质量预报，23 个省级气象与环保部门联合开展重污染天气预警，202 个地市级气象、环保部门联合开展了空气质量预报(图 5.1)。北京、天津、河北、山西、内蒙古、山东、河南等 7 省(区、市)气象部门开展了环境气象指数预报服务业务。

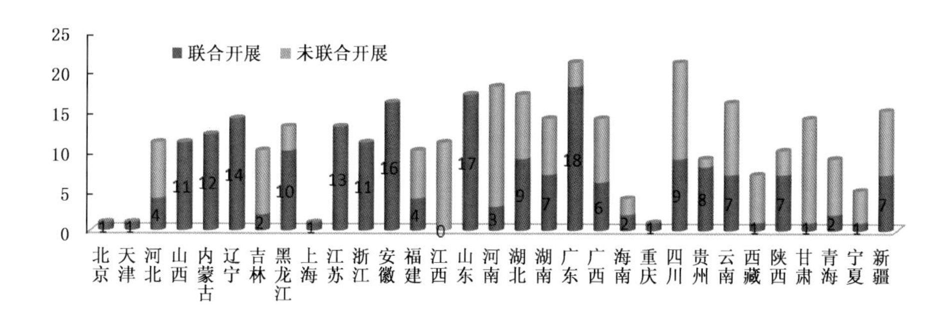

图 5.1　2016 年气象、环保联合开展空气质量预报的地市级数量(单位：个)
(来源：中国气象局应急减灾与公共服务司)

3. 雾、霾、沙尘暴评估

2016 年，我国共出现 8 次大范围、持续性中到重度霾天气过程(主要集中在 1 月、11 月和 12 月)，过程次数少于 2015 年。

1 月 1—3 日，北京、天津、河北中南部、山东、河南、山西东部和南部、陕西关中等地出现持续性霾天气，霾影响面积为 195 万千米^2，部分地区 $PM_{2.5}$ 浓度超过 350 微克/米^3，河北中南部局地超过 500 微克/米^3。

11 月 3—6 日，东北、华北、黄淮及陕西、江苏南部等地出现霾天气过程，霾影响面积为 97 万千米^2，污染较重，北京 $PM_{2.5}$ 均值超过 300 微克/米^3，哈尔滨局地 $PM_{2.5}$ 均值超过 1000 微克/米^3。

12 月 16—21 日，华北、黄淮以及陕西关中、苏皖北部、辽宁中西部等地出现霾天气。全国受霾影响面积 268 万千米^2，其中重度霾影响面积达 71 万千米^2，有 108 个城市达到重度及以上污染程度；北京、天津、河北、河南、山西、陕西等地的部分城市出现“爆表”，北京和石家庄局地 $PM_{2.5}$ 峰值浓度分别超过 600 微克/米^3 和 1100 微克/米^3。此次过程为 2016 年持续时间最长、影响范围最广、污染程度最重的霾天气过程，北京、天津、石家庄等 27 个城市启动空气重污染红色预警，中小学和幼儿园停课，北京、天津、石家庄、郑州、济南、青岛等地多个机场出现航班大量延误和取消，多条高速公路关闭；呼吸道疾病患者增多。

总体来说，2016 年冬半年，京津冀、长三角和珠三角大气环境容量均偏低，不利于大气中污染物清除；雾和霾、沙尘等交通不利天气偏多，对交通运输影响比较大。

从未来冬季气候变化趋势来看，特别是在气候变暖的背景下，京津冀地区的气候条件将越来越不利于污染物扩散。霾天气在冬季仍会显出多发的趋势。首先，冬季的风似乎越来越少。在全球气候变暖背景下，极端天气气候事件增多。特别是冬季温度升高大于夏季，高纬度温度升高大于低纬度，这就使得高低纬度的温度差异缩小，不利于冷空气南下，使得冷空气过程少，静稳天气增多。2016 年 11 月以来，东亚冬季风偏弱，我国仅出现 6 次冷空气过程，较常年同期(8.2 次)偏少。其次，风速越来越小。京津冀地区的年平均风速，正逐年减小，1961 年以来平均风速减小了 37%。

2016 年春季，北方地区共出现 8 次沙尘天气过程(表 5.2)，比常年同期(17 次)偏少 9 次(2000—2016 年春季北方沙尘天气过程见图 5.2)，其中沙尘暴和强沙尘暴过程共 3 次。北方地区平均沙尘日数为 2.4 天，比常年同期偏少 2.7 天，为 1961 年以来第三少。2016 年首次沙尘天气过程发生在 2 月 18 日，比 2000—2015 年平均(2 月 15 日)偏晚 3 天，较 2015 年(2 月 21 日)偏早 3 天。5 月 10—11 日的沙尘暴天气过程是 2016 年最强的一次，南疆盆地、内蒙古中部、宁夏北部、辽宁西部、吉林西部等地出现扬沙或浮尘天气，其中南疆盆地局地出现强沙尘暴。

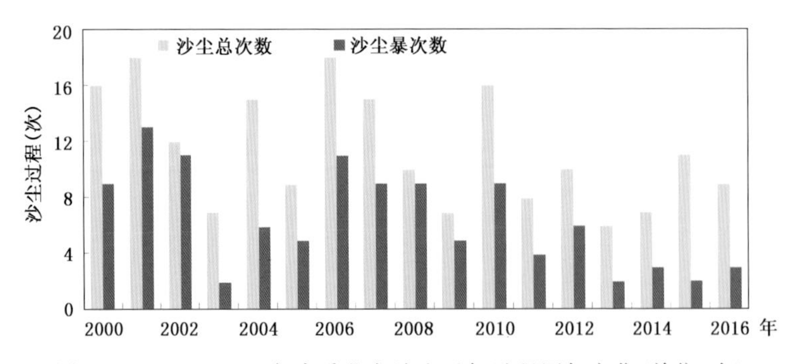

图 5.2　2000—2016 年春季北方沙尘天气过程历年变化(单位:次)

表 5.2　2016 年春季北方地区沙尘天气过程简表

日期	现象	天气过程	影响地区
3 月 3—4 日	沙尘暴	地面冷锋、蒙古气旋	新疆南部、内蒙古中西部、青海、甘肃、宁夏、陕西北部、山西北部等地出现扬沙或沙尘暴，其中，新疆淖毛湖、内蒙古海都拉、二连浩特等地出现了强沙尘暴
3 月 17 日	扬沙	地面冷锋、蒙古气旋	内蒙古东南部、吉林西部、辽宁西部等地出现扬沙，内蒙古中西部、南疆盆地、甘肃西部等地出现浮尘
3 月 31 日至 4 月 1 日	扬沙	地面冷锋、蒙古气旋	内蒙古中西部、辽宁西部、吉林西部、南疆盆地、华北中北部等地出现扬沙，内蒙古中部局地出现沙尘暴
4 月 15 日	扬沙	地面冷锋、蒙古气旋	内蒙古中部、吉林西部等地出现扬沙天气。
4 月 21—22 日	扬沙	地面冷锋、蒙古气旋	内蒙古中部、吉林西部出现扬沙，辽宁南部、北京东北部等地出现浮尘
4 月 30 日至 5 月 1 日	沙尘暴	地面冷锋、蒙古气旋	内蒙古中西部、南疆盆地、青海、甘肃中东部、宁夏、陕西中北部等地出现扬沙，局地沙尘暴。新疆莎车、塔中、库车、且末、若羌，青海冷湖、都兰出现强沙尘暴
5 月 5—6 日	扬沙	地面冷锋、蒙古气旋	内蒙古中部、华北北部、南疆盆地等地出现扬沙。内蒙古二连浩特、新疆民丰出现沙尘暴
5 月 10—11 日	强沙尘暴	地面冷锋、蒙古气旋	南疆盆地、内蒙古中部、宁夏北部、辽宁西部、吉林西部等地出现扬沙或浮尘天气，其中南疆盆地局地出现强沙尘暴

2016 年，为进一步检验该判识模型的科学性以及在我国不同地区的霾的判识、霾时和霾日判断中的适用性，编制了《霾的观测识别》(征求意见稿)，提出了的霾识别方法，选用了单峰型正态体积谱分布的颗粒物模型，并给出了一系列参数的取值。

(三)主体功能区战略实施的气象保障服务逐步开展

1. 开展国家重点生态功能区气象保障服务

2016 年，开展生态功能区气象监测评价指标体系建设，研发生态功能区气象保障技术与模型，根据所在功能区的发展方向和服务需求，围绕生态服务功能增强和生态环境质量改善，开展有区域特色的气象保障服务。水源涵养型生态功能区，着重开展降水量、蒸发量等与水资源关系密切的气象要素监测评价，提供天然林草保护、水土流失生态气象监测预报，开展退耕还林、围栏封育和湿地森林草原等生态系统维护重建效益评估等服务。水土保持型生态功能区，开展水土流失和荒漠化控制，稳定草原面积，恢复草原植被气象监测评价，重点加强土地覆盖、降水强度、生态承载能力监测,提供节水灌溉、雨水集蓄利用、旱作节水农业等精细化气象预报服务。防风固沙型生态功能区,开展天然林面积扩大、森林覆盖率提高、森林蓄积量增加等气象监测评价。生物多样性维护型生态功能区,开展野生动植物物种恢复和增加的气象监测评价,重点加强生物群落结构、优势种群和重要物种栖息地气象条件监测预报。

2016 年,配合各地生态规划、生态保护与建设工程,开展退耕还林(草)、重点流域生态治理的气象监测和评估,为政府科学决策提供依据。对 2016 年以及 2000 年以来全国植被生态质量、重点水体和重点区域生态保护效果进行气象监测评价。对 2016 年气象条件及 2000 年以来气候变化对全国生态以及三江源、呼伦湖区域、广西石漠化和太湖蓝藻水华治理的影响进行了定量化评估。主要结论为:三江源地区 2000 年以来气候暖湿化,生态保护效果明显;呼伦湖区域 2000 年以来生态好转,但波动幅度较大;广西石漠化区 2000 年以来植被生态逐渐变好,2016 年最好;太湖蓝藻水华近 10 年发生少,但适宜气候条件仍会促使发生。推动全国森林火险气象预报业务一体化。研发未来 168 小时时效逐 24 小时空间分辨率 10 千米×10 千米森林火险气象预报产品。

2. 提高绿色城镇化气象监测评价能力

2016 年,全国气象部门围绕安全城市、宜居城市、海绵城市、智慧城市建设,以及城市可持续发展、城市群协调发展的中国特色新型城镇化建设要求,建立分灾种的城市灾害性天气监测警戒圈和气象对城市“生命线”安全运行的影响预报服务业务,建立与气象部门监测预警、多部门应急联动和社会公众自救互救三位一体的城市多灾种早期预警体系,建立气象信息智能交互平台,提高学校、工地、“城中村”、进城务工人员、残障人员等重点单位和高影响人群的信息覆盖面,实现公共气象服务覆盖城市常住和流动人口。将气候可行性论证纳入城市规划设计和管理体系,提高城市科学管理水平。开展城市大气承载力评估服务,为控制城市规模和调整产业结构提供决策依据。开展重大工程的气候可行性论证和绿化生态等规划布局的气候效应评估,为优化宜居城市设计提供科学依据。开展城市建筑、交通领域的节能潜力和城市碳足迹评估,指导市民生活及公共场所合理节能。围绕“两横三纵”城镇化战略布局,有针对性地开展城市群气候变化监测评估,对优化城市化布局形态、规模结构和产业功能布局提供决策依据。加强缺水地区城市群水资源综合开发的人工影响天气作业服务。

2016 年,全国 366 个城市 $PM_{2.5}$ 年均浓度是 46.7 微克/米^3,同比下降 7.1%,其中 270 个城市未达到国家环境空气质量标准。相比于 2015 年(表 5.3),366 个城市中有 89 个城市的 $PM_{2.5}$ 年均浓度不降反升,89 个城市中尚未达标的省会城市包括:西安同比上升 18.7%,银川同比上升 12.6%,石家庄同比上升 11.8%,太原同比上升 9.6%,兰州同比上升 9.4%,乌鲁木齐同比上升 7.4%,南昌同比上升 4.6%,成都同比上升 2.1%,西宁同比上升 1.1%。数据显示,新版《环境空气质量标准》出台后,全国第一批实施新标准监测的74座重点城市2016年的$PM_{2.5}$年平均浓度相比2013年下降了30.8%,但仍有61座城市尚未达标。未达标城市中2013—2016年改善幅度最慢的三个城市分别是银川市,年均上升率为2.48%;乌鲁木齐市,年均下降率为6.1%;太原市,年均下降率为6.5%。

北京2016年的$PM_{2.5}$年均浓度为72.5微克/米^3,过去四年的$PM_{2.5}$浓度年均下降率为6.6%,如果按照这个改善速度,北京在2027年可以达到国家环境空气质量标准,2046年可以达到世界卫生组织空气质量准则值;上海2016年的$PM_{2.5}$浓度为45.0微克/米^3,过去四年的年均下降率为10.1%,按照这个下降速度,上海2019年可以达到国家环境空气质量标准,2031年达到世界卫生组织空气质量准则值;广州2016年的$PM_{2.5}$浓度为36.1微克/米^3,过去四年的年均下降率为12.0%,按照这个下降速度,广州2017年可以达到国家环境空气质量标准,2026年达到世界卫生组织空气质量准则值。

表5.3 2016年度$PM_{2.5}$年平均浓度主要城市排名

排名	城市	2016年$PM_{2.5}$年平均浓度(微克/米^3)	与2015年相比变化率
1	石家庄	98.8	11.8%
2	郑州	78.3	−23.2%
3	济南	75.6	−20.4%
4	乌鲁木齐	72.9	7.4%
5	北京	72.5	−10.8%
6	西安	71.4	18.7%
7	天津	68.8	−4.0%
8	太原	66.1	9.6%
9	成都	62.9	2.1%
10	合肥	57.2	−14.5%
11	武汉	57.1	−22.3%
12	银川	54.9	12.6%
13	重庆	54.2	−1.6%
14	兰州	53.9	9.4%
15	长沙	53.7	−12.8%
16	沈阳	53.0	−33.7%
17	哈尔滨	50.9	−36.0%
18	西宁	49.2	1.1%
19	杭州	48.9	−11.8%
20	南京	47.9	−19.8%

续表

排名	城市	2016 年 $PM_{2.5}$ 年平均浓度(微克/米^3)	与 2015 年相比变化率
21	长春	45.8	−40.6%
22	上海	45.0	−19.7%
23	南昌	43.4	4.6%
24	呼和浩特	40.3	−6.7%
25	贵阳	37.1	−2.7%
26	南宁	36.6	−12.4%
27	广州	36.1	−7.5%
28	昆明	28.0	−2.1%
29	拉萨	27.6	9.4%
30	福州	27.4	−4.5%
31	海口	21.3	0.1%

数据来源:国际环保组织发布. 2016 年中国 366 个城市 $PM_{2.5}$ 浓度排名[EB/OL]. (2017−01−17). http://www.51hbjob.com/resource/article_11780.html.

3. 提高美丽乡村建设气象服务能力

2016 年,气象部门推动了美丽乡村气象服务标准化建设,健全了农村气象灾害监测预报网、突发预警信息发布网和防灾减灾应急联动网、责任传导网、群测群防网,打造农村气象防灾减灾体系升级版。发展面向精准农业的定位、定时、定量气象服务,推进物联网和遥感技术在精准农业气象服务中的应用,优化监测手段、产品内容及服务方式,逐步实现农业生产和经营全过程的跟踪服务,建成现代农业气象服务体系。创新气象为农社会化服务机制,深入推进气象为农服务社会化体系建设。发展农业气象大数据,促进智慧气象为农服务与农业生产、经营、管理深度融合,推动气象信息进村入户,实现气象信息向农户和新型农业经营主体的精准推送。围绕生态旅游、健康旅游的服务需求,研制旅游生态气象要素的监测预警指标体系,开展不同类型旅游景区紫外辐射、空气质量、雷电等要素的监测预警服务,提升生态旅游气象服务能力。

4. 探索开展生态扶贫气象服务

2016 年,气象部门进一步加强了气象科技精准扶贫开发,提升气候资源对贫困地区生态产业发展的贡献率,发展保障贫困地区特色农业产业发展的综合气象服务。开展贫困地区气候资源详查及精细化区划,对贫困地区实施的生态修复、生态农业等开展气候可行性论证服务,为生态补偿制度和管理机制建立提供科学依据。强化贫困地区山地立体气候开发、新品种引进适宜性分析以及农业气象适用技术的试验、示范和推广工作,为科学制定贫困地区特色产业发展提供保障服务。为贫困地区“一村一品”特色农业产业发展提供气象灾害监测预警、农用天气预报、气候品质评价、农业保险等精细化气象服务，提供缓解水资源短缺和冰雹灾害的人工影响天气服务，提供产品采摘、产品销售和生态旅游的推荐以及交通气象服务。开展农村风能、太阳能开发利用气象服务，推动清洁能源开发利用。扩大农业保险气象服务覆盖面，发展贫困地区特色农产品天气指数保险服务。开展气象助力脱贫攻坚政策研究，促进气象服务于国家自然资产收益扶贫项目，如光伏扶贫工程等。做好易地搬迁迁出区与安置地气象气候灾害监测和影响评估。加强了气候变化与贫困生计研究，推动建立国家与地方气候适应机制，促进贫困地区生态环境保护与建设。协助政府对生态严重退化地区的修复治理，加强气候资源开发利用。

(四)重点区域大气环境容量变化分析有序开展

到2016年年底，基本建立了以静稳天气指数、污染传输指数、大气环境容量为核心的大气污染扩散评价指标体系，通过污染扩散指标体系和数值模拟，分类开展气象条件和大气污染防治措施影响评估，定量化地分析气象条件和减排措施各自对空气质量改善贡献和影响，为科学考核评价减排效果提供基础。同时，还通过能见度、大气颗粒物浓度等多角度对霾的持续时间、影响范围和强度程度进行定量化预报分析，并开展对交通和人体健康影响的预评估。编制《大气环境气象公报(2016年)》，针对重点区域开展减排措施和气象条件分别对大气环境的影响分析，并对未来重污染天气形势进行预测。

2016年，根据观测数据分析，全国平均大气环境容量在变低(图5.3)。大气环境容量是大气对污染物的通风扩散和降水清洗能力的综合指标。容量低，表示大气对污染物的自净能力弱。自1961年以来，京津冀11—12月大气环境容量下降了42%。与常年同期相比，2016年11月以来京津冀大气环境容量偏低6%，大气自净能力偏低15%，静稳天气日数占比达63%。2016年12月16—21日和12月30日以来，北京地区的大气平均自净能力比年均值下降了50%以上。另外，京津冀地区的地形条件也不利于污染物的扩散。据有关专家分析，西部和北部被“弧状山脉”包围，霾天气过程往往易出现偏南气流，将南部污浊空气吹向华北平原并停滞，加剧了京津冀污染物和水汽的聚集。

2016年，东北大部及内蒙古大部、青海南部、西藏中部、云南东部和西北部、四川南部、山东半岛东部、海南西部等地的大气环境容量在45吨/(天·千米^2)以上，大气对污染物的清除能力较强；新疆西南部大气环境容量小于25吨/(天·千米^2)，大气对污染物的清除能力较差；全国其他大部地区为25～45吨/(天·千米^2)，大气对污染物的清除能力一般。

2016年冬半年(1—3月，10—12月)，京津冀地区平均大气环境容量为29.8吨/(天·千米^2)，较常年同期偏低12.6%，较近十年(2006—2015年)同期偏低1.8%(图5.3a)；长三角地区为34.2吨/(天·千米^2)，较常年同期偏低9.9%，较近十年同

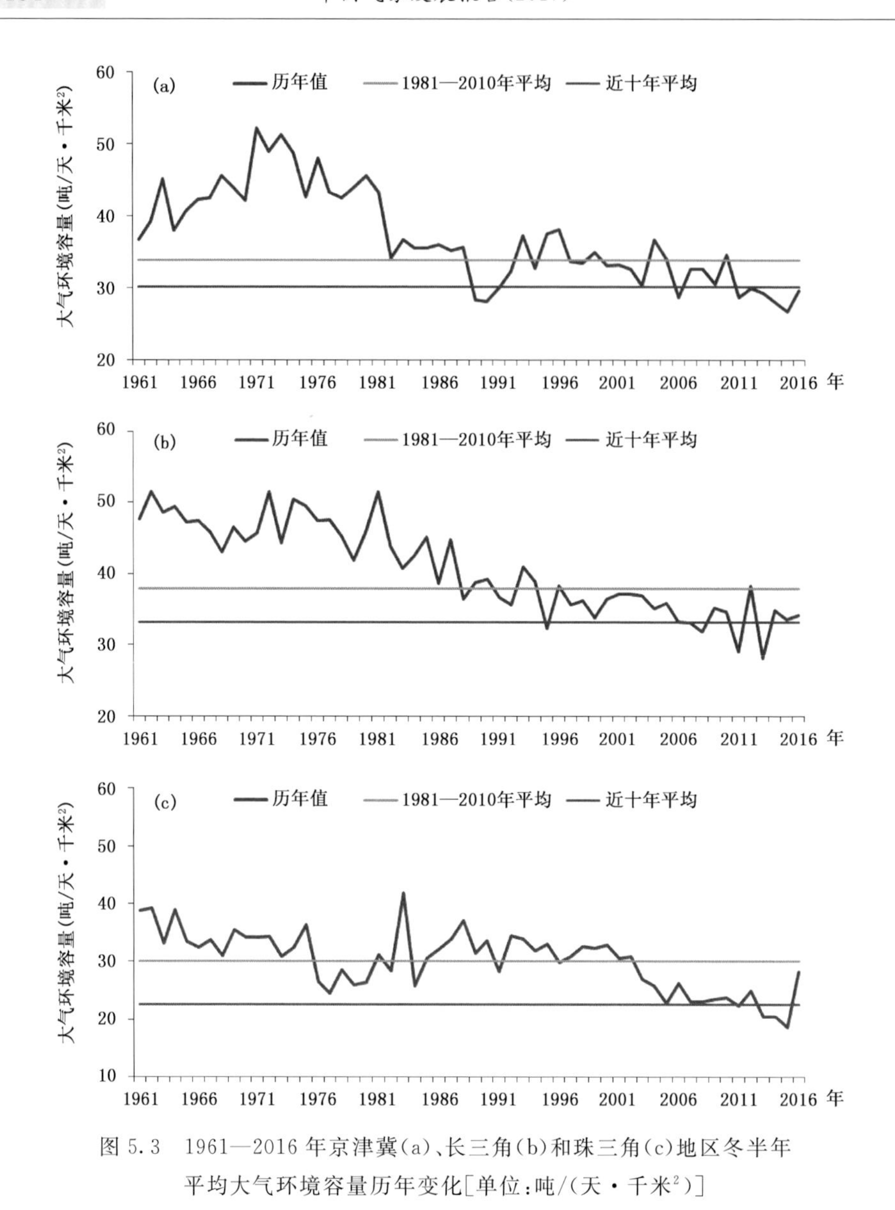

图 5.3　1961—2016 年京津冀(a)、长三角(b)和珠三角(c)地区冬半年平均大气环境容量历年变化[单位:吨/(天·千米²)]

期偏高 2.8%(图 5.3b);珠三角地区为 28.4 吨/(天·千米²),较常年同期偏低 6.1%,但较近十年同期偏高 24.6%。

三、2016 年气候资源开发利用主要进展

2016 年,气象部门对 121 个风电场和太阳能电站的选址进行了评估,为 781 个风电场和太阳能电站提供预报服务。推进太阳能光伏扶贫,组织改进太阳能资源精细化评估技术,将 10 千米分辨率的太阳辐射数据应用于贫困县太阳能资源分析。评

估了全国风能资源技术开发量、全国各省域和县域光伏资源和光热资源的时空分布及技术开发量。建立了空间分辨率 1.25 千米，时间分辨率 0.5 小时的全国太阳能资源数据库。

（一）太阳能资源开发利用气象服务稳步推进

1. 太阳能资源年辐射总量分布评估

2016 年，全国陆地表面平均的水平面总辐射年辐照量为 1478.2 千瓦时/米^2，较近 10 年（2004—2013 年）平均值偏少 22.5 千瓦时/米^2，相对偏低 1.50%，与 2015 年基本相当。全国陆地表面水平面总辐射年辐照量年际变化见图 5.4。

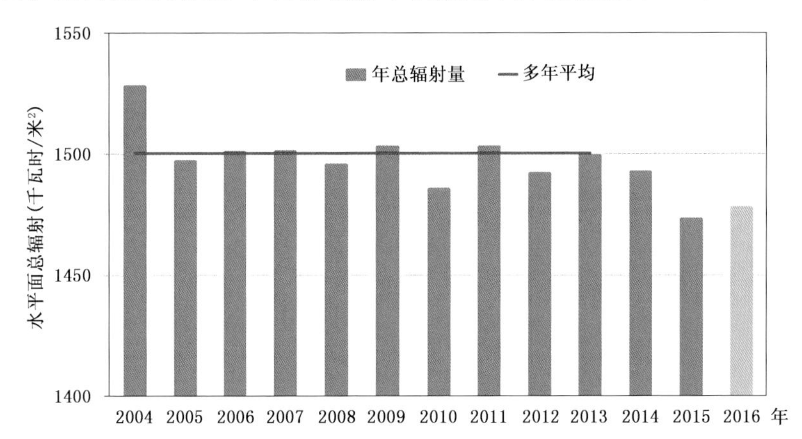

图 5.4　全国陆地表面水平面总辐射年辐照量年际变化直方图
（数据来源：2016 年中国风能太阳能资源年景公报）

太阳能资源地区性差异较大，总体上呈现高原、少雨干燥地区大；平原、多雨高湿地区小的特点。2016 年，我国东北、华北、西北和西南大部水平面总辐射年总量超过 1400 千瓦时/米^2（图 5.5），其中新疆东部、西藏中西部、青海大部、甘肃西部、内蒙古西部水平面总辐射年辐照量超过 1750 千瓦时/米^2，太阳能资源最丰富；新疆大部、内蒙古大部、甘肃中东部大部、宁夏、陕西山西河北北部、青海东部、西藏东部、四川西部、云南大部及海南等地水平面总辐射年辐照量 1400～1750 千瓦时/米^2，太阳能资源很丰富；东北大部、华北南部、黄淮、江淮、江汉、江南及华南大部水平面总辐射年辐照量 1050～1400 千瓦时/米^2，太阳能资源丰富；四川东部、重庆、贵州中东部、湖南及湖北西部地区水平面总辐射年辐照量不足 1050 千瓦时/米^2，为太阳能资源一般区。

2016 年全国水平面总辐射年辐照量分布见图 5.6，2016 年各省（市、区）水平面总辐射距平百分率见图 5.7。由图 5.6 和图 5.7 总体来看，表现出“四周偏低、中间偏高”的特征，我国东南部地区及新疆、黑龙江、云南等部分地区偏低 5%以上，而甘肃南部、四川东部等地偏高 5%以上。

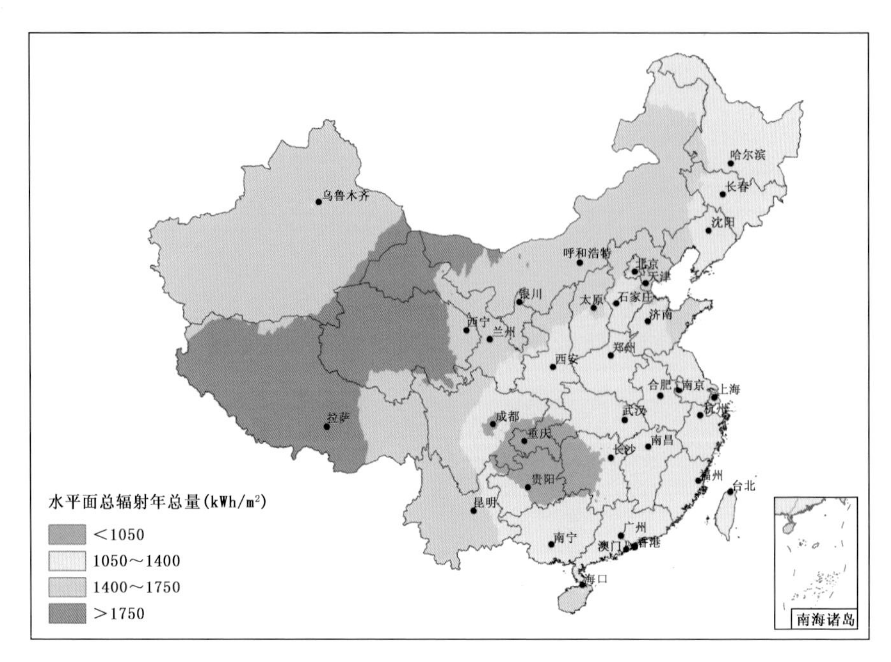

图 5.5　2016 年全国水平面总辐射年总量分布图
(数据来源:2016 年中国风能太阳能资源年景公报)

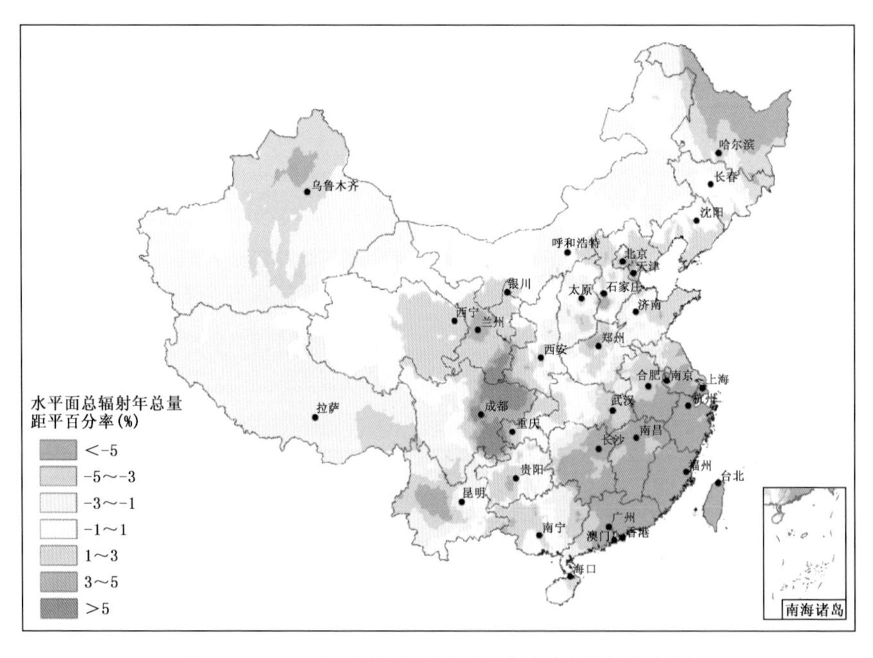

图 5.6　2016 年全国水平面总辐射年辐照量分布图
(数据来源:2016 年中国风能太阳能资源年景公报)

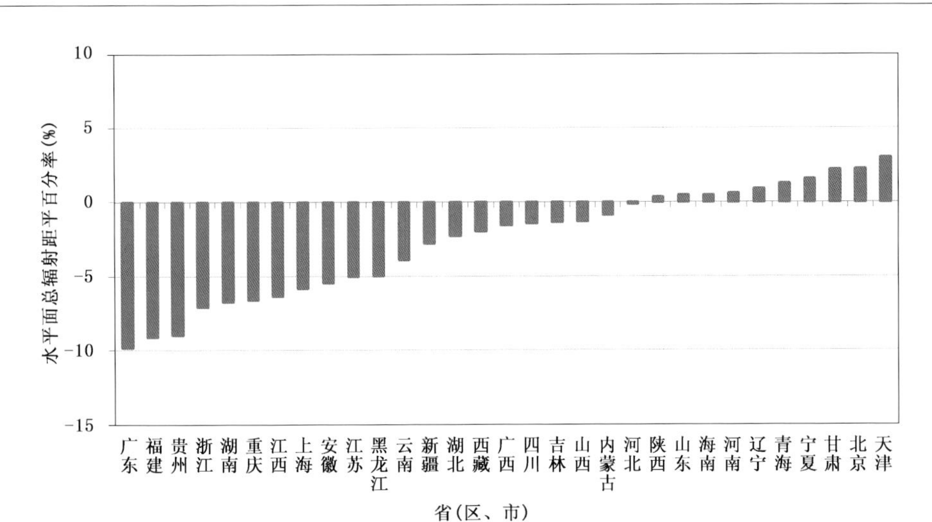

图 5.7　2016 年各省(市、区)水平面总辐射距平百分率

(数据来源:2016 年中国风能太阳能资源年景公报)

2. 光伏发电增长明显

截至 2016 年年底,我国光伏发电新增装机容量 3454 万千瓦,累计装机容量 7742 万千瓦,新增和累计装机容量均为全球第一(表 5.4)。其中,光伏电站累计装机容量 6710 万千瓦,分布式累计装机容量 1032 万千瓦。全年发电量 662 亿千瓦时,占我国全年总发电量的 1%。

表 5.4　2016 年光伏发电统计信息表

省(区、市)	累计装机容量(万千瓦)		新增装机容量(万千瓦)	
		其中:光伏电站		其中:光伏电站
总计	7742	6710	3454	3031
北京	24	5	8	3
天津	60	48	47	44
河北	443	404	203	192
山西	297	284	183	172
内蒙古	637	637	148*	166
辽宁	52	36	36	29
吉林	56	51	49	45
黑龙江	17	12	15	11
上海	35	2	14	0
江苏	546	373	123	70
浙江	338	131	175	88
安徽	345	267	225	178
福建	27	11	12	8
江西	228	171	185	154

续表

省(区、市)	累计装机容量(万千瓦)		新增装机容量(万千瓦)	
		其中:光伏电站		其中:光伏电站
山东	455	336	322	247
河南	284	248	244	234
湖北	187	167	138	124
湖南	30	0	1	0
广东	156	68	92	61
广西	18	9	6	4
海南	34	24	10	5
重庆	0.5	0	0	0
四川	96	90	60	57
贵州	46	46	43	43
云南	208	208	144*	145
西藏	33	33	16	16
陕西	334	322	217	210
甘肃	686	680	76	74
青海	682	682	119	118
宁夏	526	505	217	199
新疆	862	862	329*	333

*:2015 年内蒙古、新疆、云南的分布式发电统计数据存在误差,分别为 18 万千瓦、4 万千瓦、1 万千瓦,在本表数据中进行了相应核减,故三省新增装机容量小于其光伏电站装机容量。

光伏发电向中东部转移。全国新增光伏发电装机中,西北地区为 974 万千瓦,占全国的 28%;西北以外地区为 2480 万千瓦,占全国的 72%;中东部地区新增装机容量超过 100 万千瓦的省份达 9 个,分别是山东 322 万千瓦、河南 244 万千瓦、安徽 225 万千瓦、河北 203 万千瓦、江西 185 万千瓦、山西 183 万千瓦、浙江 175 万千瓦、湖北 138 万千瓦、江苏 123 万千瓦。

分布式光伏发电装机容量发展提速,2016 年新增装机容量 424 万千瓦,比 2015 年新增装机容量增长 200%。中东部地区分布式光伏发电有较大增长,新增装机排名前 5 位的省份是浙江(86 万千瓦)、山东(75 万千瓦)、江苏(53 万千瓦)、安徽(46 万千瓦)和江西(31 万千瓦)。

3.太阳能开发利用气象服务稳步推进

2016 年,气象部门继续开展风能太阳能开发利用气象工作。持续开展了太阳能电站选址评估,改进了太阳能预报系统,为太阳能电站提供了预报服务;开展全国太阳能资源监测,发布《中国风能太阳能资源年景公报 2015》。

(1)太阳能资源光伏装机区域分布气象条件评估。利用 2004—2016 年逐年全国气象台站总辐射和日照观测资料,评估指出:2016 年,全国陆地表面平均的水平面总辐射年辐照量为 1478.2 千瓦时/米^2,较近 10 年(2004—2013 年)平均值偏少 22.5 千瓦时/米^2，相对偏低1.5%，与2015年基本相当。太阳能资源地区性差异较大，总体上呈现高原、少雨干燥地区大，平原、多雨高湿地区小的特点。

（2）太阳能电站选址和光伏资源评估。推进太阳能光伏扶贫，组织改进太阳能资源精细化评估技术，将10千米分辨率的太阳辐射数据应用于贫困县太阳能资源分析。评估了全国各省域和县域光伏资源和光热资源的时空分布及技术开发量。建立了空间分辨率1.25千米，时间分辨率0.5小时的全国太阳能资源数据库。

（3）光伏扶贫气象服务。2016年，气象部门通过评估98个辐射站、2400多个气象观测站和气象卫星观测数据发现：75%的贫困县可开展光伏扶贫，其中54%的贫困县每年可利用光伏发电资源均在1500千瓦时/米^{2}以上，等效满负荷利用小时数超过1100小时，适宜开展集中式规模化光伏发电；21%的贫困县具有一定的太阳能资源开发条件，可开展分布式光伏发电。

（二）风能资源开发利用气象服务逐步深入

1.2016年全国风能资源评估

2016年，气象部门利用全国陆地70米高度层水平分辨率1千米×1千米的风能资源数据，得到2016年全国陆地70米高度层的风能资源年景（图5.8）。

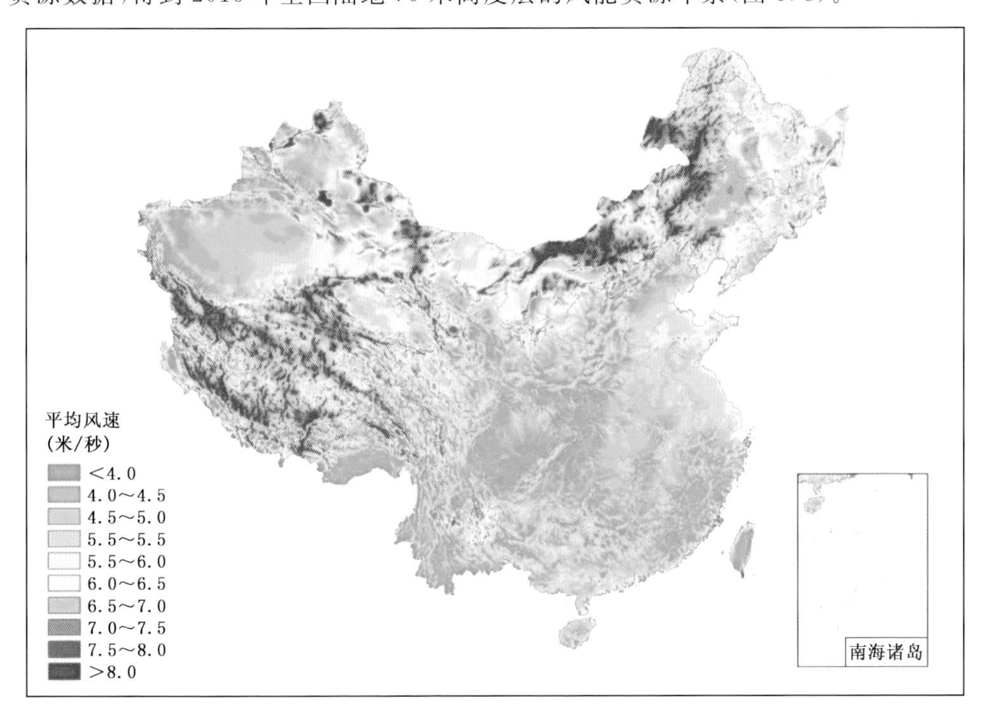

图5.8　2016年全国陆面70米高度年平均风速分布

（数据来源：2016年中国风能太阳能资源年景公报）

2016 年全国年平均风速均值为 5.7 米/秒。大于 6.0 米/秒的地区主要分布在东北大部、华北北部、内蒙古大部、宁夏、陕西北部、甘肃大部、新疆东部和北部的部分地区、青藏高原大部、四川西部，以及云贵高原和广西等地的山区，其中内蒙古中部和东部、新疆北部和东部部分地区、甘肃西部、青藏高原大部等地年平均风速达到 7.0 米/秒，部分地区甚至达到 8.0 米/秒以上。年平均风速大于 5.0 米/秒的分布区域进一步扩大，除上述地区外，东部沿海大部分地区、山东大部、华东、华南、华中及西南等部分山区的平均风速也可达到 5.0 米/秒以上。

2. 全国风电保持良好发展势头

2016 年，全国风电保持良好发展势头，全年新增风电装机 1930 万千瓦，累计并网装机容量达到 1.49 亿千瓦，占全部发电装机容量的 9%，风电发电量 2410 亿千瓦时，占全部发电量的 4%(表 5.5)。2016 年，全国风电平均利用小时数 1742 小时，同比增加 14 小时，全年弃风电量 497 亿千瓦时。

表 5.5 2016 年我国风电并网运行统计数据

省(区、市)	新增并网容量(万千瓦)	累计并网容量(万千瓦)	发电量(亿千瓦时)	弃风电量(亿千瓦时)	弃风率(%)	利用小时数
合计	1930	14864	2410	497		1742
北京	4	19	3			1750
天津	0	29	6			2075
河北	166	1188	219	22	9	2077
山西	102	771	135	14	9	1936
山东	118	839	147			1869
内蒙古	132	2557	464	124	21	1830
辽宁	56	695	129	19	13	1929
吉林	61	505	67	29	30	1333
黑龙江	58	561	88	20	19	1666
上海	10	71	14			2162
江苏	149	561	98			1980
浙江	15	119	23			2161
安徽	41	177	34			2109
福建	42	214	50			2503
江西	41	108	19			2114
河南	13	104	18			1902
湖北	66	201	35			2063
湖南	61	217	39			2125
重庆	5	28	5			1600
四川	52	125	21			2247

续表

省（区、市）	新增并网容量（万千瓦）	累计并网容量（万千瓦）	发电量（亿千瓦时）	弃风电量（亿千瓦时）	弃风率（%）	利用小时数
陕西	80	249	28	2	7	1951
甘肃	25	1277	136	104	43	1088
青海	22	69	10			1726
宁夏	120	942	129	19	13	1553
新疆	85	1776	220	137	38	1290
西藏	0	1	0.1			1908
广东	22	268	50			1848
广西	24	67	13			2365
海南	0	31	6			1781
贵州	39	362	55			1806
云南	325	737	148	6	4	2223

注1:并网容量、发电量、利用小时数来源于中电联。

注2:弃风电量、弃风率来源于国家可再生能源中心、相关电网企业。

2016年,根据国家可再生能源中心数据,全国新增并网容量较多的地区是云南(325万千瓦)、河北(166万千瓦)、江苏(149万千瓦)、内蒙古(132万千瓦)和宁夏(120万千瓦),风电平均利用小时数较高的地区是福建(2503小时)、广西(2365小时)、四川(2247小时)和云南(2223小时)。

2016年,全国弃风较多的地区是甘肃(弃风率43%、弃风电量104亿千瓦时)、新疆(弃风率38%、弃风电量137亿千瓦时)、吉林(弃风率30%、弃风电量29亿千瓦时)和内蒙古(弃风率21%、弃风电量124亿千瓦时)。

3.风能资源开发利用气象服务深入推进

2016年,利用全国气象台站2004—2016年地面观测资料,统计分析2016年我国陆地10米高度的风速特征,得出2016年,全国地面10米高度年平均风速较近10年(2004—2013年)均值偏大0.68%,属正常稍偏大年景,但分布不均,地区差异性较大。多数省(区、市)风速接近常年均值,但上海、海南、江苏、浙江、山东5个省(市)年平均风速偏小5%以上,宁夏、重庆、黑龙江则偏大5%以上。

2016年,全国多数省(区、市)陆地70米高度年平均风速接近于常年均值,偏小的地区有上海、江苏、山东、海南4个省(市),偏大的地区有重庆、广西、山西、湖北、黑龙江、四川、陕西等7个省(区、市)。

2016年与2015年相比,除了海南、西藏年平均风速和年平均风功率密度稍有减少,我国其他省(区、市)有不同程度的增加;全国陆地70米高度年平均风功率密度大于150瓦/米^{2}的区域中,有65%的区域比常年偏大,有35%的区域比常年偏小。

(三)空中云水资源开发利用气象服务持续开展

人工影响天气是我国防灾减灾和空中云水资源开发利用的重要手段,也是改善生态环境的有效途径。2016 年全国通过深入实施《人工影响天气业务现代化建设三年行动计划》,充分发挥人工影响天气在防灾减灾和改善生态环境中的重要作用,不断完善以国家级为龙头,省级为核心,市县为基础的现代化人工影响天气业务体系,全面提升人工影响天气业务能力、科技水平和服务效益。

2016 年,全国开展飞机人工增雨(雪)作业 980 架次,飞行时长 2757 小时,开展地面增雨(雪)和防雹作业 4.4 万次,增雨目标区面积约 439 万千米^2,增加降水约 409 亿立方米,防雹作业保护面积约 59 万千米^2。建成标准化作业点 7378 个,达标率为 87%。应用物联网等新技术,加强人工影响天气装备技术保障,在北京、河南、陕西和贵州 4 个试点省(市)启动人工影响天气实时监控系统建设。

1.2016 年全国降水资源分析评估

2016 年,全国年降水资源总量 68888 亿米^3,比 2015 年偏多 7705 亿米^3,为 1961 年以来最多,属异常丰水年份。全国降水为历史最多,全国平均降水量 730.0 毫米,较常年偏多 16%,较 2015 年偏多 13%;四季降水均偏多,冬季和秋季为 1961 年以来最多,春季为次多。除陕西、甘肃偏少外,全国其余 29 省(区、市)降水均偏多;长江中下游沿江、华南中东部及新疆降水偏多明显,长江中下游区域平均降水量为 1961 年以来最多。

但从全国来看,也存在降水分布不均衡的问题,如新疆、陕西、甘肃等省区则比常年偏少,从时间分布来看全国在 2 月和 8 月降水也明显少。因此,2016 年各地根据天气气候和经济社会对降水需求情况,有效实施了人工增雨(雪)作业。

2.抗旱减灾和生态保护作业服务效益明显

2016 年,全国 23 个省(市、区)使用飞机 49 架,实施飞机人工增雨(雪)作业 980 架次,飞机时长 2757 小时。为 15 省份提供抗旱、重大活动保障和防灾减灾服务,飞行 101 架次。30 个省(区、市)和新疆生产建设兵团的 2252 个县(市、区)及团场使用高炮 6561 门、火箭架 7950 台,开展地面增雨(雪)和防雹作业 4.4 万次,基层作业人员 3.4 万余人。2016 年增雨目标区面积约 439 万千米^2,增加降水约 409 亿米^3,防雹作业可保护面积约 59 万千米^2(图 5.9,图 5.10)。人工增雨(雪)和防雹作业产生的累计效益达 356 亿元。

2016 年中央财政人工影响天气专项投入资金 2 亿元,支持 28 个省(区、市)和新疆生产建设兵团人工影响天气作业和跨区域联合作业,带动地方投入 16.7 亿元(图 5.11)。

3.作业装备保障水平明显提高

2016 年,为推进实施《人工影响天气业务现代化建设三年行动计划》,完成了中期进展评估工作。经评估,全国开展人工影响天气业务的 30 个省级气象部门中,北

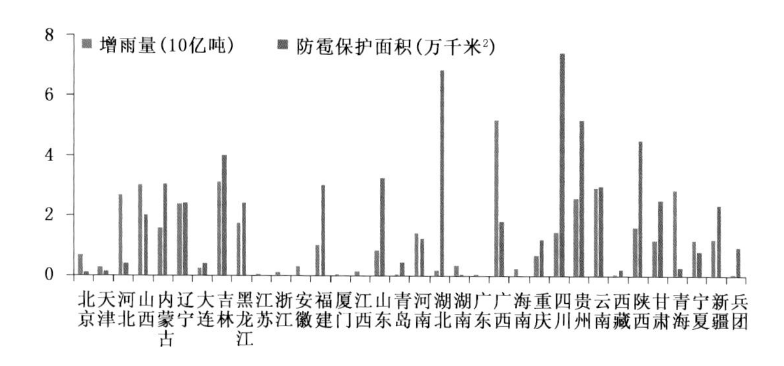

图 5.9　2016 年全国人工影响天气作业效益情况

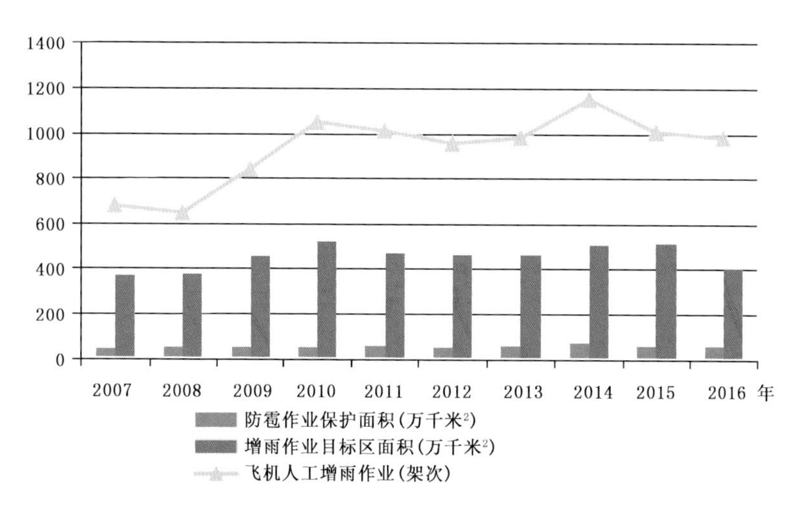

图 5.10　2007—2016 年人工影响天气作业量变化情况
(数据来源:2007—2015 年数据来源于《气象统计年鉴》(2007—2015);
2016 年数据来源《2016 年中国公共气象服务白皮书》)

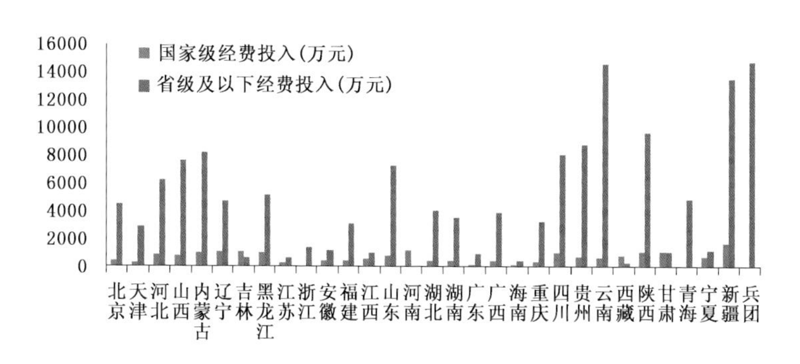

图 5.11　2016 年人工影响天气经费投入情况

京、河北、内蒙古、贵州、福建、重庆等6个省(区、市)被评为优,人工影响天气业务流程规范且制度化,业务岗位设置合理且分工明确,业务系统集约化程度较高且稳定发布对下产品,关键技术应用较好且有当地特色,以较高质量完成了工作任务,达到了阶段目标;天津等21个省(区、市)被评为良,人工影响天气业务流程和系统建设符合要求,部分工作较有亮点或进展明显,较好地完成了工作任务。

2016年,中国气象科学研究院完成新舟60增雨飞机的整体功能测试、人工增雨飞机的飞机平台建设。完成东北区域人工影响天气作业指挥业务系统全覆盖推进我国西北区域、中部区域人工影响天气项目建设。编制完成《人工影响天气作业信息格式规范(试行)》《人工影响天气作业装备与弹药标识编码技术规范(试行)》,组织开发人工影响天气作业装备弹药物联网管理系统,编写完成《云水资源评估技术指南(2016版)》《人工增雨作业效果检验技术指南(2016版)》《人工影响天气模式系统云和降水预报产品省级检验方案(2016版)》等,推广至省级试用。开发完成云降水显式预报系统并业务化运行。完成《人工影响天气专用技术装备使用许可技术审查办法》。提出增雨防雹高炮火箭的技术性能要求和测试方案,完成《增雨防雹高炮系统技术要求》《增雨防雹火箭技术要求》等行业标准。指导编制《G20杭州峰会人工消减雨作业试验实施方案》;联合北京、山西、安徽省(市)人工影响天气办公室,及北京大学、中科院大气所、南京大学、南京信息工程大学等院校,组建了技术支持专家团队。

四、展望

2016年,生态文明建设气象保障的各项工作进展比较顺利,但真正凝练到国家级重大气象保障工程项目还比较少,社会对气象保障生态文明建设工作的认知度还不够高。需要进一步分析国家生态文明建设的需求,合理设置生态文明建设气象保障阶段性目标与重点,明确优先序。确保到2020年,初步建成保障生态文明建设和生态安全的现代化气象观测、预报、预警和气象服务的综合体系;显著提高生态气象灾害监测、预警及应对气候变化业务水平;明显提升适应气候变化以及针对生态系统、大气环境治理等重点行业和领域的生态文明建设气象服务能力。

到2020年,实现对气象灾害多发区、地质灾害高易发区、气候变化敏感区、重点生态功能区、生态环境敏感和脆弱区的生态、环境和气候系统关键要素的实时动态综合监测。

基本健全生态气象、应对气候变化、环境气象领域涵盖观测、监测、预报、预警、评估等重要业务服务环节的标准体系,生态系统、环境气象监测预测评估关键技术以及气候变化影响评估预评估关键技术取得重要进展,初步建成一体化集约业务支撑能力。

生态气象业务服务基本涵盖典型生态系统与4种国家重点生态功能区,实现生态质量气象综合评价常态化、气象灾害生态影响评估定量化、生态文明体制改革决策服务业务化。

面向生态环境保护和修复需求的人工影响天气业务能力和科技水平进一步提高，基础保障能力显著提升，人工增雨(雪)作业年增加降水 600 亿米^3，人工影响天气工作体系进一步完善。

实施开展 0～10 天无缝隙的环境气象预报业务，24 小时时效霾预报水平有明显提高，霾预警时效提前至 48 小时。光化学烟雾气象条件预报预警，雾、霾天气影响评估体系初步建立。

能力篇

第六章　现代气象业务

现代气象业务主要由公共气象服务业务、气象预报预测业务、综合气象观测业务和气象信息网络与资料业务等部分构成。2016 年，全国现代气象业务取得显著进展，以信息新技术为依托，观测、预报和服务业务向无缝隙、精准化、智慧型方向快速发展，适应智慧气象发展要求的业务体系建设初见端倪。

一、2016 年现代气象业务发展概述

公共气象服务业务。2016 年基于精细化预报产品和“互联网＋”，智慧气象服务业务科技含量和精细化水平持续提升，气象影响预报和风险预警越来越受到社会关注。农业气象服务业务开始转型升级，“智慧”属性更加明显，针对新型农业的直通式服务更加个性化。以协同高效、集约智能、优质精确为特征的城市气象服务更好地融入到智慧城市发展中。向智慧气象转型时期的气象服务管理不断加强，确保了传统与新型服务业务的有机衔接和平稳过渡。

气象预报预测业务。2016 年中国气象局加强了顶层设计，科学谋划“十三五”气象预报现代化发展，制定印发了《现代气象预报业务发展规划》，确定了“十三五”时期建成从分钟到年的无缝隙集约化气象预报业务体系，建立以高分辨率数值模式为核心的客观化精准化技术体系发展目标等。推进卫星资料同化、特别是我国风云卫星资料的同化技术研发，开展天气气候一体化模式技术研究等。2016 年，中国气象局大力推进现代天气预报业务建设，我国自主研发的数值预报核心技术取得明显进展，全球数值天气预报业务系统正式业务化运行，北半球可用预报时效达到 7.4 天；天气预报业务体系向无缝隙、精准化、智慧型发展，初步建立全国 5 千米分辨率、未来 10 天的陆地、海洋的一体化气象要素格点预报业务，暴雨预报准确率显著提升，台风路径预报保持世界先进水平；气候预测业务向预测精准化、评估定量化、监测标准化、业务流程科学化、业务系统智能化发展，厄尔尼诺/南方涛动(ENSO)和热带大气季节内震荡监测预测系统实现业务化，成功预报本次超强厄尔尼诺事件结束期，预报技巧达到 20 天，接近国际先进水平；空间天气监测预警向定量化精细化发展，卫星气象科技创新体制改革取得进展，遥感定量应用水平、数据质量和服务能力取得提高，空间天气定量预报精细化水平持续提升。

综合气象观测业务。我国已建立地基、空基、天基相结合的立体化综合气象监测

网,有力支撑了现代气象业务的发展。2016 年是我国综合气象观测业务改革和发展的重要一年,通过大力推进综合气象观测业务体系改革和现代化建设,综合气象观测能力显著提升,观测质量和效益得到加强和改善,气象观测的集约化标准化水平不断提高。完成了国家地面天气站网遴选,区域站骨干站进一步提质增效。气象卫星观测能力和应用取得了跨越式发展,风云四号卫星成功发射,实现了多项重大技术突破。开展了超大城市观测试验,为加快提升城市气象服务水平奠定基础。

气象信息网络业务:大数据、云计算、物联网、移动互联网等信息新技术得到更为广泛的应用,2016 年全国气象业务系统集约化、标准化水平持续提高。全国综合气象信息共享系统(CIMISS)投入业务运行,打破“数据孤岛”,提高了数据访问效率。加快构建气象信息化标准体系,提升气象信息化建设科学管理水平。编制了气象信息化“十三五”规划和国家统筹的工程设计文件,切实加强了气象信息化建设的顶层设计。统筹布局全国气象大数据基础设施,启动建设西安气象大数据应用中心。

二、2016 年现代气象业务进展

(一)气象服务业务

2016 年,全国气象部门全面推进气象服务能力现代化建设,实施了国家突发事件预警信息系统建设,分类开展了城市气象服务业务建设,启动了智慧农业气象服务,深化了气象服务业务体制改革,强化了省级气象服务业务集约化,全国气象服务业务发展进入了新阶段。

1.公众气象服务业务

2016 年,精细化公众气象服务产品加工制作能力持续提升,至年底,实现了实况资料格点化和精细化多模式集成预报两项关键技术的业务应用。开发了全国 3 千米分辨率、逐小时地面格点实况数据融合产品和 15 天内精细化预报服务产品,初步具备全国内陆地区天气实况服务和 12 小时逐小时 1 千米多要素预报,72 小时逐小时 3 千米气温、相对湿度、降水、气压等细网格要素预报及 4～7 天逐 6 小时、8～15 天逐 12 小时精细化预报服务产品的实时加工制作能力。公众气象服务业务产品种类更加丰富。

2016 年,公众气象服务业务系统平台研发取得重大进展。建成了精细化公众气象服务产品国家级、省级共享平台,实现国家级精细化多模式集成预报和全国 3 千米格点实况数据产品在全国各省(区、市)的共享应用。国家级精细化服务产品的研发,为各地精细化服务的开展奠定了基础。截至 2016 年 11 月 30 日,全国 30 个省(区、市)建立了精细化预报服务业务,江苏、浙江、上海实现公众预报服务逐 10 分滚动更新,北京、宁夏、天津、浙江实现空间分辨率 1 千米,逐小时的精细化预报服务,广东、安徽、江苏等 15 个省预报到乡镇。北京、浙江、安徽、上海、福建、湖南等 12 省(市)将国家级与本地精细化监测预报服务产品融合,依托互联网,打造智能气象服务手机

APP品牌，开展全国范围精细化预报服务，提出活动安排建议，并创新地开展根据用户手机定位，及时推送灾害性天气影响地区预警信息服务，推动公众气象服务由静态向基于位置的精细化动态服务发展。建设全媒体气象新闻业务平台和气象行业媒体资源共享平台，推进气象频道全国一体化运行。针对海洋天气预报预测的风云海洋手机应用软件（APP）和针对空间天气监测和预警的空间天气手机APP正式上线运行。全国已经初步建立起以内网共享平台和外网共享平台互补的公众气象服务平台体系（图6.1）。

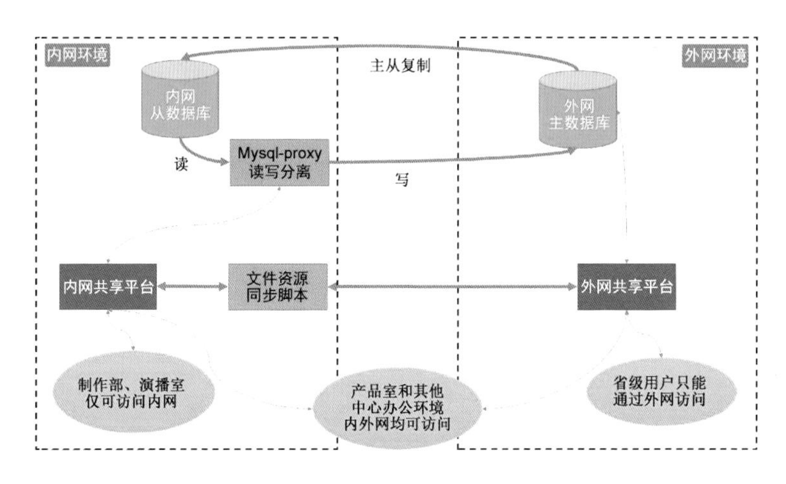

图6.1　全国公众气象服务共享平台示意图（2016年）
（来源：中国气象局公共服务中心）

公众气象服务业务组织和管理更加规范。到2016年年底，初步建立起全国公众气象服务产品的质量监管体系，提高了数据质量控制及业务全程监控能力。编制并发布了《2016年中国公共气象服务白皮书》，系统展现年度开展公共气象服务的主要任务目标、工作进展、质量和成效以及在公共气象服务各个分领域的主要成果，为广大公众和社会各界深入了解公共气象服务的基本职责和新进展提供参考。

2016年，组织开展了全媒体气象新闻业务平台建设，建立气象行业媒体资源共享平台，推进气象频道全国一体化运行。组织建立数据质量控制及业务全程监控工作，建立了公众气象服务产品的质量监管体系。

2.农业气象服务业务

2016年，全国气象部门继续推进了农业气象服务业务发展，建立了基于作物模型的冬小麦、水稻生长状况定量评估技术和基于气候适宜度的农业气象定量评价技术，服务产品定量化、精细化水平明显提升。

2016年，新增一季稻动态产量预报业务，启动开展5千米分辨率格点化农业气象影响预报评估、南美大豆产量、澳大利亚和加拿大小麦产量预报业务。国内全年粮食总产预报准确率达 99.9%，较 2015 年稳中有升。冬小麦、双季早稻、秋粮等主要农作物产量预报准确率分别是 98.8%、98.6%、99.8%，较 2015 年分别提高 0.3%、−0.8%、0.3%(图 6.2)。

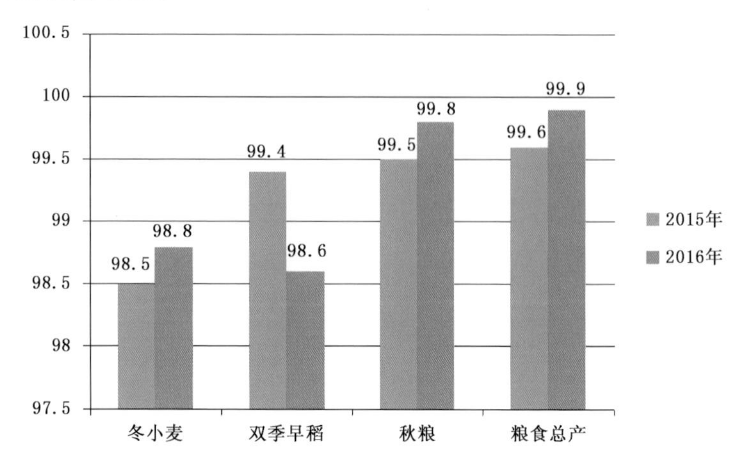

图 6.2　全国主要农作物产量预报准确率(%)
(来源:中国气象局减灾司)

2016 年，31 个省(区、市)气象部门面向新型农业经营主体的“直通式”气象服务用户数达 98 万，较 2015 年增加 17%(图 6.3)。全国 277 个市 1326 个县依托智慧农业气象服务平台等智能终端开展服务，注册用户达 237 万。

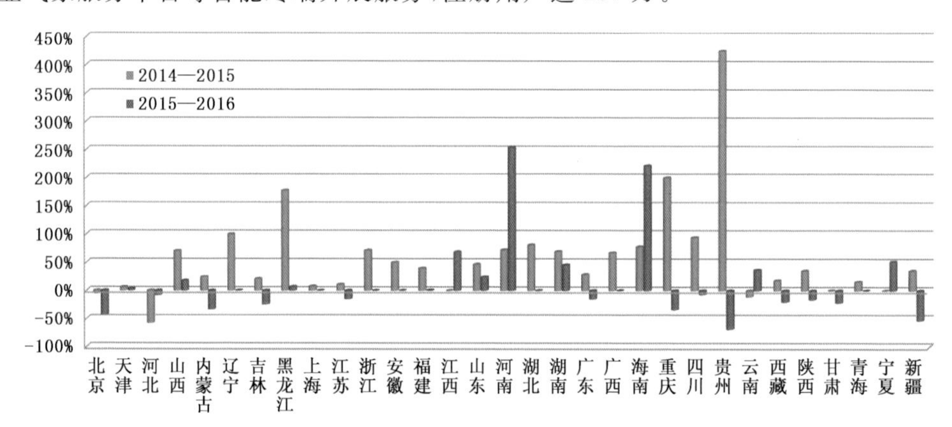

图 6.3　各省(区、市)“直通式”服务覆盖新型农业经营主体数量的年际变化率
(数据来源:包括自然灾害灾情和社会经济年度统计资料)

安徽、内蒙古、北京等 19 个省(区、市)积极开展农业保险气象服务并研发了 43 项保险指数产品(表 6.1)。

表 6.1　2016 年各省(区、市)已研发的农业气象保险指数产品

序号	地区	保险指数产品	保险产品项数
1	北京	温室蔬菜寡照气象指数保险,蜂业干旱气象指数,玉米干旱气象指数保险;露地蔬菜天气指数保险	4
2	天津	设施果菜低温灾害天气指数保险产品	1
3	山西	试点玉米综合指数保险业务	1
4	内蒙古	气象灾害定损业务规范	1
5	辽宁	玉米气象指数,水稻障碍型冷害指数,试点大樱桃裂果气象保险	3
6	吉林	玉米干旱保险天气指数	1
7	黑龙江	水稻低温冷害气象指数保险	1
8	上海	绿地蔬菜气象指数保险	1
9	江苏	福鼎大毫茶叶低温指数、阳羡茶低温指数、阳山水蜜桃气象指数、露地蔬菜气象指数保险、池塘养殖气象指数保险、大麦气象保险指数	6
10	浙江	茶叶、杨梅、枇杷、柑橘、蜜梨、水蜜桃等气象指数	6
11	安徽	小麦、水稻、玉米、水产天气指数保险试点	4
12	河南	冬小麦干旱天气保险指数	1
13	湖北	中稻暴雨天气指数、水稻高温热害天气指数、两系杂交稻天气指数保险等	3
14	广东	水稻台风灾害保险气象指数	1
15	海南	橡胶树天气指数保险定损指标	1
16	重庆	森林火险气象保险,麻竹气象干旱保险	2
17	云南	晋宁县玫瑰花低温保险气象指数,咖啡低温寒害气象保险指数	2
18	陕西	茶叶越冬冻害天气指数,春季霜冻冻害天气指数	2
19	甘肃	武威设施农业气象灾害保险理赔指数,天水农业气象保险指数	2

2016 年,国、省两级气象部门联合编制了设施农业气象灾害影响预报业务规范和业务技术指南,寒露风、北方低温冷害影响预报业务规范及作物模型业务应用技术指南等文件,农业气象服务业务更加标准化、规范化。国家级和省级农业气象服务主要业务产品清单详见表 6.2。

表 6.2　国、省两级主要农业气象业务服务产品清单(2016 年)

类别	产品名称	发布单位	发布时间/频次
实况类产品	农业气象周/旬/月报	国、省级业务单位	周/旬/月
	土壤水分监测	国、省级业务单位	日
	农业干旱监测	国、省级业务单位	周(旬)
	主要农业气象灾害监测	国、省级业务单位	不定期

续表

类别	产品名称	发布单位	发布时间/频次
预报类产品	作物产量预报	国、省级业务单位	不定期
	农业气象影响预报	国、省级业务单位	不定期
	关键农时农事气象保障服务	国、省级业务单位	周
	农业干旱预报	国、省级业务单位	周
	主要农业气象灾害预报	国、省级业务单位	不定期
实况类产品	作物模型业务产品	国家级业务单位	周
	生态气象公报	国家级业务单位	月
预报类产品	世界主要产粮区作物产量气象预报	国家级业务单位	月
	主要农作物病虫害发生发展气象等级预报	国家级业务单位	不定期

3.城市气象服务业务

2016年，基于城市安全，从关注天气本身转向关注灾害性天气对城市运行造成的影响。中国气象局印发了城市气象防灾减灾和公共服务“两个体系”建设纲要。在全国主要城市建立空间分辨率1～5千米、逐小时更新的精细化气象预报网格。在全国36个重点城市研发气候细网格资料，开展热岛效应、暴雨强度、风玫瑰图气候因素对水资源、交通等的影响评估。加强城市气象预警信息的发布，在全国36个大中城市及所属区(县)建设196个预警信息发布中心，城市气象灾害预警信息覆盖率达到90%以上。在主要城市建立“城市—区(县)—街道—社区”四级气象灾害防御和服务机构，建立与民政、水利、国土、交通等涉灾部门的联动机制，广州、宁波、上海、北京等城市建立重大气象灾害停课(停工)等气象灾害预警联动和应急响应制度，实现将气象灾害预警由“消息树”上升为“发令枪”，构建城市灾害防御第一道屏障。

2016年，中国气象局正式将超大城市的综合气象观测试验作为一项中国气象局重点任务列入《2016年全国气象局长会议工作报告》。2016年6月26日，中国气象局办公室印发《超大城市综合气象观测试验总体工作方案》(气办发〔2016〕16号)，规定了超大城市综合气象观测试验的工作思路、四大工作目标以及八大工作任务等，要求通过为期三年(2016—2018年)超大城市观测试验的实施，有效提高城市气象观测数据的整体质量和模式可同化率，建立观测预报的良性互动机制，重点解决城市短临预报和环境气象服务中的关键技术问题。

2016年，超大城市综合气象观测试验由中国气象局气象探测中心牵头组织，试验区域包括以北京为中心的京津冀地区，以及上海市、广州市、成都市、沈阳市和西安市。力图通过超大城市观测试验的组织实施，将在气象观测技术、业务、应用层面实现以下工作目标：一是在各种现代探测设备基础上，研究解决城市观测技术、城市观测网立体布局设计、各类设备数据质量控制和多源数据综合使用方法，用“数字城市”

的理念，探索建立观测“城市数字气象”的可行性。二是通过观测试验取得的新数据、新方法，改进模式同化效果，改善短临预报水平，并以预报水平改进情况作为衡量观测试验成果的标准。三是通过观测试验获取更多高频次、精细化的立体实况场，为开展城市大气污染气象服务、城市排水防涝气象服务、城市规划气象服务、城市交通旅游气象服务等提供更高的技术支撑。四是通过观测试验完善大城市气象观测系统，构建包括观测网、信息流、信息质量控制、产品处理生成和信息快速共享的现代化超大城市观测业务。

2016 年，精细化预报服务融入智慧城市建设，建立了空间分辨率 1～5 千米，逐小时更新的城市精细化、格点化气象监测和预报服务网格。18 个城市将精细化实况和预报产品纳入城市网格化管理体系。北京、天津、南京、杭州、海口、南昌、西安、上海、银川、合肥、武汉等城市气象灾害预警产品精细化到街道。南京、深圳等城市构建起全媒体气象服务平台和与用户互动的智能移动气象服务终端，为公众提供定点、定时、定量的要素预报和个性化、定制式的服务。

4. 环境气象服务业务

2016 年，环境气象服务业务产品更加完备，初步形成了主要包括：空气质量预报、空气污染气象条件预报、紫外线强度预报、能见度预报、空气污染气象条件评估、减排效益评估、酸雨监测评估等构成的，环境气象服务业务产品体系。

2016 年，进一步强化了环境气象监测预报预警能力，加强大气污染气象条件影响评估工作，开展了全国沙尘、雾和霾监测预报预警服务，分别提前 3 天、5 天发布霾过程预报和空气扩散气象条件预报。霾预报预警准确率达到 80%左右，与发达国家相当。国家气象中心和中国气象科学研究院被世界气象组织基本系统委员会批准为亚洲沙尘暴预报专业气象中心。

2016 年，继续开展生态和环境气象监测与评估服务，开展了对全国草原气象条件及气象灾害影响的实时监测评估业务，并及时对全国草原牧草产量、草原生态质量等进行动态监测评估和灾害预警。推进环境气象指数算法的推广应用，2016 年编制发布了《环境气象指数预报服务业务规范》，发布了《2016 年大气环境气象公报》《2016 年全国大气环境气象评估公报》《大气环境预评估业务规范》等环境气象服务业务相关文件。

5. 交通气象服务业务

加强“智慧交通”气象服务能力建设。2016 年，初步建立起国、省两级公路交通气象精细化要素预报业务，开始发布全国高速公路路网 72 小时内 6 小时间隔、空间分辨率为 5 千米的精细化要素预报产品。江苏、安徽、河北等试点省开展了公路交通高影响天气短临预报预警和基于影响的公路交通气象灾害风险预警服务。

2016 年，全国气象部门开展基于影响的交通气象灾害风险预报，研发了低能见度、大风、冰冻雨雪等高影响天气的全国主要公路交通气象灾害风险预报预警服务产品。

6.旅游气象服务业务

2016年,推进了旅游气象服务标准化建设,上海、安徽、湖北、湖南、海南等省(市)推进了旅游气象服务示范项目建设,制定山岳型旅游气象预报预警服务规范。2016年,全国各地区(省、市)丰富了旅游休闲气象服务产品。

(二)气象预报预测业务

2016年,我国气象预报预测业务,通过加强气象预报现代化顶层设计,天气预报业务、气候预测业务和空间天气业务均取得重大进展,特别是数值预报核心技术研发进入优化新阶段,24小时暴雨预报准确率创历史同期新高,暴雨24小时预报评分接近世界先进水平。

1.气象预报现代化顶层设计

2016年,为加快推进气象预报业务现代化,科学规划天气预报业务和气候预测业务发展,中国气象局制定印发《现代气象预报业务发展规划(2016—2020年)》,围绕提高气象预报准确率和精细化水平的核心目标,提出了"十三五"时期24项现代气象预报业务发展关键指标,部署了加快完善无缝隙集约化业务体系,深入发展客观化精准化技术体系,全力打造智能化众创型业务发展平台,着力构筑高素质创新型人才体系,不断健全标准化规范化管理体系的五项主要任务,明确了由这四个体系、一个平台组成现代气象预报的业务架构(图6.4),推进气象预报业务向无缝隙、精准化、智慧型方向发展。

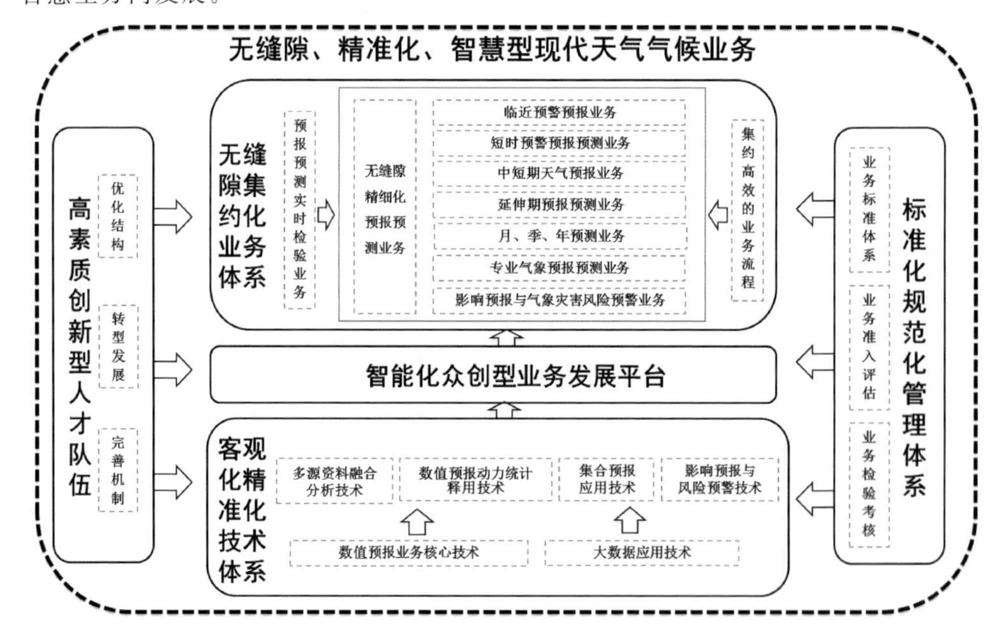

图6.4 现代气象预报业务架构

《现代气象预报业务发展规划(2016—2020 年)》中重新布局了现代气象预报业务分工(图 6.5),按照“两级集约、三级布局”的目标,构建国家—省—市县(包括市级和县级)三级预报业务布局,推进精细化气象要素格点预报、短临预报、中短期预报、延伸期(11～30 天)预报、气候预测和气象影响预报及风险预警业务向国家级和省级集约,市县级强化灾害性天气和气象灾害实时监测和临近预警业务。

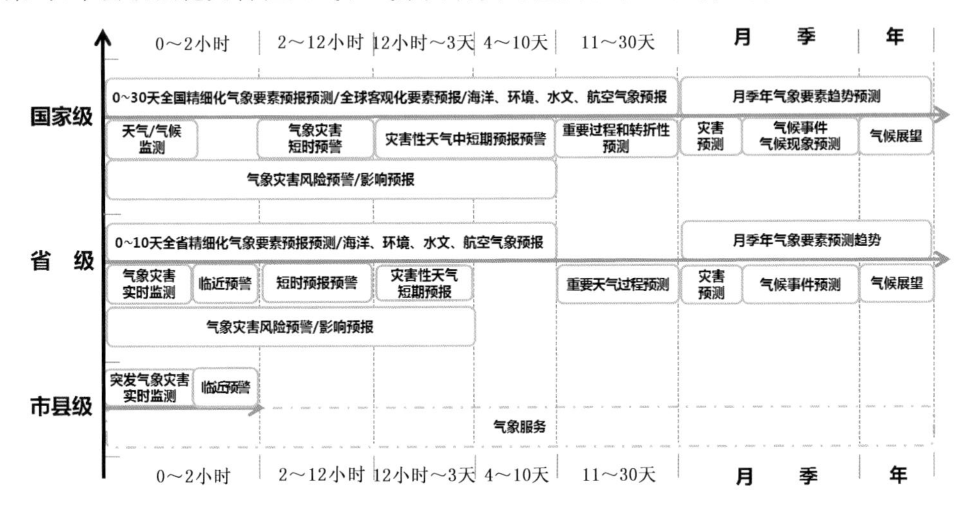

图 6.5　现代气象预报业务布局与分工

2. 天气预报业务

气象学上把分析气象要素、天气现象及其演变规律,并据此预报未来天气变化的业务,称为天气预报业务。随着气象科学技术的不断发展,天气预报业务已由传统的预报业务发展为基于数值天气预报技术的现代天气预报业务。2016 年,数值预报核心技术研发取得明显进展,暴雨预报准确率明显提升。

(1)数值预报能力不断增强

GRAPES 全球预报系统业务运行。GRAPES_GFS 是在科技部和中国气象局支持下我国自主发展的新一代全球数值预报系统。于 2007 年开始系统研发,2009 年 3 月确定了准业务版本 GRAPES_GFS V1.0,2015 年 12 月 31 日 GRAPES_GFS 通过业务化评审。2016 年 6 月,GRAPES_GFS V2.0 正式业务化运行并面向全国下发产品。此次业务化运行,标志着我国自主研发的全球数值预报模式结合业务实践反馈进入优化创新阶段的新开端。目前,GRAPES_GFS 水平分辨率达到 0.25 度,模式顶达到约 3 百帕,垂直分层 60 层,北半球可用预报时效达到 7.4 天(表 6.3),较 2015 年提高 0.1 天。GRAPES_GFS 预报能力总体超过我国原全球业务模式 T639,但与国际先进水平还有一定差距,GRAPES_GFS 北半球可用预报天数和 ECMWF 相差 1.4 天,和 NCEP 相差 0.8 天。GRAPES_GFS 的业务运行体现出了关键技术的突破。该系统首次实现我国风云系列卫星资料在业务数值预报中的应用;促进卫星资料在业务中的应用能力大幅度提升,发展了多种卫星观测资料直接同化技术,使卫星资料应用量占总同化资料量的比例提升至70%以上;GRAPES全球模式业务化成效显著,解决了GRAPES模式动力框架、物理过程和资料同化研发中遇到的关键问题。

表6.3　各主要预报模式2015—2016年北半球及东亚地区可用预报天数对比

区域	ECMWF		NCEP		T639		GRAPES_GFS	
	2015	2016	2015	2016	2015	2016	2015	2016
北半球	8.6	8.8	8.3	8.2	7.0	7.2	7.3	7.4
东亚	8.4	8.8	8.2	8.1	7.1	7.5	7.0	7.4

GRAPES区域模式完成版本升级。整合国家级区域数值预报业务系统(GRAPES—MESO)和快速分析预报系统(GRAPES—RAFS)升级为GRAPES—MESO V4.1;GRAPES_3千米系统实现实时运行;区域集合预报系统(GRAPES—REPS)切换为V2.0版本;完成雾—霾数值预报系统(CUACE/Haze—fog) V2.0版本业务化评审和GRAPES_MESO V4.0模式耦合工作。初步建立"数值预报云",基于数值预报云解决了模式产品大数据量的传输问题,上传+下载时间仅需15分钟左右,初步实现了区域高分辨数值预报产品全国快速共享。GRAPES专业模式进一步优化改进。区域台风数值预报系统(GRAPES—TYM)模式系统偏差分析及改进,对台风海气耦合模式(GRAPES—HYCOM)进行调试优化,对台风强度预报有一定改善。

(2)天气预报现代化水平不断提升

初步建成全国一体化精细化格点预报。2016年,组织编制《全国精细化气象格点预报业务建设实施方案(2016—2017年)》并实施;基本建立了省市县一体化强对流短临预警业务体系,进一步提高了灾害性天气预警预报业务技术能力,初步建立全国5千米分辨率、未来10天的陆地、海洋的气象要素格点预报业务,基本建成精细到县的11～30天(延伸期)预测业务和亚洲区域月、季格点预测业务;开展逐时滚动预报订正等多项精细化要素预报技术研发;初步形成格点化预报业务检验能力;实现了各省订正反馈的格点预报的拼接。

暴雨预报准确率显著提升。2016年,稳定开展定量降水预报,发展了多源定量降水预报(QPF)权重集成技术、全场和局部调整技术、落区等值线生成技术、落区至格点场转换技术、降尺度技术、拆分技术等,以此为技术支撑,设计并初步建成了主客观融合QPF业务平台。QPF产品中,大雨和暴雨24小时站(格)点预报TS评分分别达到0.294和0.218(图6.6)。对比2010年以来QPF24小时逐年预报评分,2016年各量级降水24小时预报TS评分均为近7年最高水平。

24小时暴雨预报准确率创历史同期新高。2016年我国暴雨24小时预报TS评分达到0.218,为近10年最高水平,首次突破0.2。暴雨是24小时降水量为50毫米

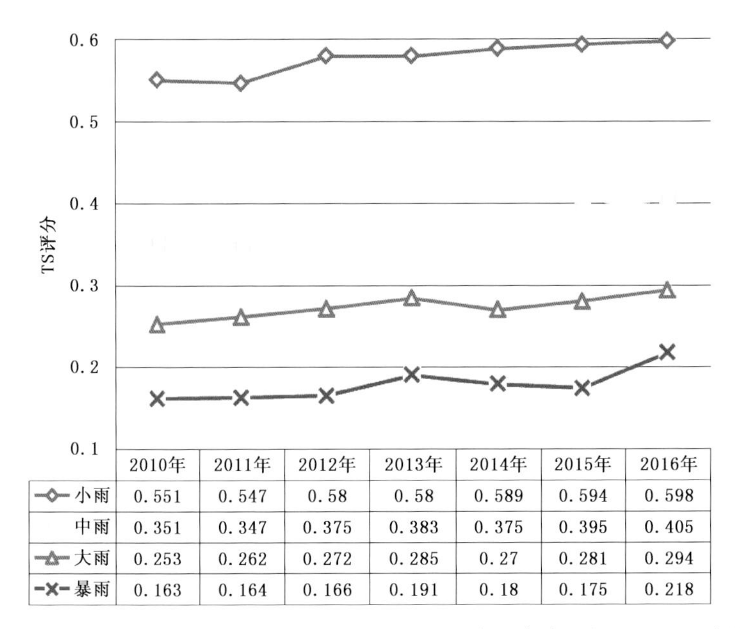

	2010年	2011年	2012年	2013年	2014年	2015年	2016年
小雨	0.551	0.547	0.58	0.58	0.589	0.594	0.598
中雨	0.351	0.347	0.375	0.383	0.375	0.395	0.405
大雨	0.253	0.262	0.272	0.285	0.27	0.281	0.294
暴雨	0.163	0.164	0.166	0.191	0.18	0.175	0.218

图 6.6　2010—2016 年中央气象台预报员主观 24 小时定量降水预报(QPF)TS 评分对比

或以上的强降雨。暴雨的定时定点定量预报是国际性难题，美国等发达国家暴雨预报 TS 评分平均约为 0.23(即准确率为 23%)，我国平均约为 0.17～0.18。2016 年我国暴雨 24 小时预报 TS 评分接近美国水平(0.225)(图 6.7)。

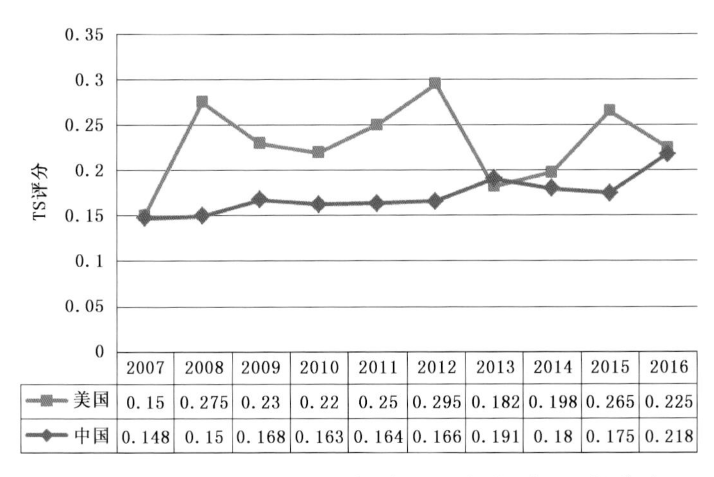

	2007	2008	2009	2010	2011	2012	2013	2014	2015	2016
美国	0.15	0.275	0.23	0.22	0.25	0.295	0.182	0.198	0.265	0.225
中国	0.148	0.15	0.168	0.163	0.164	0.166	0.191	0.18	0.175	0.218

图 6.7　中国和美国 2007—2016 年暴雨 24 小时预报 TS 评分对比

对比欧洲中期天气预报(EC)、T639、日本(JAPAN)模式预报，我国预报员主观预报对 24 小时定量降水的各量级预报能力均略高一筹(图 6.8)，其中小雨 24 小时预报员主观预报 TS 评分(0.598)较 EC 模式(0.542)提高 10.3%，中雨 24 小时预报员主观预报 TS 评分(0.405)较 EC 模式(0.409)略低 0.98%,大雨 24 小时预报员主观预报 TS 评分(0.294)较 EC 模式(0.288)提高 2.1%,暴雨 24 小时预报员主观预报 TS 评分(0.218)较 EC 模式(0.197)提高 10.7%,大暴雨 24 小时预报员主观预报 TS 评分(0.139)较 EC 模式(0.091)提高 52.7%,体现出我国预报员对强降水的预报订正能力较强。

我国暴雨预报水平的提高,主要得益于四个方面的能力建设。一是通过 QPF 主观预报培训提升预报员的预报能力,二是中尺度数值预报模式及新资料的应用提高了 QPF 客观预报技术,三是加强了暴雨过程回顾和暖区暴雨机制研讨,提高了预报员对暴雨机理机制的理解和应用;四是建立了集体讨论制度。同时,也与 2016 年我国暴雨过程偏多、多家数值预报表现较好等客观原因有关系。

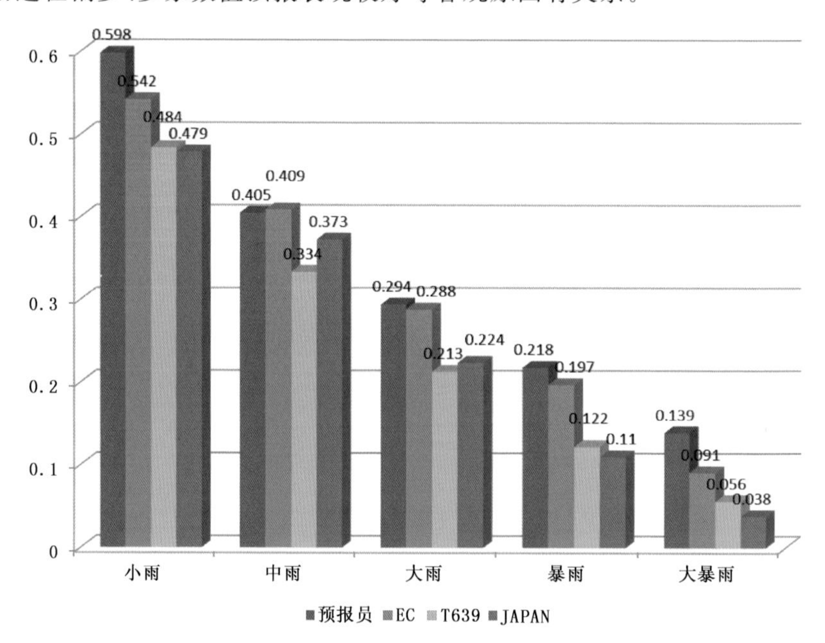

图 6.8 2016 年 08 时次 24 小时定量降水预报 TS 评分的预报员和各模式预报对比

台风路径预报继续保持世界先进水平。对台风路径集合预报订正方法(TY-TEC)融入台风路径集合预报,调整不同模式的最优参数,创新研发动态定位方法;确定台风生成潜势技术,开展台风生成业务试验;初步完成台风主观预报结果和台风风场动力释用技术方法与区域台风数值预报系统 GRAPES－TYM 的调整订正结果的对接。2016 年,中央气象台台风路径 24 小时、48 小时、72 小时、96 小时和 120 小时预报时段预报误差分别为 67 千米、130 千米、221 千米、304 千米、379 千米(图 6.9),24 小时预报误差稳定在 70 千米以内。2016 年我国台风路径预报保持世界先进水平,各时效路径预报误差均好于美国和日本(图 6.10),其中日本和美国的 24 小时台风路径预报误差为 77.4 千米和 80.7 千米。

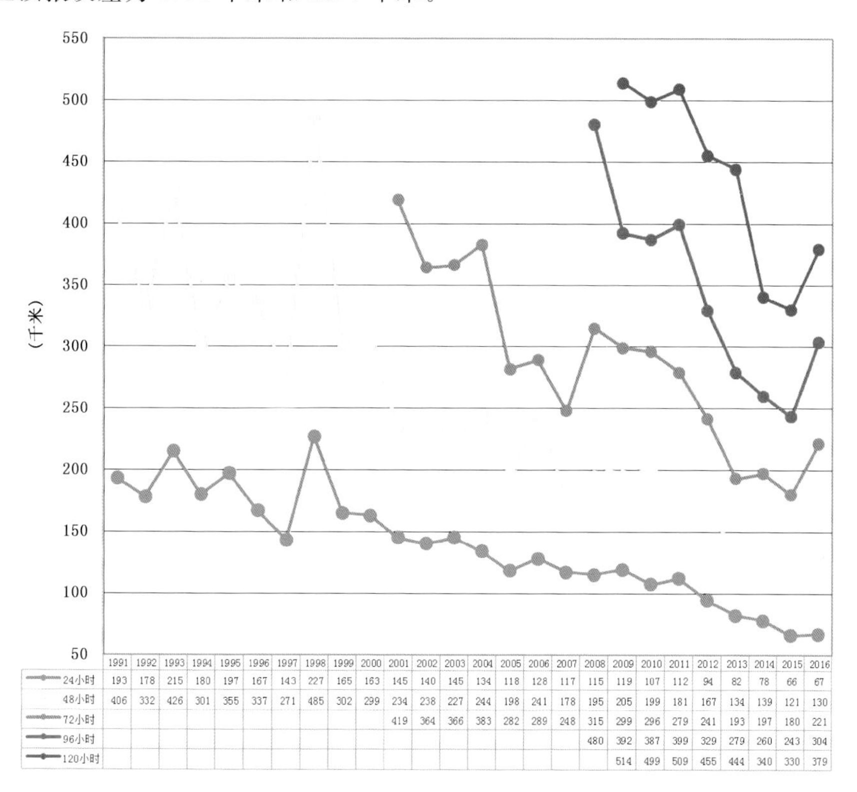

	1991	1992	1993	1994	1995	1996	1997	1998	1999	2000	2001	2002	2003
24小时	193	178	215	180	197	167	143	227	165	163	145	140	145
48小时	406	332	426	301	355	337	271	485	302	299	234	238	227
72小时											419	364	366
96小时													
120小时													

	2004	2005	2006	2007	2008	2009	2010	2011	2012	2013	2014	2015	2016
24小时	134	118	128	117	115	119	107	112	94	82	78	66	67
48小时	244	198	241	178	195	205	199	181	167	134	139	121	130
72小时	383	282	289	248	315	299	296	279	241	193	197	180	221
96小时					480	392	387	399	329	279	260	243	304
120小时						514	499	509	455	444	340	330	379

图 6.9　1991—2016 年中央气象台西北太平洋和南海台风路径各预报时段预报误差(单位:千米)

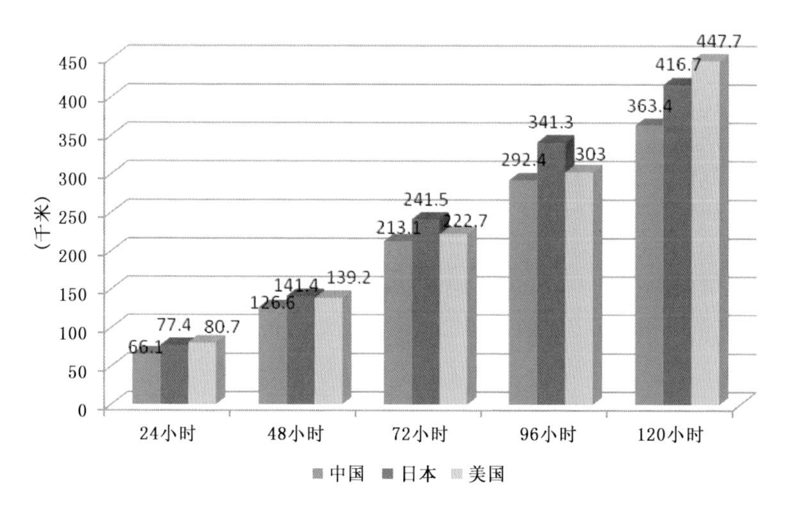

图 6.10　2016 年中国、美国、日本台风路径预报误差对比(单位:千米)
(统计口径和图 6.9 略有差异,数据略有变化)

强对流关键技术研发稳步推进。完善基于高分辨率卫星资料的强对流监测技术,实现基于多源数据的雷暴大风自动识别;改进完善基于中尺度模式的短时强降水和雷暴短时"临近"概率预报技术,初步构建基于多家模式逐时降水的超级集合预报和融合技术;发展分区域、分等级短时强降水概率预报技术。进一步优化和完善国家级强对流短时业务技术流程,短时预报业务技术体系不断完善。2016 年,强对流预报准确率稳定提高,4—9 月 12 小时雷暴、短时强降水预报 TS 评分分别达到 0.35、0.24,雷暴、风雹预报准确率为 2010 年开展该业务以来的最高水平。

中长期预报技术进一步发展。开发了基于集合预报的强降水过程集合平均及概率预报产品,建立中期模式检验中建立空间检验方法,初步建立了低频环流场监测预报产品和各区域低频降水过程相联系的环流指数,基本完成了极端强降水和极端高温历史个例库建设。

天气预报准确率水平保持稳定。近年来全国 24 小时天气预报准确率呈上升趋势。2005—2016 年全国 24 小时晴雨、最高温度和最低温度预报准确率平均分别为 86.0%、70.4%和 74.7%,其中 2016 年全国 24 小时最高温度预报准确率为 2005 年以来最高水平,最低温度预报准确率为 2005 年以来第二高水平,而 24 小时晴雨预报准确率较前几年略有降低。2016 年全国 24 小时晴雨、最高温度和最低温度预报准确率分别为 87.2%、80.9%和 85.1%,分别较多年平均值提高 1.4%、14.9%和 13.9%(图 6.11 至图 6.13)。

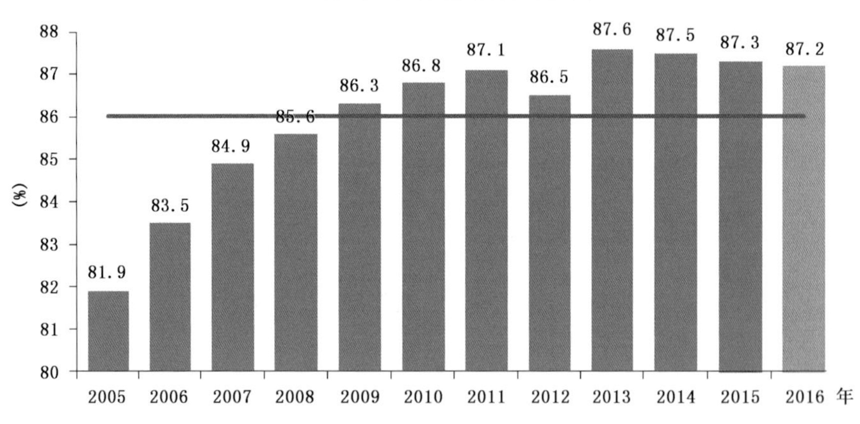

图 6.11　2005—2016 年全国 24 小时晴雨预报准确率评分

(3)预报业务检验技术逐步完善

QPF 检验技术进一步发展。基于 MODE 技术开发了针对任意时段 EC 业务数值预报模式降水落区的 MODE 检验技术,并被应用于部分暴雨过程业务预报的检验工作;完成 GRAPES-GFS 模式检验产品开发;完成基于中国全球大气再分析数据集空

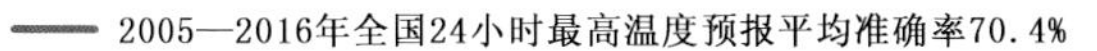

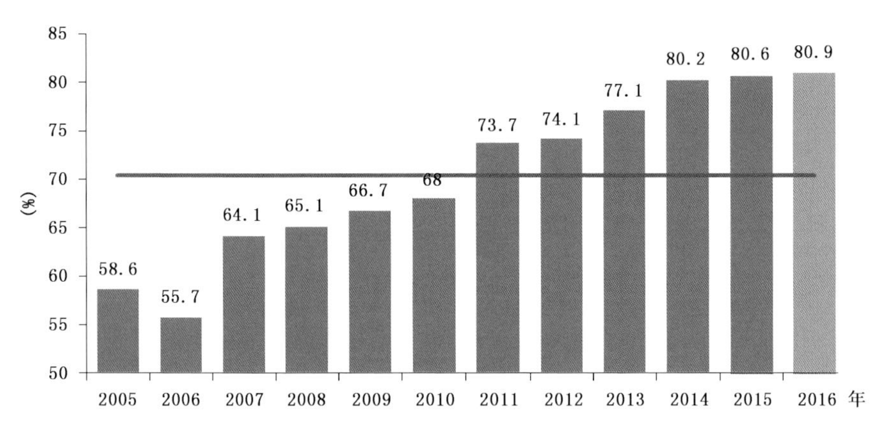

图 6.12　2005—2016 年全国 24 小时最高温度预报准确率评分

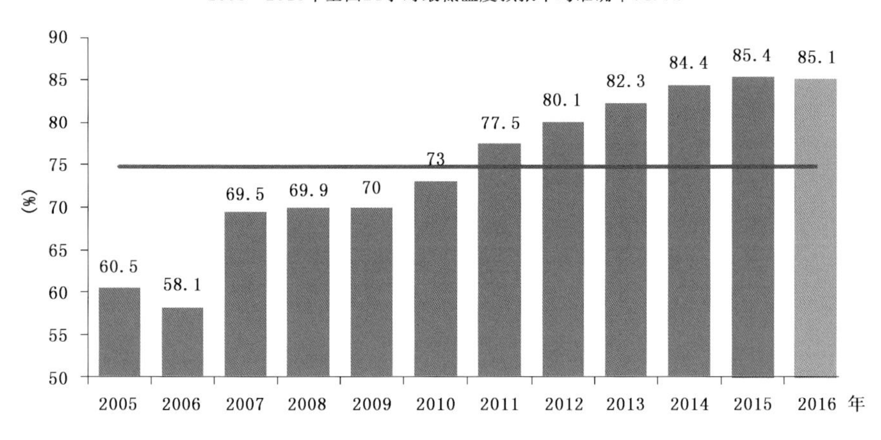

图 6.13　2005—2016 年全国 24 小时最低温度预报准确率评分

间检验技术和环流分型的西南低涡东部 EC 模式强降水预报误差统计分析。

格点预报检验能力初步形成。2016 年，编制《格点化预报产品业务检验方案(试行)》，开展各时效 5 千米格点降水、温度、相对湿度、风及能见度产品检验；开发格点降水"点对面"邻域检验程序，进行不同邻域半径检验试验；开展环境雾、霾检验和城市空气质量检验；地质灾害/山洪/渍涝风险产品预报检验业务试验运行。

实况资料进一步完善。面向释用与检验需求，开发自动站数据集。研制自动站气温、降水等要素的质控方案，应用改进极值、统计学、天气学等相关方法，开展相关质量控制与优化工作，初步实现对各要素日值数据的台站补充、要素补充、常规要素的质量控制、数据回算、抽样检验、日志和运维机制建立等工作。第一期自动站的降水统计数据已接入检验、定量降水估计等业务中试运行。

(4)业务支撑系统平台开发取得进展

2016 年,天气预报业务平台 4.0 正式投入业务化应用,在高分辨率数据显示分析、对集合预报和格点预报业务的支撑、系统的效率和稳定性等方面能力明显增强;短临预报业务系统 2.0 正式发布并全国应用并于 2016 年 11 月获得计算机软件著作权登记证书;台风海洋一体化预报平台和决策气象服务信息系统 2.0 进入业务试用;决策气象信息共享平台实现正式业务运行;发布中央气象台决策服务移动应用。

3.气候预测业务

气候预测业务以全球气候系统监测和气候动力学诊断分析为基础,以气候模式、气候系统探测资料综合应用和气候信息处理分析系统为技术支撑,主要针对时间尺度从两周以上,到月、季节和年的预测业务。2016 年,气候监测预测能力不断增强,气候模式关键技术研发取得进展。

(1)气候监测预测能力不断增强

2016 年,实现了厄尔尼诺/南方涛动和热带大气季节内震荡监测预测系统业务化,成功预报了本次超强厄尔尼诺事件于 2016 年 5 月结束,预报技巧达到 20 天,接近国际先进水平。初步开展了中国多模式集合预报系统建设,正在逐步建立亚洲区域格点预测和延伸期分县预测业务。全年预测效果良好,准确把握了长江流域汛期出现严重洪涝的汛情,并准确预测了华南前汛期开始偏早、长江中下游梅雨偏多和梅雨期偏长、华北雨季开始偏晚等气候事件。研发了精细化海洋监测系统,提升全球海洋监测诊断能力;改进了亚洲区域气候监测诊断系统;提高了延伸期降水降温过程预测能力;改进动力统计预测技术,准确把握了夏季南北两条主雨带的降水异常特征。

(2)气候模式关键技术研发取得进展

2016 年,提升了气候系统模式大气垂直分辨率,垂直分层达 70 层以上,能成功地模拟平流层准两年周期振荡现象;开展了精简大气模式全球网格的工作,实现了在陆气耦合模式中的应用;改进了模式的云和降水模拟效果;完成了参与国际耦合模式比较计划第六阶段模式的气候系统模式定版工作,开展相关试验工作。建立了次季节一季节一年际气候一体化预测流程,开展了次季节预测实验,初步评估了模式水平分辨率提高对气候预测的影响。建立了集合卡尔曼滤波卫星土壤湿度同化试验系统,开展了风云三号卫星全球土壤湿度产品的同化试验并评估了对陆面模拟的影响。建立了新的全球海洋资料集合最优插值同化系统,提高了海洋资料同化的效果。

(3)定量化气候评估能力进一步提高

2016 年,编制了《中国天气气候灾害图集(1961—2015 年)》。收集整理了 1961—2015 年全国 2000 多站逐日气温、降水、沙尘、冰雹、大风、雾、霾、积雪、降雪、雨凇、雾凇、冰冻、酸雨等资料以及台风相关资料;完成 1951—2015 年我国重大干旱、暴雨洪涝、台风、沙尘暴等个例的收集。

2016年，完成了2016年暴雨洪涝灾害风险普查、城市内涝风险普查工作方案。实现气象灾害信息管理系统与国家气象信息中心数据的对接；部分城市已开始通过城市内涝风险普查数据采集系统实现网上填报和试用，风险普查数据入库情况为：普查数据入库104万条，其中中小河流31万条、山洪47万条、泥石流4万条、滑坡22万条；阈值入库近4.8万个，其中中小河流1万个、山洪1.1万个、泥石流0.8个、滑坡1.9万个，涉及21307个预警点。

2016年，制定了《暴雨洪涝灾害风险评估技术指南》，修订了2013年版本的《暴雨洪涝致灾临界阈值确定技术指南》；修订了《气象灾害风险区划技术指南》，初步搭建了中小河流域洪水、山洪和风暴潮风险区划展示平台；完成了风险区划基础数据的更新，地形数据由90米分辨率更新为30米分辨率，土地利用数据更新为2010年1千米分辨率数据；完成了中国沿海地区T年一遇风暴潮风险区划工作，包括T年一遇风暴潮淹没的范围和水深图（空间分辨率30米），沿海地区人口和国内生产总值（GDP）空间分布图（空间分辨率50千米）。

2016年，确定了干旱、高温、雨涝、低温冰冻、台风5个灾种的评估指标及农作物产量预测指数。确定了区域性暴雨过程、高温过程、干旱过程的监测指标和评估技术方法，形成了相关业务规范，开展了实时监测和评估服务。加强重污染天气延伸期预评估业务，建立了与六等级空气质量标准对应的大气自净能力等级划分标准。开展了全国风能经济开发潜力气候影响评估，建立了体现风能利用技术进步和土地利用限制的风能资源技术开发量的评估方法和风能资源区划标准，重新评估了全国风能资源。

（4）业务支撑系统平台建设稳步推进

2016年，打造了集约化桌面云业务平台，云业务平台部署了面向气候监测预测、评估与服务的气候业务平台客户端软件，具有“资源弹性、复用共享，无缝切换、移动办公、绿色办公、降温去噪，高效维护、自动管控”等特点。气候信息处理与分析系统2.0核心业务系统与CIMISS全面对接，建立了“气候算法库”，实现了扁平化业务运行模式，主要业务产品制作可在10秒完成。推进灾害信息管理系统建设，完成了干旱、暴雨洪涝、台风、高温热浪等21种重大气象灾害灾情历史信息库的建设，实现了数据挖掘、信息统计、空间分析和淹没分析模型集成应用功能；完成了实时灾情的展示和查询，自动识别和计算暴雨过程信息，推导历史上的相似过程；接入了省级上报的T年一遇的中小河流淹没水深数据、山洪淹没水深数据、风暴潮以及风暴潮影响人口、GDP数据，结合致灾因子和阈值，可以对流域、中小河流和山洪沟进行风险预警；根据淹没模型，可以得到不同流域的淹没情况，结合QPF数据，可以对未来淹没情况进行推演，结合风险普查数据，可以对区域内的人口、GDP等进行计算，估算预计的经济损失和影响的人口。

（5）季节内月尺度预测水平稳定发展

近6年全国月降水、月气温、汛期降水和汛期气温预测评分平均分别为66.7、

78.1、68.9 和 81.5 分，分别较 2001—2010 年平均提高 3.4%、4.8%、0.4%和 6.8%(图 6.14 至图 6.17)。2016 年全国月降水、月气温、汛期降水和汛期气温预测评分分别为 62.5、80.7、65.2 和 88.2 分，均较上年有所降低，分别降低 12.1%、0.1%、14.1%和提高了 28.8%。气候预测评分逐年变化较大，这主要是由于我国地处东亚季风区，影响我国的气候因子复杂，气候预测难度大，气候预测的稳定性、针对性和精准化水平需要通过科技攻关来提升。

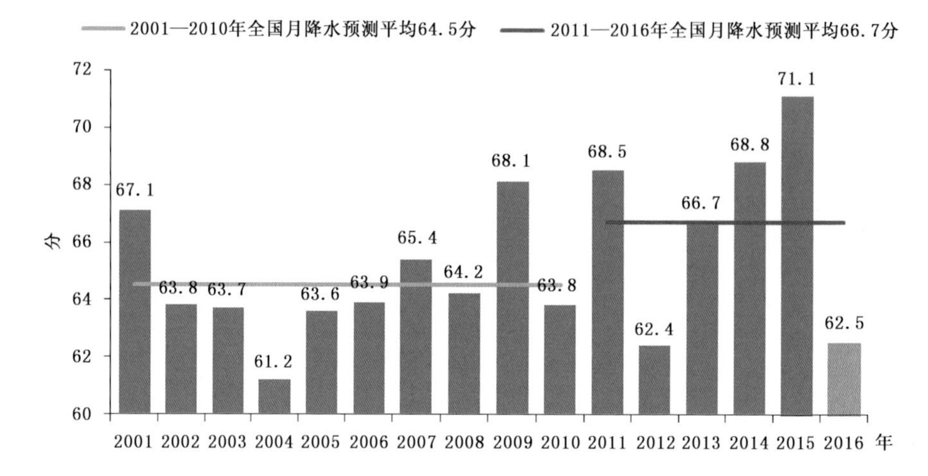

图 6.14　2001—2016 年全国月降水距平百分率趋势预测评分

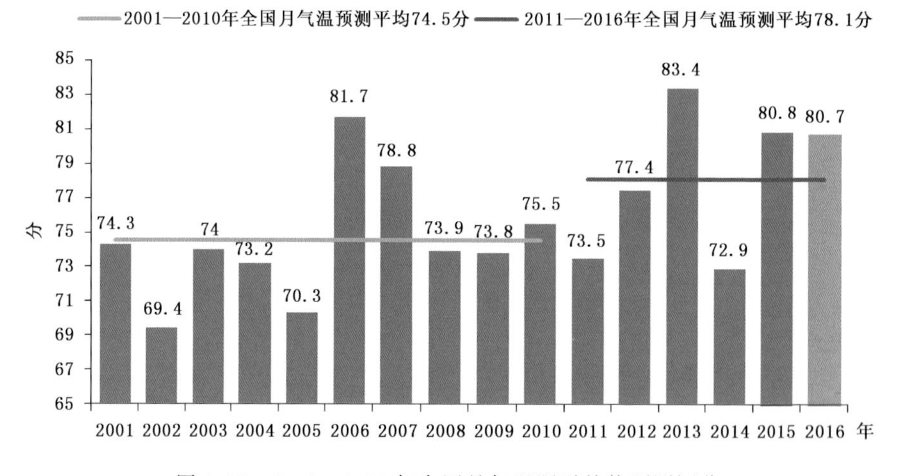

图 6.15　2001—2016 年全国月气温距平趋势预测评分

4. 卫星与空间天气业务

2016 年，卫星气象科技创新体制改革取得进展，遥感定量应用水平、数据质量和服务能力取得提高，空间天气监测预警能力持续提升。

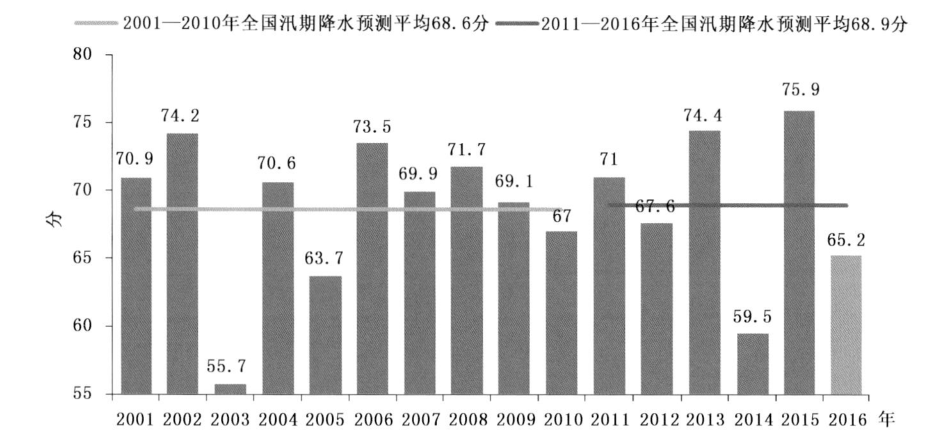

图 6.16 2001—2016 年全国汛期(6—8 月)降水距平百分率趋势预测评分

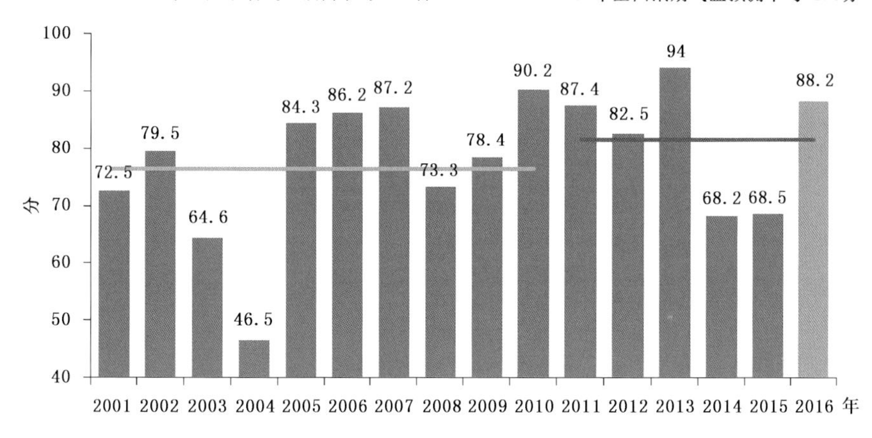

图 6.17 2001—2016 年全国汛期(6—8 月)气温距平趋势预测评分

(1)推进卫星气象科技创新体制改革

2016 年,开展了遥感应用服务体制改革。科学谋划全国卫星综合应用体系布局,进一步强化国家级指导作用,筹建了西藏数据与应用中心即国家卫星气象中心拉萨分中心。

2016 年,开展了卫星工程建设机制改革。修订了《气象卫星工程管理办法》,建立了责权清晰、分工明确的气象卫星工程建设管理体系。在风云四号和风云三号 02 批地面应用系统工程建设过程中,加大了气象卫星工程总集总包市场化力度。加强气象卫星用户办公室建设,完善相关制度和工作流程。

2016 年,开展了业务科技体制改革。编制了《深化卫星中心科技改革实施方案》。修订《国家卫星气象中心科研项目管理办法》,根据国家与中国气象局相关政策,增加科技成果推广与奖励细则。开展了业务运行体制改革。调整了北京地面站、运行控制室部分职责和基础设施布局,优化相关业务流程,初步形成《国家卫星气象中心及地面站业务布局调整实施方案》并完成风云二号E星的业务优化工作。业务保障和后勤业务划转工作基本完成。

(2)提高遥感定量应用水平

2016年,初步建立面向数值预报的风云三号卫星同化数据质量控制系统,形成了风云三号微波温度计数据质量监控、标识系统,进一步提高了风云三号卫星数据在数值预报同化系统中的整体稳定性。针对风云三号D星搭载的红外高光谱大气垂直探测仪,开发辐射传输模式。该模式对风云三号D星的所有模拟通道亮温偏差均小于0.06开,标准差基本控制在0.1开以内。

2016年,综合利用国内外多颗卫星多级数据,研发形成了4类针对海上强对流和海上大风遥感监测应用产品,实现了国内外海洋卫星资料的融合应用,并在2016年重要海洋天气过程中取得较好的应用效果。

2016年,开展卫星高光谱主要温室气体(CO_2和CH_4)和主要污染气体(NO_2和SO_2)的算法攻关,建立全球主要温室气体和主要污染气体的大气成分产品反演系统。反演结果与国际产品的相关性达到0.7～0.9。开展风云三号气象卫星紫外光谱定标技术攻关,建立卫星雾、霾和沙尘产品算法并实现业务化监测运行。利用新一代静止气象卫星高时间、高光谱分辨率的特性,开发气溶胶光学特性产品,初步形成了霾天气的动态监测能力。

2016年,开展综合风云气象卫星、高分辨率系列卫星资料在森林草原火灾和秸秆焚烧过火面积估算中的应用研究,并业务试运行,提高了森林草原火灾、秸秆焚烧过火面积估算和产品制作能力;日本葵花8号卫星资料火点监测方法在业务上进行了试验运行,明显提高了森林草原火灾的研判时效性。

2016年,完成了全国16米和2.5米高分晴空背景底图资料建设。10米级底图资料已经向广东等十余个省市气象部门推广应用,米级底图资料西藏、北京和广东等地区也进行了应用,为多省防灾减灾、生态环境评价提供卫星遥感本底数据支持。初步完成卫星天气应用平台(SWAP)和卫星监测与遥感分析系统(SMART)系统整合改造,形成统一的业务支撑平台和产品发布平台。

(3)提高数据质量和服务能力

2016年,提高了数据预处理质量。建成FY－2全球空间交叉定标业务系统(GSICS),实现了多源数据自动获取与数据管理、可见光通道定标、红外通道交叉定标、仪器观测偏差和衰减跟踪分析、数据结果共享和网页发布以及系统集成、自动调度和性能监视等功能。可见光波段,FY－2D/2E/2F星的可见光波段辐射定标偏差在6%以内。FY－2G红外通道定标精度显著改善,观测偏差＜1开。在FY－2 GSICS

基础上，增加 FY－3C/中分辨率光谱成像仪(MERSI)、可见光红外扫描辐射计(VIRR)、红外大气探测仪(IRAS)三个光学仪器和微波湿度计/微波成像仪(MWHS/MWRI)两个微波仪器的交叉定标自动化业务，实现对热红外波段算和微波波段观测偏差的跟踪监视和及时订正，红外定标精度长期稳定在 0.7 开以内。研究并改进 FY－3MERSI/VIRR 仪器红外通道太阳污染特征和订正算法，全球数据定标质量和精度提升了 10%。研发 FY－3D/高分辨率红外大气探测仪(HIRAS)定标预处理原型系统。启动基于月球辐射基准源的太阳波段辐射定标方法研究。开启风云卫星仪器性能跟踪与健康监视系统建设，已建立 FY－3C 工作载荷在轨运行性能跟踪与健康监视系统，实现遥感仪器在轨工作短期波动和长期衰变特征准实时监视。

2016 年，完善了定量产品质量检验。初步建立 FY－3D/MERSI－II 云检测算法；建立适用于 FY－3C/ MWRI 的降水云－辐射数据集，并基于该数据集，实现地面降水强度的反演；重点对比青藏高原地区的地面雨滴谱观测降水与 FY－2E 业务降水产品、全球降水量测量卫星多卫星综合查询系统(IMERG)多源降水融合产品的特征；利用国外最新红外辐射传输计算软件(FFRTM)全球大气廓线模拟结果，重建 FY－2E、FY－2G 的射出长波辐射(OLR)反演模式，并纳入业务产品处理系统，建立 FY－3D/MERSI－II、FY－4 和葵花 8 号卫星的 OLR 反演模型；依据浮标海温观测和 FY－3C/MWRI 亮温建立的统计关系实现对海面温度(SST)的反演，对比全球浮标观测资料，微波 SST 轨道产品升轨精度为－0.06±1.53 开，降轨精度为－0.66±1.74 开。

2016 年，提高了数据共享服务水平。初步建设完成 CIMISS－卫星数据资源池，实现风云卫星一级业务数据全集在线(1.3PB)。CIMISS－卫星数据资源池与遥感应用平台融合，实现像元级数据共享。收集整理 2009—2015 年的美国国家海洋和大气管理局(NOAA)－18/先进型甚高分辨辐射仪(AVHRR)L1B 数据集，与之前处理的 1989—2008 年的数据集形成连续性；完成长序列数据标准化处理方法改进和完善。完成长序列地表温度、射出长波辐射、水体、积雪、海冰等气候参数算法和产品验证。

(4)空间天气监测预警能力持续提升

2016 年，提升了定量预报精细化水平。研发了以日地关系观测站(STEREO)－A 卫星数据为输入数据的 Kp 指数预报原型算法，可实现地磁要素 Kp 指数 48 小时内 3 小时间隔预报；基于多波段太阳极紫外、射电以及太阳磁场等多源观测数据的 F107 短期预报模型研究进展顺利；太阳 F107 射电流量和地磁 Ap 指数预报 45 天预报，已完成技术调研工作；太阳风扰动传播业务系统，达成技术引进协议，正在进行代码工程化工作。

2016 年，空间天气业务平台实现集约化建设。空间天气预报业务云平台和业务桌面虚拟化已经完成系统建设工作，构建了云计算资源平台、将计算资源池化，形成可统一接入、随时随地访问的虚拟桌面，极大地改善了现有的工作环境。

(三)综合气象观测业务

2016 年,围绕气象现代化总体要求,认真谋划综合气象观测改革发展,优化观测站网布局,综合气象观测能力不断提高,观测质量效益明显提升,有力地支撑了现代气象业务。

1. 优化国家综合气象观测网

到 2016 年,我国现有国家级地面观测站(基准、基本、一般)构成了陆地 30～200 千米(平均 71 千米)空间分辨率的基本气象要素观测网,对天气、气候监测和预报起到支撑作用,同时在数值预报系统的资料同化中也得到了比较成熟和稳定应用,但国家级地面观测站的密度不足以监测中小尺度灾害天气,也难以满足高分辨率数值预报系统对资料同化的应用和检验需求。另一方面,随着我国综合国力的快速增强和社会经济的快速发展,我国区域站建设迅速发展,形成了数量庞大的区域站观测网,对地方政府服务形成支撑。但同时也存在区域站环境和仪器建设、运行维护水平、观测数据质量等参差不齐的情况,使得区域站观测资料难以得到有效利用。为此,气象部门于 2014 年制定地面天气站网分级分类管理思路,并启动国家地面天气站网遴选优化工作,通过遴选优化,在全国形成满足不同需求层次的不同密度的地面观测网。

根据 WMO 对观测系统优化设计的需求滚动评估(rolling review of requirements,RRR)原则,分别从探测基础能力,天气学检验需求,数值预报需求等三个方面进行评估和遴选,在三方面评估遴选结果基础上进行综合决策。其中,2014 年开展了探测基础能力评估和遴选。探测基础能力考虑了仪器状况,保障条件,探测场地及环境等三类 9 个指标,每个指标进行定量打分评估,遴选出综合分值较高的站,结合均衡性考虑提出初步的遴选方案 9819 个。2015 年开展了天气学检验需求分析,重点针对与中小尺度天气相关的七类天气系统(低压、辐合线、低涡、低槽、锋面、切变线、副热带高压)和四类灾害性天气(暴雨、大风、冰雹、雷暴)进行分析,并根据天气系统和灾害性天气尺度、路径、落区等监测预报和检验需求再进行站点遴选。共遴选出 13185 个站点,然后在均衡性考虑和 15 千米站间距控制下,优选 6638 个区域站。2016 年开展数值预报需求分析,采用国家气象中心和八大区域中心的业务模式对 2015 年遴选结果进行观测系统试验分析,分析了不同密度的区域站同化对数值预报的贡献影响,结合部分单位(区域)开展的观测系统模拟试验分析和预报对观测的敏感性试验试验分析,以及区域站观测要素与 EC 分析场的偏差分析等结果,进行综合遴选决策,遴选出 8174 个区域站,与现有国家地面站共同构成国家地面天气观测站网。8174 个站中包含国家级无人站 338 个,气象部门区域站 7596 个,行业站 240 个(森工农垦 100 站,兵团 140 站)。

2. 地面观测

地面气象观测是气象科学工作的基础。到 2016 年底,我国地面气象观测站(台)已经达到 2933 个,其中由国家统一布局的气象观测站达到 2423 个,民航、林业、农垦、建设兵团等行业地面气象观测站510个。国家统一布局的地面气象观测站中，包括国家基准气候站212个、国家基本气象站633个、国家一般气象站1578个，构成了陆地30～200千米（平均71千米）空间分辨率的基本气象要素观测网（图6.18，图6.19）。国家级地面气象观测站已全部实现自动气象站升级换代和单轨运行，除云和

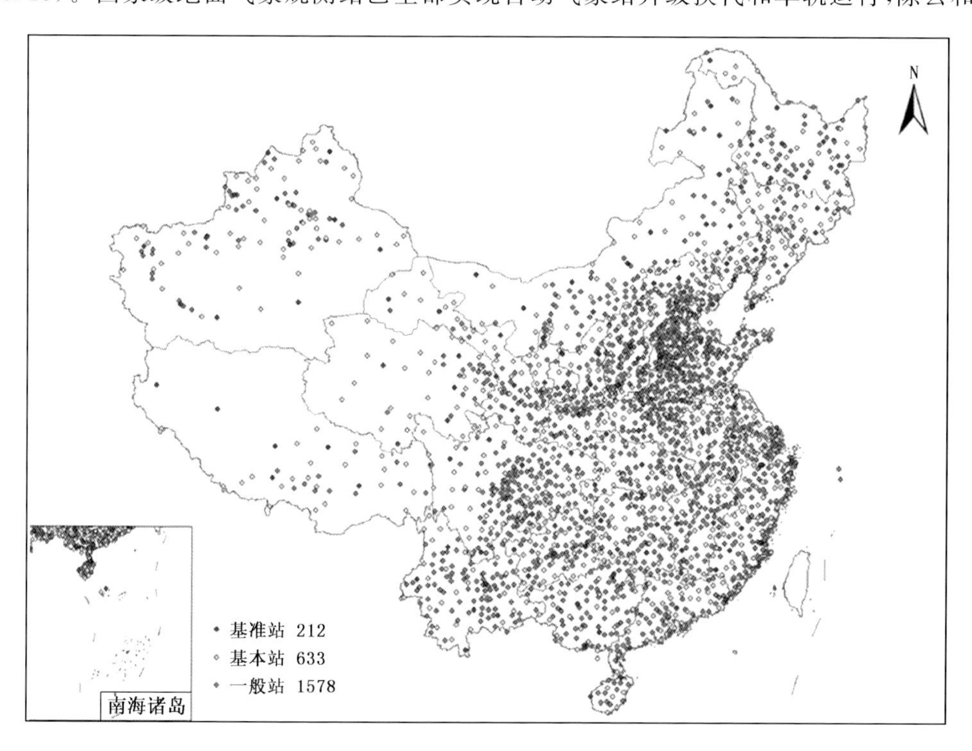

图6.18 国家级地面气象观测站分布

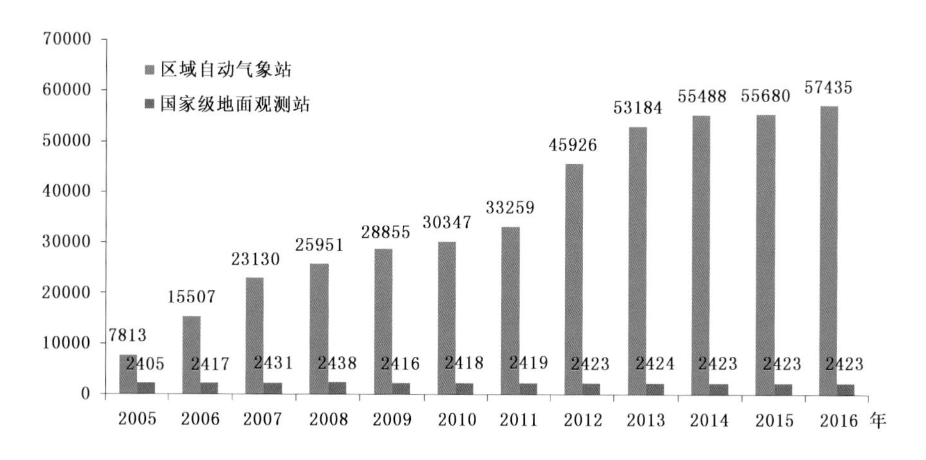

图6.19 2005—2016年历年气象台站数

天气现象外基本气象要素观测实现自动化，一些国家级自动气象站无人值守，目前共有国家级无人自动气象站465个。另外，为了满足中小尺度灾害性天气监测预警和各地气象服务需要，建设地面加密自动气象观测站，形成了数量庞大的区域站观测网，对服务地方政府形成支撑。到2016年年底，全国共有区域自动气象站57435个，乡镇覆盖率达到95.4%，较2015年提高0.3%。其中22个省(区、市)达到100%，24个省(区、市)达到95%以上。

气象辐射观测的目的是获得太阳和地球辐射资料，是了解地球气候系统以及人类对气候变化影响的基础，对农业、国防、生物、生态环境、气象科学、气候预测、太阳能利用等行业都具有重要的意义。随着气象科技的发展，辐射观测资料在卫星观测校准和验证、大气辐射传输的理论分析与评估、天气气候模式计算验证和地表辐射变化趋势分析评估、以及太阳能资源开发利用服务等方面得到越来越多的利用。目前我国共有100个辐射观测站，包括19个一级站、33个二级站和48个三级站。

在全球气候观测系统计划制定和实施的大背景下，2005年中国气象局在制定业务技术体制改革方案时，把发展中国气候观测系统作为气象观测系统改革的重要内容之一，提出在中国建设国家气候观象台的改革目标。2006—2007年中国气象局首批遴选出5个“气候区气候代表性好、观测资料历史序列完整、土地等基础条件成熟”的台站启动建设国家气候观象台，即内蒙古锡林浩特(代表草原生态系统)、甘肃张掖(代表荒漠生态系统)、安徽寿县(代表农田生态系统)、云南大理(代表综合生态系统)、广东电白(代表海洋生态系统)。观象台的建设是为地球系统模式改进中国区域气候背景和下垫面特征的物理过程及参数化方案提供多圈层综合观测信息，因此功能设计和建设指南中包括了基准辐射观测和近地层通量观测。对观象台的功能设计还包括了多手段的综合立体观测和各类观测技术的观测试验，因此，各观象台(除张掖)还承担了包括973计划项目、行业专项、国家自然科学基金、中国气象局司局级项目等支持的外场科学试验、中国气象局开展的观测设备外场测试评估、以及联合气象观测设备生产企业、高校、科研院所共同开展的观测试验。其中电白观象台已成为海洋气象最重要的科学试验基地，锡林浩特注重草原生态气象观测研究方向，大理和寿县分别结合当地气候特征开展地基遥感类观测设备的观测试验。

截至2016年年底，全国已形成由490个雷电观测站组成的，基本覆盖全国的雷电观测网络，雷达观测站较2015年增加99个(图6.20)。环境气象观测方面，截至2016年底共有大气本底站7个(包括1个全球大气本底站和6个区域大气本底站)、29个沙尘暴观测站、28个大气成分观测站和376个酸雨观测站，其中酸雨观测站较2015年增加11个(图6.21，表6.4)。农业气象观测方面，2016年年底全国有653个农业气象观测站(图6.22，表6.5)，建成2075个自动土壤水分观测站(图6.23)。海洋观测方面，2016年年底已建设海岛自动气象站373个，沿海自动气象站536个，船舶自动气象站52个，沿海气象观测塔46个，石油平台自动气象站20个，天气雷达站

15 个，沿海风廓线雷达 30 个，GNSS/MET 站 103 个，声学测波仪 5 个，风暴潮站 3 个，自建和与国家海洋局共享的锚碇浮标观测站共 41 个。

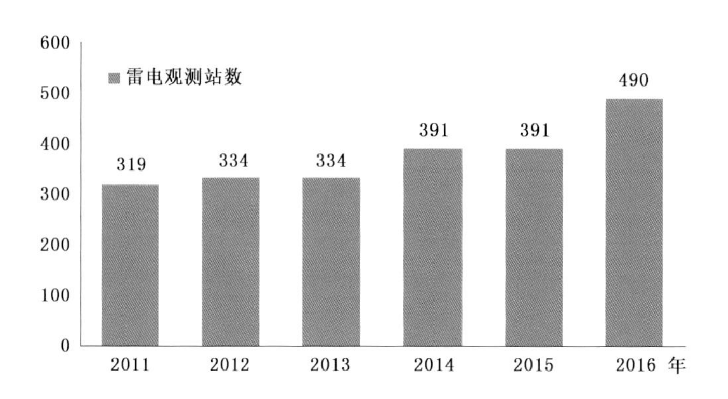

图 6.20　2011—2016 雷电观测站数(单位:个)

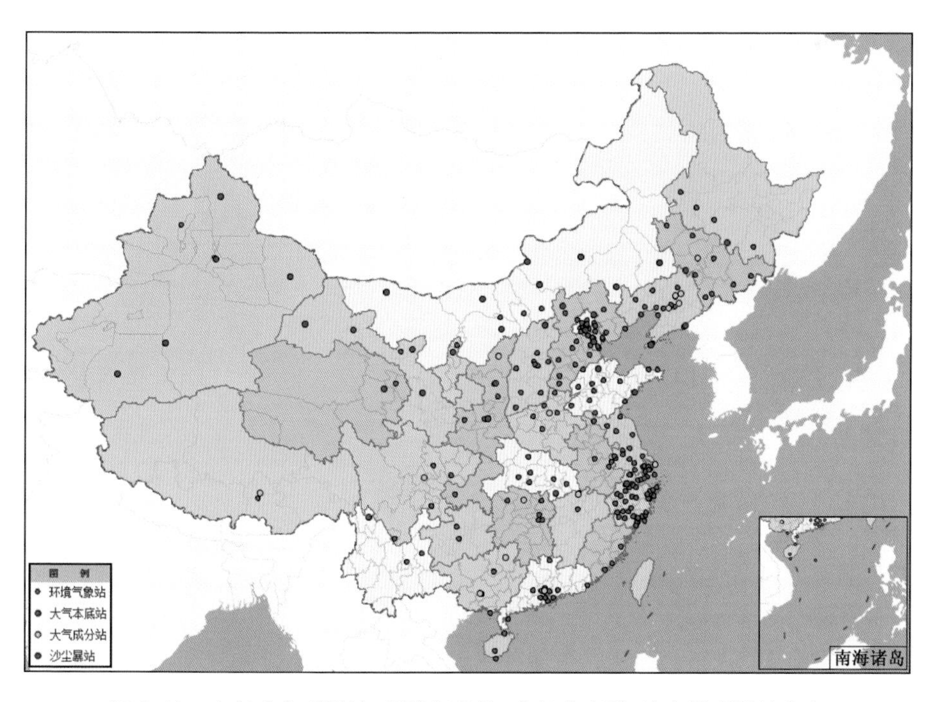

图 6.21　大气成分观测站、环境气象站、大气本底站、沙尘暴观测站分布

表 6.4　环境气象观测站点历年变化(单位:个)

年份	大气本底站	大气成分站	酸雨观测站	沙尘暴观测站
2007	7	29	327	—
2008	7	35	330	—
2009	7	35	337	—
2010	7	28	342	29
2011	7	28	342	29
2012	7	28	365	29
2013	7	28	365	29
2014	7	28	365	29
2015	7	28	365	29
2016	7	28	376	29

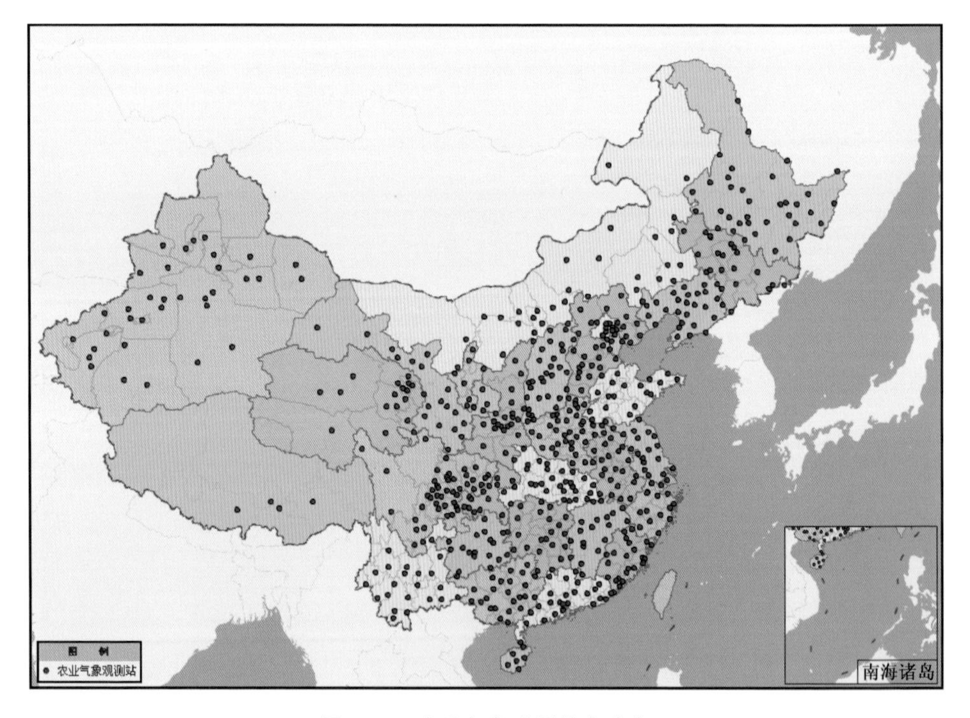

图 6.22　农业气象观测站点分布

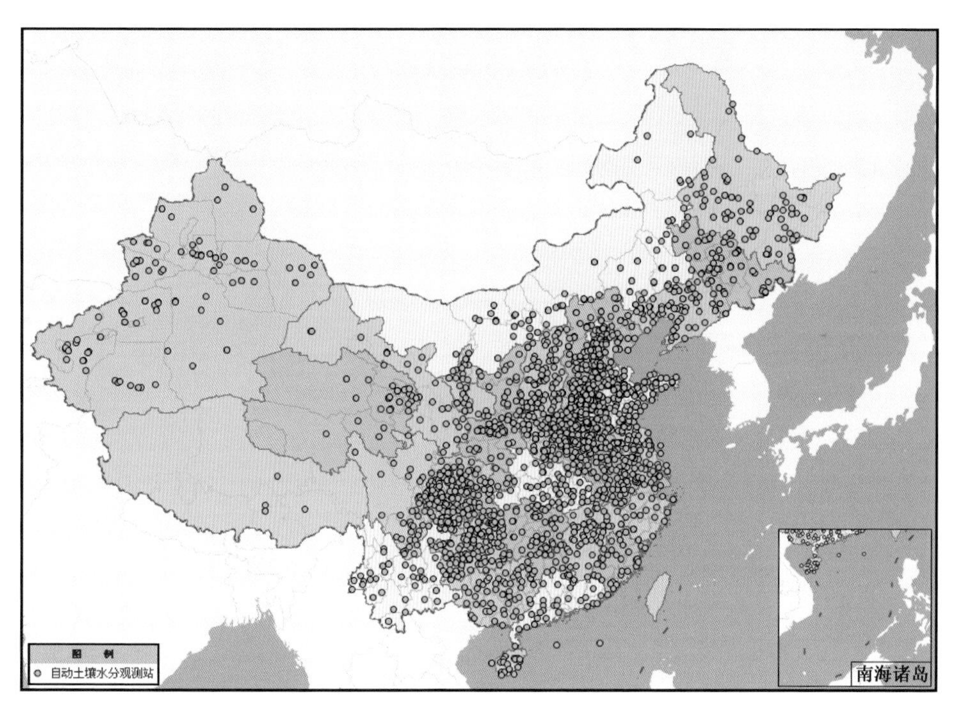

图 6.23　自动土壤水分观测站分布

表 6.5　各省(区、市)农业、环境气象观测站点(设施)数量统计表

序号	省(区、市)	农业气象观测站		自动土壤水分观测站	酸雨观测站	大气成分观测站	大气本底观测站	沙尘暴观测站
		一级站	二级站					
总计		398	255	2075	376	28	7	29
1	北　京	2	5	20	3	1	1	1
2	天　津	2	3	10	3	0		1
3	河　北	17	13	132	20	1		1
4	山　西	14	17	89	13	1		2
5	内蒙古	20	9	68	8	4		8
6	辽　宁	15	10	52	37	5		2
7	吉　林	15	7	56	12	0		1
8	黑龙江	24	12	73	16	0	1	0
9	上　海	1	0	1	2	1		0
10	江　苏	15	4	83	24	0		0
11	浙　江	10	3	26	13	0	1	0
12	安　徽	12	10	85	7	0		0
13	福　建	10	13	32	4	0		0
14	江　西	14	4	52	12	1		0
15	山　东	17	2	139	19	1		2

续表

序号	省(区、市)	农业气象观测站		自动土壤水分观测站	酸雨观测站	大气成分观测站	大气本底观测站	沙尘暴观测站
		一级站	二级站					
16	河　南	15	20	165	18	1		0
17	湖　北	16	14	46	32	0	1	0
18	湖　南	15	7	60	6	1		0
19	广　东	12	14	31	7	1		0
20	广　西	16	8	50	10	2		0
21	海　南	4	2	18	4	0		0
22	重　庆	5	8	55	35	0		0
23	四　川	23	22	185	10	1		0
24	贵　州	12	6	119	10	0		0
25	云　南	17	5	37	6	0	1	0
26	西　藏	4	0	26	4	1		0
27	陕　西	17	4	72	15	2		2
28	甘　肃	16	7	81	6	2		4
29	青　海	13	4	75	7	0	1	0
30	宁　夏	5	2	37	6	0		1
31	新　疆	20	20	100	7	2	1	4

3.高空观测

大气垂直观测是获取大气温压湿风三维空间结构分布和演变的重要手段。到2016年年底,全国气象部门共有120个L波段高空气象观测站(图6.24),平均站间距基本满足WMO对全球交换探空站平均间距在250千米以内的布局要求。除了传统的探空手段外,发展了GNSS/MET测量技术,2016年年底建成GNSS/MET观测站(含陆态网)950个。2016年,中国气象局启动超大城市综合气象观测试验工作,其中一项重要任务包括利用新型地基遥感设备开展大气廓线探测,通过在7个大城市试验地区布设新型垂直探测仪器设备,努力获取温、湿、风、水凝物、气溶胶等垂直廓线。地基遥感大气垂直观测能力进一步增强。

截至2016年年底已经完成了全国233部新一代天气雷达建设,其中投入运行的190部,较2015年底增加了9部(图6.25、图6.26)。另外,民航、农垦、兵团等行业气象部门也建有新一代天气雷达站,其中民航系统46部,黑龙江垦区14部,兵团6部。目前我国天气雷达近地面1千米的覆盖范围约220万千米^2,中东部地区单点雷达站间距一般在150～200千米,西部地区单点雷达站间距为250～300千米。截至2016年底,我国共有69部风廓线雷达投入组网运行,相对集中在京津冀、长三角、珠三角等重点区域(图6.27)。

天气雷达网的建设推动了我国气象业务软件的自主研发及相关行业的发展,其

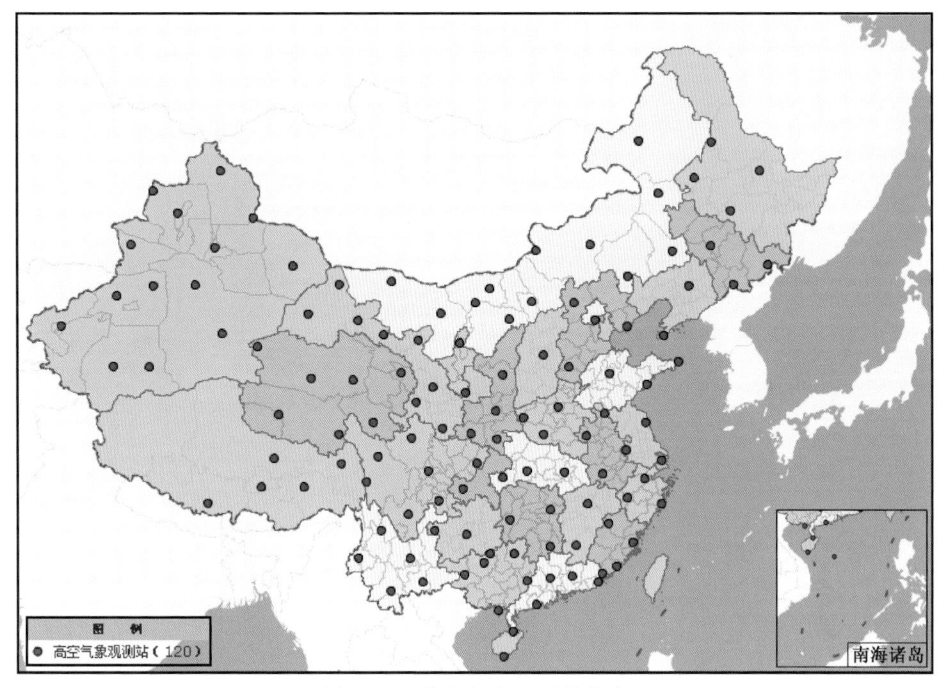

图 6.24　高空气象观测站分布

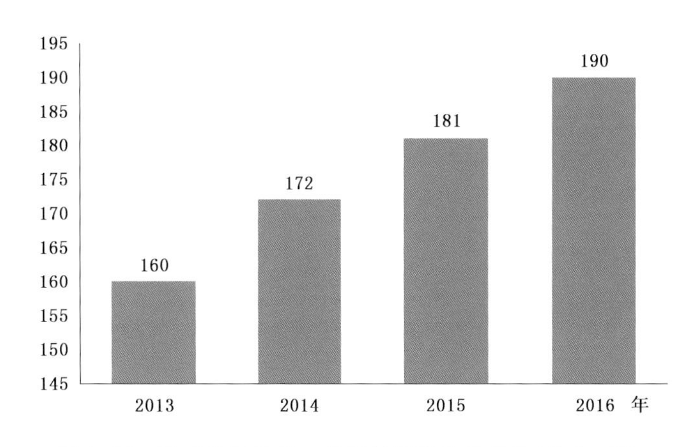

图 6.25　正式运行的新一代天气雷达数量变化(单位:部)

中新一代天气雷达建设业务软件系统,能够提供 39 种气象应用产品,灾害天气短时临近预报预警系统能生成雷达拼图产品,并能将雷达观测数据与其他观测数据融合,计算山洪沟、中小河流面雨量及地质隐患点雨量,生成风险等级产品,为临近预报业务提供了技术支撑。目前,天气雷达资料已初步应用于数值预报业务,天气雷达、风廓线雷达资料已试用在国家级和华北、华东等区域气象中心的数值预报系统中,使 0～6 小时中雨预报准确率提升近 10%。

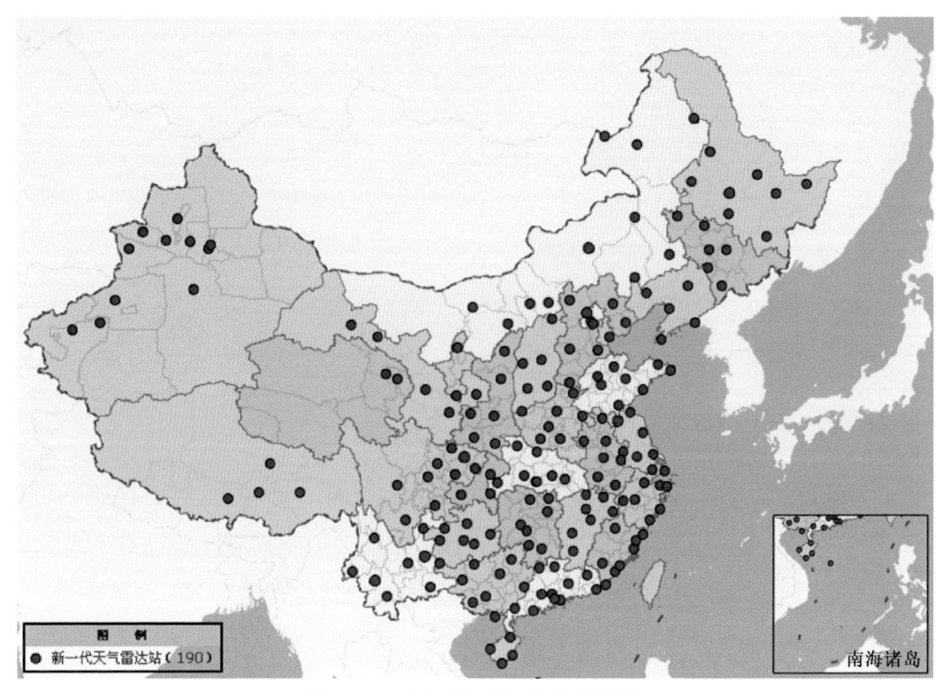

图 6.26　新一代天气雷达分布图

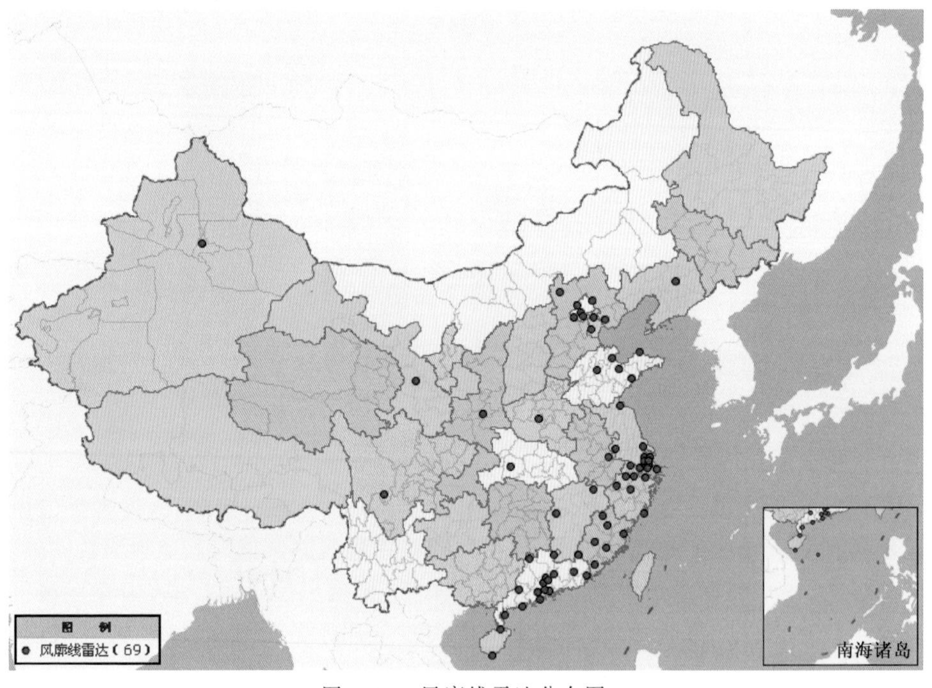

图 6.27　风廓线雷达分布图

4.空间观测

2016年,我国气象卫星观测能力和应用取得了跨越式发展。新一代静止气象卫星——风云四号科研试验卫星于2016年12月11日成功发射。迄今为止,我国已成功发射了15颗风云系列气象卫星,其中7颗卫星在轨业务运行(表6.6),实现了极轨气象卫星升级换代和上、下午组网观测,成为世界上少数几个同时拥有极轨和静止轨道气象卫星的国家。

表6.6 在轨中国风云(FY)系列气象卫星基本情况

系列	型号	发射时间	运行状态	技术属性	作用
风云2号	风云2E	2008年	在轨运行	地球静止轨道气象卫星(第一代)	获取白天可见光云图、昼夜红外云图和水汽分布图,进行天气图传真广播,收集气象、水文和海洋等数据收集平台的气象监测数据,供国内外气象资料利用站接收利用,监测太阳活动和卫星所处轨道的空间环境,为卫星工程和空间环境科学研究提供监测数据
	风云2F	2012年	在轨运行		
	风云2G	2014年	在轨运行		
风云3号	风云3A	2008年	在轨运行	极地轨道气象卫星(第二代)	获取地球大气环境的三维、全球、全天候、定量、高精度资料,满足我国天气预报、气候预测和环境监测等方面的迫切需求
	风云3B	2010年	在轨运行		
	风云3C	2013年	在轨运行		
风云4号	风云4A	2016年	在轨测试	地球静止轨道气象卫星(第二代)	多通道扫描成像辐射计获取的图像、干涉式大气垂直探测仪获取的大气红外辐射光谱、闪电成像仪获取的闪电分布和强度信息、空间环境监测仪获取的空间效应及粒子探测信息

我国卫星地面应用系统以数据处理和服务中心(国家卫星气象中心)和北京、广州、乌鲁木齐、佳木斯、瑞典基律纳5个接收站为主体,同时包括31个省级卫星遥感应用中心和2500多个卫星资料接收利用站,其中静止气象卫星中规模利用站342个,EOS/MODIS接收站22个,风云三号气象卫星省级地面接收站16个(表6.7)。除接收利用风云系列气象卫星资料外,还接收利用美国、日本、欧洲等国外卫星资料。行业气象部门气象卫星接收系统包括民航气象卫星云图接收设备214套,农垦静止卫星云图高速接收系统50余套,兵团CMA-Cast卫星气象接收站42套、中规模静止卫星利用站7套。

表 6.7　卫星资料接收站数历年变化

年份	静止气象卫星中规模利用站	EOS/MODIS 接收站	FY－3 气象卫星省级地面接收站
2010	342	19	
2011	342	21	
2012	342	21	
2013	342	22	
2014	342	22	
2015	342	22	
2016	342	22	16

我国的空间天气观测，主要以风云系列卫星为核心，充分利用现有的风云卫星平台装载空间天气仪器，在地基监测方面，以气象监测与灾害预警工程为基础，结合国内现有的地基探测站，在“子午”工程探测站网的基础上，在关键地点建设一些太阳、电离层和高空大气观测台站，形成“三代六区”地基空间天气专业观测网布局。近年空间天气观测站网快速发展，截至 2016 年年底，共有空间天气观测站 84 个，较 2015 年增加了 40 个(图 6.28)。

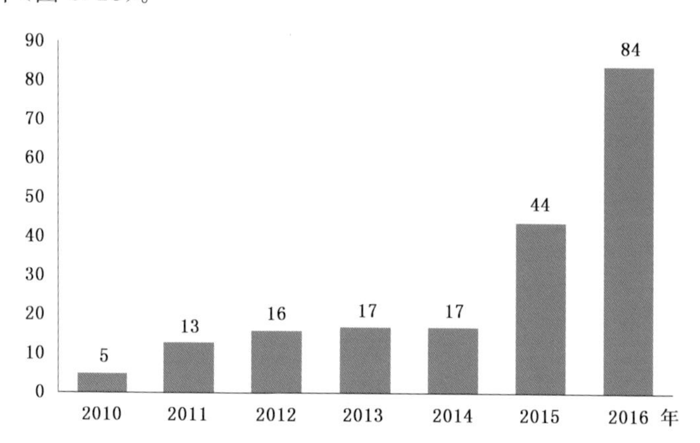

图 6.28　2010—2016 年空间天气观测站数历年变化(单位:个)

到 2016 年年底，我国气象卫星观测能力和应用取得了跨越式发展。2016 年 12 月 11 日，我国新一代静止气象卫星——风云四号科研试验卫星成功发射，是我国静止轨道气象卫星从第一代(风云二号)向第二代跨越的首发星，经过 5 次机动变轨后，12 月 17 日成功定点于东经 99.5°赤道上空，并正式命名为风云四号 A 星。星上搭载多通道扫描成像辐射计、干涉式大气垂直探测仪、闪电成像仪和空间天气监测仪等 4 台遥感仪器，其中干涉式大气垂直探测仪填补了世界在该领域观测的空白、闪电成像仪填补了我国在该领域观测的空白。与第一代卫星观测系统相比，观测的时间分辨率提高了 1 倍，空间分辨率提高了 6 倍，大气温度和湿度观测能力提高了上千倍，整星观测数据量提高了160倍，观测产品数量提高了3倍。目前，风云四号卫星已完成卫星平台主要功能测试和主要载荷成像模式测试，卫星工作状态良好。

风云四号卫星是我国航天科技自主创新的新成就，实现了多项重大技术突破。一是将4台遥感仪器安装在一个卫星平台上，成功解决了多仪器同时工作所产生相互干扰的问题，利用一颗卫星实现了多种功能，极大节省了研制成本。二是世界上首次实现了静止轨道高光谱大气垂直观测，可进行高频次、高精度垂直大气观测，获取大气温湿结构信息，将有力推动天气预报准确率和精细化水平的提高。三是自主突破了静止轨道三轴稳定平台的图像导航配准技术，使得图像定位精度达到国际一流水平。四是首次实现了我国静止轨道闪电成像观测，可对我国及周边区域闪电每秒拍摄500张照片，为强对流天气的监测和跟踪提供全新的观测手段，将提高对雷电和暴雨等灾害的监测预警水平。此外，空间天气探测通道数量和探测要素大幅增加，精度显著提高，将进一步增强我国空间天气监测能力。

2016年12月22日我国首颗用于监测全球大气二氧化碳含量的科学实验卫星成功发射。这颗卫星搭载了一体化设计的两台科学载荷，分别是高光谱二氧化碳探测仪以及起辅助作用的多谱段云与气溶胶探测仪，用于遥感监测二氧化碳，为影响全球气候变化关键因子的连续监测和分析提供基础数据。这颗碳卫星具有对全球、中国及其他重点地区二氧化碳浓度监测能力，监测精度优于4ppm，这一精度已达到高光谱大气痕量气体探测方面的国际先进水平。

2015年12月29日，高分四号遥感卫星成功发射，填补了我国乃至世界高轨高分辨率遥感卫星的空白。高分四号运行在距地36000千米的地球静止轨道，分辨率在50米以内，观测面积大并且能对某一地区以分钟级甚至秒级间隔高频率观测，对监测小尺度强天气(如台风、雷暴、冰雹等)具有十分重要的作用。2016年，通过积极推进高分四号卫星在气象灾害监测与服务中的应用，在台风、强对流、雾、霾监测和G20气象保障中发挥重要作用。

5.移动观测

移动气象观测是固定气象观测系统的延伸，是气象观测的有效补充。截至2016年年底，我国移动气象观测系统共有2部L波段探空、45部天气雷达、31部风廓线雷达，以及241部便携自动气象站和708部便携式自动土壤水分观测仪(图6.29)。

6.运行保障和效益发挥

随着国家发展方式的转变，综合气象观测也从注重数量的增加转向更加关注质量和效益的提升。2016年，业务使用观测装备性能继续保持在较高水平，天气雷达业务可用性99.05%，国家级自动气象站99.97%，卫星资料接收处理成功率为99.61%，高空气象观测业务稳定运行率达100%。完成组网雷达数据质量评估，实现天气雷达拼图系统V2.0业务推广，质控正确率由51%提高到90%以上，拼图时效缩短到6分钟左右。风廓线雷达数据质量较2015年提高12%。GNSS/MET观

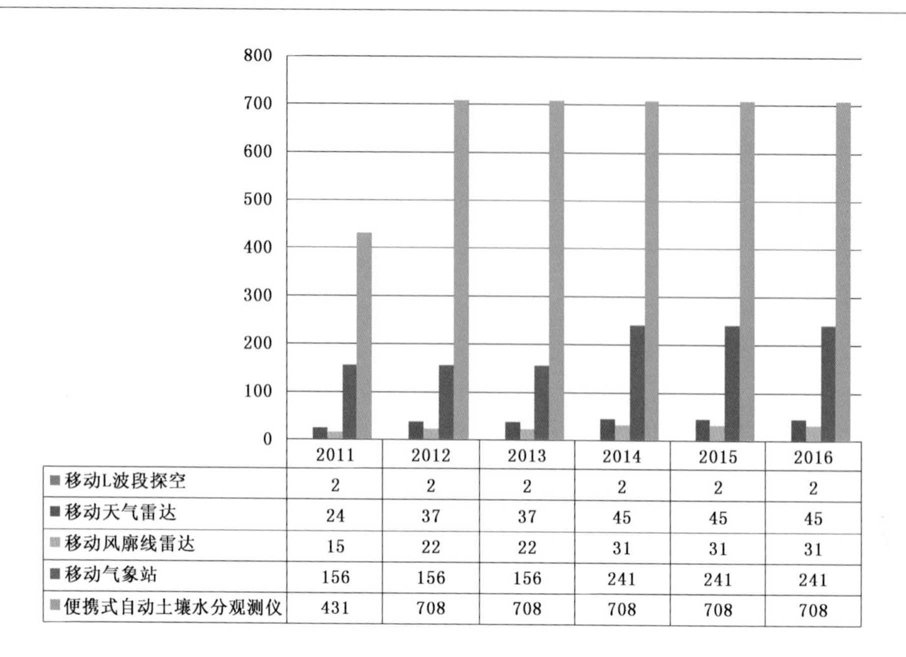

	2011	2012	2013	2014	2015	2016
移动L波段探空	2	2	2	2	2	2
移动天气雷达	24	37	37	45	45	45
移动风廓线雷达	15	22	22	31	31	31
移动气象站	156	156	156	241	241	241
便携式自动土壤水分观测仪	431	708	708	708	708	708

图 6.29　2011—2015 历年移动观测设备数

测数据质控算法进一步优化，存在质量问题站点数量从年初 414 站减少至 36 站，750 个站点数据进入数值模式。初步建立面向数值预报的风云三号卫星同化数据质量控制系统，提高了数据整体稳定性。风云三号卫星 MERSI/VIRR 仪器全球数据定标质量和精度提升 10%。风云二号 D/E/F 星的可见光波段辐射定标偏差在 6%以内。风云二号 G 红外通道定标精度显著改善，观测偏差<1 K。卫星遥感数据质量和定量应用水平得以提升。通过开展地面分钟观测数据传输和地面、高空、辐射、酸雨气象数据格式标准化同步试点，组织组网天气雷达径向数据流传输试验，雷达基数据自台站经省级到国家级用时缩短至 10 秒内，观测资料传输及使用时效性明显提升。

2016 年，气象部门以质量控制为主线构建新的国家级基本业务，特别是基于 CIMISS 综合观测数据库和技术支撑环境，完成了观测业务一体化系统功能设计，覆盖装备研发到数据服务全链条业务，观测业务一体化系统研发工作取得进展。发布观测类技术标准 11 项、观测业务规范 13 项。观测标准化体系建设初见成效。重构国省两级维保职责和业务流程，推进国家智能维修支持系统建设，强化全网装备运行质量评估和量化考核，装备保障体系建设工作稳步推进。

(四)气象信息业务

2016 年，为贯彻落实国家信息化战略部署和智慧气象发展理念，中国气象局加强了气象信息化建设顶层设计，编制了《气象信息化发展规划(2016—2020 年)》和《气象信息化系统工程可研报告》。明确了“十三五”期间气象信息化发展目标、主要任务、重点工程和保障措施，提出了依托云计算、物联网、移动互联网、大数据等新技术，建设智能泛在的气象信息感知网、统管共用的基础设施云平台、开放互联的气象大数据平台、决策科学的气象管理信息系统、众智众创的精准预报支撑系统、智慧普惠的气象共享服务系统等“一网二平台三系统”，为统筹不同来源的信息化项目提供设计基础，全面推进了气象信息网络与资料业务发展。

1. CIMISS 系统投入业务运行

2016 年 12 月 20 日，CIMISS 系统在全国范围实现业务化运行。这标志着国家和省级气象部门首次拥有了国省统一、标准规范的数据环境，保证了气象业务科研常用数据实时在线、标准化服务，大幅提高数据访问效率，有助于打破“数据孤岛”，实现气象数据资源集约化管理，确保数据权威一致性。

截至 2016 年年底，作为气象业务、服务、管理的核心基础数据支撑平台，CIMISS 共提供包含 14 类 149 种实时、历史数据的在线存储服务，能使资料入库时间缩短 20%，数据访问效率提高 2 倍到 5 倍。我国自主研发的气象信息处理系统 4.0、气候信息处理与分析系统、全国精细化气象格点预报、中国气象数据网等核心业务系统及 31 个省（区、市）约 188 个业务应用系统均已实现与 CIMISS 的系统对接。

2016 年，同时加强了气象信息化领域标准编制工作，体现了在气象信息化建设中坚持标准先行的原则。中国气象局制定下发《气象信息化标准体系》和《气象信息化标准明细表》。组织开展基础设施资源池、气象数据分类与编码、气象数据元、气象数据格式、数据应用接口、应用算法等 6 类 80 项急用先行标准（含国家标准、行业标准和部门规范）的制修订工作。2016 年，完成研制 1 项、完成专家咨询 7 项、提交初稿 59 项、在编 10 项。

2016 年，开展了相关国家标准和行业标准审查清理工作，正式立项 2 项国家标准、15 项行业标准；修订 4 项行业标准；审查清理 7 项部门规章，废止 1 项；审查清理 22 项拟报批国家标准，废止 6 项。

2. 气象信息网络建设

2016 年，全国气象计算机系统建设共有 29 个省（区、市）、计划单列市气象部门装备有 32 套高性能计算机系统。全国 7 个区域气象中心全部配有高性能计算机系统，性能在 10GFlops（即：每秒 100 亿次浮点运算）以下有 2 套，10～100 GFlops（即：每秒 100 亿～1000 亿次浮点运算）有 10 套，100GFlops～1TFlops（即：每秒 1000～1 万亿次浮点运算）有 14 套，1TFlops（即：每秒 1 万亿次浮点运算）以上的有 7 套，与 2015 年同期持平。

至 2016 年年底，全国气象通信网络系统建设，气象宽带主干网络系统国家级接入速率已达到 800Mbps，区域中心达到 50Mbps，省级达到 40Mbps，较 2015 年同期分别提高 33%、25%和 11%，国家级增速明显高于区域中心和省级，与数据和应用系统“向上”集中的形势相符。

全球电信系统(GTS)核心网络(RMDCN)的接入速率达到16Mbps。与我国香港、朝鲜、蒙古、韩国、越南和泰国等国家和地区建有6条双边专线。通过GTS和互联网接收、分发的总数据量分别达到每日580GB和38GB。世界气象组织信息系统(WIS)北京全球信息系统中心(GISC)注册用户118个,较2015年增加26个,增幅约28%。

至2016年年底,中国气象局气象数据卫星广播系统(CMACast)注册接收站总计2680个,其中国内气象部门共2463个、国内其他部门(非中国气象局所属单位)接收站192个、海外站25个,总站数较2015年增加约5.6%,国内其他部门接收站增速(35.2%)远高于国内气象部门接收站和海外接收站增速(分别为3.8%和8.7%),反映了气象信息跨部门应用服务的增长态势。播发数据量每日接近300GB,与2015年持平,反映出经过近两年的供、需双方磨合与协调,卫星广播系统播发的数据种类和数据量已达到相对稳定。

3.资料业务和服务

2016年,国家级自动气象站观测数据5分钟到报率达到82.9%,与2015年基本持平。汛期区域级自动气象站观测数据5分钟到报率达到82.4%,较2015年同期有明显提高(增长6.8%)。正确率分别达到99.74%和97.10%,与2015年同期基本持平。

2015年9月,气象科学数据共享网(CDC)正式升级为中国气象数据网,截至2016年年底,新增注册用户47327人,访问量近5800万人次,存储数据量72TB,较2015年同期有较大增长,增幅达56.5%。中国气象数据网单位实名注册用户数达369个(图6.30),个人实名注册用户数达15956个(图6.31),较2015年同期分别增长126.55%和201.57%,增幅显著。截至2016年年底,风云卫星遥感数据服务网累计注册用户数约4.4万人,2016年12月1日,风云卫星遥感数据服务网与中国气象数据网完成集约整合,整合后的中国气象数据网作为用户注册和卫星数据服务统一入口,全年卫星数据服务总量超过1057TB,较2015年同期增长约32.1%。

截至2016年年底,累计完成了21.68万页气象月总簿、6011.56万页自记纸、2474.56万页各类气象报表及近337万页的新中国成立前气象资料的数字化工作,补充了基础数据产品。较2015年同期增长14.5%。

国家级气象资料存储检索系统(MDSS)存储各类气象数据总量达145TB,较2015年同期持平。CIMISS存储各类气象数据总量达239TB。

2016年中国气象数据网为高校、各类科研机构提供数据服务,支持国家科技支撑计划、973、863、自然科学基金等重点科研项目690项。用户应用气象数据发表文章、论著及发布国家标准和行业标准共406篇,较2015年同期分别增长4.07%和9.73%(表6.8)。

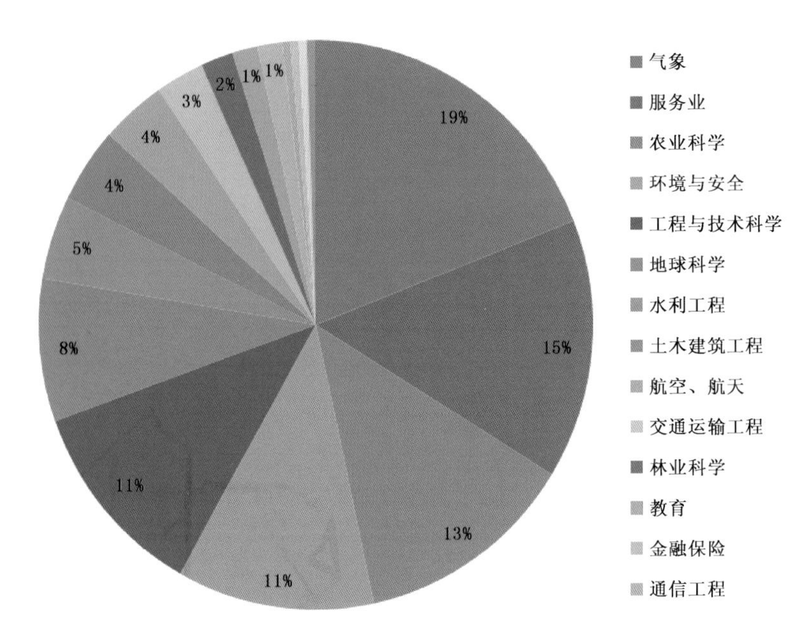

图 6.30 中国气象数据网企业用户行业分布

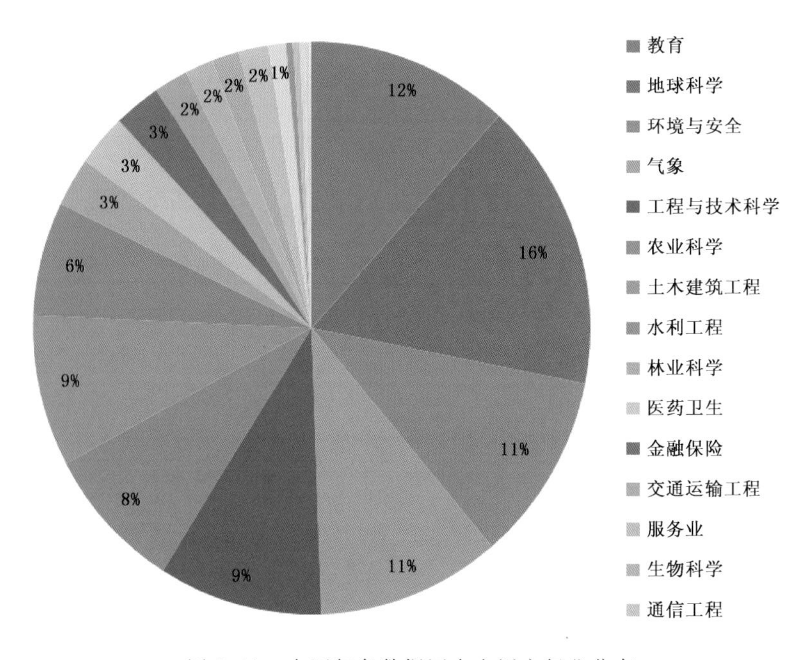

图 6.31 中国气象数据网个人用户行业分布

表 6.8　气象数据服务科技项目和支撑效果

科研项目类型	数量(项)
863 项目(课题)	15
973 项目(课题)	19
国家科技支撑计划项目(课题)	23
重大工程	17
国家自然科学基金项目(课题)	270
中科院知识创新项目	4
社会公益研究专项基金	37
气象事业业务拓展项目	13
内部项目	27
其他	265
合计(项)	690

三、展望

现代气象业务是一个协同发展的体系。未来将形成适应智慧气象发展需求的综合观测业务、气象预报业务、气象服务业务和气象信息业务协同发展的新格局。观测业务加强各类观测数据的标准化建设和质量控制，为预报业务提供标准规范、质量可靠的观测数据；调整观测模式和资料传输方式，保证资料 5 分钟内到达预报业务平台。加强气象信息业务对气象预报业务的支撑，完善 CIMISS 系统并推进在全国应用，为气象预报业务搭建运行可靠的基础数据环境。根据服务需求开展气象预报业务，为气象服务业务提供专业支撑。

气象服务是中国政府公共服务和国家防灾减灾体系的重要组成部分，是利用公共气象资源向政府决策部门、各行各业和全社会提供公益性气象服务的社会生产活动。坚持公益导向，发挥保障作用，以人民为中心，把社会效益放在首位，以保障人民群众生产生活和国民经济发展作为工作的出发点和落脚点，以群众满意度作为检验工作的首要标准，促进供需对接，切实发挥气象服务民生、保障发展的作用。坚持政府主导，完善政策体系，推动政府加强对公共气象服务的组织领导、政策支持、财政投入和监督管理，健全相关法律法规和标准，制定中央与地方协同配套、操作性强的公共气象服务政策体系和管理规范，推进公共气象服务长效、可持续发展。坚持部门主体，推动社会参与，强化气象事业单位在公共气象服务中的骨干中坚作用，对气象服务市场主体的基础支撑作用。发挥市场在公共气象服务资源配置中的积极作用，鼓励社会参与和公众自我服务，构建多层次、多方式的公共气象服务供给体系。坚持创新驱动，发展智慧气象，充分发挥新一代信息技术在促进公共气象服务转型升级以及气象与各领域深度融合中的支撑作用，突破一批重点领域关键共性技术，推动公共气象服务生产方式和发展模式创新，实现智慧气象服务。坚持开放合作，实现融合发展，树立融合发展思维，推动公共气象服务向经济社会各领域加速渗透，以融合促发展，最大程度提高公共气象服务减损增效的叠加效应。树立互联网思维，推动公共气象服务与"互联网＋"、新一代信息技术相结合。到2020年，力争基本实现以智慧气象服务为核心的公共气象服务现代化，建立起高效协调的管理体制和运行机制，营造较为完善的政策和法治环境，公共气象服务有效供给日益丰富，公共气象服务质量和效益显著提高，与经济社会发展水平相适应、与国民经济发展和人民群众生产生活需求相符合的现代公共气象服务体系基本建成。

面对国际国内新形势，加快发展现代气象预报业务的机遇与挑战并存，为积极应对当前的需求与挑战，中国气象局统筹规划了"十三五"期间现代气象业务无缝隙协同发展的目标。到2020年的发展总目标是，建成"预报预测精准、核心技术先进、业务平台智能、人才队伍强大、业务管理科学"的现代气象预报业务体系，气象预报业务整体实力达到同期世界先进水平。到2020年的分目标有5项。一是建成从分钟到年的无缝隙集约化气象预报业务体系。24小时气象要素预报水平分辨率达1千米，时间分辨率达1小时，全国24小时暴雨公众预报准确率达到65%，24小时台风路径预报误差小于65千米，强对流预警时间提前量超过30分钟，月温度和降水预测评分分别达到80分和72分，汛期降水预测评分达到80分。建立以国家—省为核心的国家—省—市县三级集约化业务布局和逐时滚动、同步共享业务流程。二是建立以高分辨率数值模式为核心的客观化精准化技术体系。GRAPES全球数值天气预报业务模式水平分辨率达到10千米，可用预报时效达到8.5天；区域高分辨率数值天气预报业务模式水平分辨率达到1千米；建成能够同化非常规资料的逐小时快速更新同化系统。全球气候预测业务模式水平分辨率达到30千米。发展多源资料融合分析、数值预报动力统计释用、集合预报应用和影响预报与风险预警等客观化预报预测技术体系。三是建设开源开放和汇集众智的智能化众创型业务发展平台。应用云计算、大数据、互联网＋、智能化等现代信息技术，搭建基于统一数据环境和计算资源的众创型业务发展平台，实现MICAPS、CIPAS和数值模式等技术系统的开源开放，形成汇集众智、激励众创和成果共享的业务循环发展生态。四是形成适应业务技术发展的高素质创新型人才体系。推进预报员从过于依赖数值预报和经验的"传统型"向更多依靠科学分析、驾驭现代预报技术的"现代型"转变，大力提升预报员科学素养，适当提高预报员队伍数量，保证预报员每年有不少于3个月的时间集中从事预报研发和技术总结，逐步实现全国从事预报业务和研发的预报员数量占全部专业技术人员比例达15%左右，国家级首席预报员占全国预报员总数的2%左右。建立预报员分级制度和岗位晋升机制，完善预报员技术总结和岗位培训制度，创造鼓励优秀预报员脱颖而出的政策环境。五是健全覆盖业务全流程的标准化规范化管理体系。转变业务管理理念和方式,推进业务管理向健全标准规范制度、监督检查和考核评估管理转变,实现标准规范、检验评估、考核准入对无缝隙气象预报业务全流程的三个全覆盖。

为全面提升综合气象观测的整体实力和业务水平,实现"十三五"跨越式发展,中国气象局编制了《综合气象观测业务发展规划(2016—2020 年)》,对"十三五"期间全国气象观测发展作出全面部署。到 2020 年,建成布局科学、技术先进、功能完善、质量稳健、效益显著、管理高效的综合气象观测系统,全面实现观测业务现代化,观测业务整体实力达到同期国际先进水平,为实现气象现代化和建设智慧气象奠定坚实基础。一是要基本实现综合化,按照空间范围、观测时效、观测要素三个维度进行国家综合气象观测网布局,通过地空天联合观测,实现对基本气象要素的分钟级全空间覆盖,并通过对不同台站的组合,满足不同观测需求;通过交叉检验方法实现不同观测手段获取数据之间的综合,获得满足预报服务需求的气象要素三维实况场及天气系统实时监测产品,温度、水汽、风、水凝物等要素实况场的时间分辨率优于 30 分钟,垂直分辨率 100 米,水平分辨率陆地达千米级、海上达 10 千米级,准确率 98%。二是要全面实现信息化,按照气象信息化的发展要求,梳理、整合、再造观测业务流程,建成集数据获取、数据加工处理、运行监控、装备列装与维护等为一体的综合气象观测业务,实现基于一体化业务平台的具备全网动态监测能力的信息化管理能力。通过实施观测业务全流程信息化升级改造和相应的设备改造,实现观测数据由台站直接向国家级气象数据中心的实时或准实时传输,实现观测数据获取、处理、加工、应用的无缝隙衔接与运行。梳理、整合、再造观测业务流程,建成集数据获取、数据加工处理、运行监控、装备列装与维护等为一体的综合气象观测业务,实现基于一体化业务平台的具备全网动态监测能力的信息化管理能力。三是要初步实现智能化,突破智能观测关键技术,基于国产高精度、高可靠性核心器件和物联网等现代信息技术,实现常规气象观测装备的智能感知与在线标校功能;实现气象雷达等大型气象观测装备运行与维护的远程支持能力,实现指定区域内遥感观测装备针对指定气象目标的跟踪观测能力,实现不同观测装备按预设模式进行程控运行和协同观测的能力;开展智能观测业务试验并优先在新建台站和条件许可地区推广应用成熟技术。通过突破智能观测关键技术,基于国产高精度、高可靠性核心器件和物联网等现代信息技术,实现气象观测装备的智能感知、在线标校、远程支持、协同观测等功能;四是要适度实现社会化,进一步加强部门与行业气象观测资源统筹和共建共享,引导气象敏感的大型企业开展规范的气象观测,鼓励社会资源基于便携传感器和移动互联等技术开展气象观测,推进观测能力的国际共建,实现各渠道观测数据的共享并进入实况监测业务;建立公共财政购买装备保障服务机制,继续以分装备类别、分区域、分事权划分相结合的方式推进装备保障社会化,加强艰苦台站和偏远地区的装备保障能力建设。

信息化已经进入全面渗透、跨界融合、加速创新、引领发展的新阶段,创造了人类生活新空间，引发了社会生产新变革，开辟了政府治理新疆界。未来气象信息化建设中，将更加突出并全面贯彻“创新、协调、绿色、开放、共享”的发展理念，着力增强气象信息化发展能力、提升应用水平、优化发展环境，以数据资源开发利用为核心，以信息技术应用为手段，以健全信息化标准体系、组织管理和人才培训为保障，实施气象大数据战略、“互联网＋”气象战略和互联网气象平台战略，完善气象信息化治理体系，为实现智慧气象和基本实现气象现代化提供可靠支撑。在气象信息化技术体制方面，云计算、大数据、移动互联网、人工智能等将逐步从预研、试点，走向全面推广应用。在气象信息化业务体系方面，将更加突出集约、灵活和安全性三者结合的发展趋势。在气象信息化服务方式方面，将更加突出普惠化、个性化和便捷性。在气象信息化管理方面，将更多依靠对全面数据的智能分析为决策提供支撑。在气象信息化工程建设方面，在数据存储、数据处理、平台建设等气象信息化各领域，都将更加广泛地引入社会资源。气象信息化的发展思路也将创新，不再局限于在部门内部信息网络系统“管、建、用”，而是要面向全行业、全社会，为发展智慧气象提供支撑和动力。到2020年，气象数据资源开放共享程度和跨领域融合应用效益将明显提高，气象信息系统集约化水平和应用协同能力将显著提升，信息新技术在气象领域得到充分应用，依托智能泛在的气象信息感知网、统管共用的基础设施云平台、开放互联的气象大数据平台构建的智慧气象生态体系将初具规模，气象信息化治理体系趋于完备，气象信息化真正成为构建网络强国不可或缺的重要组成部分。

创新篇

第七章　气象科技创新

2016年是我国科技发展史上具有里程碑意义的一年。中共中央印发了《国家创新驱动发展战略纲要》(中发〔2016〕4号)等重要文件。同时,中央召开了全国科技创新大会,习近平总书记发表了重要讲话,吹响了建设世界科技强国的号角。科技创新是气象发展的根本驱动力和核心支撑。2016年,气象部门深入学习领会国家关于科技创新和人才队伍建设工作的部署和要求,结合气象部门实际,强化科技引领和创新驱动发展。

一、2016年气象科技创新概述

2016年,气象部门深入学习贯彻全国科技创新大会精神,积极响应习近平总书记关于建设世界科技强国的号召,认真贯彻汪洋副总理对气象科技创新的批示要求,坚持把科技创新作为第一驱动,深入实施创新驱动发展战略,充分发挥科技创新对气象现代化的支撑和引领作用。深入实施国家气象科技创新工程,大力推进国家气象科技创新体系建设;深化气象科技体制改革,完善科技管理制度,顺利召开全国气象科技创新大会;加强气象科技对外合作交流,增强了应对气候变化的科技支撑能力。

(一)核心技术攻关能力不断加强

2016年,气象部门继续深入实施国家气象科技创新工程,推进高分辨率资料同化等核心技术攻关。顺利推进第三次青藏高原试验、干旱气象、华南季风强降水等大型科学试验,加快推进了天气气候一体化数值预报模式攻关。围绕重大核心攻关需求,组织做好国家研发计划“重大自然灾害监测预警与防范”重点专项。全国气象部门主持和参与的17个项目获得国家科技重点专项支持,76项成果获省部级科技奖。

(二)气象科技创新体制机制不断健全

2016年,中国气象局组织召开了全国气象科技创新大会,部署了气象科技创新的政策举措。深化“一院八所”改革,开展了省级气象科学研究所改革试点。出台了《加强灾害天气国家重点实验室建设的意见》,全力支持灾害天气国家重点实验室整改。统筹优化部门重点实验室布局,规范野外科学试验基地管理,强化科研仪器设备共享。深化开放合作,推进局校合作任务落实,强化南京、上海联合研究中心建设,批准成立广州联合研究中心,加快了气象科技管理“放管服”步伐,赋予创新主体科研自主权,完善分类评价、风险防控等配套制度。改进科技评价,组织国家级气象科学研究院所和部门重点实验室2012—2015年阶段评估,依据评估结果实行分类整改。强化激励导向作用,组织完成国家科技奖励遴选推荐,支持气象学会科技奖项评选,76项成果获省部级科技奖。

(三)国际气象科技合作不断深化

2016年,气象部门面向全球科技前沿,推动与欧洲中心在数值预报、卫星资料应用等的务实合作,确定中英、中法等双边项目33个,有关建议被纳入中美战略与经济对话成果清单。基本完成非洲7国气象援建工作。我国代表成功当选世界气象组织基本系统委员会副主席,国际影响力与日俱增。

二、2016年气象科技创新进展

2016年,中国气象局出台了《加强气象科技成果转化指导意见》,从产得出、看得见、能转化、有激励、强保障等方面全链条统筹成果管理,实现了科技成果在线登记管理,全年登记成果902项。

(一)国家气象科技创新工程

2016年,实施国家气象科技创新工程取得新的进展,高分辨率资料同化与全球模式整体研究水平已进入国际先进行列。气象资料质量控制及多源数据融合与再分析攻关项目,在2016年期间完成了研制全球再分析资料和区域再分析资料所需的全部核心技术。气候系统模式和次季节气候预测对提高次季节至季节尺度的气候预测能力产生了重要作用。天气—气候一体化模式关键技术攻关取得了初步进展。

1. 高分辨率资料同化与全球模式

2016年,"高分辨率资料同化与全球模式"攻关项目,发展了GRAPES全球数值预报模式系统,其性能总体超过基于引进技术的T639模式,预报时效达到7.4天,并正式投入业务运行,标志着我国GRAPES全球数值预报模式的研制工作取得了重要进展。同时区域精细化数值预报模式和同化技术研究也取得了令人瞩目的进展,为我国自主发展数值预报技术和提高数值预报业务水平打下了坚实基础。团队建设明显加强,该团队已成为我国发展数值预报模式最重要的骨干研究队伍,其整体研究水平已进入国际先进行列。

2. 气象资料质量控制及多源数据融合与再分析

2016年,"气象资料质量控制及多源数据融合与再分析"攻关项目,完成了研制全球再分析资料和区域再分析资料所需的全部核心技术,其中包括资料质量控制,多种遥感资料的应用,资料同化技术,再分析资料的质量评估方法等,以及完成了陆面再分析资料数据库的建立并提供业务使用,为后三年全面建立全球再分析资料格点场和东亚区域高分辨率再分析资料场奠定了良好的技术基础;首席科学家在项目的推动和技术指导以及团队建设上发挥了积极的作用，团队建设由无到有，现在已形成具有先进技术水平、实力较为雄厚的研究和开发团队，这支团队目前是国内唯一的一支再分析资料的研发团队，为我国再分析资料的建立和赶超国际先进水平打下了坚实的科学和技术基础。

3. 气候系统模式和次季节气候预测

2016年，“气候系统模式和次季节气候预测”攻关项目主要取得了两方面的成果，一是在高分辨率气候系统模式的研制：模式的动力框架进一步改进，尤其是垂直分层增多；多种资料的同化技术、陆面过程以及物理过程，尤其是云物理过程和辐射传输过程的改进，结果表明改进后的模式系统对MJO和季风过程的模拟有了明显的进步。二是次季节至季节气候诊断预测系统的研制，其中包括气候现象预测能力的提高。上述研究进展的取得对提高次季节至季节尺度的气候预测能力有着至关重要的影响。

2016年，完成了“气候系统模式和次季节至季节气候预测”年度攻关任务，气候模式实现改进升级，次季节至季节(S2S)预测技术稳步提高。研制了多方法集成的ENSO预测技术，滚动更新的ENSO预测技巧达到0.8。建立了季节内变化监测预测业务系统，实现了MJO、BSISO等的监测、诊断、预测、检验和应用功能。

4. 天气—气候一体化模式关键技术

2016年，“天气—气候一体化模式关键技术”攻关项目作为新列的研究项目(原属全球模式研究项目中的一个课题)，主要完成了项目研究方案的制定，从原来一个课题的规模发展为一个项目的规模，同时也开展了多项研究工作，取得了初步的进展。在CAMS_CSM模式中引入层积云云量诊断方案，缓解和改善了模式对大陆东海岸冷洋面上低云模拟严重不足的问题，改善了局地辐射及能量平衡，减少了耦合模式中冷洋面海温过高的问题。

(二)重点实验室和试验基地成果

2016年，中国气象局统筹优化部门重点实验室布局，规范野外科学试验基地管理，强化科研仪器设备共享。对13个中国气象局重点实验室进行2012—2015年阶段评估，并制定了《加强灾害天气国家重点实验室建设的意见》，全力支持灾害天气国家重点实验室整改。

气象科学试验和前沿基础研究继续加强。三大气象科学试验完成年度任务，开展了超大城市综合气象观测试验、华南雷电、城市降水与雾、霾、华东登陆台风、西南涡等区域气象科学试验，对典型区域物理过程的机理认识进一步加深，数值模式预报能力得到提高。

超大城市综合气象观测试验在京津冀地区及上海、广州、成都、沈阳、西安开展，为期3年(2016—2018年)，以提高气象观测数据的整体质量，重点解决城市短临预报和环境气象服务中的关键技术问题。试验重点开展八项攻关任务，包括大城市气象观测网优化设计,综合大气廓线观测试验,雾、霾立体探测、资料格点化再分析和雾、霾立体监测服务,高时空分辨率、高覆盖天气雷达观测试验,城市冠层观测试验;观测与模式预报协同试验,新型观测系统性能试验和评估,编制超大城市气象观测方案或指南,现代化大城市综合气象观测建设。

第三次青藏高原大气科学实验。在青藏高原气象观测业务系统的基础上,对观测站点进行补充建设和观测设备布局,进行外场加密观测试验。试验获取了青藏高原陆面一边界层、云降水物理过程观测数据、多种地表特征数据。试验取得了多项代表性阶段创新成果——改进了高原西部缺少探空资料的情况;对高原陆一气感热和潜热交换特征取得了新的认识;揭示了青藏高原中部夏季云降水物理的独特性;四是建立了高原系统影响长江中下游降水的概念模型。

中国干旱气象科学试验。2016 年已经建立起了西北到华北的干旱半干旱区“V”字形的干旱致灾过程及其陆一气相互作用观测试验站网,并开展系统性观测试验。试验获取了干旱半干旱区陆面过程及大气边界层观测数据,并建成干旱信息集成和共享系统。

华南季风强降水试验。2016 年建立起 SCMREX 数据库和网站。通过试验加深了沿海和内陆特大暴雨的对流触发发展机制的科学认识,在资料同化影响、云微物理过程参数化方案改进、对流可分辨集合预报系统研发等方面取得一系列进展。

(三)气象科学数据共享

2016 年,中国气象数据网新增用户 47327 个,累积注册用户数达到 164513 个(图 7.1),数据服务量达 13TB,服务订单数 503182 个,用户访问量 5351.4 万次,同期增长量为 16.1%(图 7.2,图 7.3)。2015 年数据共享清单发布后新注册用户 47387 个,增长 150%。

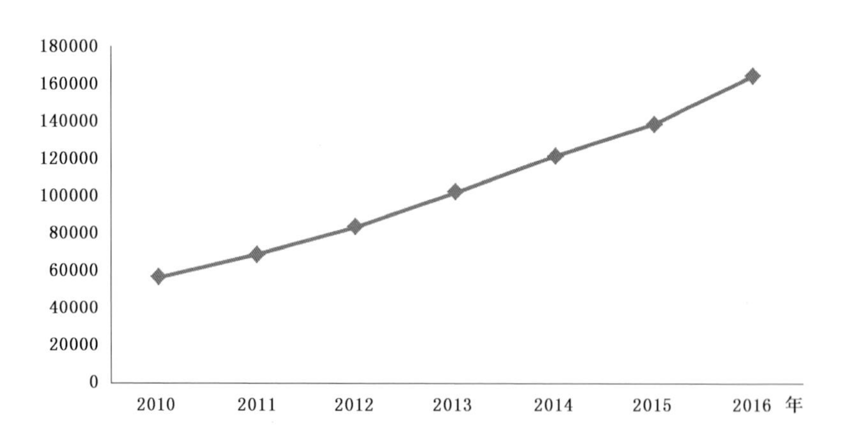

图 7.1　2010—2016 中国气象数据网累积注册用户数(单位:个)

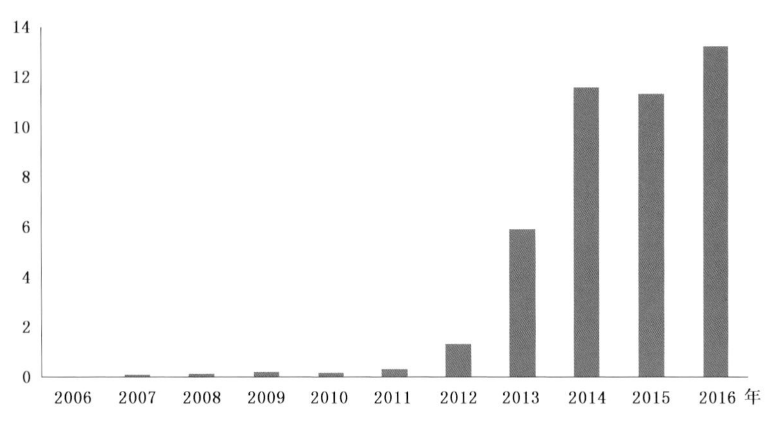

图 7.2 2006—2016 年中国气象数据网数据服务量(单位:TB)

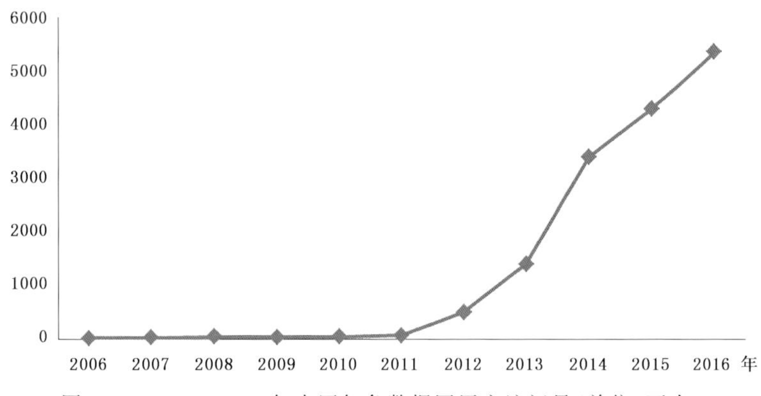

图 7.3 2006—2016 年中国气象数据网用户访问量(单位:万次)

2016 年,气象行业向 23 个部委共享数据,数据共享量达到 898.65TB,11 个部委向气象行业共享数据,数据共享量为 894.77GB,前者是后者的 1000 倍。2006—2016 年气象行业与各部委共享数据量和气象行业接收部委共享数据量分别见图 7.4 和图 7.5。

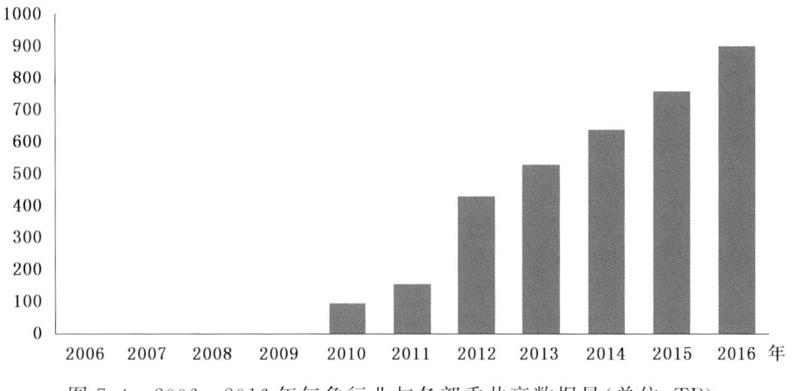

图 7.4 2006—2016 年气象行业与各部委共享数据量(单位:TB)

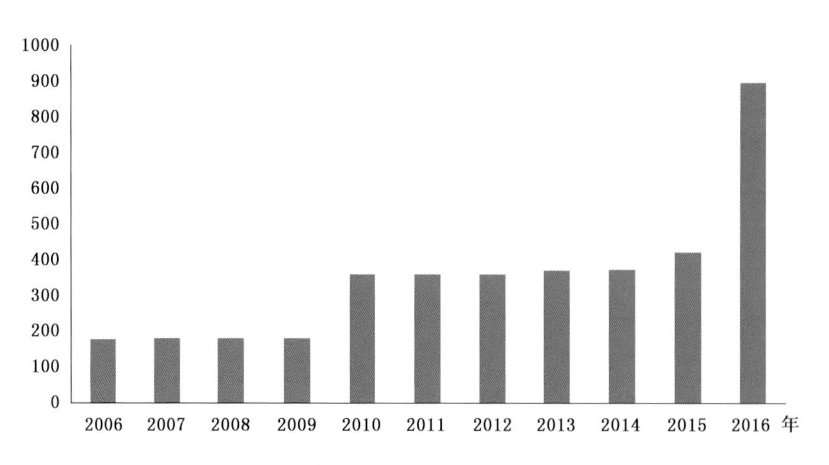

图 7.5　2006—2016 年气象行业接收部委共享数据量(单位:GB)

2016 年,建立了地面、高空、雷达等数据格式标准,建设集约化、标准化国家—省两级基础设施资源池,国家和省级统一的 CIMISS 数据系统的业务运行,有效破解了气象"数据孤岛"和"应用烟囱"现象。继续推动国家和省级做好数据开放共享应用工作,组织编写《气象数据开放专题报告》并报送国务院。组织整合中国气象数据网和卫星遥感数据服务网,继续推进气象与水利、测绘、民航、环保、海洋、军队等部门数据的开放共享与融合应用。加强信息安全管理,组织建立全国气象部门信息安全通报机制,保障气象业务系统安全运行。

2016 年,国家重点研发计划"全球变化大数据的科学认知与云共享平台"获批立项。国家气象信息中心组织开展气象信息中试基地设计与建设,促进攻关任务中研发的降水/陆面/海表/三维云多源数据融合核心技术向业务的快速转化。

国家突发事件预警信息系统建设取得新进展,推进省级预警信息发布系统"两对接、一整合",实现预警信息一键式发布。强化共建共享,推动资源整合对接。国家突发事件预警信息发布系统完成 16 个部门的反馈备案,完成 15 个部门的对接应用。19 省份完成 10 个以上重点部门的预警信息接入,27 省份建立多部门间信息共享机制。

建成精细化气象服务产品国家级和省级共享平台,实现了国家级精细化服务产品在 27 省(区、市)的业务应用。组织开展全媒体气象新闻业务平台建设,建立气象行业媒体资源共享平台,推进气象频道全国一体化运行。

2016 年,中国气象局与环保部共同推进两部门数据共享、联合开展空气质量预报、联合开展重污染天气预报预警工作。推进重点服务部门信息共享与合作试点。与农业部签署数据与产品共享协议,双方共享 34 种基础数据和服务产品。

完成气象灾害风险信息管理系统一期建设,建成全国共享的气象灾害风险管理数据库,实现全国灾害风险普查、阈值、区划、以及社会人口经济、灾情、GIS 数据等信息的融合应用。

中国气象局气象探测中心推进数据共享，本底站数据报送世界气象组织全球温室气体数据中心(WDCGG)，在WMO温室气体公报等多种国际评估报告中得到应用。国家卫星气象中心初步建设完成CIMISS－卫星数据资源池，完成长序列数据标准化处理方法改进和完善。完成空间天气预报业务云平台和业务桌面虚拟化系统建设工作，构建了云计算资源平台。初步搭建了数据共享交换平台。实现与资源卫星中心、海洋卫星中心实现专线互联，纳入卫星数据资源池统一管理。CIMISS－卫星数据资源正式投入使用，容量达到1.3PB，已开设用户447个，同时为了满足互联网用户的需求，正在新建超过300TB的外网CIMISS数据资源池(2017年初建成)。公共气象服务中心搭建了精细化气象服务产品国省共享平台，截至2016年年底，已有11个省(区、市)正式应用。搭建全媒体产品国省共享平台，提升省级气象局服务可视化效果。气象宣传科普资源共享与传播系统在20个省市县级气象单位试运行并完成业务验收。新媒体业务一键发布平台和微信平台面向全国推广使用。

(四)气象科研投入及成果转化

2016年，气象科研投入结构得到优化，国家级项目经费投入继续增长，气象科技成果及时在业务中应用和检验，气象科技实力得到进一步增强。

1. 气象科研投入情况

2016年全国各省(区、市)气象科研到账经费为3.73亿元，其中地方财政投入0.76亿元。国家重点研发计划项目1.73亿元，获批国家自然科学基金项目0.66亿元，争取清洁发展机制(CDM)项目0.16亿元。中国气象局气候变化专项项目投入0.12亿元。2016年全国气象科研项目经费投入达6.13亿，较2015年增长9.7%。

2005—2016年，全国气象科研项目经费投入总体保持平稳增长(图7.6)，十二年累计投入达59.5亿元，年均4.96亿元，最多的2011年投入达6.5亿元。

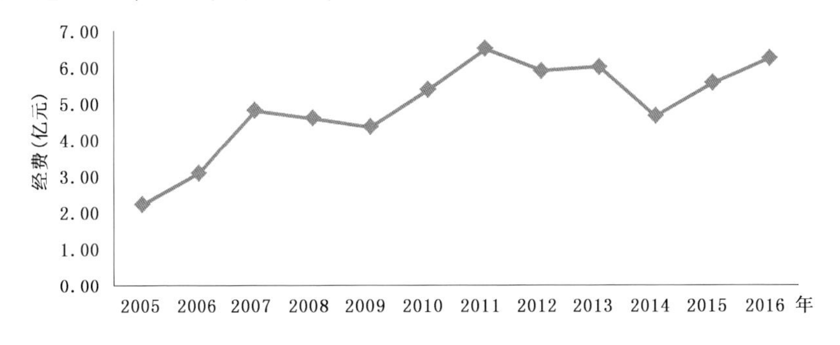

图7.6　2005—2016年全国气象科研项目经费

2016年，主要围绕重大核心攻关需求，组织国家重点研发计划“重大自然灾害监测预警与防范”专项，国家重点研发计划项目17项，经费1.73亿元。2014—2016

年，中国气象局各直属气象业务科研培训单位和各省(区、市)气象局科研项目到账经费分别见图 7.7 和图 7.8。

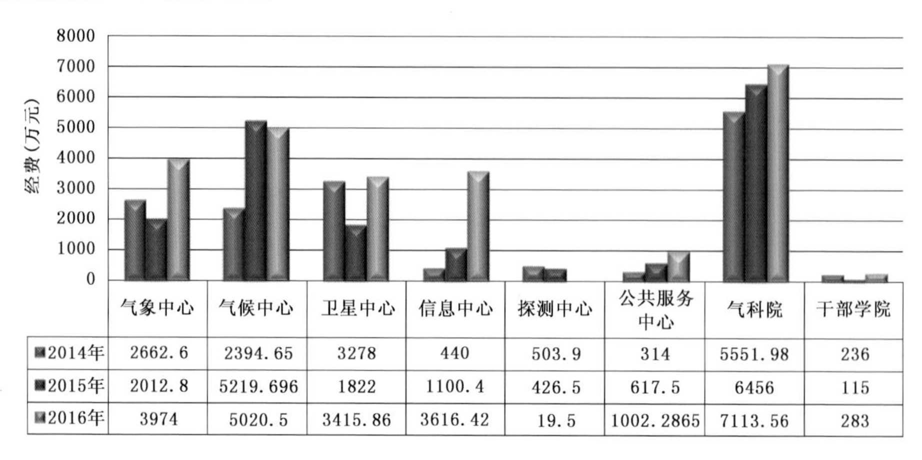

	气象中心	气候中心	卫星中心	信息中心	探测中心	公共服务中心	气科院	干部学院
2014年	2662.6	2394.65	3278	440	503.9	314	5551.98	236
2015年	2012.8	5219.696	1822	1100.4	426.5	617.5	6456	115
2016年	3974	5020.5	3415.86	3616.42	19.5	1002.2865	7113.56	283

图 7.7　2014—2016 年各直属业务科研培训单位科研项目到账经费

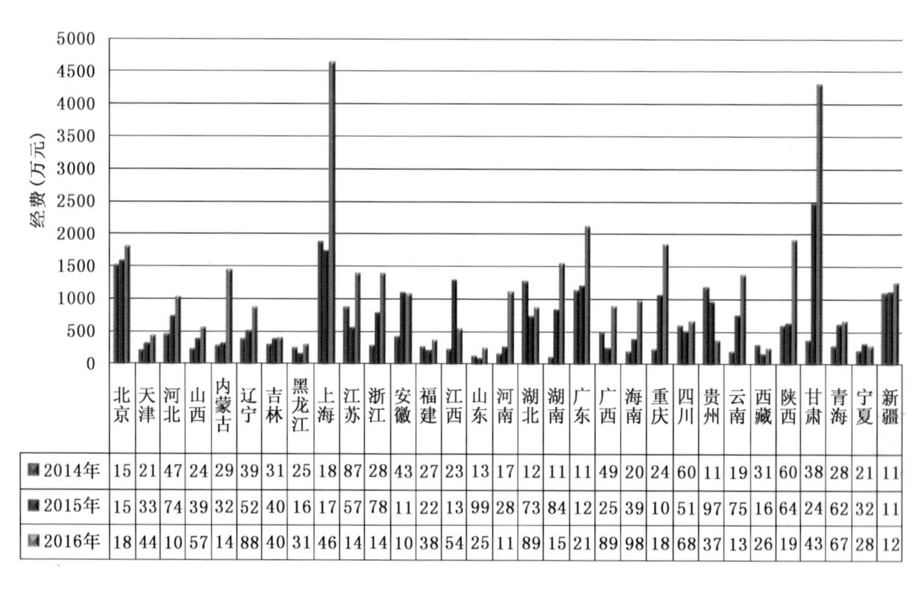

	北京	天津	河北	山西	内蒙古	辽宁	吉林	黑龙江	上海	江苏	浙江	安徽	福建	江西	山东	河南
2014年	15	21	47	24	29	39	31	25	18	87	28	43	27	23	13	17
2015年	15	33	74	39	32	52	40	16	17	57	78	11	22	13	99	28
2016年	18	44	10	57	14	88	40	31	46	14	14	10	38	54	25	11

	湖北	湖南	广东	广西	海南	重庆	四川	贵州	云南	西藏	陕西	甘肃	青海	宁夏	新疆
2014年	12	11	11	49	20	24	60	11	19	31	60	38	28	21	11
2015年	73	84	12	25	39	10	51	97	75	16	64	24	62	32	11
2016年	89	15	21	89	98	18	68	37	13	26	19	43	67	28	12

图 7.8　2014—2016 年各省(区、市)气象局科研项目到账经费

2. 气象科技成果获奖

2016 年，加快推进科技成果中试基地建设，国家级气象业务单位依托重点实验室、工程技术研究中心搭建了主要业务领域成果中试平台。登记成果 902 项。国家气象中心修订《国家气象中心气象科技工作奖励办法》，鼓励科技创新；建立科研成果向业务转化工作机制，制订天气预报科技成果业务转化准入和认证管理办法，组织完

成6项成果准入和3项成果认证。国家气候中心初步制定科技成果认定方法，完成11项成果认定，积极推进气候科研成果业务转化中试平台建设，研发成果及时在业务中应用和检验。国家气象信息中心探索科技成果知识产权保护措施和科技成果收益分配措施，制定科技成果业务化管理办法。

（1）科技成果登记（备案）

2014—2016年，气象部门在高端期刊发表的论文数量稳中有升。气象部门在国内核心期刊上发表论文总量分别是698项、890项和902项，中国气象局各直属业务科研培训单位和全国各省（区、市）气象局科技成果登记（备案）情况统计分别见图7.9和图7.10。

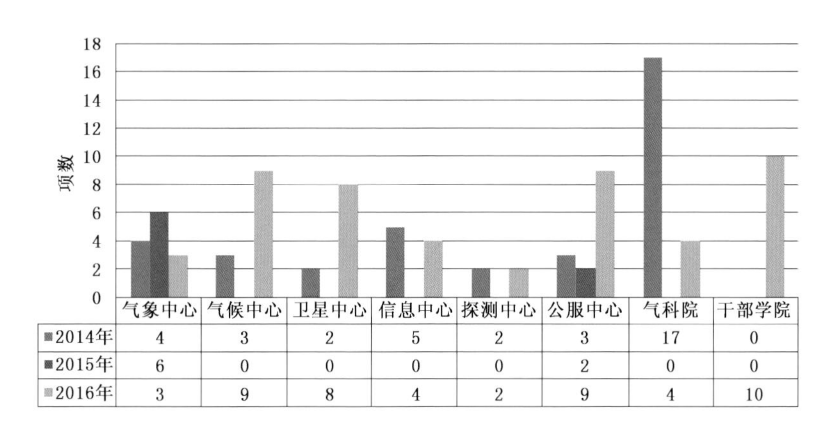

	气象中心	气候中心	卫星中心	信息中心	探测中心	公服中心	气科院	干部学院
■2014年	4	3	2	5	2	3	17	0
■2015年	6	0	0	0	0	2	0	0
■2016年	3	9	8	4	2	9	4	10

图7.9　2014—2016年各直属业务科研培训单位科技成果登记（备案）情况

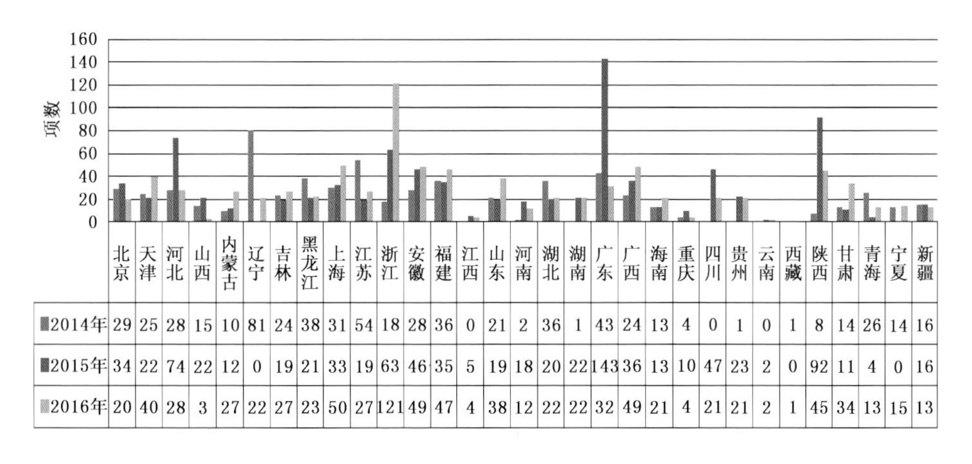

	北京	天津	河北	山西	内蒙古	辽宁	吉林	黑龙江	上海	江苏	浙江	安徽	福建	江西	山东	河南
■2014年	29	25	28	15	10	81	24	38	31	54	18	28	36	0	21	2
■2015年	34	22	74	22	12	0	19	21	33	19	63	46	35	5	19	18
■2016年	20	40	28	3	27	22	27	23	50	27	121	49	47	4	38	12

	湖北	湖南	广东	广西	海南	重庆	四川	贵州	云南	西藏	陕西	甘肃	青海	宁夏	新疆
■2014年	36	1	43	24	13	4	0	1	0	1	8	14	26	14	16
■2015年	20	22	143	36	13	10	47	23	2	0	92	11	4	0	16
■2016年	22	22	32	49	21	4	21	21	2	1	45	34	13	15	13

图7.10　2014—2016年各省（区、市）气象局科技成果登记（备案）情况

（2）获奖气象科技成果

2001—2016年，全国气象部门获奖气象科技成果统计详见表7.1，其中2016年

获省部级奖达 60 项,但 2015 年和 2016 年已连续两年无气象科技成果获得国家级奖项。

表 7.1　2001—2016 年获奖气象科技成果

年份	国家级	省部级	其他
“十五”期间	9	288	23
2001	8	42	23
2002	—	71	—
2003	—	52	—
2004	1	54	—
2005	—	69	—
“十一五”期间	5	271	1
2006	1	54	—
2007	1	45	—
2008	2	61	1
2009	1	52	—
2010	—	59	—
“十二五”期间	5	147	2
2011	2	54	—
2012	2	61	2
2013	1	32	—
2014	1	29	—
2015	—	36	10
2016	—	60	17

2016 年度大气科学基础研究成果奖(由中国气象学会组织推荐和评审工作)共评出一等奖一项,二等奖两项:“中国大陆降水精细化过程演变的气候特征及其变化研究”获得一等奖;“大气科学中变分同化与反演若干关键技术理论及应用研究”与“中尺度系统动热力学新理论和预报新方法研究”二项成果获得二等奖。

2016 年度气象科学技术进步成果奖共评出一等奖(三项):大气能见度测量关键技术与仪器产业化、中国极端气候事件监测预测业务系统、风云二号卫星基于月球辐射校正的内黑体定标;二等奖(七项):气候系统中陆地碳氮循环耦合模式的研发应用、超大城市群复杂下垫面边界层过程及精细气象预报关键技术研究、中国南海台风模式预报系统(TRAMS)的研发与应用、区域模式台风数值预报系统、北方果树(苹果、梨、桃、杏、李子)霜冻灾害防御关键技术研究与应用、分布式固态泵浦雷电预警监测系统、便携式新一代天气雷达测试与故障检测平台。

2016 年气象类项目共获 60 项省级科技进步奖,其中安徽砂姜黑土培肥与小麦持续增长关键技术及其应用、新一代天气雷达组网关键技术创新及应用、电网雷电灾害防治关键技术与应用、青藏高原东南缘上游关键区灾害天气监测分析预警理论与技术研究、丘陵山地玉米高产创建技术及集成应用、青藏高原东缘水汽通道关键区域大气综合监测系统建立与应用、压砂瓜水肥高效利用及压砂地持续利用研究与集成示范、极端气候的统计理论和变化规律及其未来预估等 8 个项目获省级科技进步一等奖(表 7.2)。此外,还有 8 个项目获得国家环境保护科学技术奖等其他科技成果奖(表 7.3)。

表 7.2　2016 年省级科技进步奖

获奖项目	奖励名称	等级	地区/单位
城市地铁系统防雷技术及防雷检测关键技术研究与推广应用	四川省科技进步奖	三等奖	北京,四川
华北暴雨发生发展特点及预报技术研究	河北省科技进步奖	二等奖	北京,天津,河北,山西
日观温室气象监测与灾害预警综合技术应用研究及推广	天津市科技进步奖	三等奖	天津
天津雾、霾天气立体观测与预报预警关键技术研究及应用	天津市科技进步奖	二等奖	天津
交通气象灾害预报预警技术及智能化保障服务系统	河北省科技进步奖	三等奖	河北
人与气候影响下海河流域农业区水资源衰变与可持续利用性	河北省科技进步奖	二等奖	河北
山区果品种植区防雹减灾技术研究与示范	河北省科技进步奖	三等奖	河北
北方冬季旅游气象指标指数研究及气象服务系统开发	吉林省科技进步奖	三等奖	吉林
东北铁路交通气象服务关键技术奖研究	吉林省科技进步奖	三等奖	吉林
吉林省山洪地质灾害气象风险预警技术研究	吉林省科技进步奖	三等奖	吉林
上海地区气象环境变化对人体健康的影响及预报关键技术研究	上海市科技进步奖	三等奖	上海
电网气象灾害检测预警关键技术研究及工程应用	江苏省科技进步奖	三等奖	江苏
气候变化对浙江省主要病虫害发生的影响极其对策	浙江省科技进步奖	三等奖	浙江
气象灾害风险管理在农业保险中的应用	浙江省科技进步奖	二等奖	浙江
浙江快速更新同化数值预报业务系统研究和应用	浙江省科技进步奖	三等奖	浙江
浙江省新一代多普勒天气雷达(CINRAD)维修维护测试平台的研制	浙江省科技进步奖	三等奖	浙江
浙江省植被变化及其对气候变化的响应	浙江省科技进步奖	三等奖	浙江
安徽砂姜黑土培肥与小麦持续增长关键技术及其应用	安徽省科技进步奖	一等奖	安徽
降尺度方法在安徽省月季降水预测中的应用	安徽省科技进步奖	三等奖	安徽

续表

获奖项目	奖励名称	等级	地区/单位
农村信息服务关键技术研究与应用	安徽省科技进步奖	二等奖	安徽
福建南亚热带果树寒冻害监测预警及评估技术研究与应用	福建省科技进步奖	二等奖	福建
台湾与海峡对福建台风路径、风雨的影响机制及预报模型	福建省科技进步奖	三等奖	福建
森林火灾气象监测与风险预警技术	江西省科技进步奖	二等奖	江西
流域水文气象耦合关键技术及应用	湖北省科技进步奖	二等奖	湖北,重庆
三峡水库上游梯级调度气象技术研究与系统应用	湖北省科技进步奖	三等奖	湖北
暴雨中尺度天气系统监测与分析技术研究应用	湖南省科技进步奖	二等奖	湖南
基于新媒体开发的湖南气象网省级改造项目	湖南省科技进步奖	三等奖	湖南
华南区域精细数值天气预报模式技术开发	广东省科技进步奖	二等奖	广东
基于SVG的移动互联网空间信息集成服务与应用	广东省科技进步奖	三等奖	广东
新一代天气雷达组网关键技术创新及应用	广东省科技进步奖	一等奖	广东
中国南海台风模式预报系统(TRAMS)的研发与应用	广东省科技进步奖	二等奖	广东
电网雷电灾害防治关键技术与应用	广西壮族自治区科技进步奖	一等奖	广西
广西电网流域面雨量预报预警技术研究与应用	广西壮族自治区科技进步奖	二等奖	广西
基于GIS的广西灾害天气预警服务一体化业务技术研究与应用	广西壮族自治区科技进步奖	三等奖	广西
影响广西的西南低涡特征以及致洪低涡的机理研究与应用	广西壮族自治区科技进步奖	三等奖	广西
海南省江河流域面雨量监测和预报预警系统	海南省科技进步奖	二等奖	海南
雷电预警技术在文昌火箭发射场的应用研究	海南省科技进步奖	二等奖	海南
马铃薯晚疫病智能监测预警系统研究与应用	上海市科技进步奖	三等奖	重庆
重庆市主城区排水(雨水)防涝综合规划研究与推广应用	上海市科技进步奖	三等奖	重庆
青藏高原东南缘上游关键区灾害天气监测分析预警理论与技术研究	四川省科技进步奖	一等奖	四川
丘陵山地玉米高产创建技术及集成应用	四川省科技进步奖	一等奖	四川
贵州省气候变化影响评估研究	贵州省科技进步奖	三等奖	贵州
贵州省山地雷电灾害防御技术体系研究与应用	贵州省科技进步奖	三等奖	贵州
贵州卫星气象遥感技术研究与应用	贵州省科技进步奖	三等奖	贵州
云贵高原山地雾预报研究与应用	贵州省科技进步奖	三等奖	贵州

续表

获奖项目	奖励名称	等级	地区/单位
热带海洋温度变化的相互联系及其气候效应	云南省科技(自然科学类)奖	三等奖	云南
未来10至30天云南省灾害性天气预报应用技术研究及示范	云南省科技进步奖	二等奖	云南
云南气候变化基本事实及极端气候事件研究	云南省科技(自然科学类)奖	三等奖	云南
西藏高原地表生物物理参数的遥感监测方法研究	西藏自治区科技进步奖	三等奖	西藏
气溶胶增加对秦巴山区和降水作用	陕西省科技进步奖	三等奖	陕西
陕南秦巴山区中小河流洪水和山洪气象预警技术研究及应用	陕西省科技进步奖	二等奖	陕西
基于现代观测体系的雨养农业生态干旱特征及监测预警技术研究	甘肃省科技进步奖	二等奖	甘肃
青藏高原东缘水汽通道关键区域大气综合监测系统建立与应用	甘肃省科技进步奖	一等奖	甘肃
青海高原气候变化对水资源和雪灾的影响及应用	青海省科技进步奖	二等奖	甘肃,青海
基于GIS的中国北方酿酒葡萄生态区划	宁夏回族自治区科技进步奖	三等奖	宁夏
宁夏灰霾天气形成机理、预报预测及防治对策	宁夏回族自治区科技进步奖	三等奖	宁夏
压砂瓜水肥高效利用及压砂地持续利用研究与集成示范	宁夏回族自治区科技进步奖	一等奖	宁夏
中国北方果树霜冻灾害防御关键技术研究与应用	宁夏回族自治区科技进步奖	三等奖	宁夏
极端气候的统计理论和变化规律及其未来预估	江苏省科技进步奖	一等奖	国家气候中心,国家气象信息中心
全要素自动气象观测系统及其校验技术	江苏省科技进步奖	二等奖	中国气象局气象探测中心

表7.3　2016年其他科技成果奖

获奖项目	奖励名称	等级	地区/单位
京津冀大气灰霾特征与控制途径研究	国家环境保护科学技术奖	二等奖	天津
新一代天气雷达数据质量控制及保障关键技术研究	中国仪器仪表学会科技成果奖	三等奖	河北
内蒙古草地畜牧业适应气候变化研究	中国发展研究奖	二等奖	内蒙古

续表

获奖项目	奖励名称	等级	地区/单位
道路交通气象系统的成套标准及检测技术研究应用	中国公路学会科学技术奖	二等奖	江苏
备战2012年伦敦奥运会气象服务与训练指导计划	中国体育科学学会科技学技术	二等奖	国家气候中心
中国月一季节降水预测的新理论和新方法研究	教育部高等学校科学研究优秀成果奖(科学技术)科技进步奖	二等奖	国家气候中心
全国地面综合气象观测业务系统平台	中国仪器仪表学会科技奖	一等奖	中国气象局气象探测中心,中国华云气象科技集团公司
数据帝扒天气栏目	中国科技新闻学会科技传播奖	三等奖	中国气象局公共气象服务中心

曾庆存院士获第61届国际气象组织奖

2016年6月22日,世界气象组织决定授予中国科学院院士、中国科学院大气物理研究所曾庆存第61届“国际气象组织奖”,颁奖仪式于2017年5月16日在日内瓦举行。

曾庆存,男,广东阳江人,1935年5月4日生。他是我国著名大气科学家和地球流体力学家,也是一位杰出的教育家,是新中国气象事业发展的参与者和见证者。1956年北京大学物理系毕业,1961年在苏联科学院获副博士学位。曾任中国科学院大气物理研究所所长(1984—1993)、大气科学和地球流体力学数值模拟国家重点实验室主任(1985—1993),1990年兼任大气科学和地球流体力学数值模拟研究国家重点实验室主任、南京大学大气科学系教授。1980年当选中国科学院院士,1994年当选俄罗斯科学院外籍院士,1995年当选第三世界科学院院士。1980年全国劳动模范,1989年全国先进工作者。2014年当选美国气象学会荣誉会员。他在大气动力学、地球流体力学、数值天气预报理论、气候数值模拟和预测理论、计算数学、大气遥感理论以及自然控制论等方面都有创造性的贡献。

世界气象组织将“国际气象组织奖”颁发给曾庆存是为了“表彰他在遥感理论和卫星气象方面的杰出贡献,他的信息提取算法获得广泛应用,能够给用户提供近实时气象卫星产品;表彰他在数值天气和气候预测方面的开创性工作,他在大气和地球流体力学的数学物理基础问题、数值计算方法、先进模型与预测研究都有杰出贡献；表彰他在气象灾害防治方法上的杰出贡献，包括用气象卫星监测数据和超级计算来辅助气象灾害的预测与防治调度；表彰他对地球系统模式发展的杰出贡献以及他在全球气候和环境变化上宽广和有远见的研究”。

“国际气象组织奖”是1955年设立的。该奖是一项终身成就奖项，用以表彰全球做出杰出贡献的气象科学家。由世界气象组织(WMO)其评选并颁发，每年颁发一次，一般是在前一年的执委会会议确定人选，第二年的会议上颁奖。“国际气象组织奖”是全球气象界的最高荣誉奖项，享有“气象诺贝尔奖”之称。此前，中国已有两位获奖者：气象学家叶笃正院士(获2008年第48届国际气象组织奖)和冰川学家秦大河院士(获2008年第53届国际气象组织奖)。

(资料来源：中国新闻网，原作者：张素)

(3)气象科学论文发表

2014—2016年，气象部门在高端期刊发表的论文数量稳中有升，2014—2016年气象部门第一作者的SCI(E)/EI论文发表情况见图7.11。

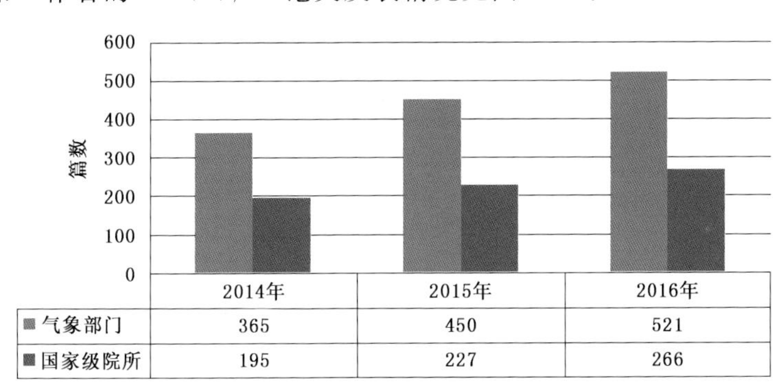

	2014年	2015年	2016年
气象部门	365	450	521
国家级院所	195	227	266

图7.11　2014—2016年气象部门SCI(E)/EI论文发表情况

2014—2016年，气象部门在国内核心期刊上发表论文总量分别为1844篇、2045篇和1849篇，具体中国气象局各直属气象业务科研培训单位和全国各省(区、市)气象部门国内核心期刊论文发表情况统计分别见图7.12和图7.13。

(4)气象科研专项立项

2016年气象关键技术集成与应用项目达到49项(表7.4)，比2015年减少53项。国家重点研发计划项目17项(表7.5)，国家自然科学基金项目91项，清洁发展机制(CDM)项目13项。气象软科学项目57项(重大4项，重点18项，自主35项)。

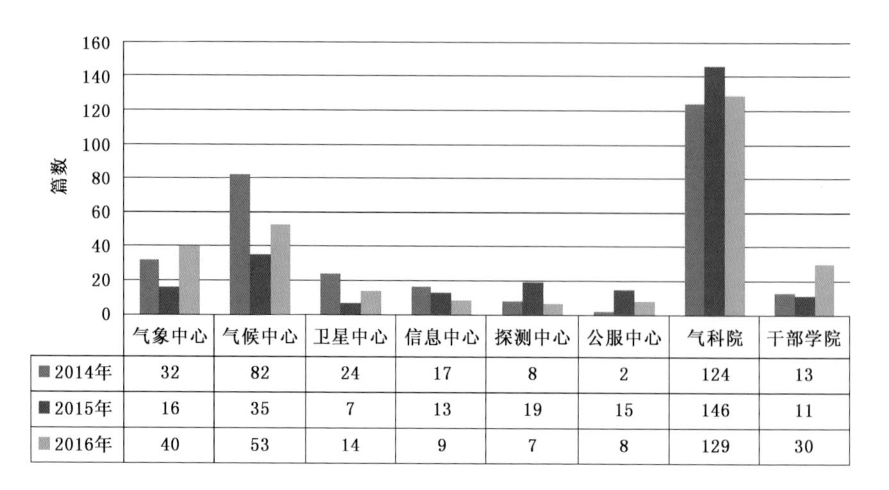

图 7.12　2014—2016 年各直属业务科研培训单位国内核心期刊论文发表情况

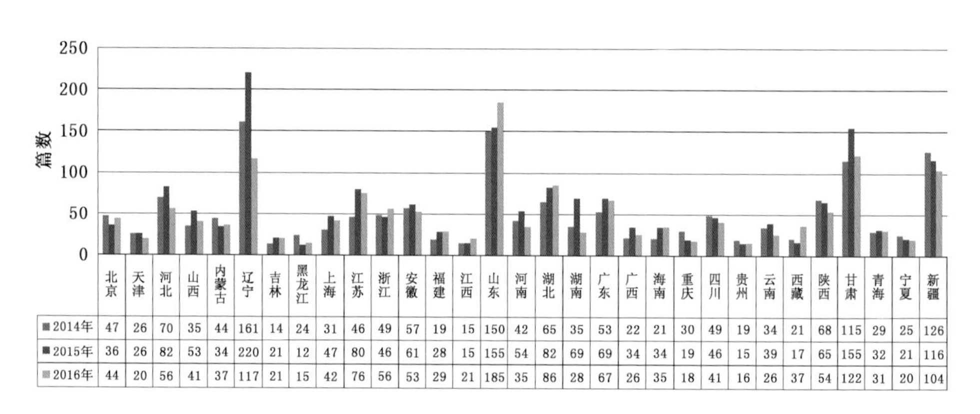

图 7.13　2014—2016 年各省(区、市)气象部门国内核心期刊论文发表情况

表 7.4　2016 年气象关键技术集成与应用项目

项目名称	承担单位
暴雨可预报性评估技术研究(一期)	国家气象中心
内蒙古中西部极端降雨分析预报技术应用	内蒙古自治区气象局
西南复杂地形下强降水预报技术研发与应用	四川省气象局
基于概率匹配的降水集合预报技术研究及应用	浙江省气象局
宁波热对流源地触发机制和预报技术研究	宁波市气象局
冬春季云贵静止锋特征变化及对贵阳降水、气温的影响	贵州省气象局
基于高分辨率数值预报的短时强降水短时预报技术开发与集成应用	国家气象中心
北京人影催化作业方案的设计优化及应用	北京市气象局

续表

项目名称	承担单位
北京地区短时临近预报平台集成应用	北京市气象局
集合 3DVAR 同化 MTSAT 反演资料在渤海海雾数值预报中应用	天津市气象局
农作物生长全程气象动态评估技术集成	黑龙江省气象局
东北冷涡暴雪预报技术研发与应用	黑龙江省气象局
观测资料在数值模式中的分类评估－AMDAR	上海市气象局
基于卫星的台风强度指数再分析	国家卫星气象中心
强对流天气的中尺度分析和落区预报技术集成	山东省气象局
近海船舶交通气象服务保障技术研究	青岛市气象局
雷暴大风临近预报预警关键技术及业务应用	湖南省气象局
危化危爆行业雷电监测资料研究及应用	湖南省气象局
春末夏初广西雷暴大风潜势预报方法研究与应用	广西区气象局
作物模型在“云烟”主要气象灾害定量监测评估中的集成应用	云南省气象局
西北区东部短时强降水短时监测预警技术的改进与应用	甘肃省气象局
甘肃酒泉风电基地风能预报关键技术应用研究	甘肃省气象局
南方地区不同类型暖区暴雨形成机制及预报技术研究	国家气象中心
集合预报在北方海域大风预报中的应用	天津市气象局
遥感资料反演海温数据与海洋数值预报应用	天津市气象局
渤海海雾预报关键技术集成与应用	河北省气象局
内蒙古空气质量预报技术集成与应用	内蒙古自治区气象局
基于 CMAQ 模式的污染源优化及空气质量修正预报技术	辽宁省气象局
沈阳 $PM_{2.5}$ 化学特征对呼吸疾病影响技术集成应用	辽宁省气象局
人工增雨最佳催化作业技术研究及应用	吉林省气象局
吉林省温棚蔬菜冷冻害预警指标及防御技术研究	吉林省气象局
吉林省温棚蔬菜冷冻害预警指标及防御技术研究	吉林省气象局
长三角地区重污染天气预报指标研究与应用	上海市气象局
水稻高温热害气象保障关键技术集成	江苏省气象局
台风动力初始化方法的研制及其应用研究	江苏省气象局
南海海上多源资料融合分析技术改进和集成应用	广东省气象局
雾、霾中期预报技术研究与应用	国家气象中心
基于多源资料的海洋监测诊断及气候影响关键技术研发与应用	国家气候中心
冬小麦生长监测定量评价技术业务化应用	河南省气象局
城市群极端高温事件监测评估方法集成及应用	江苏省气象局

续表

项目名称	承担单位
影响重庆夏季旱涝的强信号分析及预测模型建立	重庆市气象局
川渝地区雾、霾综合监测技术研究及应用	重庆市气象局
长江上游面雨量气候预测的关键技术集成与应用	重庆市气象局
区域性暴雨、高温过程判识评估方法技术集成及应用	国家气候中心
夏季降水气候预测方法向海河流域、松辽流域的推广应用	国家气候中心
面向重要气候事件预测的业务与科研结合	国家气候中心
基于云计算的气象数据环境应用试验	北京市气象局
基于气象私有云的数据挖掘应用研究	上海市气象局
雾、霾、沙尘等现象数据处理技术研发与应用(一期)	国家气象信息中心

表 7.5　2016 年国家重点研发计划

项目计划	项目数
大气污染成因与控制技术研究	6
全球变化及应对	8
地球观测与导航	2
典型脆弱生态修复与保护研究	1
合计	17

三、展望

2016 年,中国气象科技创新能力持续增强,气象科技创新体制机制不断完善,气象科研投入力度保持稳中有升,科研成果丰硕,前沿基础研究得到加强,气象行业的数据共享更加开放。

当前及今后一段时期内,气象事业发展正处在全面推进现代化的关键时期,处于全面深化改革的攻坚时期,全国气象系统将着力构建聚焦核心技术、开放高效的气象科技创新和人才体系(气象现代化"四大体系"之一),中国气象局党组在对 2020 年前全面实现气象现代化进行总体部署时明确指出,要坚持把科技发展摆在气象事业发展全局中的核心位置,坚持把科技创新作为推进现代气象业务发展的根本动力,坚持把科技创新工作贯穿到气象现代化建设的全进程。

具体来看,一是要加强具备国际视野的顶层设计,把握世界气象科技发展态势,面向国际科技前沿,紧跟创新型国家建设步伐,抢占科技发展战略制高点,为现代气象业务发展提供科技储备。二是深化气象科技体制改革,健全科研项目管理制度,完善协同创新制度,完善科技评价及激励机制,为气象现代化建设注入新的活力。三是加快推进气象科技创新体系建设，优化科技资源配置，全面推进气象现代化的科技保障，提升气象现代化发展效率。四是深入实施国家气象科技创新工程，明确重大核心攻关任务，集中攻克气象现代化建设中的核心关键科技瓶颈问题，增强攻关成果的业务转化应用能力。五是深化气象科技开放合作，进一步汇聚各方面科技力量，争取世界科技发展成果最大可能地为我所用，大力提升自身的创新驱动能力，加速气象事业发展。

第八章　气象人才队伍建设

2016 年是我国改革创新人才发展具有重要意义和长远影响的一年。中共中央印发《关于深化人才发展体制机制改革的意见》(中发〔2016〕9 号)等一系列关于人才创新发展的重要文件,创新创业已成为时代潮流,全社会逐步兴起鼓励人才发展的良好风气,为人才成长营造起良好氛围,各行各业选人用人机制更加灵活,人才流动更加广泛,人才创新动力不断提高。人才是气象事业发展第一资源,2016 年,气象部门深入学习贯彻落实国家关于人才发展的部署和要求,结合气象部门实际,不断优化部门用人机制,探索人才发展新模式,营造激励人才成长新环境,加快构建满足与气象现代化发展需求的气象人才体系。

一、2016 年气象人才队伍建设概述

人才发展对气象事业是具有全局性和战略性的核心问题。2016 年,气象部门进一步加强了气象人才发展政策环境建设,通过贯彻落实中央《关于深化人才发展体制机制改革的意见》精神,积极推进落实《气象部门人才发展规划(2013—2020 年)》,完善了气象部门高层次骨干人才使用评价激励政策,极大地激发了高层次人才投身气象现代化建设的积极性。

2016 年,通过大力推进高层次领军人才队伍建设,积极实施国家人才工程,完成政府特殊津贴、"千人计划"、"万人计划"等 6 项国家人才工程和奖励候选人的推荐工作。2 人入选国家"万人计划"科技领军人才。大力实施中国气象局"双百计划",改进完善选拔和评估工作流程,16 位专家通过评审获得专业技术二级岗任职资格。

2016 年,通过扎实推进创新团队建设,调整重组了中国气象局台风暴雨强对流创新团队、风云卫星工程团队和气候预测理论与应用团队,组建了气候变化创新团队。积极做好国家气象科技创新工程三大攻关团队政策服务,在重要人才评价、奖励和支持培养工作中,注重向创新工程骨干成员倾斜。

2016 年,通过进一步推进培训体系建设,增强了气象培训能力,编制了《中国气象局干部培训学院分院建设指南》《分院建设阶段评估指标(2016 版)》,修订《干部学院深化气象培训体制改革实施方案》,推进了气象干部学院自身改革。积极推进气象教育工作,举办了高校教师现代气象业务研修班,协调南京信息工程大学、成都信息工程大学继续增加大气科学专业省外招生计划。协调教育部在南京信息工程大学为

新疆气象部门招收大气科学专业内高班民族生。

二、2016 年气象人才队伍建设进展

2016 年，气象部门加快完善人才发展体制机制，着力完善气象培训体系，从严强化干部队伍管理，气象人才队伍建设取得了显著成绩。

（一）2016 年全国气象人才工作

2016 年，气象部门不断完善气象人才发展政策措施，坚持高端引领，以用为本，统筹推进各类人才队伍建设。

1.气象人才发展政策环境进一步优化。为更好地实施人才强局战略，中国气象局党组深入研究加快推进气象人才体系建设的方针政策和体制机制，强化各级党组（党委）对人才工作的统一领导，把人才工作作为“一把手”工程纳入各单位工作目标责任制。2016 年夏季以科技和人才为主题内容专题开展党组中心组学习，落实中央《关于深化人才发展体制机制改革的意见》和全国科技创新大会精神，研究部署气象科技创新与人才发展体制机制改革工作。认真贯彻落实党和国家有关人才政策精神，紧密围绕提升部门核心竞争力，先后出台并不断完善职称评审、“双百计划”、创新团队、青年英才、直接联系专家、国内高级访问进修、气象科技骨干海外培养、国家气象科技创新工程支持保障等一系列政策措施。其中“双百计划”被中央组织部等三部委确定为第一批全国重点海外高层次人才引进计划，气象科技骨干培养项目纳入国家留学基金委支持项目。建立了人才重大政策落实和实施情况跟踪机制，持续组织开展了人才工作和人才队伍评价，不断推进人才工作科学化，也为各级气象部门健全完善人才工作机制提供了政策依据。

按照党中央和国家的要求，围绕中国气象局党组的部署，气象部门各单位积极推动人事人才政策和人才规划的落实，各省（区、市）气象局和各直属单位着力加强气象人事人才工作统筹规划，不断完善配套人才政策措施，稳步推进气象人才体系建设，2016 年各单位新出台人才政策总计 70 余项。全国气象部门形成了不同层级之间紧密联系、相互衔接又各有侧重的人才规划和人才计划（工程）体系。

2.气象高层次人才队伍建设取得积极进展。2016 年，气象部门积极实施国家和部门人才工程，完成政府特殊津贴、“千人计划”、“万人计划”等 6 项国家人才工程和奖励候选人的推荐工作。有 2 人入选国家“万人计划”科技领军人才，有 8 位同志获批享受国务院政府特殊津贴，中国气象科学研究院入选国家创新人才推进计划创新人才培养示范基地。继续实施中国气象局“双百计划”，改进完善选拔和评估机制，新引进特聘专家 2 人，新选拔首席预报员 5 人、首席气象服务专家 9 人、科技领军人才 14 人，续聘“双百计划”专家 44 人。16 位专家通过评审获得专业技术二级岗任职资格。调整增加了正研级专业技术人员聘用指标，新下达正研指标 334 个，扎实做好职称评审相关工作，年内 86 人获得正研级职称资格，818 人获得副研级专业技术职务任职资格。

3.气象青年骨干人才培养措施不断强化。通过大力实施青年英才培养计划、西部优秀青年人才津贴制度等多种途径,引导部门大力加强青年人才队伍建设,有18人入选第三批气象部门青年英才。29人享受第七届西部优秀青年人才津贴。积极落实气象部门青年英才支持培养措施和跟踪服务,先后组织了青年英才研究成果汇报会、大气科学前沿问题高级研修班,累计约200人次参加学术汇报和交流活动。

4.气象创新团队建设取得新进展。2016年,按照《中国气象局创新团队建设与管理办法(试行)》,中国气象局调整重组了台风暴雨强对流创新团队、风云卫星工程团队和气候预测理论与应用等6支创新团队;新组建了气候变化创新团队;围绕国家气象科技创新工程三大攻关任务需求,开展完成骨干成员调整工作。全国省级气象部门围绕气象防灾减灾、应对气候变化、专业气象服务等领域工作,扎实推进创新团队建设,截至2016年年底,有26个省级气象部门建立了预报预测创新团队;国家级业务单位和96.6%的省份建立了创新团队并出台创新团队管理办法。

5.气象人才培养交流机制进一步完善。2016年,进一步完善了气象人才培养机制,持续有序推进业务科研骨干高级访问进修工作,全年接收80名左右省级业务科研骨干来国家级业务科研单位访问进修。继续与国家留学基金委联合实施气象科技骨干海外培养项目,选派20余人到国外访问进修。中国气象局直属事业单位和各省级气象部门都十分重视气象人才培训工作。所有国家级直属事业单位和89%以上的省级气象部门均组织了信息技术人员参加了新兴技术培训;93.1%省级气象部门实施了预报服务能力培训、观测数据质量控制业务能力培训和仪器装备故障诊断和维修能力培训;19个省份开展了观测产品制作分析培训等一系列业务能力培训;20个省级气象部门制定首席预报员培养方案,27个省份建立了在岗"传、帮、带"培训机制;18个省级部门制定了重大科研项目和重大业务建设项目的人才专项培养方案,22个省级部门利用国家级或省部级重点开放实验室等支撑平台提高人才的科研能力。

2016年,全国气象部门进一步加强了干部人才交流培养力度,中国气象局选派7名司处级干部赴省(区、市)气象局挂职,省(区、市)局和院校选派16名同志到中国气象局机关、直属单位挂职锻炼,选派42人到东西部气象部门对口交流。9个省市气象部门与相关大学合作,培养本地生源气象专业类毕业生扎根西部气象部门。8个省市气象部门利用中国气象局"奖学金计划",吸引大学本科毕业生到艰苦台站就业。27个省级气象部门在选拔任用时注重干部基层工作经历,21个省级气象部门把少数民族干部、妇女干部和党外干部的培养选拔纳入工作计划,20个省级气象部门实施后备干部队伍动态管理。

(二)全国气象部门人才队伍结构

1. 气象人才队伍总量

截至2016年年底,全国气象部门人员总数76278人,其中编制内人员57355人(含地方编制员工4202人),编外聘用17565人,劳务派遣1358人。

全国气象部门国家编制在职人员53153人(图8.1),其中参公人员14691人,事业单位人员38462人。2016年,全国31个省(区、市)气象在职人才队伍规模情况如图8.2所示,其中四川省气象局在职人数最多,为3174人,其次为内蒙古自治区气象局,在职人数为3089人。

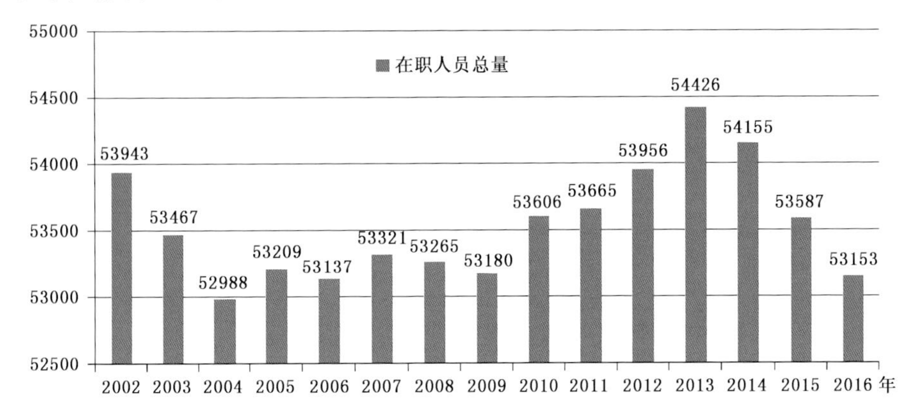

图8.1　2002—2016年全国气象部门国家编制在职员工总量变化(单位:人)

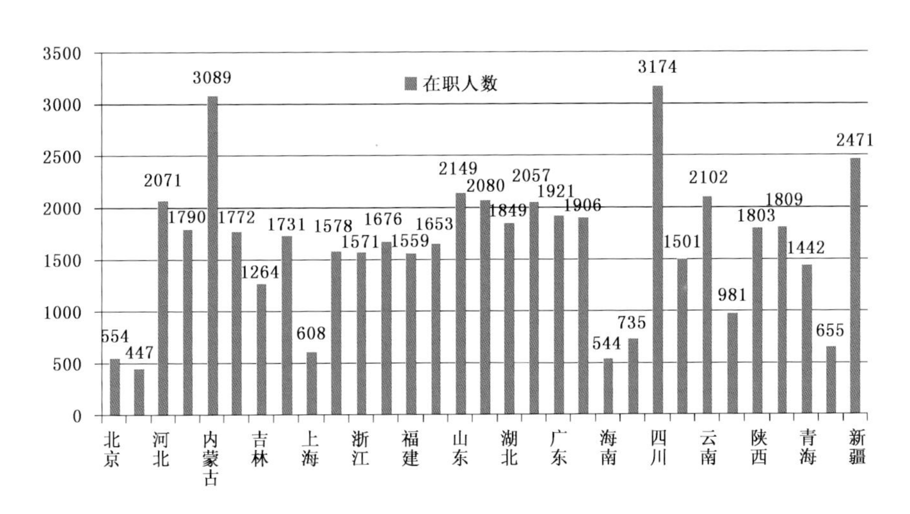

图8.2　2016年31个省(区、市)气象在职人才队伍规模情况(单位:人)

2. 气象人才学历结构

截至2016年年底,气象部门在职队伍学历:研究生7424人,占14.0%;本科33811人,占队伍总量的63.6%;专科及以下11918人,占队伍总量的22.4%。总体看来,气象在职人才队伍的学历水平越来越高(图8.3)。

2016年,各省级气象部门学历分布差距较大。31个省级气象部门在职人才队伍本科及以上学历占比最高(88.8%)与最低(63%)之间的差值超过25个百分点(图8.4)。

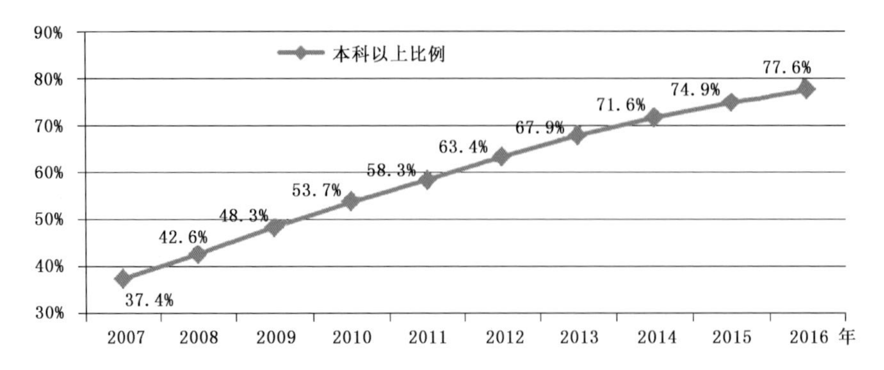

图 8.3　2007—2016 年全国气象在职人才队伍学历发展趋势

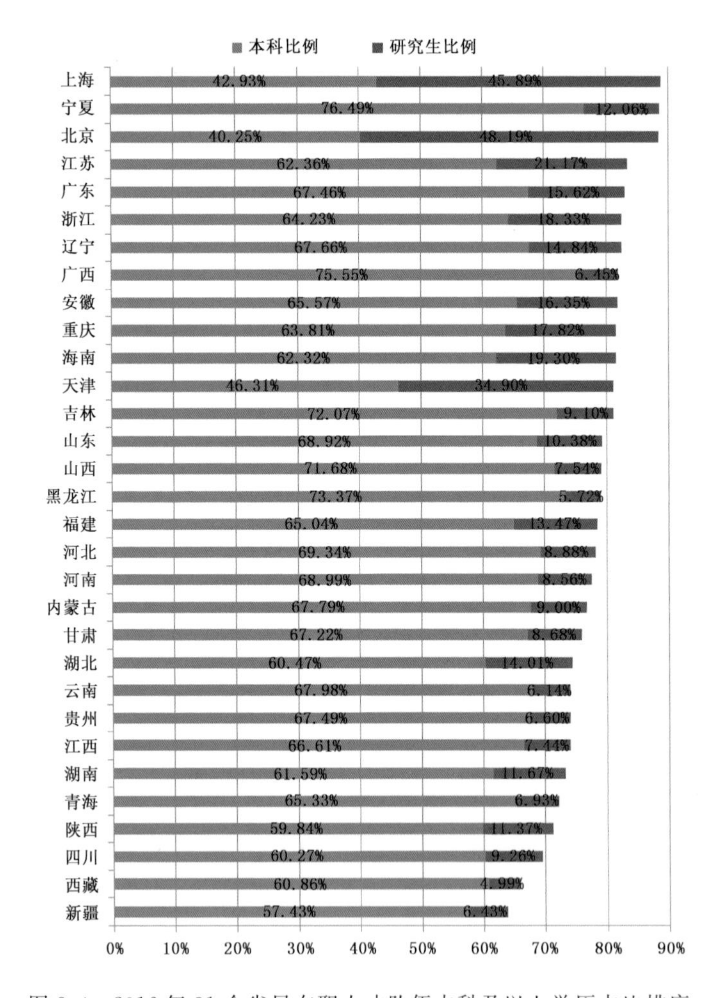

图 8.4　2016 年 31 个省局在职人才队伍本科及以上学历占比排序

3. 气象人才专业结构

截至2016年年底，气象部门人才队伍专业状况，大气科学专业26258人，占49.4%；地球科学其他专业3177人，占6.0%；信息技术专业10472人，占19.7%；其他专业13246人，占24.9%（2010—2016年专业结构变化，详见图8.5）。总体来看，气象在职人才队伍专业结构不断优化，大气科学专业人才占比逐年上升，其他专业逐年下降。

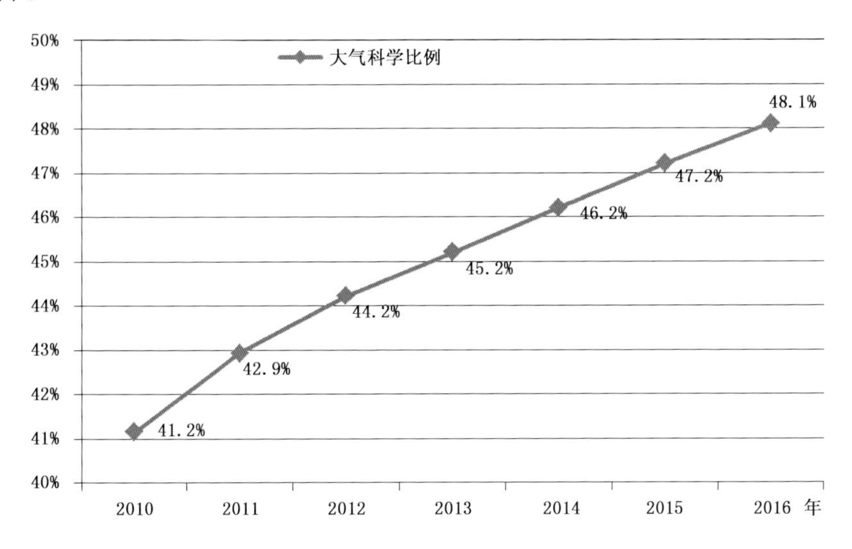

图8.5 2010—2016年全国气象部门在职人才队伍专业结构变化情况

4. 气象人才职称状况

数据显示，2007—2016年气象部门在职人员队伍中，正研、副研和中级三类职称人数总体呈平稳缓慢上升趋势（图8.6）。截至2016年年底，气象部门拥有各类专业技术职称的在职人员49197人，占92.6%。其中正研人数为755人；副研级人数为

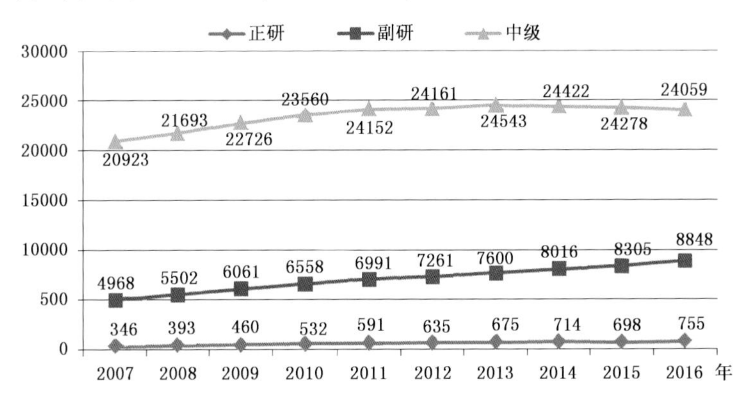

图8.6 2007—2016年气象部门在职人员队伍职称数量变化（单位：人）

8848 人;中级人数为 24059 人(2016 年全国气象在职人才队伍职称分布状况见图 8.7)。从中国气象局八个直属单位在职高级职称人数占队伍总量的比例来看,中国气象科学研究院、国家气象中心、国家气候中心三大业务科研单位高职称人才优势明显,截至 2016 年年底,三个单位的在职正研人数分别为 69 人、56 人和 48 人(图 8.8)。

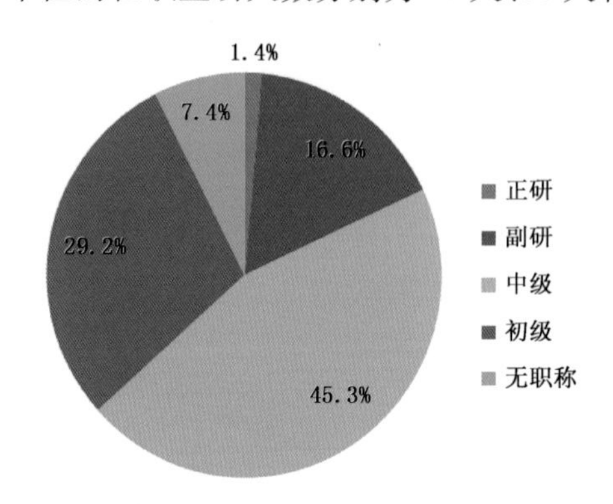

图 8.7　2016 年全国气象在职人才队伍职称分布状况

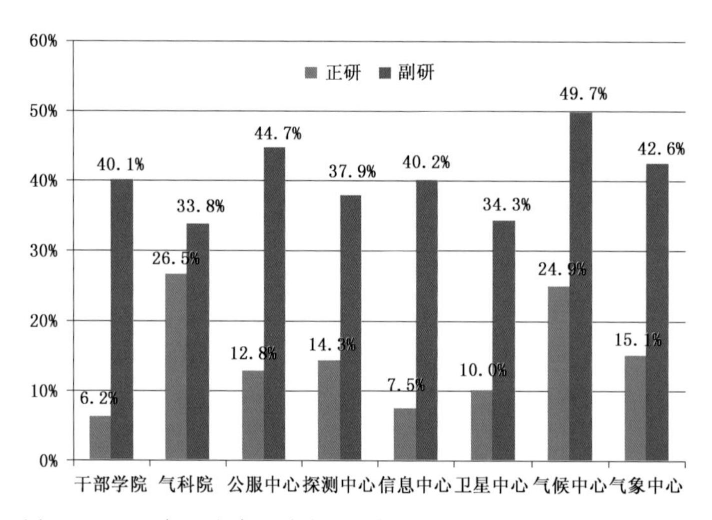

图 8.8　2016 年八个直属单位在职高级职称人数占队伍总量的比例

5. 气象人才层级分布

截至 2016 年底,气象部门人才队伍中,国家级、省级、地市级和县级气象部门人才分别占全国气象人才队伍总量的 5.7%、23.8%、32.9%和 37.7%。地县两级气象部门人员占比达到 70.6%,较 2015 年降低约 0.2%。

2016 年,各层级气象部门在职人才队伍学历结构(本科以上)中,研究生比例随国家、省、市、县四级逐级降低;市级队伍本科生比例最高(图 8.9)。与 2010 年相比,国家级队伍研究生比例增长最多,达 16.4%,县级气象部门队伍本科生比例增长最多，达 28.7%。

2016 年，各层级气象部门在职人才队伍专业结构状况中，省级气象部门人才队伍大气科学专业比例最低(图 8.10)，与 2010 年相比，四级气象部门队伍中大气科学比例都有所增加，增幅 5.4%～7.7%不等。

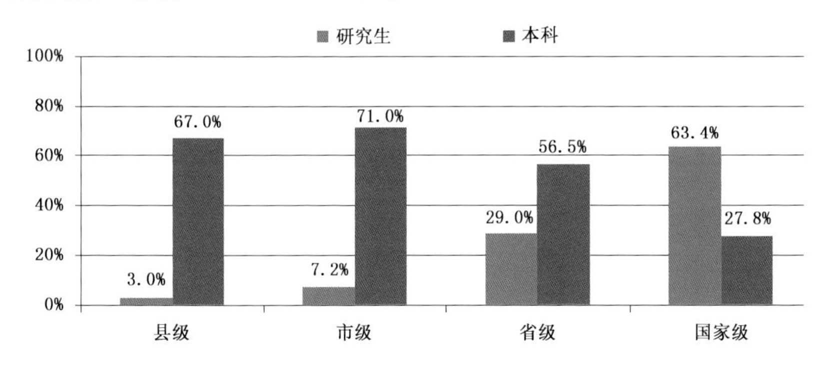

图 8.9　2016 年各层级气象在职人才队伍学历结构(本科以上)

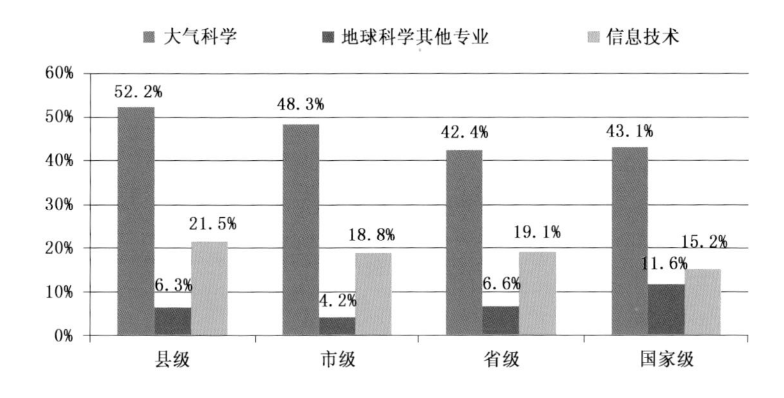

图 8.10　2016 年各层级气象在职人才队伍专业结构状况

2016 年，各层级气象部门在职人才队伍专业职称(中级及以上)中，高级职称人员占本级比例随国家、省、地、县四级逐级降低。只有国家级气象部门的高级人员占比超过了其中级人员占比；县级气象部门高级职称人员占比最少，但中级职称人员占比在四级中为最高，县级气象部门人员中 50%以上为中级职称(图 8.11)。

(三)高校和行业气象人才队伍

1. 高等院校和科研院所

(1)高校毕业生总体情况

根据 2013—2016 年毕业生统计情况来看，大气科学及相关专业的毕业生逐年增多，开设大气科学相关专业的院校逐渐增多，大气科学及相关专业招生规模逐步扩

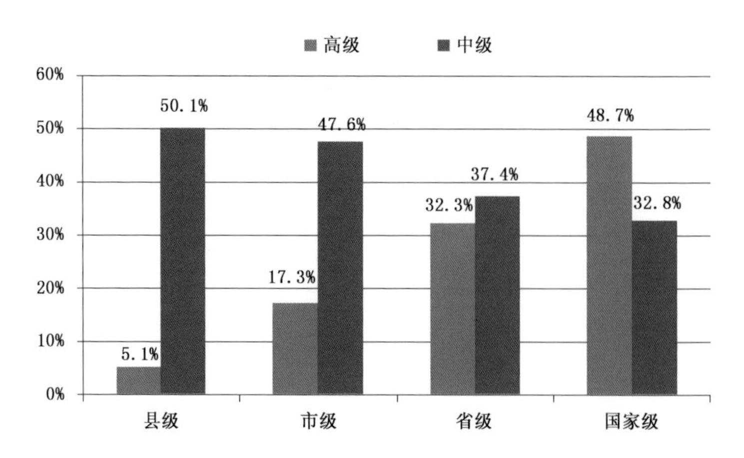

图 8.11　2016 年各层级气象在职人才队伍职称状况(中级及以上)

大。据不完全统计,2013—2016 年,共有 13336 名大气科学类专业及相关专业的毕业生(图 8.12)。

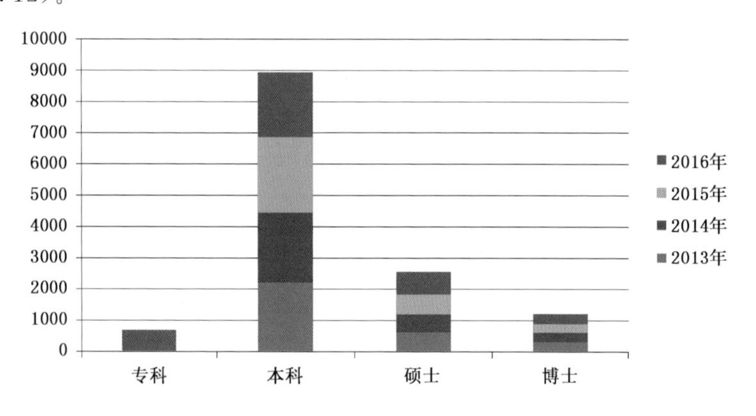

图 8.12　近几年大气科学类(气象学类)及相关专业毕业生总量(单位:人)

从图 8.12 可以看出,每个学历层次招生规模变化较小,每年毕业生数量比较均衡,本科毕业生仍然是毕业生供给的主要来源。对照用人单位需求的统计口径,将本科的大气科学、应用气象、研究生的气象学、大气物理、应用气象专业统一算作大气科学类(或气象学类)专业,则近几年,大气科学类(气象学类)毕业生总量 9501 人,占所统计毕业生总量的 71%。

2013—2016 年,本科、硕士、博士毕业生规模基本没有变化,三个层次的学历人数规模依次减少,本科仍是招生主力(图 8.13)。

近几年的毕业生中,本科毕业生为 8910 人,占毕业生总人数的 70%。其中,大气科学专业和应用气象专业毕业生达到 6996 人,占到本科毕业生的 79%。其他相关专业 1914 人(图 8.14)。

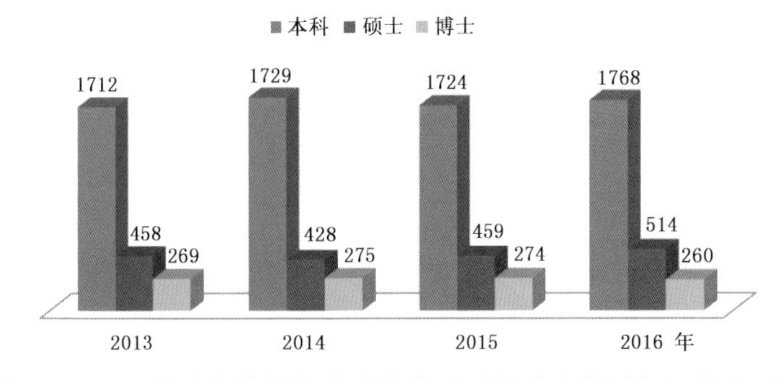

图 8.13　近几年大气科学类(气象学类)专业毕业生学历分布(单位:人)

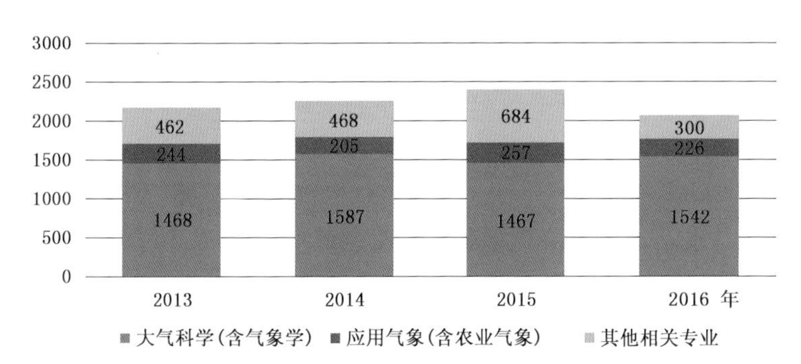

图 8.14　近几年本科毕业生专业分布情况(单位:人)

近几年毕业生中,硕士研究生达 2538 人,占毕业生总量的 25%。其中,气象学(含大气科学、气候学、气候系统与气候变化、气候系统与全球变化、流体力学、海洋气象学、大气探测)、应用气象学(含农业气象)、大气物理的毕业生数量为 1859,占硕士研究生的 73%。其他相关专业毕业生 679 人(图 8.15)。

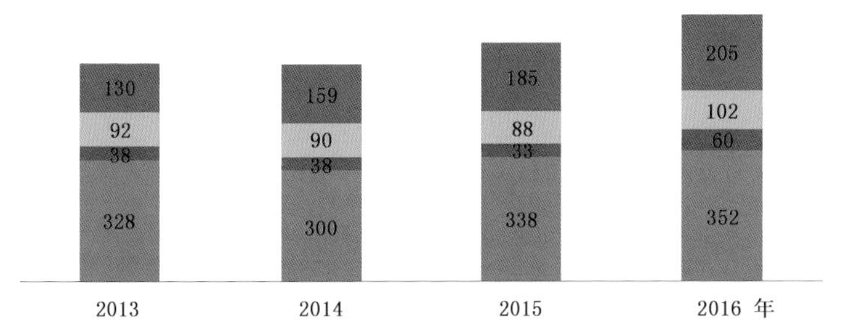

图 8.15　近几年硕士研究生专业分布情况(单位:人)

近几年的毕业生中,博士毕业生数量为 1214 人,约占毕业生总量的 10%。其中,气象学(含气候学、气候系统与气候变化、气候系统与全球变化、流体力学、大气探测、海洋气象学)、大气物理、应用气象专业毕业生总共为 1078,占博士毕业生统计数量的 89%(图 8.16)。

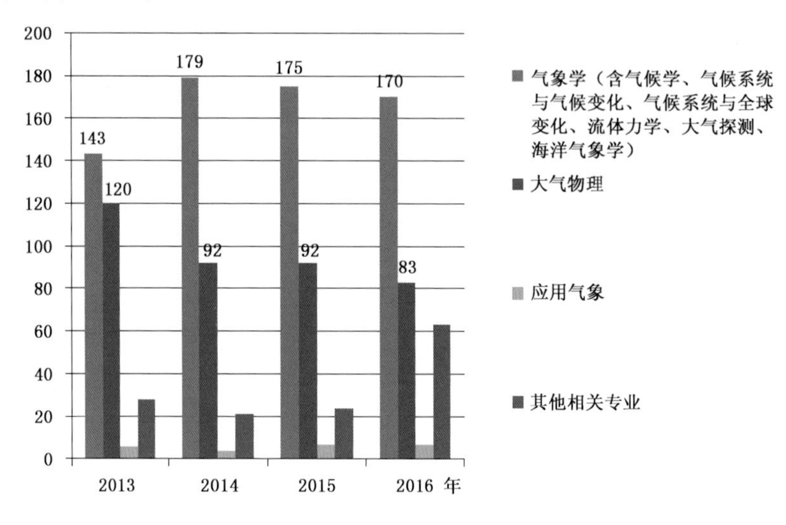

图 8.16　近几年博士研究生专业分布情况(单位:人)

可以看出,一些高等院校从近几年才开始进行大气科学及相关专业的本科或研究生招生。南京信息工程大学、成都信息工程大学、南京大学、兰州大学、中山大学、云南大学、中国海洋大学、中国农业大学、中科院大气所、气科院等为大气科学类专业毕业生集中的院校,是大气科学高等教育招生多的院校。可以看出,毕业生也主要集中在这几所院校,尤其南京信息工程大学一所院校的毕业生供给达 6147 人,成都信息工程大学毕业生 2057 人,两所院校大气科学类专业及相关专业的毕业生数量达到所统计毕业生总量的 59%(图 8.17)。

(2)南京信息工程大学(以下简称"南信大")

南信大全球人才引进和培养计划成效显著。"十二五"以来南信大坚持"引培并举",实施"四三工程",通过九次全球高端人才招聘,引进博士及高级职称专任教师 375 人,其中具有海外背景的 194 人,来自世界排名前 200 名学校的有 40 人。新增院士 2 人、千人计划 3 人、长江学者特聘教授 1 人、国家杰青 2 人、青年千人计划 5 人;新增省部级及以上科技创新团队 13 个,获批教育部创新团队 1 个。专任教师队伍中获得千人计划、新世纪百千万、新世纪优秀人才等省级及以上人才项目约 280 人。大气科学学院海外院长王斌教授荣获罗斯贝奖章、影响世界华人大奖,廖宏教授荣获首届"全国杰出科技人才"奖(全国仅 10 人),青年教师陆春松获美国地球物理学会霍尔顿青年科学家奖。

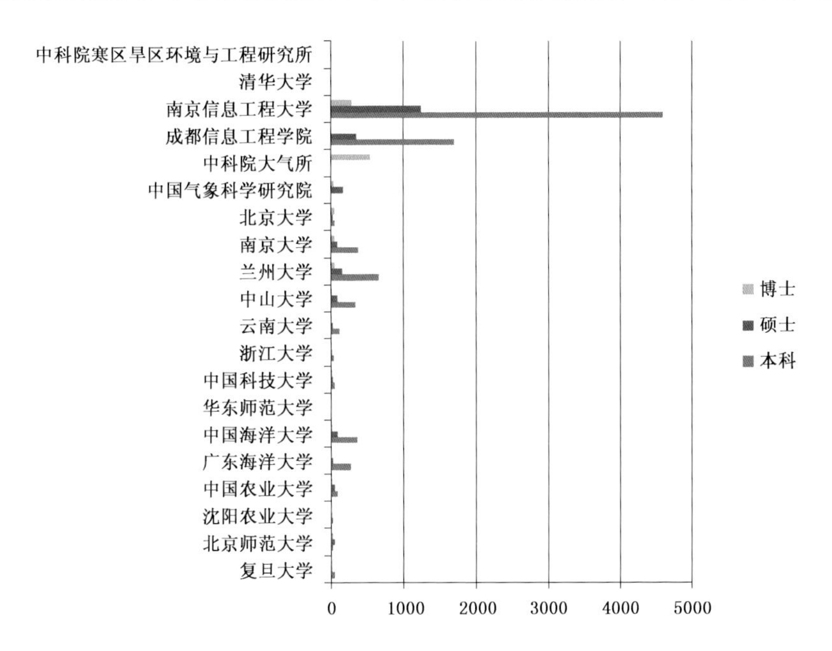

图 8.17 近几年毕业生院校分布情况(单位:人)

南信大气象师资队伍和研究团队建设快速发展。创新实施师资队伍的"三化工程"即"博士化、国际化、精英化",带来了师资队伍脱胎换骨的变化。到 2016 年,南信大现有大学科学及相关类的专任教师 1232 人,具有正高职称 242 人、副高职称 403 人、博士 974 人,博士占有率从 2012 年的 56%提升至 2016 年的 78.8%,国际化率从 2012 年的 33%提高到 2016 年的 60.1%,位居江苏高校前列。获江苏省首批"人才强校"试点高校,江苏省"教育人才工作先进单位",学校高层次人才引进和培育工作实践经验入选教育部人才工作创新典型案例。

南信大为气象国际培训和留学生教育作出突出贡献。留学生由 2012 年的 533 人增至 2016 年的 1422 人,位列江苏省高校第 7 位。留学生结构不断优化,来自 111 个国家,其中硕博研究生 191 人,占全校研究生总数 6.1%。学校被评为江苏省教育国际合作交流先进学校,入选全国高校来华留学质量认证试点院校,成功获批"留学江苏目标学校",获评"中美人才培养计划 121 项目"先进单位。WMO 区域培训中心实现常年办班,承办了 63 期国际和双边培训班,培训学员 1258 人,培训质量与贡献得到了世界气象组织的高度认可。

(3)成都信息工程大学(以下简称"成信大")

成信大现有专任教师 1000 多名,高级职称 426 人,有全国"百千万人才工程"专家、国家有突出贡献中青年专家、享受国务院政府特殊津贴专家、四川省学术和技术带头人等高水平人才 50 余名。学校有 1 个国家级教学团队、5 个省级教学团队(表

8.1)、4个四川省创新团队、9个四川省高校创新团队、6名省级教学名师、2名四川省十佳青年教师，聘任兼职院士8人。有本校教师担任校外兼职博士生导师15人，比较有影响力的主要学术兼职46项，其中CDIO国际组织委员会委员1人(全球6位)。

成信大大气相关专业(大气科学学院、电子工程学院、资源环境学院、通信工程学院、计算机学院、软件工程学院、网络空间安全学院)，2016年大学科学及相关类专职教师共计324人，其中博士169人，副教授94人，教授57人；2016年大气相关专业本科生招生2684人，大气科学专业本科生招生367人，研究生招生341人，大气科学专业研究生招生106人；2016年大气相关专业本科生毕业人数2867人，大气科学专业本科毕业生人数321人，大气相关专业研究生毕业人数310人，大气科学专业研究生毕业人数77人。2012—2015年大气科学专业毕业研究生126人进入气象部门工作，占毕业总人数87.5%。

表8.1 成信大大气科学及相关专业省级以上教学团队

团队类别	团队名称/研究方向
国家级教学团队	大气探测技术教学团队/大气探测
省级教学团队	大气科学专业教学团队/大气科学
省级创新团队	气候变化与防灾减灾四川省青年科技创新研究团队/气候变化与防灾减灾
省级创新团队	青藏高原环流系统演变及其对四川地区气象灾害的影响创新研究团队/气候变化与防灾减灾
省级教学团队	大气探测技术教学团队/大气探测
省级教学团队	信号处理系列课程教学团队/信号处理

2. 民航气象

民航系统具有包括观测、预报、设备维护的航空气象人员队伍。民航气象人员实行执照管理制度，2016年12月31日我国持有民用航空气象人员执照4302人，包括持有预报执照1949人，观测执照1833人，设备保障执照2168人(部分人员持多岗执照)。

3. 农垦气象

黑龙江省农垦总局设立气象管理站，到2016年气象科技人员315人，其中总局和管理局气象台事业在编人数56人。农场气象站企业编制人员259人。目前有高级气象工程师26人，工程师103人，助理工程师和技术员98人。气象专业人员普遍经过国家气象院校的正规学习和培训，其中本科毕业158人，占50%，大专毕业93人，占30%。从事气象专业技术工作的业务人员70%专业工作年限在15年以上，具备一定的专业技术理论水平和较强的实际工作能力，积累了丰富的气象为农业生产服务的工作经验。

4. 森工气象

到2016年年底，黑龙江省森工系统拥有森林物候气象站45处，气象哨114处，工作人员424人。现采取三级管理，总局气象站，管理局气象站，林业局气象站。制作全省林区的常规天气预报、灾害性天气警报、气候区划，为全林区提供预报服务、各项经济建设提供信息服务，为各级领导提供决策服务。

5. 气象智库建设

1991年，中国气象局成立总体规划研究设计室，事业发展规划研究和气象工程系统设计取得了长足发展。2008年成立中国气象局发展研究中心，开展了全局性、长远性、前瞻性和实用性的气象事业发展战略研究工作，气象战略研究和气象智库建设进入新的发展阶段。

2015年，由中国社会科学院出版的《中国智库名录》将中国气象局发展研究中心和中国气象科学研究院收入其中。这是该刊物首次收录气象类智库，这标志着气象智库在多年的努力下已经初见成效，逐渐被社会认可。

除此之外，我国气象类智库还有中国气象学会、中国科学院大气物理研究所、南京信息工程大学、成都信息工程大学等机构、组织或高校。

（四）气象人才教育培训体系建设

2016年，全国气象部门着力完善培训工作管理，积极推进培训体系建设，进一步加强了气象培训能力建设，完成了各类业务和管理培训任务，教育培训对提高气象队伍的整体能力和素质发挥了重要作用。

1. 人才教育培训工作①

2016年，持续推进教学内容改革，教学活动更加规划化、系统化、科学化，培训质量和效益稳步提高，全面推进气象教育培训现代化，加强了气象教育培训核心能力建设。

（1）构建分层分类模块化课程体系。2016年，持续推进分层分类模块化的培训课程体系建设建立教学计划、教学大纲、培训教材（课件）实时更新机制；印发《2016—2020年教材建设规划》。创新教学培训方式方法，“互联网＋”、虚拟现实等现代信息技术得到推广应用，研讨式、案例式、体验式等教学方法综合运用。创新气象教育培训管理机制，初步建成气象教育培训教学管理平台，健全质量、效果、效益三级评估体系。以岗位能力为目标的，分层、分类模块化的培训课程体系。国家级课程体系建设中新开发农业气象、环境气象和气候3个岗位系列的上岗培训课程。基本完成基层岗位综合素质能力模块化课程体系开发项目第1期第一批12个模块的开发。

2016年，通过构建分层分类模块化课程体系，完善了以气象基础知识培训、“新任预报员—普通岗—关键岗—首席岗”预报员岗位培训、高级研讨培训为主的预报预

① 本节图片主要来源：2016年中国气象局气象干部培训学院述职材料。

测人员培训系列课程体系;完善建立了以司局级领导干部轮训、专题研讨培训、处长综合素质培训班、处级领导干部管理专题培训班、省级气象局处长培训、地市级气象局长轮训、县级气象局长轮训为主的领导干部培训课程系列;基本完成基层岗位综合素质能力模块化课程体系开发项目第1期第一批模块的开发,包括雷电防护、地面气象观测、装备维护保障、气象预警预报等12个模块。

2016年,通过完善培训教材体系,加强教材建设整体规划,启动了61个教材建设项目;完成预报员轮训、处级领导干部轮训、农业气象业务人员上岗培训、CIMISS培训系列等新教材共计18册,教材累计145册;出版基层台站气象业务技术系列培训教材12本;业务类和管理类教学案例(个例)共计80多个。

(2)加大开放合作力度。一是加强国际合作与交流。初步建立与埃塞俄比亚、乌干达、伊拉克等国气象培训机构的交流合作关系,加强与WMO教育培训交流,参加WMO研讨会2次;落实与法国、美国、俄罗斯、韩国、澳大利亚、印尼等国双边合作;首次申请获批发改委“气候变化南南合作专题培训项目”和“中国清洁发展机制基金赠款项目。二是继续加强国内合作。探索与气象服务改革发展相适应的培训机制和资源共建共享机制;进一步落实与国家行政学院应急管理培训中心合作协议的内涵;推进与北京工业大学合作建设气象虚拟仿真联合实验室;深化中央党校国家机关分校、海军航空兵、民航、新疆建设兵团等在培训领域的合作。

(3)加强核心能力建设。一是建设教学培训基础业务平台。自主开发了观测员上岗业务软件考试阅卷系统,提升阅卷效率和上岗考试的标准化水平。完成“新型自动气象站虚拟仿真培训系统”建设,完成气象远程教育及教育共享平台二期项目建设,包括气象远程学习与培训管理系统升级改造、教学资源管理系统以及在线考试系统,开发山洪地质灾害防御情景模拟培训环境建设,开发面向气象部门内外领导干部培训的情景模拟培训实训环境、教学平台和若干授课脚本。

二是培训质量管理与评估业务体系进一步完善。2016年,进一步完善了项目评估业务体系及指标建设,初步构建了国家级和省级培训评估数据集,探索评估结果反馈及应用机制,探索以评估结果“考核培训能力、推动教学改革、提高教学质量”的机制。强化培训评估和总结,完成全国气象部门预报员轮训、处级领导干部轮训和资料业务人员上岗等重点培训项目,共计19份培训质量和效果评估报告,15份专项调查分析报告。

三是学科和师资队伍建设。专职师资实施分层分类培养。按照气象教育培训首席教授建设方案,骨干和青年师资培养培养方案,全年派出青年教师参加培训、国内外交流、锻炼实习等150余人次,建4个学院创新团队;新入选气象部门科技领军人才1人,青年英才1人。重点支持综合观测、气象管理等学科的建设和发展。新增科研立项32项,其中新增自然基金3项、国家科技支撑计划项目1项、预报员专项2项、局重大软科学项目1项等。9项教学成果获奖。专职教师授课比例提高,占总教学课时的 52.88%，同期比增加了 16.6%。开展多种现代教学方式授课，研究式、案例式、情景模拟式教学课时比已达 30%以上。

四是开展图书馆文献信息服务。气象科技信息与情报共享平台功能不断增强，平台集文献检索、信息采集与监测、数字资源远程访问、馆际互借等功能于一体。数字资源保障与服务体系日趋完善，主要数字资源达 42 种，SCIE、Springer 期刊全文库和万方数据知识服务系统向省级气象部门全面推广开放。全年文献下载量超过 45 万篇；围绕气象事业发展，提供各类信息服务产品 70 种(期)。

2. 各类教育培训开展情况

2016 年，国家级培训和省级培训情况见图 8.18。其中，共举办国家级培训班 174 期，培训各类干部职工 6200 余人，培训量 17.8 万人天(图 8.19)。各省区市气象培训机构共举办省内培训 672 期，培训各类干部职工 2.3 万余人次，培训总量 12.9 万人天。远程培训覆盖率达到 99%，累计远程在线学习时长约 206.3 万小时。

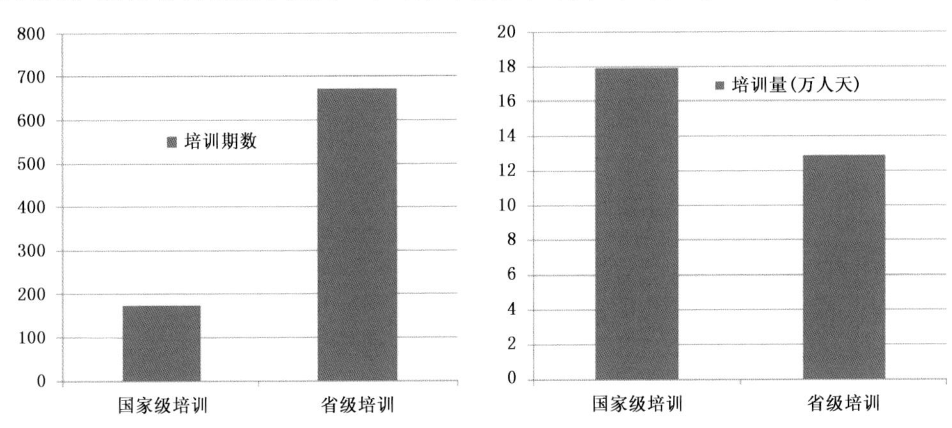

图 8.18　2016 年国家级培训和省级培训情况(期数；万人天)

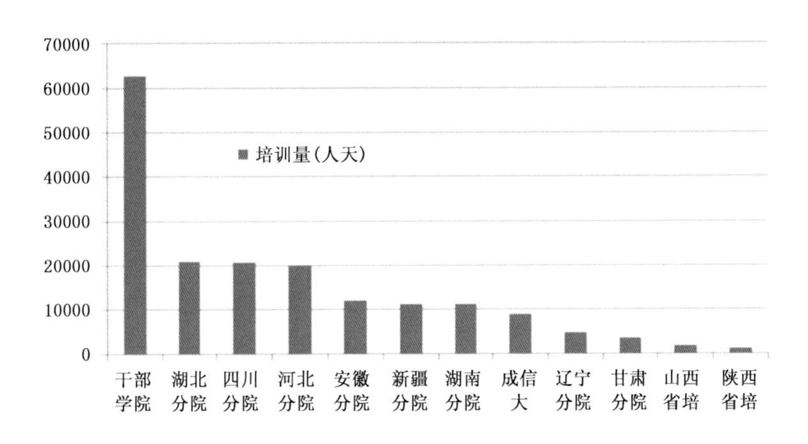

图 8.19　2016 年各单位承担气象国家级培训情况(人天数)

(1)完成全国性轮训工作。2016 年,启动首轮处级领导干部轮训和第二轮全国气象部门省级以上预报员轮训,完成第二轮县级气象局长轮训和地市预报员轮训的总结。

(2)上岗培训。2016 年,新任预报员上岗培训 12 期,观测员上岗培训 26 期,资料业务人员上岗培训 1 期。完成环境气象、省级农业气象上岗培训试点和省级以上气候业务人员上岗培训筹备工作。

(3)高层次骨干培训。2016 年,围绕需求,开展气候资源开发利用培训、突发气象灾害风险管理培训、高校教师现代气象业务研修班培训,及时开展风云四号卫星资料、CIMISS、MICAPS4.0 等新技术推广应用培训。

(4)国际培训影响力进一步扩大。2016 年,举办国际培训班 9 期,培训国际学员 122 名,5 个 VCP 项目。培训国际学员来源广泛,来自 58 个国家,较 2015 年增长 18%。2016 年度国际培训招收各国学员数量分布详见图 8.20。首次开展南南合作气候变化专题国际培训。

图 8.20　2016 年度国际培训招收各国学员数量分布图

(5)远程培训效果显著。全国性远程培训 13 期,其中混合式培训 3 期,远程师资培训 4 期,加强远程培训考试。网络公开课件资源累计达 1866 个,5000 余学时,气象业务类课件 476 个,2256 学时。在线学习人数约 2.7 万人(2015 年 1.8 万),在线学习时长 206.3 万小时,较 2015 年增长近一倍。2011—2016 年气象远程在线学习时长详见图 8.21,2016 年全国在线学习人均学时数详见图 8.22。

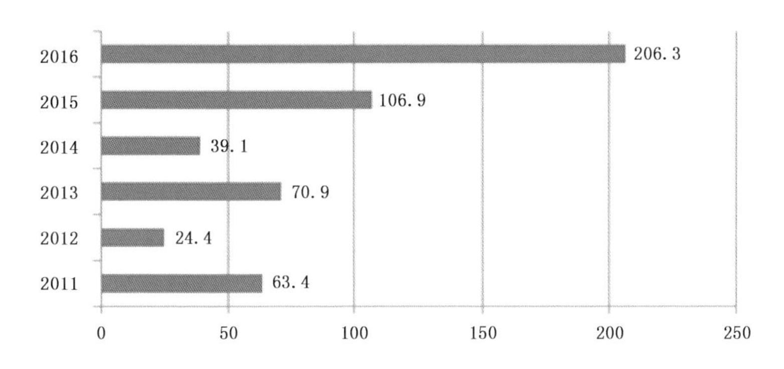

图 8.21　2011—2016 年气象远程在线学习时长(万小时)

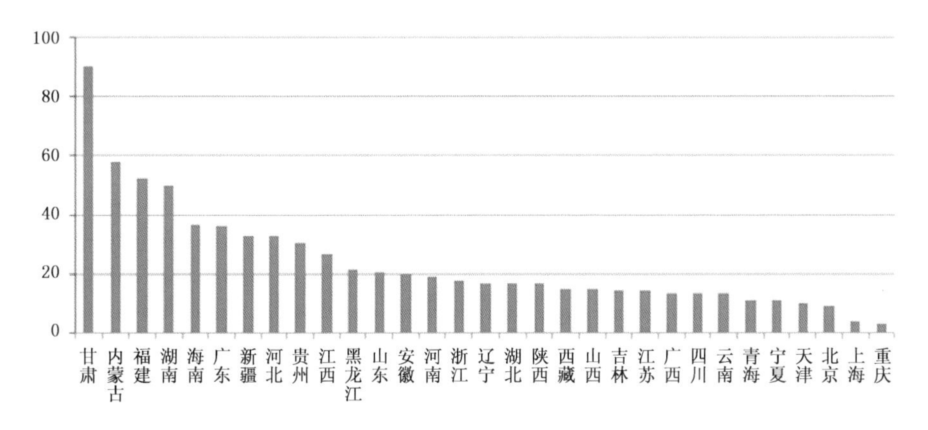

图 8.22　2016 年全国各省(区、市)在线学习人均学时数(小时)

三、展望

2016 年,我国气象人才发展取得良好进展,为 2020 年实现气象人才发展目标奠定坚实基础。到 2020 年之前,我国气象人才发展要紧密围绕全面建成小康社会和基本实现气象现代化这两个核心目标,大力实施气象人才优先发展战略,提供强有力的气象人才保障。

具体来看,一是应以高层次领军人才和青年人才建设为重点,统筹推进各类人才资源开发和协调发展。二是应优化人才队伍结构,引进和培养在气象现代化建设关键领域急需的人才,着力加强科技研发、业务一线和基层人才队伍建设。三是应造就高水平科技创新团队,发挥好团队集中优势攻关和人才培养的作用,激发人才创新活力。四是应根据气象现代化建设需要,制定人才培养规划。健全气象培训体系,加强气象培训能力建设,开展全方位、多层次的气象教育培训,推进气象教育培训现代化。五是应深化省部合作和局校合作,加强气象学科和专业建设,推进基础人才培养。不断优化人才成长的政策、制度环境,形成尊重人才、尊重知识、公平竞争的良好氛围。

六是应加快人才发展体制机制创新，建立和完善科学的人才工作评估、人才评价发现、选拔使用、编制管理、流动配置、职称评聘、待遇分配、激励等机制，构建充满生机和活力的气象人才体系。

第九章　气象工作创新[①]

党的十八届五中全会强调指出，创新是引领发展的第一动力，必须把创新摆在国家发展全局的核心位置，不断推进理论创新、制度创新、科技创新、文化创新等各方面创新，让创新贯穿党和国家一切工作，让创新在全社会蔚然成风。创新是气象事业发展不竭的动力源泉，是我国气象现代化发展取得重大成功的重要经验，也是推动未来气象发展取得更大成就的根本动力。长期以来，全国气象部门十分重视创新工作，通过坚持不断创新，推动了我国气象事业的快速发展。

一、2016 年气象工作创新概述

不断推进气象工作创新，是气象事业发展适应内外环境变化和新形势下的根本要求，是气象部门对自身的职能定位、管理方式、运行机制、工作方法、技术手段等多方面做出的创造性调整和变革，是气象系统建立更高水平的管理体系，大力提升部门管理水平的客观需要。基于此，全国气象部门于 2008 年再次启动创新工作评比，通过对围绕气象事业改革与发展大局，针对完成重点工作中存在的共性和突出问题做出的开拓创新进行集中评选，在工作思路、发展理念、管理模式、制度建设、体制机制、方式方法等方面大胆鼓励创新，旨在全国气象部门强化创新意识，激发创新活力，营造解放思想、勇于改革、敢于突破的创新环境，激励各级各单位勇于创新、善于创新，大力提升气象部门创新能力和水平，不断开拓气象工作的新局面，以创新推动气象事业的健康快速发展。

（一）工作创新管理机制建设

完善工作创新管理机制，是推动气象工作创新的重要保障。经过近 10 年不断调整，气象部门创新工作管理机制基本形成。

2008 年，中国气象局印发《气象部门创新工作评比办法》（试行），以下简称《办法（试行）》，明确了创新工作的标准和范围，创新工作评比的组织机构，规范了创新工作申报的程序、评比的程序和方式等内容。同时，在中国气象局综合管理系统中开发创新评比子系统，在线进行项目申报、初审、复审等，实现创新评比电子化，大大提高了

① 本章部分资料来源于中国气象局办公室。

评选效率。评比结果在全国气象局长会议上进行口头通报,并以文件方式通报至全国,同时将获评项目内容在办公网上公布共享,供全国气象部门学习和借鉴。

经过实践,各级气象部门在气象防灾减灾、应对气候变化、气象服务运行机制、气象为农服务模式、气象科普宣传理念和气象科学管理等工作中进行了有益的创新,展示了创新工作在气象事业发展中的推动作用。到 2010 年,中国气象局根据《办法(试行)》在试行过程中发现的问题和不足,组织对《办法(试行)》在 6 个方面进行了修订完善:一是进一步规范了创新评比工作流程,明确了初审、复审、专家评审和报局审定环节的评审要求;二是对年度创新工作进行分类评比,将创新工作分为气象业务服务、科技和科学管理三个方面,突出了业务服务工作;三是扩大了创新工作奖项的覆盖面,将奖项由 10 项增加至 20 项;四是强调了省(区、市)气象局在创新工作评比中的职责,负责组织所辖区域内各级气象部门创新工作的申报,并对申报的创新工作进行预审;五是明确了创新主体,各级气象部门均可以作为创新主体;六是补充完善了创新工作应用有关内容。经过修订完善之后的《办法(试行)》,增强了创新评比的科学性和规范性,创新评比工作机制日渐完善。

"十二五"期间,在创新评比的激励下,各级气象部门强化了创新意识、激发了创新思路,通过总结创新做法、推广创新价值,取得了效果显著。中国气象局对创新评比工作进行不断总结、完善。2015 年,为适应新形势下创新的要求,对《办法(试行)》再次进行修订,主要有 5 个方面:一是明确气象部门创新工作的内容,理清其外延和内涵;二是强化对创新工作全过程的管理,从单一评比增加到前期培育、中期宣传、后期推广全过程;三是优化创新评比的程序及其要求,增加评选原则,明确评选标准和具体要求;四是完善对创新评比的监督和应用,制定违反规定相应的监督和罚则,并且增加公开透明度;五是完善细节增强科学性和规范性,将创新评比从按数量评选转为按比例评选,明确提出鼓励联合开展创新工作培育和申报,并将创新工作推广应用纳入相关内设机构和各单位目标考核。

创新工作实现了从单一评比到综合管理的转变和升级,将"管理"的理念、思路引入到创新工作中,《气象部门创新工作评比办法》也修改为《气象部门创新工作管理办法》,形成了前期培育、中期宣传、后期推广和创新工作管理和评比体系。在前期培育方面,各级气象部门应结合当地经济社会发展需要和自身优势,按照气象事业发展规划或纲要的总体要求,制定创新工作培育计划,有目的地统筹开展培育工作,对拟申报的创新工作项目开展至少一年的培育,且注重培育期间效益分析和总结。在中期宣传方面,各级气象部门在项目成熟阶段和申报前期在内部进行宣传进行初步评价,在评选过程中和完成后由中国气象局利用内外媒体集中进行展示,2015 年首次在中国气象报开设专刊专栏在部门内外进行展示和宣传,并接受监督。在后期推广方面,明确由相关内设机构要根据创新工作所属领域,有计划地组织在气象部门内进行成果推广,对全局中心工作有重大推动意义的创新项目进行重点组织,最大限度发挥创新项目的效益。此外，还强化了创新项目的培育和后续改进。鼓励获评单位对创新项目做进一步的改进完善，形成完整或更加成熟的工作体系，避免半途而废。对于经过再完善、再改进、更成熟的创新项目，如果有新的创新点和进一步的效益发挥，中国气象局仍将其作为新的创新项目。中国气象局对评为创新项目的工作，在项目立项、资金投入、政策支持、改革探索等方面都给予一定的倾斜，促进创新项目后续发展取得更多成果。

（二）创新工作评比总体情况

根据中国气象局制定创新工作评比办法，全国气象部门已经开展了近 10 年创新评比工作，有效推动了气象创新工作的全面开展。

1. 创新项目申报和获奖情况

从 2008 年再次启动创新评比工作到 2016 年 9 年间，各单位累计申报创新工作项目 726 项。中国气象局根据创新主题、创新内容、实施效益等综合情况，共评选出 172 项年度创新工作（图 9.1 和图 9.2），评选率为 23.7%。其中 31 个省（区、市）气象局和 13 个直属单位获得创新工作奖，获奖覆盖率达 93.2%，省级气象局实现获奖全覆盖。

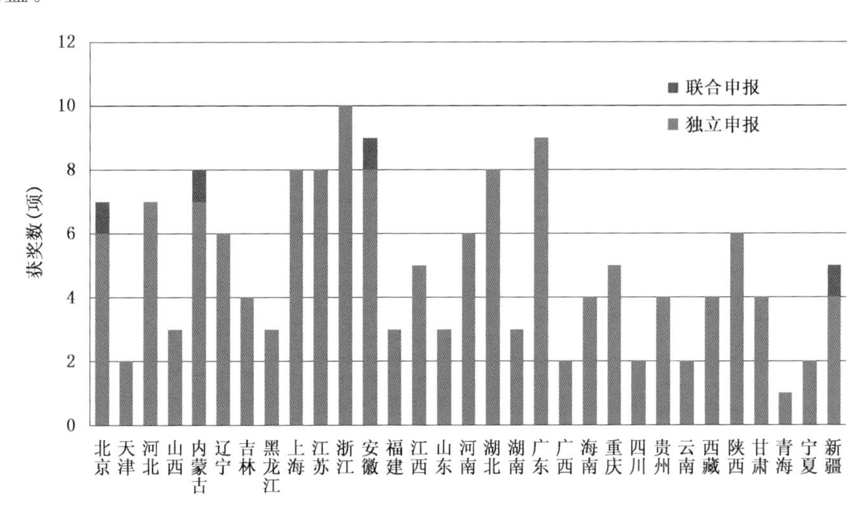

图 9.1　2008—2016 年各省（区、市）气象局创新项目获奖情况

从获奖类别分布来看，气象业务服务类 82 项，占获奖总数的 47.7%；气象科技类 29 项，占获奖总数的 16.9%；气象科学管理类 61 项，占获奖总数的 35.5%。气象业务服务类的项目中，落实中央一号文件精神、促进气象为“三农”服务，面向气象现代化需求、构建新型观测和预报体系，以深化改革为契机、推动气象业务服务改革，以及加强气象防灾减灾体系建设、提高气象灾害防御能力、强化突发事件预警信息发布、提高气象信息化水平，通过重大活动保障提高气象现代化水平等方面的创新项目

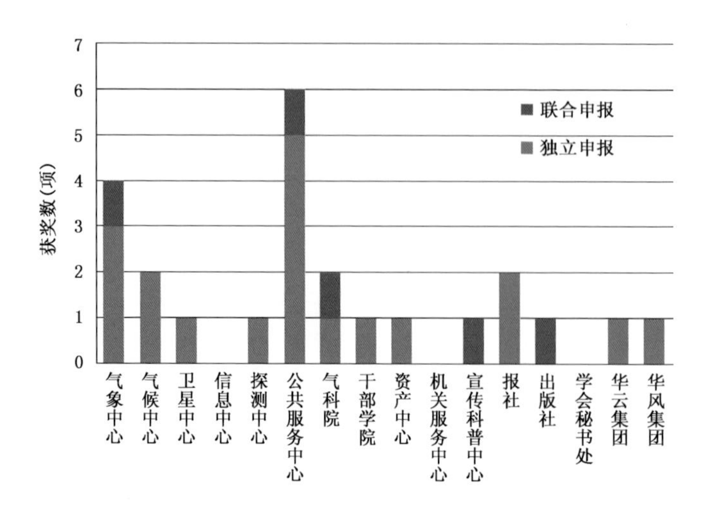

图 9.2　2008—2016 年中国气象局各直属单位创新项目获奖情况

居多,共计 64 项,占气象业务服务类项目的 78%。

此外,气象业务服务类的项目中还有应对气候变化、流域气象业务服务、海洋、交通等专业气象服务等内容。科学管理类的创新项目中,加强政府主导气象现代化工作、突出气象工作政府管理职能,加强基层气象机构综合改革、促进基层气象事业协调发展,适应国家行政审批制度改革要求,推动气象立法等制度创新的项目居多,共计 36 项,占气象科学管理类项目的 59%。气象科学管理类项目还包括综合信息系统建设、应急管理、宣传科普、财务管理、探测环境保护、对外开放合作等方面的内容。气象科技类创新项目主要是科研项目和科学技术研发的组织管理等方面的内容。随着中国气象局党组对基层气象机构综合改革和全面推进气象现代化、全面深化气象改革、全面加强气象法治建设等重大部署的深入推进,与之紧密相连的创新项目优势明显,充分体现了创新驱动在气象发展方面的引领作用。

从获奖地域和单位分布来看,东部地区获奖 66 项,中部地区获奖 40 项,西部地区获奖 44 项,中国气象局直属单位获奖 22 项。东部地区获奖数量最多,占获奖总数的 38.4%(图 9.3),西部地区次之,且西部获奖数量呈现出不规则递增态势。特别是西部一些省份,虽然地方经济基础和政策环境不是很优越,却能够结合实际大胆创新,并取得了很好成绩。如内蒙古自治区气象局始终坚持"以创新促发展、以创新增效益",9 年间先后有 7 个创新项目获评。中国气象局共评选出的 172 个创新项目中,省(区、市)气象局 150 个,占总数的 87.2%,中国气象局直属单位 22 个,占获奖总数的 12.8%(图 9.4,图 9.5)。

2. 创新工作的主要特点

创新工作不仅推动了我国气象事业快速发展,而且形成了一些比较鲜明的特点。

(1)强化管理,科学培育。省(区、市)气象局和中国气象局直属单位紧紧围绕各

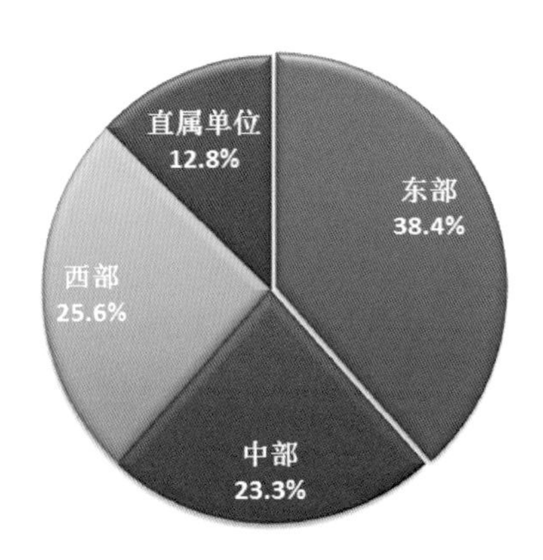

图 9.3　2008—2016 年各获奖单位地域分布情况

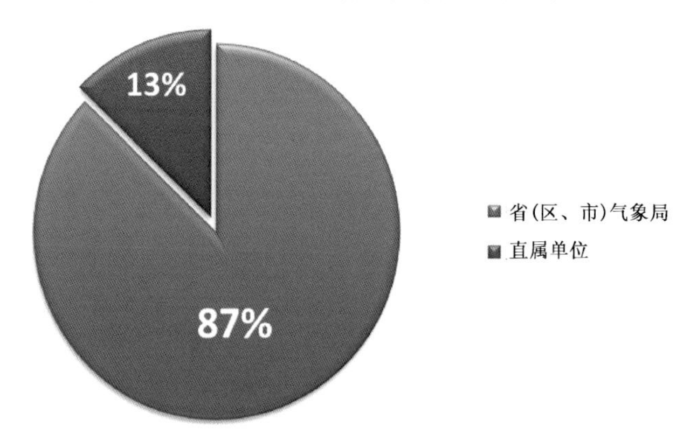

图 9.4　2008—2016 年各获奖单位分布情况

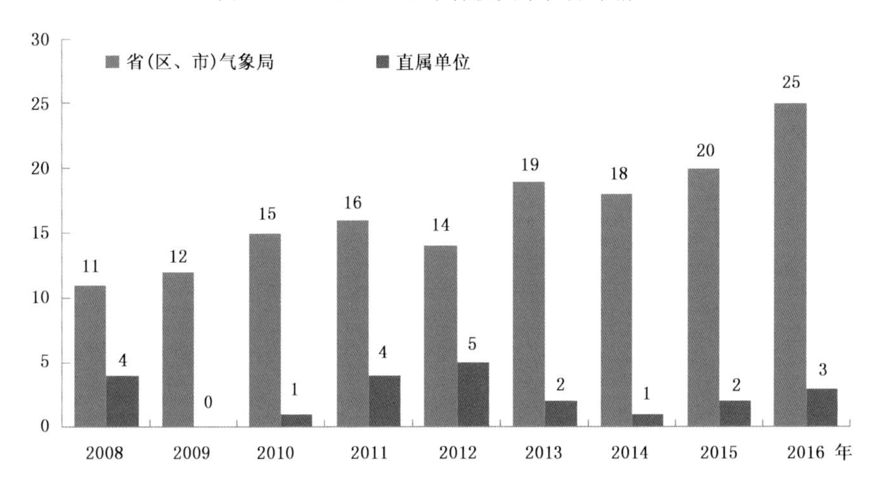

图 9.5　2008—2016 年省(区、市)气象局和中国气象局直属单位年度获奖数量对比图(单位:项)

单位工作实际,采取灵活有效的多种方式,挖掘并培育了各个领域、特色鲜明的创新项目。如国家气象中心以“面向业务、力求实效”为引领,以“提早培育、持续发展”为导向,广泛征集各业务单位和职能部门有创新点的工作,每年挑选其中 3～5 项作为重点培育对象,并按工作进度,确定未来三年滚动培育计划,强化制度、环境、资金支持,注意做好创新工作持续发展,力求取得实效。河南省气象局以“理念驱动、平台孵化、择优培育”为指导,立足于党政领导科学决策和地方经济建设需求,围绕气象为农服务如何提能力、增效益,积极打造“政用产学研”相结合的创新平台,最终形成了气象为农服务的“河南实践”。湖北省气象局对创新工作进行统筹设计、分类管理,做到总结工作措施形成的创新工作不断巩固长常抓,能较快见效的创新工作设立专项深入抓,新领域业务工作逐步培育探索抓,机制创新工作顶层设计系统抓。

(2)围绕中心、务实创新。各级气象部门紧紧围绕中国气象局部署的中心工作和大局发展,开拓思路,勇于创新。广东、浙江等省气象局围绕气象现代化建设,积极推进气象工作政府管理职能落实,充分发挥政府部门在气象事业发展中的重要作用,开创了气象工作新局面,极大地提升了气象工作地位和影响。

(3)广泛参与,积极申报。各单位对创新工作的认识逐步深入,在组织培育创新工作项目、参与全国气象部门创新工作评比等方面展现出极高热情。中国气象局公共气象服务中心、浙江、内蒙古等气象部门,除积极向中国气象局申报创新工作外,还组织本地各级气象部门开展创新工作评比。湖南省气象局在各市(州)气象局和本局直属单位范围内组织开展创新工作评比,并将其纳入目标考核。

(4)注重新业务、新技术的创新应用。各单位特别是有关气象业务服务单位,高度重视气象业务体制机制和新技术、新模式、新方法的创新。如国家气候中心在全国气候预测会商流程方面进行创新,国家卫星气象中心在卫星观测业务模式方面进行创新,公共服务中心加强公路气象观测业务机制创新,同时将创新产品积极向全国范围推广应用。

3. 创新工作效益发挥情况

从总体上,各级气象部门都十分重视充分发挥创新效益。根据创新工作效益发挥情况分析,获评创新项目的多少与创新工作效益发挥程度、效益发挥持久性基本成正相关。获评创新项目较多的单位,如江苏(8 个)、浙江(10 个)、广东(8 个)、安徽(8 个)、内蒙古(7 个),创新工作效益普遍发挥较好,突出表现在公共气象服务和气象防灾减灾能力、新技术应用、气象业务科技和科学管理水平得到不断提高。

(1)促进公共气象服务取得明显效益。公众气象服务品牌知名度进一步提高,如中国气象局公共服务中心推出的“中国天气通”收到了较好的社会效益,贵州省气象局推出的气象影视节目“百姓气象站”收视率长期保持 12%以上。气象为农服务的针对性进一步增强。安徽省气象局制定了农业保险气象服务系列技术规范,承保面积达 1.26 亿亩,惠及农户 412.65 万户,有力推动了政策性农业保险气象服务业务发展。专业气象服务领域进一步拓展。江苏省气象局精心打造具有地域特色的交通、能源、海洋、城市、农业等五大专业气象服务体系，功能齐全，产品丰富，服务效益显著；广东省气象局加强海洋气象观测和预警信息发布，在防御台风等重大海洋气象灾害、沿海气候资源开发利用等方面取得显著成效。决策服务的有效性进一步提升。湖北省气象局针对流域防汛抗旱和三峡水库安全调度提供决策服务，助推三峡集团公司连续3年超额完成发电任务、连续2年完成蓄水目标，《经济日报》头版头条进行专题报道。气象在重大活动保障服务中的作用进一步凸显。北京市气象局采用“扁平化”“格点化”运行管理模式和“三办合一”“一二三四五”合作联动工作机制，取得奥运史上首次大规模人工消减雨作业的成功，圆满完成北京奥运气象保障服务工作。

（2）推动气象防灾减灾体系建设迈出较大步伐。气象灾害防御法律法规体系进一步健全。浙江省政府出台《气象灾害防御办法》，各市、县全部出台气象灾害应急准备工作认证实施细则；河北省政府出台全国首部专门针对暴雨灾害防御的政府规章《河北省暴雨灾害防御办法》。气象灾害防御组织运行体系进一步完善。各省气象局持续推动“政府主导、部门联动、社会参与”的组织体系建设，在扩大地方编制机构、气象防灾减灾工作向基层延伸等方面取得了较大进步。气象灾害预警信息发布体系建设进一步强化。重庆市气象局将气象预警信息发布体系的规范运行情况纳入所有区县政府的应急管理或农业农村工作考核；海南省气象局自筹资金按地级市规格全面完成县级突发事件预警信息发布系统建设工作。气象防灾减灾全程化服务水平进一步提升。部分省气象局在持续强化灾前监测预警、灾中跟踪服务的同时，着力抓好灾后损失评估认定工作，改善了多年来灾前灾中服务强、灾后服务弱的不均衡状况。

（3）带动气象业务科技水平得到提高。综合观测业务基础进一步夯实，发展模式得到优化。内蒙古区气象局打破地面、高空业务相互独立的状况，实现高空地面观测业务一体化和功能集约化。安徽省气象局在全国率先实现全省台站探测环境保护专项规划编制，在全国率先开发建立“气象探测环境保护综合管理系统”，实现气象探测环境保护工作的多手段协同与多层次配合。气象预报业务服务模式不断创新，如广东省气象局通过建设精细化预报业务平台，开展人机交互的数字网格预报业务，完成对传统气象业务模式的根本性改革。应对气候变化工作和气候资源利用管理进一步强化，如青海省气象局推动政府出台全国首部应对气候变化的地方政府规章——《青海省应对气候变化办法》；陕西省气象局开发了温室气体监测与评估平台，温室气体清单编制技术研究项目获国家发改委立项。科研及成果转化能力进一步提升。国家气象中心充分发挥业务和科研之间的双向促进作用，在“雷达反演风场技术与SWAN系统的集成”“以热带气旋风场动力释用方法开展台风强度订正”等方面取得显著成效。

（4）强化了社会管理职能，提高了科学管理水平。一是积极争取将气象工作纳入地方政府领导。各地以气象现代化建设为契机，采取各种方式加强地方政府对气象工作的领导，推动气象工作纳入地方政府绩效考核；各地通过完善法律法规和制度建设，强化气象部门的社会管理职能。二是基层综合改革步伐进一步加快，各省气象局通过建立基层综合改革评价指标、统筹协调各种资源等方式，大力改善基层工作生活环境，提高基层干部福利待遇，优化基层机构功能布局，提高基层发展能力。三是气象宣传及科普工作进一步深化，各省(区、市)气象局通过建立气象科普宣传长效机制、建设气象科普教育基地、举办科普宣传活动等方式，营造了全社会“关心气象、理解气象、应用气象”良好氛围。如浙江省政府在全国率先出台《关于进一步加强气象宣传工作的意见》，将气象科普工作融入到整个社会科普体系中；江苏省气象局打造全国首个气象博物馆，成为气象科普宣传、气象文化展示的示范性窗口。四是人才队伍建设进一步加强。如重庆市气象局与人社部门联合制定《重庆市区县气象事业单位工作人员管理办法》，一方面加大对气象专业类毕业生的考录招聘力度，一方面积极争取地方事业编制，使气象人才引得进、留得住。五是财务管理、项目管理进一步规范。安徽省气象局采取“关口前移”“管监结合”等方式，报销手续的完备性、费用开支的合理性、财务核算的严肃性得到有效保障；中国气象局气象探测中心从研究内容、合同签订、经费执行、成果应用以及效益评价等方面，加强对各类项目的全方位管理，在人员成本降低的同时使得项目预算进度执行率、项目成果转化率显著提升。

4.创新项目对外推广情况

获评创新项目只有以点带面、广泛播散，才能更好地发挥其效益。中国气象局2008—2014年评选出的122个创新项目中，在本单位以外(无论是否属于气象系统)推广应用的项目有49个，占总数的40.2%；其中在气象部门外推广的有14个，全部来自省市级气象局，占总数的11.5%；在省级、国家、国际层面推广应用的项目分别为9个、1个、4个。

在气象部门外推广情况。从推广应用形式来看，有直接移植、会议传达、纳入考核、专题报道、培训宣传等多种形式。例如内蒙古自治区气象局“以森林草原防扑火平台为载体，健全多部门应急联动工作机制”项目中的森林草原防扑火平台被内蒙古各级防火办、森警、森工及防扑火管理部门直接移植应用，成为全区森林草原防扑火应急决策、高效处置的指挥中枢；山西省气象局“依托突发事件预警信息发布系统，强化基层公共服务和防灾减灾”项目中的发展模式和经验，在省政府组织召开的全省现代农业综合信息服务推进现场会和视频会上成为重点学习传达内容；浙江省气象局“政府组织开展全社会气象观测设施普查，建立共建共享协调机制”项目中的相关制度被纳入地方各级政府生态建设考核内容；湖北省气象局“加强机关督查督办规范化建设”项目的经验被省政府官网报道；贵州省气象局“广泛利用社会资源推动西部地区气象科普效益最大化”项目中的气象科普宣传内容被纳入全省各级党校课程。从推广应用层次来讲，以上海市气象局为例，其创新项目不仅在国家层面得到了推广，而且在国际层面得到了推介。国务院应急办就上海市气象局的“有效履行气象政府职能，建立突发事件预警发布机制”项目，组织了专题调研，《上海市突发事件预警信息发布管理暂行办法》成为国家和部分省份预警中心制定相关办法的参考依据之一。“聚焦气象灾害防御，推进多灾种早期预警”项目中的多灾种早期预警系统建设经验被写入 WMO 气象服务战略指导文件；“完善世博服务机制，创新重大活动保障模式”项目中的世博气象短时临近预报服务被世界气象组织列为示范项目。推广应用至国际层面的还有广东省气象局的“创新开放合作机制，推进区域数值天气预报发展”项目，其中的区域数值预报产品出口至东南亚国家；新疆维吾尔自治区气象局的“发挥区域中心区位优势，共同应对中亚气候变化”项目中的吉尔吉斯斯坦气象援助方案，得到国家商务部、财政部、外交部的大力支持。

在部门内推广情况。获评项目在气象部门内的推广应用有 35 个，占总数的 28.7%。其中跨部分省（区、市）气象部门推广的项目 13 个，在全国气象部门范围推广的项目 22 个。22 个获评项目中有 16 项出自 13 个省级气象局，6 项出自 4 个中国气象局直属单位。在全国气象部门推广的项目中，出自省级气象局的尽管多，但获评项目总数有 50 项，推广应用率为 32%。出自中国气象局直属单位的尽管少，但获评项目总数为 8 项，推广应用率达 75%。这说明，省级气象局创新项目的推广应用力度还不够，也折射出中国气象局直属单位在全国范围推广方面具有得天独厚的优势。在部门内推广有几种情形：一是由中国气象局积极发挥引领作用，通过立项、纳入考核、会议交流、培训宣传等方式向全国气象部门推广应用。如新疆维吾尔自治区气象局“建立‘快速发现、诊断、维修’远程雷达保障模式”项目被列为全国气象部门小型业务能力建设项目；甘肃省气象局“创新农业气象试验站运行模式”项目中的主要做法被作为培训案例。四川省气象局在培育“构建集约高效的县级综合观测业务集成系统”项目时，将涉及的观测设备硬件集成工作交由综合观测司统一组织完成，实现与全国所有台站观测设备的无缝隙对接。二是由省级气象部门根据所处地域气候、地理环境或自身工作需求，通过学习引进、自发调研交流等方式接收创新项目经验。如山东、重庆、安徽、甘肃等气象部门学习借鉴江苏省气象局“建立健全气象灾害评估业务服务体系”项目中的气象灾害评估立法经验，陆续出台了本省市的气象灾害评估管理办法；贵州、宁夏、新疆等省（区）气象部门学习借鉴安徽省气象局的“牵头构建示范省综合信息服务平台，深化气象为农服务‘两个体系’建设”项目成果，间接经济效益达 1000 多万元；吉林、重庆、上海、广东等气象部门学习借鉴北京市气象局的“创建‘三维三进’工作机制，探索城市气象预警服务新模式”项目的业务化做法；吉林、黑龙江、河北、内蒙古学习借鉴辽宁省气象局的“推进公共气象服务和基层气象机构综合改革”项目中的县级综合业务服务平台建设、增加基层人影编制等经验。三是由获评单位拓宽思路、主动推广其创新项目。如广东省气象局通过与周边福建、广西、海南、香港、澳门等省区气象部门开展区域合作的方式，对“强化应对气候变化政府管理职能的实践”项目进行推广。

推广瓶颈制约和创新项目后续改进情况。总体来看,获评创新项目的推广应用情况较好,能在本部门内得到不同程度的推广应用。对外推广应用较好的项目一般集中在功能性平台或系统、专项业务发展模式等方面。但一些创新项目虽示范效应突出,但因核心经验提炼不足,而具体做法又受客观条件限制,使得推广工作开展有一定困难。一是地域性区别较强的项目,如涉及加强气象行政管理、确立气象灾害防御体制机制、强化党建工作等方面的创新项目,都是基于当地具体情况形成,尚难以大范围推广。二是时效性较强的项目,如中国气象报社的"奥运天气资讯"项目,是在特定时间,针对特定事件的产物,在北京奥运会结束后便不再出版。三是对推广条件较高的项目,如气象出版社与安徽省气象局联合申报的"气象灾害防御知识教育普及从'娃娃'抓起"项目,因在实施中需要大量经费保障支持,导致推广困难。

在获评创新项目的后续改进和评估完善工作方面,中国气象局 2008—2014 年评选出的 122 个创新项目中,形成明确改进思路的项目仅有 30 个,占总数的 24.6%;既形成明确改进思路又有具体改进措施的项目只有 23 个,占总数的 18.9%,相对较好的有上海市气象局和辽宁省气象局。上海市气象局对其获评的 5 个创新项目都形成了明确的改进思路;辽宁省气象局则采取"将具体工作分解到相应内设机构,逐步完善流程和规章制度"的方式,对其获评的 5 个创新项目持续跟进。辽宁对"全面推广城乡规划和工程项目气候可行性论证"项目,从技术和管理两个层面,制定多个技术规范和管理办法,最终使气候可行性论证工作形成了完整体系。

二、2016 年气象工作创新主要进展

2016 年,中国气象局进一步加强对气象部门创新工作的指导,强化省级气象局和直属单位对创新项目的培育,加大创新工作宣传,组织对全国气象部门 31 个省(区、市)气象局和中国气象局 10 个直属单位申报 93 项创新项目进行了评审,评选出 29 项创新项目,获评数量为 2008 年以来最多,与 2015 年比较,无论申报数量和评审质量均有较大幅度提高。

(一)创新工作管理进一步完善

2015 年 9 月,中国气象局第二次对《气象部门创新工作管理办法》进行修订,将创新项目的计划和培育提升到了一个新的高度加以重视,要求结合地方特色和气象事业发展中亟待解决的问题进行谋划并且进行精心培育,发掘好的做法,凝练成为成果突出、效果良好以及具备一定推广价值的创新项目参与申报和评选。2016 年初,中国气象局首次制定《气象部门 2016 年创新项目指南》,充分发挥创新工作对全国气象工作的方向性引导作用,使创新工作更具科学性、针对性、实效性,更有力地推动气象事业发展。

1. 加大创新工作激励力度。2016 年,为进一步鼓励创新、推动创新,在气象部门综合考评体系中增设了固定加分项目,印发了《气象部门综合考评加分实施方案》,将

创新工作纳入对省气象局的年度综合考评，对年终有创新项目获评的省气象局，给予相应加分。加分实施方案中规定："在中国气象局年度创新工作评选结果中，有创新工作获评的省(区、市)气象局和中国气象局直属单位，对其综合考评结果增加30分。有2个及以上创新工作获评的，每增加一项创新工作获评再增加10分。获评的创新工作属于几个单位联合申报的，给予几个联合申报单位同等加分。"

创新项目从单项工作评比首次进入气象部门综合考评，且占据不小的加分比例，一方面体现了中国气象局落实创新发展理念，尊重创新、重视创新的决心，另一方面也指出了以创新驱动气象事业发展、破解发展中的瓶颈难题的思路和方法，为全面推进气象现代化、全面深化气象改革提供源源不断的动力。综合考评鼓励创新、推动创新的成效得以体现，进一步提升了各单位在创新项目培育和申报中的积极性。

2. 创新项目大幅增加。2016年全国气象部门创新项目申报数为93项，较2015年增加了16%，评选出创新项目达29项，为2008年以来最多，同上5年比较无论申报数量和评审质量均有较大幅度提高。创新加分项目成为影响各单位年度综合考评结果的一个重要因素(表9.1)。

表9.1　气象部门2016年获评创新项目加分情况

得分	单位	创新项目名称
1	北　京	创新体制机制 聚焦核心技术构建"大科技"格局
2	天　津	以突发事件预警信息发布工作为抓手 带动天津城市气象灾害防御体系建设
3	河　北	推行"机关标准化+目标绩效管理" 实现机关效能建设提质增效升级
4	辽　宁	三防联动 构建全天候气象灾害防御安全网
5	黑龙江	创新管理模式 构建政府主导的人影安全"六大体系"
6	上　海	数值预报云建设应用
7	江　苏	利用标准化、信息化推进装备保障业务监管
8	浙　江	打造智能化"身边气象台" 推进百姓能感受到的气象现代化
9	安　徽	打造全方位气象开放合作联盟 不断优化科技创新资源配置
10	福　建	首创天气雷达在监测森林火灾中的应用
11	江　西	创新驱动 提升全口径综合预算科学化、精细化水平
12	河　南	构建"三位一体"长效机制 加快河南气象现代化建设
13	湖　北	借力互联网+ 创新防雷监管工作体系
14	湖　南	建立多源观测资料融合新模式 适应现代气象业务改革新需求
15	广　东	以突发事件预警信息发布体系建设为抓手 努力构建"大应急"工作格局
16	广　西	创建中国—东盟气象合作论坛 服务"一带一路"发展战略
17	海　南	创新机制 深度融合 军民共筑南海气象梦
18	重　庆	发展精细化智能服务 打造智慧农业气象服务体系

续表

序号	单位	创新项目名称
19	四　川	积极主动融入地方 创新纪检工作机制
20	贵　州	创建“三个叫应”预警联动机制 努力实现气象防灾减灾效益最大化
21	云　南	以高原特色现代农业产业发展需求牵引 推进为农气象服务体系创新
22	西　藏	省部合作政府主导“吉隆模式”推动基层气象服务均等化
23	甘　肃	打造科技创新和人才培养互促机制 推进人才科技协同发展
24	宁　夏	以发展精准气象为抓手 打造全国气象助力精准脱贫示范区
25	新　疆	气象知识下基层、惠民生、接地气
26	中国气象局宣传与科普中心	科普活动深入反恐维稳第一线 气象知识下基层、惠民生、接地气
27	国家气象中心	创新科技人才组织体制 助力数值天气预报快速发展
28	中国气象局公共气象服务中心	全媒体业务流程再造 支撑国省气象服务规模发展
29	中国气象局干部学院	“协商＋服务＋指导”培训业务指导管理新模式

3. 更加重视创新工作的内容和质量

2016年创新工作的申报评比工作有了明显的进步，呈现出三个特点：

一是创新工作对全国气象工作的引领作用更加显著。充分发挥创新工作的示范和带动作用，更好地激励各单位创造性地开展工作，推动气象现代化事业更好更快发展。比如通过对有关气象现代化建设创新项目的支持和推广，2016年不但申报的数量增多，而且确实在实际中出现自发形成创新团队且工作有声有色，工作成效得到部门内外一致肯定。

二是创新工作围绕中国气象局的战略布局和中心要求更加紧密。2016年申报内容不仅围绕协调推进“四个全面”战略布局，牢固树立和落实“五大发展理念”的内容，而且重点集中在突出抓气象灾害防御，抓气象服务保障民生，抓气象服务供给能力，抓气象部门党的建设等方面。

三是申报项目数量更多质量更好。2016年创新项目申报数量比2015年增加16％，并且三年来首次有两单位联合申报。除了在科技组织、气象服务等传统领域的工作思路、发展理念有创新外，在部门党建、军民融合等方面也有管理模式、制度建设方面的开拓。

（二）工作创新评比情况

1. 创新项目申报和评选的数量大幅提高

2016 年，中国气象局共接收到各单位申报的 93 项创新项目，评选出 28 项获奖创新项目。项目申报数和获奖数均创历年新高，评选率也有了大的突破，达到了 30%（图 9.6）。

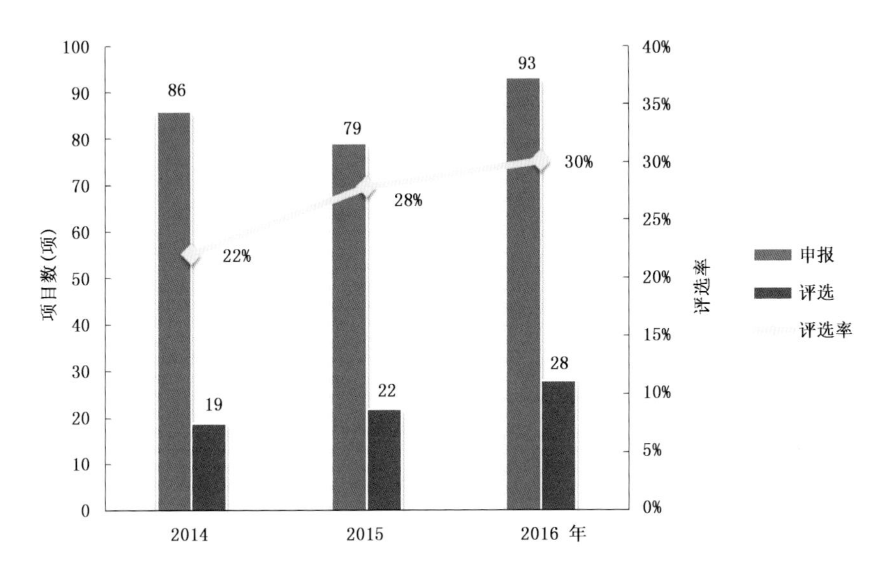

图 9.6　近 3 年创新项目申报和获评数量及评选率对比

2. 创新项目评比区域分布趋向均衡

2016 年，东部地区获奖 10 项，占 35.7%，中部地区获奖 6 项，占 21.4%，西部地区获奖 9 项，占 32.1%，中国气象局直属单位获奖 4 项（含 1 项联合申报项目），占 14.3%（图 9.7）。从 2016 年分布情况和近三年情况对比来看（图 9.8），东部地区依然保持优势，中西部和中国气象局直属单位的获奖数量和比例在上升，尤其是西部地区 2016 年的获评项目数量达到了总数量的近 1/3，创新发展态势良好。中国气象局直属单位的获评项目数量在逐年上升，2016 年创新工作方式，中国气象局气象宣传与科普中心与新疆维吾尔自治区气象局联合申报 1 项创新项目并获奖，这是省级气象局和中国气象局直属单位联合开展工作的有益尝试取得了一定的成绩。

3. 创新项目类别分布趋向平衡

2016 年，在 28 项获评创新项目中（图 9.9），气象业务服务类 13 项，占获奖总数的 46.4%；气象科技类 5 项，占获奖总数的 17.9%；气象科学管理类 10 项，占获奖总数的 35.7%。可以看出，气象业务服务类占据了主导位置，获奖数量接近一半。从近 3 年创新项目分布对比情况来看（图 9.10），气象科学管理类项目呈现逐年上升趋

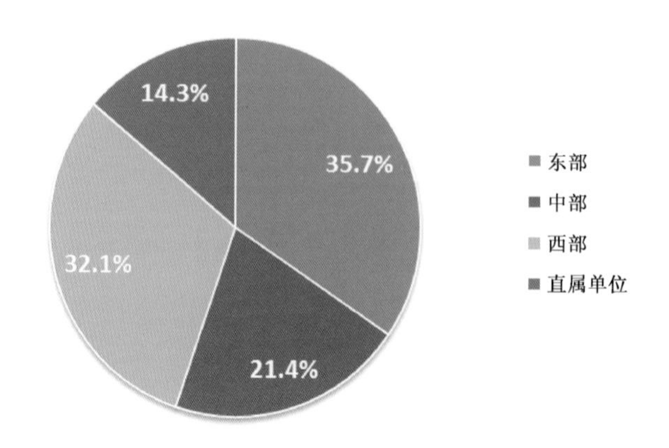

图 9.7　2016 年获评创新项目数量分布情况

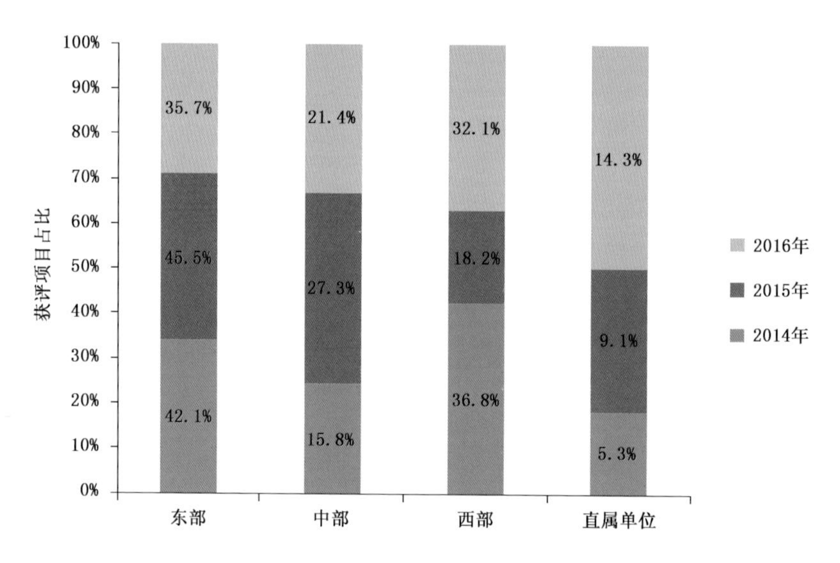

图 9.8　近 3 年获评创新项目数量分布情况对比

势，包含目标管理机制、科技人才组织机制、省部合作政府主导机制、推进气象现代化建设、防雷监管体系等多方面，体现了中国气象局党组落实科技创新和人才发展战略、充分发挥政府的主导作用、推进气象现代化建设和全面深化改革等重大举措在基层气象部门中的有效实施。

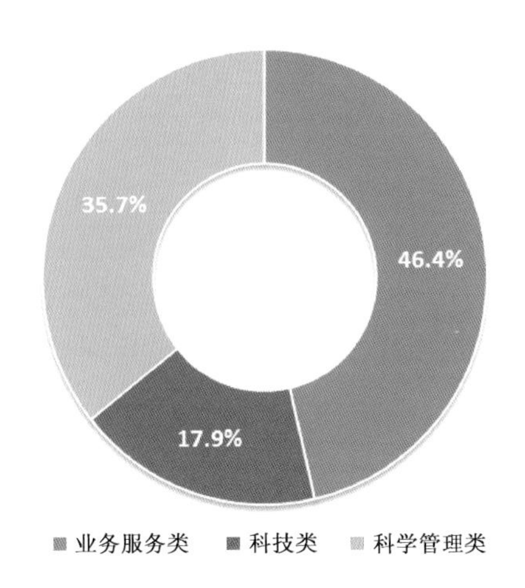

图 9.9　2016 年获评创新项目类别分布情况

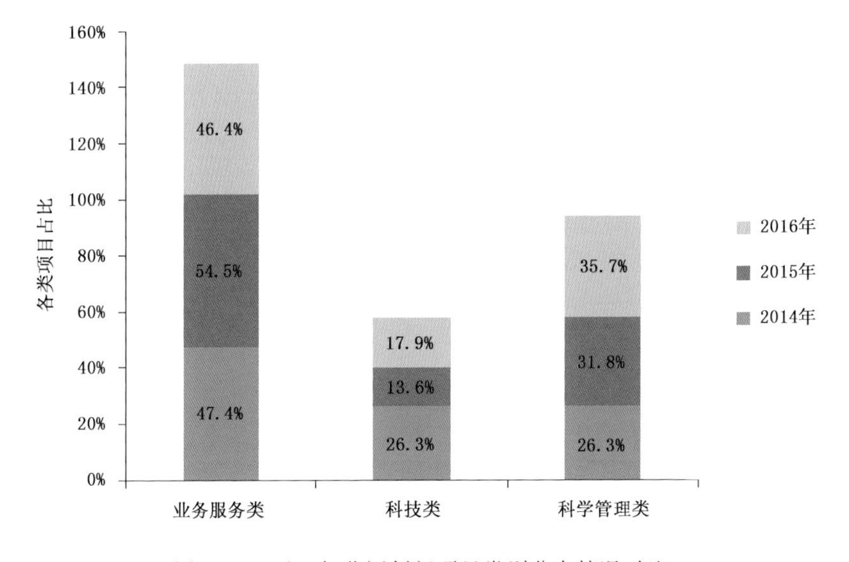

图 9.10　近 3 年获评创新项目类别分布情况对比

三、展望

自 2008 年启动创新工作评比以来，中国气象局已连续 9 年开展此项工作，并且在实践过程中对创新工作体系不断进行完善，提升发现问题和解决问题的能力，并且最大程度发挥创新工作效益，气象事业发展带来了强劲动力。让创新工作真正成为服务于中国气象局党组决策、服务于气象事业发展、提升科学管理水平的重要手段。创新工作虽然取得了突出成绩，但也还是一些不足有待改进。

气象创新发展是以科技创新为引领的全面创新，包括气象发展方式、制度、管理等方面的全面创新，通过全面创新加快转变气象发展方式、破解气象深层次矛盾和问题、增强气象发展内生动力和活力，以驱动气象事业可持续发展。进一步推进气象创新工作，重点应从以下方面着力。

1. 加强创新工作管理，严把创新质量关。

发挥中国气象局各有关职能司的作用，加强职能司对相关创新项目的培育和指导。鼓励直属单位和省级气象局联合开展创新，深入挖掘创新工作效益。完善创新工作评比程序和制度，由中国气象局组织相关职能司开展创新项目督查调研，对已获创新项目的创新性、取得成效等进行评估；对已申报但尚未获评的创新项目，进行前期抽查调研，客观评价其是否在全国具有领先性、首创性，能否获得创新项目。对拟申报的创新项目，由申报单位在一定的媒介上进行客观介绍；对拟获评的年度创新项目，由中国气象局进行一定范围的公示和发布，请各单位对其进行监督，提高创新项目的质量。

2. 完善创新工作机制，发挥创新项目效益。

一是为宣传交流创新工作提供载体，如在中国气象局综合管理信息系统首页设置创新工作专栏，宣传中国气象局对于创新发展战略内涵的解读、各地创新工作的动态和成功的做法等等，促进各单位正确认识开展创新工作的意义，强化创新意识，学习借鉴其他单位的好做法。二是提供创新经验交流的平台，由中国气象局定期组织举办研讨会、座谈会等，各省级气象部门交流创新工作心得，开展头脑风暴，激发创新活力。三是进一步完善推广应用机制。由中国气象局对一些可以普遍推广并且对中心工作有重大推动意义的创新项目进行重点组织，如对气象现代化和深化改革方面的创新项目在全国或部分省份组织实施，形成国家级的创新工作。

3. 重视创新项目的后续工作，延展创新项目体系。

很多单位在申报和获评创新项目时，创新项目并不一定是一套完整的工作体系，或许只是某些方面的创新，但随着实际工作的发展，还有很多可以改进完善的空间。要鼓励获评单位对创新项目作进一步的改进完善，形成完整或更加成熟的工作体系。对于经过再完善、再改进、更成熟的创新项目，如果有新的创新点和进一步的效益发挥，中国气象局仍将其作为新的创新项目。比如河南省气象局从2008年开始围绕农业气象服务的创新项目内容进行拓展完善，走出了一条“创新实践—创新完善—创新再实践”的滚动拓展模式。2009年“创建自动土壤水分观测网和全程质量监控体系”项目，成功解决了困扰多年的土壤水分观测难题。2010年“省部共建农业气象保障与应用技术重点实验室与运行机制”项目，解决了传统农业气象保障方式技术含量低的问题。2011年“构建现代农业气象业务服务体系提升为农服务能力”项目，探索形成“三级业务、五级服务布局、六大体系支撑，服务业务科研一体化发展”的现代农业气象服务体系。此外，中国气象局对评为创新项目的工作，在项目立项、资金投入、政策支持、改革探索等方面都应给予一定的倾斜，既有利于提高各单位开展创新工作的积极性，也有利于创新项目后续发展取得更多成果。

改革篇

第十章　气象改革和法治建设[①]

2016年是全面深化改革的攻坚之年，是贯彻落实党的十八届四中全会全面推进依法治国决定的关键之年，国务院下发《关于优化建设工程防雷许可的决定》(国发〔2016〕39号)，全国人大常委会修改《中华人民共和国气象法》。全面深化气象改革、全面推进气象法治建设取得新进展，为全面推进气象现代化提供了强大动力和法治保障。

一、2016年气象改革与法治建设概述

(一)气象改革工作概述

2016年是实施"十三五"的开局之年，也是气象改革夯基垒台、立柱架梁的重要之年。中国气象局党组坚决贯彻落实党中央国务院部署，加强组织领导、顶层设计和统筹协调，凝聚和调动全部门深化改革的积极性、主动性、创造性，贯彻落实党中央国务院供给侧结构性改革和简政放权、放管结合、优化服务改革要求，坚持把深化"放管服"改革作为"先手棋"和"当头炮"，坚持问题导向、需求导向、目标导向，采取果断措施，运用法治思维和法治方式全面深化气象改革，确保各项改革措施落地生根。一年来，防雷减灾体制改革重点突破，气象服务体制改革继续深化，气象业务科技创新体制改革扎实推进，气象管理体制机制不断完善，气象行政审批制度改革全面推进，各项改革顺利推进并取得了实效。

2016年，中国气象局继续加强对深化改革的顶层设计和统筹谋划。一是立足全局推动改革。学习把握中央深改组历次会议精神，按照习近平总书记提出的政策统筹、方案统筹、力量统筹、进度统筹的"四大统筹"要求，一手抓改革方案出台，一手抓改革举措落地，统筹各项改革任务落实，全年确定的28项重点改革任务基本完成。二是规范改革试点。深入贯彻落实中央深改组《关于加强和规范改革试点工作的意见》的有关精神，按照"清理规范、摸清情况、分类处理"的具体要求，组织对已部署的19项气象改革试点工作开展情况进行了逐项梳理并重新部署。推进改革试点单位总结评估。三是强化督查检查。加强对重点改革任务方案落实、工作落实、责任落实的督查，召开防雷减灾体制改革分片电视电话督导会，赴6省市开展防雷改革专项督

① 本章部分资料来源于中国气象局政策法规司。

查，指导督促防雷体制改革扎实推进。

2016年，中国气象局党组全面深化气象改革领导小组先后召开10次会议，研究落实12次中央深改组会议精神的具体举措，研究改革重大问题15项，制定出台改革制度性成果19项。各省(区、市)气象部门按照中国气象局党组的部署要求，积极采取措施，上下联动、细化任务、压实责任，针对公共气象服务、气象防灾减灾、防雷改革体制机制、气象社会管理等重点难点问题，加大改革力度，统筹共同推进各项改革任务的落实，出台改革制度性成果273项，重要领域和关键环节改革实现重大突破，各项改革工作改有所进、改有所成。

(二)气象法治建设概述

2016年，为适应改革需求，把握气象发展大局，中国气象局全面推进气象法治建设，制定实施了《气象部门贯彻落实〈法治政府建设实施纲要(2015—2020年)〉的实施意见》，确立未来五年气象法治建设总体目标和重点任务；印发《气象部门开展法治宣传教育第七个五年规划》，完善气象干部职工学法用法制度；印发《气象部门落实推行法律顾问制度和公职律师公司律师制度意见实施方案》，在气象部门积极推行法律顾问制度和公职律师、公司律师制度。一年来，气象立法和法规修订清理工作扎实开展，气象行政执法水平进一步提升，气象行政执法监督和行业管理继续推进，气象法治队伍建设不断加强，气象标准化建设进一步强化。

二、2016年气象改革主要进展

2016年，全国各地继续深化气象行政审批制度改革，全面推进防雷减灾体制改革，稳步推进气象服务体制改革，持续推进气象科技体制改革，有序推进气象业务体制改革。气象改革的全面深化，有力促进了气象事业科学发展。

(一)气象行政审批制度改革取得显著成效

深化行政审批制度改革，使市场在资源配置中起决定性作用，是新一届政府转变政府职能的重要抓手和突破口。2016年，中国气象局贯彻落实《国务院关于规范国务院部门行政审批行为改进行政审批有关工作的通知》(国发〔2015〕6号)、《2016年推进简政放权放管结合优化服务改革工作要点》(国发〔2016〕30号)和国家推进行政审批标准化建设的有关要求，在继续推进简政放权的同时，以规范行政审批行为为重点，全面推进气象行政审批制度改革工作。

1. 加大简政放权力度

2016年，继续取消行政许可审批事项和中央指定地方实施行政审批事项，取消了“防雷工程专业设计、施工单位资质认定”“重要气象设施建设项目审核”“人工影响天气作业组织资格审批”和“大气环境影响评价使用非气象主管部门提供的气象资料审批”4项行政许可审批事项；取消了“外国组织和个人在华从事气象活动初审”(表10.1)。配合国务院审改办完成了中央指定地方实施行政审批事项目录对外公开工作。

2016年，中国气象局继续推进行政审批中介服务清理规范工作，在2015年清理规范4项气象行政审批中介服务事项的基础上，又清理规范了“气象专用技术装备的检定、检测和测试”等8项行政审批中介服务事项（表10.2）。中国气象局及时下发了《中国气象局关于贯彻落实国务院第二批清理规范行政审批中介服务事项决定的通知》（气发〔2016〕20号），就切实加强事中事后监管，做好清理规范和衔接落实提出要求。

中国气象局积极落实国务院关于《清理规范投资项目报建审批事项实施方案》精神，制定贯彻落实工作方案，提出具体措施要求。针对“新建、扩建、改建建设工程避免危害气象探测环境审批”和“防雷装置设计审核”列为保留的投资项目审批事项，做好规范管理；针对“重大规划、重点工程项目气候可行性论证”列为涉及安全的强制性评估事项（表10.3），启动了《气候可行性论证管理办法》部门规章修订工作，并建立完善配套标准。

中国气象局积极推进职业资格改革。根据《国务院关于取消一批职业资格许可和认定事项的决定》和《国务院关于取消一批职业资格许可和认定事项的决定》要求，取消了气象部门“升放无人驾驶自由气球或者系留气球作业人员资格”“人工影响天气作业人员资格”和“防雷专业技术人员资格”3项职业资格认定事项（表10.4）。根据气象部门行政审批事项取消下放进展，及时对《市场准入负面清单》进行了调整。

到2016年年底，中国气象局先后分4批取消8项行政审批事项，取消比例达50%。行政审批中介服务事项全部清理规范完毕，75%的行政许可事项精简了申报材料，实实在在增强了人民群众对于改革成效的获得感。

2. 强化事中事后监管，做好配套衔接

对已取消的行政审批事项和已清理规范的行政审批中介服务事项提出监管要求，明确措施，要求各省（区、市）气象局不得继续审批和变相审批，做好贯彻落实与衔接工作，强化事中事后监管。

（1）建立“双随机一公开”监督体系，强化了事中事后监管。认真贯彻落实国务院全国推行“双随机一公开”监管工作电视电话会议精神，加强对省（区、市）气象局建立“双随机”抽查机制的指导，组织开展重点事项和改革专项落实情况督查，强化了督办落实。

（2）规范行政审批行为，坚持放管结合，防止变相审批，按照中央编办和中国气象局联合印发的《地方各级气象主管机构权力清单和责任清单指导目录》，指导各省（区、市）气象局完成权力清单和责任清单的编制工作，既不得在目录清单（表10.5，表10.6）之外增设和变相增设行政审批事项，也不得在目录清单之外实施其他行政审批事项，并根据取消行政审批事项的工作进度对清单进行动态调整，及时向社会公布。

表 10.1　2014—2016 年国务院决定取消和下放管理层级行政审批项目目录

(气象部门取消非行政许可审批事项 7 项,下放行政许可审批事项 1 项,
取消中央指定地方实施行政审批事项 1 项)

序号	项目名称	审批部门	其他共同审批部门	设定依据	处理决定	处理依据	备注
1	防雷产品使用备案核准	中国气象局	无	《防雷减灾管理办法》(中国气象局令第 24 号)	取消	2014 年 10 月 23 日,《国务院关于取消和调整一批行政审批项目等事项的决定》(国发〔2014〕50 号	原由省级气象主管机构实施
2	外地防雷工程专业资质备案核准	中国气象局	无	《防雷工程专业资质管理办法》(中国气象局令第 25 号)	取消		
3	为教学和科学研究等开展的临时气象观测备案核准	中国气象局	无	《气象行业管理若干规定》(中国气象局令第 12 号)	取消		
4	新建、扩建、改建建设工程避免危害国家基准气候站、基本气象站气象探测环境审批	中国气象局	无	《中华人民共和国气象法》《气象设施和气象探测环境保护条例》(国务院令第 623 号)	下放至省级气象主管机构	2015 年 2 月 24 日,《国务院关于取消和调整一批行政审批项目的决定》(国发〔2015〕11 号)	
5	其他部门新建、撤销气象台站审批	中国气象局	无	《气象行业管理若干规定》(中国气象局令 12 号)	取消	2015 年 5 月 10 日,国务院关于取消非行政许可审批事项的决定(国发〔2015〕27 号)	原由省级气象主管机构实施
6	防雷工程专业设计、施工资质年检	中国气象局	无	《防雷工程专业资质管理办法》(中国气象局令第 25 号)	取消	2015 年 10 月 11 日,国务院关于第一批取消 62 项中央指定地方试行政审批事项的决定(国发〔2015〕57 号)	原由省级气象主管机构实施
7	施放气球资质证年检	中国气象局	无	《施放气球管理办法》中国气象局令第 9 号	取消		原由省、市级气象主管机构实施
8	其他部门新建、撤销气象台站审批	中国气象局	无	《气象行业管理若干规定》(中国气象局令 12 号)	取消		原由省级气象主管机构实施

续表

序号	项目名称	审批部门	其他共同审批部门	设定依据	处理决定	处理依据	备注
9	外国组织或个人在华从事气象活动初审	中国气象局	无	《涉外气象探测和资料管理办法》(中国气象局、国家保密局令2006年第13号)	取消	2016年2月3日,《国务院关于第二批取消152项中央指定地方实施行政审批事项的决定》(国发〔2016〕9号)	原由省级气象主管机构实施

表 10.2　2014—2016年国务院决定第一、二批清理规范的国务院部门行政审批中介服务事项目录

(气象部门12项)

序号	中介服务事项名称	涉及的审批事项项目名称	审批部门	中介服务设定依据	中介服务实施机构	处理决定	取消依据
1	绘制新建、改建、扩建建筑工程与气象探测设施或观测场布局图	新建、改建、扩建建设工程避免危害气象探测环境审批	中国气象局	《中国气象局办公室关于做好新建改建扩建建设工程避免危害国家基准气候站基本气象站气象探测环境审批下放后续工作的通知》(气办函〔2014〕344号) 注:审批工作中要求申请人委托有关机构绘制建筑工程与气象探测设施或观测场布局图	规划、测绘、设计机构	不再要求申请人提供建筑工程与气象探测设施或观测场布局图;审批部门完善标准,组织开展现场测量或现场核查	2015年10月11日,《国务院关于第一批清理规范89项国务院部门行政审批中介服务事项的决定》(国发〔2015〕58号)
2	建设项目雷电灾害风险评估	防雷装置设计审核和竣工验收	中国气象局	《防雷装置设计审核和竣工验收规定》(中国气象局令第21号) 注:审批工作中要求申请人委托有关机构编制雷电灾害风险评估报告	具备能力的防雷技术服务机构或地方性法规明确的机构	不再要求申请人提供雷电灾害风险评估报告,审批部门完善标准,组织开展区域性雷电灾害风险评估	

续表

序号	中介服务事项名称	涉及的审批事项项目名称	审批部门	中介服务设定依据	中介服务实施机构	处理决定	取消依据
3	防雷产品测试	防雷装置设计审核和竣工验收	中国气象局	《防雷装置设计审核和竣工验收规定》(中国气象局令第21号),《防雷减灾管理办法》(中国气象局令第24号) 注:审批工作中要求申请人委托有关机构开展防雷产品测试	国务院气象主管机构授权的检测机构	不再要求申请人提供防雷产品测试报告;审批部门完善标准,按要求开展防雷产品质量检查	2015年10月11日,《国务院关于第一批清理规范89项国务院部门行政审批中介服务事项的决定》(国发〔2015〕58号)
4	防雷装置设计技术评价	防雷装置设计审核和竣工验收	中国气象局	《防雷装置设计审核和竣工验收规定》(中国气象局令第21号)	具备能力的防雷技术服务机构或地方性法规明确的机构	不再要求申请人提供防雷装置设计技术评价报告,改由审批部门委托有关机构开展防雷装置设计技术评价	
5	绘制新迁建气象站现址现状图、新址规划图	气象台站迁建审批	中国气象局	《国家级地面气象观测站迁建撤暂行规定》(气发〔2012〕93号)	规划、测绘、设计机构	不再要求申请人提供新迁建气象站现址现状图、新址规划图;审批部门完善标准,按要求开展现场核查	2016年2月3日,《国务院关于第二批清理规范192项国务院部门行政审批中介服务事项的决定》(国发〔2016〕11号)
6	气象台站迁建电磁环境测试	气象台站迁建审批	中国气象局	《气象探测环境保护规范 高空气象观测站》(GB31222—2014) 《气象探测环境保护规范 天气雷达站》(GB31223—2014) 注:审批工作中要求申请人委托有关机构开展电磁环境测试	省、市级无线电监测机构	不再要求申请人提供气象台站迁建电磁环境测试报告,改由审批部门委托有关机构开展气象台站拟迁新址电磁环境测试	

续表

序号	中介服务事项名称	涉及的审批事项项目名称	审批部门	中介服务设定依据	中介服务实施机构	处理决定	取消依据
7	气象台站迁建地理位置测绘	气象台站迁建审批	中国气象局	《国家级地面气象观测站迁建撤暂行规定》(气发〔2012〕93号) 注:审批工作中要求申请人委托有关机构开展气象台站迁建地理位置测绘	具有测绘资质的单位	不再要求申请人提供气象台站迁建地理位置测绘报告,改由审批部门委托有关机构开展气象台站拟迁新址地理位置测绘	2016年2月3日,《国务院关于第二批清理规范192项国务院部门行政审批中介服务事项的决定》(国发〔2016〕11号)
8	新建、扩建、改建建设工程电磁环境测试	新建、扩建、改建建设工程避免危害气象探测环境审批	中国气象局	《气象探测环境保护规范 高空气象观测站》(GB31222—2014) 《气象探测环境保护规范 天气雷达站》(GB31223—2014) 注:审批工作中要求申请人委托有关机构开展电磁环境测试	省、市级无线电监测机构	不再要求申请人提供新建、扩建、改建建设工程电磁环境测试报告,改由审批部门委托有关机构开展新建、扩建、改建建设工程电磁环境测试	
9	人工影响天气新设备性能检测、试用	气象专用技术装备(含人工影响天气作业设备)使用审批	中国气象局	《气象专用技术装备使用许可管理办法》(中国气象局令第14号)	航天部门、兵器部门等相关具备资质的检测机构	不再要求申请人提供人工影响天气新设备性能检测、试用报告,改由审批部门委托有关机构开展人工影响天气新设备性能检测、试用	
10	气象专用技术装备的检定、检测和测试	气象专用技术装备(含人工影响天气作业设备)使用审批	中国气象局	《气象专用技术装备使用许可管理办法》(中国气象局令第14号)	具备相关资质的检定、检测、测试机构	不再要求申请人提供气象专用技术装备的检定、检测和测试报告,改由审批部门委托有关机构开展气象专用技术装备的检定、检测和测试	

续表

序号	中介服务事项名称	涉及的审批事项项目名称	审批部门	中介服务设定依据	中介服务实施机构	处理决定	取消依据
11	新建、改建、扩建建(构)筑物防雷装置检测	防雷装置设计审核和竣工验收	中国气象局	《防雷减灾管理办法》(中国气象局令第20号,2013年5月31日予以修改) 《防雷装置设计审核和竣工验收规定》(中国气象局令第21号)	取得相应防雷装置检测资质的单位	不再要求申请人提供新建、改建、扩建建(构)筑物防雷装置检测报告,改由审批部门委托有关机构开展新建、改建、扩建建(构)筑物防雷装置检测	
12	外国组织和个人在华从事气象活动电磁环境测试	外国组织和个人在华从事气象活动审批	中国气象局	《气象探测环境保护规范 高空气象观测站》(GB31222—2014) 《气象探测环境保护规范 天气雷达站》(GB31223—2014) 注:审批工作中要求申请人委托有关机构开展电磁环境测试省、市级无线电监测机构不再要求申请人提供气象活动电磁环境测试报告,改由审批部门委托有关机构开展气象活动电磁环境测试			

表 10.3　投资项目报建审批事项清理规范意见汇总表

序号	主管部门	事项名称	设定依据	审批部门	审批依据	备注
1	中国气象局	新建、扩建、改建建设工程避免危害气象探测环境审批	《中华人民共和国气象法》 《气象设施和气象探测环境保护条例》	省级以上气象主管机构	2016 年 5 月 19 日，《国务院关于印发清理规范投资项目报建审批事项实施方案的通知》(国发〔2016〕29 号)	保留事项
2	中国气象局	防雷装置设计审核	《气象灾害防御条例》 《国务院对确需保留的行政审批项目设定行政许可的决定》(国务院令第 412 号)	省、市、县级气象主管机构		保留事项
3	中国气象局	重大规划、重点工程项目气候可行性论证	《中华人民共和国气象法》 《气象灾害防御条例》			涉及安全的强制性评估

表 10.4　2014—2016 年国务院决定取消的职业资格许可和认定事项目录

(气象部门共计 3 项)

序号	项目名称	实施部门(单位)	资格类别	设定依据	处理决定	处理依据	备注
1	升放无人驾驶自由气球或者系留气球作业人员资格	中国气象局	水平评价类	《施放气球管理办法》(中国气象局令第 9 号) 《关于防雷专业技术和施放气球作业人员资格认定转变管理方式的通知》(气办发〔2004〕19 号)	取消	2016 年 1 月 20 日，《国务院关于取消一批职业资格许可和认定事项的决定》(国发〔2016〕5 号)	
2	人工影响天气作业人员资格	中国气象局	水平评价类	无	取消		
3	防雷专业技术人员资格	中国气象局	水平评价类	《防雷减灾管理办法》(中国气象局令第 24 号) 《防雷工程专业资质管理办法》(中国气象局令第 25 号)	取消	2016 年 12 月 1 日，《国务院关于取消一批职业资格许可和认定事项的决定》(国发〔2016〕68 号)	原由省级以上气象学会组织实施

表 10.5　气象行政审批事项公开目录

项目编码	审批部门	项目名称	子项	审批类别	设定依据	共同审批部门	审批对象	备注
42001	气象局	防雷装置检测单位资质认定	1. 电力、通信防雷装置检测单位资质认定	行政许可	《国务院对确需保留的行政审批项目设定行政许可的决定》(国务院令第 412 号)第 377 项。《气象灾害防御条例》(国务院令第 570 号)第二十四条。	电力或者通信主管部门	事业单位、企业	由国务院气象主管机构实施
			2. 除电力、通信以外的防雷装置检测单位资质认定	行政许可		无	企业、事业单位	由省、自治区、直辖市气象主管机构实施
42003	气象局	升放无人驾驶自由气球、系留气球单位资质认定	无	行政许可	《国务院对确需保留的行政审批项目设定行政许可的决定》(国务院令第 412 号)第 376 项。	无	事业单位、企业	由省、自治区、直辖市气象主管机构,设区的市级气象主管机构实施
42004	气象局	防雷装置设计审核和竣工验收	1. 防雷装置设计审核	行政许可	《国务院对确需保留的行政审批项目设定行政许可的决定》(国务院令第 412 号)第 378 项。《气象灾害防御条例》(国务院令第 570 号)第二十三条。	无	机关、事业单位、企业、社会组织	由省、自治区、直辖市气象主管机构,设区的市级气象主管机构,县级气象主管机构实施
			2. 防雷装置竣工验收	行政许可		无	机关、事业单位、企业、社会组织	由省、自治区、直辖市气象主管机构,设区的市级气象主管机构,县级气象主管机构实施

续表

项目编码	审批部门	项目名称	子项	审批类别	设定依据	共同审批部门	审批对象	备注
42005	气象局	新建、扩建、改建建设工程避免危害气象探测环境审批		行政许可	《中华人民共和国气象法》(2016年修订)第二十一条。《气象设施和气象探测环境保护条例》(2016年修订)第十七条。	无	机关、事业单位、企业、社会组织	由省、自治区、直辖市气象主管机构实施
42006	气象局	气象台站迁建审批	1.大气本底站、国家基准气候站、国家基本气象站迁建审批	行政许可	《中华人民共和国气象法》(2016年修订)第十二条。《气象设施和气象探测环境保护条例》(2016年修订)第十八条。	无	机关、事业单位、企业、社会组织	由国务院气象主管机构实施
			2.除大气本底站、国家基准气候站、国家基本气象站以外的气象台站迁建审批	行政许可		无	机关、事业单位、企业、社会组织	由省、自治区、直辖市气象主管机构实施
42008	气象局	气象专用技术装备(含人工影响天气作业设备)使用审批	无	行政许可	《中华人民共和国气象法》(2016年修订)第十三条、第三十条。《人工影响天气管理条例》(国务院令第348号)第十五条。	无	企业	由国务院气象主管机构实施
42010	气象局	外国组织和个人在华从事气象活动审批	无	行政许可	《中华人民共和国气象法》(2016年修订)第八条。	无	外国组织和个人	由国务院气象主管机构实施

续表

项目编码	审批部门	项目名称	子项	审批类别	设定依据	共同审批部门	审批对象	备注
42011	气象局	升放无人驾驶自由气球或者系留气球活动审批	无	行政许可	《通用航空飞行管制条例》(国务院、中央军委令第371号)第三十三条。《国务院关于第六批取消和调整行政审批项目的决定》(国发〔2012〕52号)附件2《国务院决定调整的行政审批项目目录》(一)下放管理层级的行政审批项目第79项。	无	事业单位、企业	由省、自治区、直辖市气象主管机构,设区的市级气象主管机构,县级气象主管机构实施

表 10.6　中央指定地方实施行政许可事项

项目编码	设定依据	地方实施许可名称	依据类别	审批对象	审批层级和部门
D42001	1.《气象灾害防御条例》(2010年国务院令第570号)第二十三条。 2.《国务院对确需保留的行政审批项目设定行政许可的决定》(2004年国务院令第412号,2009年1月29日予以修改)附件第378项。	防雷装置设计审核和竣工验收	行政法规	机关、事业单位、企业、社会组织	气象主管机构(省、市、县)
D42002	1.《气象灾害防御条例》(2010年国务院令第570号)第二十四条。 2.《国务院对确需保留的行政审批项目设定行政许可的决定》(2004年国务院令第412号,2009年1月29日予以修改)附件第377项。	除电力、通信以外的防雷装置检测单位资质认定	行政法规	事业单位、企业	气象主管机构(省)

续表

项目编码	设定依据	地方实施许可名称	依据类别	审批对象	审批层级和部门
D42003	1.《中华人民共和国气象法》(1999 年 10 月 31 日主席令第二十三号,2014 年 8 月 31 日第一次修改,2016 年 11 月 7 日第二次修改)第十二条。 2.《气象设施和气象探测环境保护条例》(2012 年 8 月 29 日国务院令第 623 号,2016 年 2 月 6 日予以修改)第十八条。	除大气本底站、国家基准气候站、基本气象站以外的气象台站迁建审批	法律	机关、事业单位、企业、社会组织	气象主管机构(省)
D42004	1.《中华人民共和国气象法》(1999 年 10 月 31 日主席令第二十三号,2014 年 8 月 31 日第一次修改,2016 年 11 月 7 日第二次修改)第二十一条。 2.《气象设施和气象探测环境保护条例》(2012 年 8 月 29 日国务院令第 623 号,2016 年 2 月 6 日予以修改)第十七条。	新建、扩建、改建建设工程避免危害气象探测环境审批	法律	机关、事业单位、企业、社会组织、个人	气象主管机构(省)
D42007	《气象设施和气象探测环境保护条例》(2012 年 8 月 29 日国务院令第 623 号,2016 年 2 月 6 日予以修改)第十八条。	大气本底站、国家基准气候站、国家基本气象站迁建初审	行政法规	机关、事业单位、企业、社会组织	气象主管机构(省)
D42008	1.《通用航空飞行管制条例》(2003 年 1 月 10 日国务院、中央军委令第 371 号)第三十三条。 2.《国务院关于第六批取消和调整行政审批项目的决定》(国发〔2012〕52 号)附件 2《国务院决定调整的行政审批项目目录》(一)下放管理层级的行政审批项目第 79 项。	升放无人驾驶自由气球或者系留气球活动审批	行政法规	事业单位、企业	气象主管机构(省、市、县)
D42010	《国务院对确需保留的行政审批项目设定行政许可的决定》(2004 年国务院令第 412 号,2009 年 1 月 29 日予以修改)附件第 376 项。	升放无人驾驶自由气球、系留气球单位资质认定	国务院决定	事业单位、企业	气象主管机构(省、市)

(3)创新事中事后监管方式。一是各省(区、市)着力转变管理理念,强化事中事后监管。如上海通过防雷行业协会初步建立了自律评价体系,实施诚信管理;吉林制定了防雷和施放气球市场的事中事后监管办法;天津积极探索将气象行政审批中事后监管纳入"天津市市场主体信用信息公示系统"中,将施放气球资质单位和防雷装置检测单位监管纳入了市行政机关随机抽查联合检查范围。二是主动融入地方行政监管系统,有力推进气象部门与相关部门联合执法;如福建气象服务市场监管信息纳入信用福建体系和信息公示平台,明确和落实防雷主体责任。

3. 全面规范行政审批行为

(1)进一步精简材料,推进行政审批便民高效。一是按照国务院审改办有关要求,开展气象部门证照清理工作。二是按照《行政许可标准化指引(2016 版)》要求,对服务指南和审查细则继续进行动态更新。在 2015 年编制的气象行政审批事项服务指南和审查工作细则基础上,根据国家取消行政审批中介服务的决定要求,进一步取消行政审批中介服务的申请材料,并提高审批效率,压缩办理时限。据统计,有 8 项行政审批事项压缩了三分之一以上办理时间,平均缩短办事时间 3～7 个工作日。

(2)实体大厅建设与网上办公平台开发同步推进。一是在完成行政审批大厅和网上行政审批平台(一期)建设任务基础上,重点推进审批事项受理后网上运转办理功能开发,中国气象局本级的行政审批事项即将实现全过程网上办理试运行。二是各省(区市)气象局按要求积极推进"一个窗口受理",截至 2016 年年底已有 16 个省(区、市)气象局进入省级政府行政审批大厅,14 个省(区、市)气象局自建了气象行政审批服务大厅(窗口),实现"一个窗口受理,一个窗口回复"。如山东探索建立行政许可和监督行政许可的信息系统,构建"网上收件、限时办结、上下互联、在线监督"的网络化审批模式。四川全省建立了政务中心窗口审批监控系统、行政审批电子监察系统、行政权力运行平台和行政执法与刑事司法衔接平台等,权力运行公开透明。

(3)严格落实行政审批办理时限"零超时"要求。一是开发了行政审批事项办结时限统计系统,实现了全国气象部门审批事项办结情况的实时在线统计上报,并将行政审批办结时限"零超时"要求纳入对各省(区、市)气象目标考核管理,强化督查督办。二是要求各省(区、市)气象部门向社会公开审批事项服务指南,并落实首问负责和限时办结等制度。如浙江采取审批情况短信提醒,审批决定快递送达,免费气象证明网上申请、异地取件等便民高效的举措,减少了无谓证明、减轻企业负担,所有审批事项不仅实现"零超时",还提速 70%以上。福建厦门等实施"多规合一"审批,南平实施"容缺审批",福州实施"电子证照"在所有审批窗口共享和推广应用,提高了审批时效。

(4)依法依规规范审批行为。一是同步制定部门规章。中国气象局制定了《气象台站迁建行政许可管理办法》《新建扩建改建建设工程避免危害气象探测环境行政许可管理办法》和《雷电防护装置检测资质管理办法》3 部部门规章,确保审批流程、审批程序法定化。二是加快推进气象行政审批标准化建设工作。按照《行政许可标准化指引(2016版)》和国务院部门行政许可标准化培训和工作推进会要求,建立健全行政审批标准体系和制度规范。完成了保留的8项气象行政审批事项的服务指南和审查工作细则编制工作,并根据改革任务不断修改完善。完成了《中国气象局行政审批服务大厅服务规定》和《中国气象局行政审批服务大厅工作规范》等制度建设,实现审批工作有章可循。各省(区、市)气象局积极推进审批标准化建设。如天津市气象局以建设项目联合审批流程再造工作为抓手,率先落实行政许可标准化工作;江苏省气象局在全省政府服务平台推行“八统一”工作制度,同一事项全省各地办理标准统一,实现了全省气象行政许可规范化、标准化。

(二)防雷减灾体制改革取得突破性进展

防雷减灾体制改革事关重大,是全面深化气象改革的突破口,是气象部门一场深刻的自我革命和自我完善,是一项“削手中的权、去部门的利、割自己的肉”的重大改革举措。中国气象局要求全国各地扭住防雷减灾体制改革的关键环节,以钉钉子精神扎实推进改革,大幅度取消下放防雷行政审批事项、缩小审批范围,坚决啃下这块“硬骨头”。

1. 强化防雷减灾安全管理

紧扣防雷减灾安全管理这一主线,通过完善配套政策、健全标准制度、建立建设工程防雷管理协调会议制度、促进地方政府将防雷安全工作纳入安全生产责任制等多种举措强化了气象部门防雷减灾职能。74%的省(区、市)将防雷安全工作纳入安全生产责任制,68%的将防雷减灾安全工作纳入地方政府考核评价指标体系,全年开展防雷减灾安全专项检查4000余次,雷电灾害发生总数和造成的人员伤亡数创历史新低。

2. 认真贯彻落实《国务院关于优化建设工程防雷许可的决定》

2016年6月24日,国务院下发了《关于优化建设工程防雷许可的决定》(下简称《决定》),这是继《国务院关于加快气象事业发展的若干意见》(国发〔2006〕3号)之后,第二个以国务院名义下发的关于气象灾害防御工作的重要政策性文件,充分体现了党中央、国务院对气象工作特别是防雷减灾工作的高度重视和殷切希望。

《决定》出台以后,中国气象局印发《中国气象局关于贯彻落实〈国务院关于优化建设工程防雷许可的决定〉精神的通知》(气发〔2016〕48号);积极与住建等相关部门协调沟通,与住房城乡建设部等11部委联合印发《关于贯彻落实〈国务院关于优化建设工程防雷许可的决定〉的通知》(气发〔2016〕79号),建立了建设工程防雷管理协调会议制度,立即取消气象部门对防雷工程专业设计、施工单位资质许可,整合了防雷装置设计审核、竣工验收许可,进一步减少建设工程防雷重复许可、重复监管,全面开放防雷装置检测市场。各省(区、市)以落实防雷安全监管责任为抓手,主动汇报并积极争取以省(区、市)政府名义下发贯彻落实《决定》的具体实施意见。截至2016年年底,全国22个省(区、市)地方政府出台了政府或联合发文贯彻落实国务院《决定》的具体实施意见,划分建设工程防雷许可具体范围,厘清与住建等专业部门的防雷监管职责,按时完成了交接工作,取消了防雷工程资质认定,开放了防雷检测市场,《决定》有关要求得到较好的落实;同时,按照中国气象局的部署安排,围绕中国气象局分片督导电视电话会议提出的"7个有没有",遵循改革的既定目标,制定改革方案,落实责任和任务,有力推动了防雷减灾体制改革工作,取得了明显成效,得到了社会好评和中央领导肯定。随着建设工程防雷许可的优化,每年可使20多万个工程项目避免重复许可,大幅缩短办理时间,切实减轻企业负担。

国务院关于优化建设工程防雷许可的决定(国发〔2016〕39号)

根据简政放权、放管结合、优化服务协同推进的改革要求,为减少建设工程防雷重复许可、重复监管,切实减轻企业负担,进一步明确和落实政府相关部门责任,加强事中事后监管,保障建设工程防雷安全,现作出如下决定:

一、整合部分建设工程防雷许可

(一)将气象部门承担的房屋建筑工程和市政基础设施工程防雷装置设计审核、竣工验收许可,整合纳入建筑工程施工图审查、竣工验收备案,统一由住房城乡建设部门监管,切实优化流程、缩短时限、提高效率。

(二)油库、气库、弹药库、化学品仓库、烟花爆竹、石化等易燃易爆建设工程和场所,雷电易发区内的矿区、旅游景点或者投入使用的建(构)筑物、设施等需要单独安装雷电防护装置的场所,以及雷电风险高且没有防雷标准规范、需要进行特殊论证的大型项目,仍由气象部门负责防雷装置设计审核和竣工验收许可。

(三)公路、水路、铁路、民航、水利、电力、核电、通信等专业建设工程防雷管理,由各专业部门负责。

二、清理规范防雷单位资质许可

取消气象部门对防雷专业工程设计、施工单位资质许可;新建、改建、扩建建设工程防雷的设计、施工,可由取得相应建设、公路、水路、铁路、民航、水利、电力、核电、通信等专业工程设计、施工资质的单位承担。同时,规范防雷检测行为,降低防雷装置检测单位准入门槛,全面开放防雷装置检测市场,允许企事业单位申请防雷检测资质,鼓励社会组织和个人参与防雷技术服务,促进防雷减灾服务市场健康发展。

三、进一步强化建设工程防雷安全监管

(一)气象部门要加强对雷电灾害防御工作的组织管理,做好雷电监测、预报预警、雷电灾害调查鉴定和防雷科普宣传,划分雷电易发区域及其防范等级并及时向社会公布。

（二）各相关部门要按照谁审批、谁负责、谁监管的原则，切实履行建设工程防雷监管职责，采取有效措施，明确和落实建设工程设计、施工、监理、检测单位以及业主单位等在防雷工程质量安全方面的主体责任。同时，地方各级政府要继续依法履行防雷监管职责，落实雷电灾害防御责任。

（三）中国气象局、住房城乡建设部要会同相关部门建立建设工程防雷管理工作机制，加强指导协调和相互配合，完善标准规范，研究解决防雷管理中的重大问题，优化审批流程，规范中介服务行为。

建设工程防雷许可具体范围划分，由中国气象局、住房城乡建设部会同中央编办、工业和信息化部、环境保护部、交通运输部、水利部、国务院法制办、国家能源局、国家铁路局、中国民航局等部门研究确定并落实责任，及时向社会公布，2016 年底前完成相关交接工作。相关部门要按程序修改《气象灾害防御条例》，对涉及的部门规章等进行清理修订。国务院办公厅适时组织督查，督促各部门、各地区在规定时限内落实改革要求。

3. 全面开放防雷服务市场

印发《雷电防护装置检测资质管理办法》（中国气象局令第 31 号），全面开放防雷装置检测市场，取消了气象部门对防雷工程专业设计、施工单位资质许可，鼓励社会企事业单位参与防雷技术服务。2016 年 10 月 1 日以来，数百家社会企业踊跃申请防雷检测资质，超过 1 万人参加防雷人员资格考试。截至 2016 年年底，18 个省（区、市）气象局向社会企业发放资质 115 家，6 省（市）开展了 79 家原有检测资质的重新核定（表 10.7），初步形成了主体多元、共同竞争的防雷检测市场格局。

表 10.7　2016 年防雷和施放气球资质管理统计表

单位名称	防雷工程专业设计资质				防雷工程专业施工资质				防雷装置检测资质			施放气球资质
	个数	甲级	乙级	丙级	个数	甲级	乙级	丙级	个数	甲级	乙级	个数
总计	427	19	142	266	471	19	157	307	285	156	126	243
北京	0	0	0	0	0	0	0	0	0	0	0	0
天津	0	0	0	0	0	0	0	0	18	1	17	12
河北	0	0	0	0	0	0	0	0	0	0	0	4
山西	0	0	0	0	0	0	0	0	24	15	9	0

续表

单位名称	防雷工程专业设计资质				防雷工程专业施工资质				防雷装置检测资质			施放气球资质
	个数	甲级	乙级	丙级	个数	甲级	乙级	丙级	个数	甲级	乙级	个数
内蒙古	4	0	0	4	4	0	0	4	0	0	0	0
辽 宁	136	5	45	86	135	5	45	85	56	25	31(含企业级6)	43
吉 林	40	2	15	23	39	2	15	22	11	2	9	0
黑龙江	14	0	7	7	14	0	7	7	0	0	0	0
上 海	72	2	23	47	71	2	25	54	17	4	10	6
江 苏	6	2	1	3	6	2	1	3	0	0	0	46
浙 江	0	0	0	0	0	0	0	0	1	0	1	3
安 徽	5	0	1	4	6	0	1	5	0	0	0	4
福 建	0	0	0	0	0	0	0	0	30	15	15	7
江 西	66	2	18	46	68	2	19	47	13	13	0	13
山 东	6	2	4	0	6	1	4	1	30	21	9	23
河 南	2	0	1	1	2	0	1	1	0	0	0	0
湖 北	15	1	6	8	16	0	7	9	2	2	0	1
湖 南	9	0	6	3	9	0	5	4	0	0	0	12
广 东	0	0	0	0	0	0	0	0	0	0	0	0
广 西	23	2	11	10	23	2	11	12	29	29	0	13
海 南	0	0	0	0	0	0	0	0	0	0	0	0
重 庆	3	0	2	1	4	0	1	3	0	0	0	2
四 川	0	0	0	0	18	2	9	7	0	0	0	2
贵 州	5	0	0	5	4	0	0	4	0	0	0	1
云 南	0	0	0	0	0	0	0	0	18	5	13	21
西 藏	0	0	0	0	0	0	0	0	0	0	0	0
陕 西	0	0	0	0	0	0	0	0	0	0	0	0
甘 肃	0	0	0	0	0	0	0	0	0	0	0	0
青 海	3	0	0	3	2	0	0	2	0	0	0	4
宁 夏	0	0	0	0	2	0	0	2	0	0	0	0
新 疆	18	1	2	15	42	1	6	35	36	24	12	26

4. 健全完善规章制度和配套措施

2016 年，制定出台了《防雷装置检测资质评审细则》《防雷装置检测资质信息公开办法》2 个规范性文件，《防雷装置检测质量考核通则》等 3 个配套标准。修订防雷装置设计审核、防雷装置竣工验收、防雷工程专业设计施工单位资质认定、雷电防护装置检测单位资质认定等防雷行政审批服务指南和工作细则。

5. 防雷减灾工作新架构初步形成

2016 年，印发《中国气象局关于防雷机构编制和人员调整的指导意见》，进一步优化防雷工作机构设置和职能配置，组建气象灾害防御监管技术支撑机构，调整人员编制和岗位设置，妥善做好人员安置。原有的 22 个省级国编防雷机构全部通过更名、加挂牌子或撤一建一的方式成立了气象灾害防御中心，国编转岗分流 1015 人，地编转岗分流 223 人，编外调岗 1473 人，并保持了防雷业务稳定运行。2016 年落实气象部门市县两级职工津补贴资金 8.8 亿元，同时积极落实地方财政保障，争取防雷服务委托或监管经费 4491 万元。规范了下属企、事单位的防雷技术服务经营活动，调整了防雷装置设计技术评价和新、改、扩建建(构)筑物防雷装置检测的服务方式，不再作为行政审批的前置条件，也不再向行政相对人收取费用，基本实现了防雷减灾工作的"事企分开、管办分离"，并就完善防雷安全监管体系作了积极探索。优化防雷业务布局，合理调整防雷减灾业务分工，推进雷电监测、预报及省市县一体化短临预警基础业务体系建设，强化了雷电观测业务考核，雷电预警信息发布的覆盖面进一步扩大。加强雷电监测技术、雷电致灾机理、雷电灾害调查鉴定和防护技术研究，防雷减灾的科技支撑能力得到进一步提升。

长期以来，各级气象部门加强防雷减灾服务，我国雷电灾害防御能力明显提升。但是，基层防雷减灾机构政事企界限不清、行政审批与技术服务主体混同等问题不同程度存在，在防雷行政审批中存在"红顶中介"弊病，与改革要求不相适应。随着防雷减灾工作的"事企分开、管办分离"的基本实现，"建设项目雷电灾害风险评估"和"防雷产品测试"等防雷行政审批中介服务的主动取消，防雷装置设计技术评价和新建、改建、扩建建(构)筑物防雷装置检测改由气象部门委托有关机构开展，防雷服务市场的全面开放，涉及防雷行政审批的所有中介服务全部清理规范完毕，"红顶中介"问题得到有效解决，彻底切断了中介服务利益关联。

(三)气象服务体制改革稳步推进

气象服务体制改革是气象供给侧结构性改革的重要内容，是气象服务经济社会发展和保障人民生命财产安全的关键，对气象业务科技体制改革和气象管理体制改革具有牵引和传导作用。2016 年，围绕气象服务供给侧结构性改革，着力推进服务业务、服务供给、服务运行机制改革，加快建立权责清晰、顺畅高效、适应市场竞争和一体化发展的新型气象服务运行机制。

1. 继续推动国家级气象服务单位体制机制改革

强化决策气象服务能力建设，推进决策气象服务机构改革，建立相对独立、实体化运行的决策气象服务管理体制，健全责任明晰、界面清晰、运转高效的分工协调机制和业务流程。2016 年，推进了中国气象频道专项改革，事企人员混用、经费混收混支、管理不顺等问题得到初步解决。围绕建立适应需求、响应快速、集约高效、支撑有力的新型公共气象服务业务体制要求，形成了国家级精细化气象预报服务产品加工制作能力，建立完善了公众气象服务业务指导与产品共享机制。按照“建立事企共同承担、分工合理、权属清晰、分类管理、协调发展”的总体要求，建立事企共担的公共气象服务运行机制、不同身份人员管理制度和激励机制、财政投入与事业收入或经营收入相结合的经费保障机制，以及事业支撑企业、企业反哺事业的运行机制。成立了中国气象服务领域第一个全国性行业协会——中国气象服务协会，组建气象传媒、能源气象服务等七个分委员会。发布了《中国气象服务协会团体标准管理办法》，正式下发团体标准 1 项，12 个项目列入团体标准制订项目清单。编制 2015 年中国公共气象服务白皮书。与中国保险学会共同组建中国气象保险专业委员会，共建保险气象实验室。

2. 探索建立专业气象服务发展机制

2016 年，推动湖北、河北、浙江等 5 省建立公益性和市场化专业气象服务分类发展机制，对于面向民生和防灾减灾的公益性专业气象服务探索政府购买服务发展机制，对于面向市场的有偿性专业气象服务采用企业化管理模式。上海、浙江、安徽等 8 省(市)建立“前店后厂”模式和分工明确、资源共享、利益共享、责任共担、风险共担的运行机制。重新布局专业气象服务业务，强化专业气象服务集约化发展，全国 23 个省(区、市)影视、短信、电话声讯、手机 APP 等业务向省市两级集约，全国有超过 1/3 的省(区、市)实现交通、旅游、电力等专业气象服务向省级集约，17 省集约建设全省一体化公共气象服务平台。各省均制定了气象服务产品的准入和退出办法，共清理 231 种省级气象服务“僵尸”产品。强化气象服务政府主导作用，全国 31 个省(区、市)、239 个市(地、州、盟)、1293 个县(旗)制定气象防灾减灾和公共气象服务权利和责任清单，其中，21 个省(区、市)将气象防灾减灾和公共服务权责清单纳入地方政府权责清单。全国 155 个市、675 个县实现将公共气象服务和气象防灾减灾内容纳入政府购买公共服务目录，186 个市、874 个级县气象局以政府购买形式承接人影、农业气象服务、气象设备维护、信息传播等气象服务。

3. 气象服务市场监管体系逐步建立

2016 年，进一步加强了气象服务市场监管标准和制度建设，出台了《气象信息服务企业备案管理办法》和《气象预报传播质量评价管理办法》，发布 4 项行业标准，加强了气象服务市场管理系统建设，完善气象服务市场监管机构。

4. 上海自贸区气象服务市场管理试点创新发展

2016 年，继续加强制度建设，开展了气象服务企业信用评价，并将气象信息服务企业信用纳入社会信用体系建设。依托浦东新区气象局成立自贸区气象服务和管理中心，建成一体化气象社会管理信息系统。制定数据开放清单，探索气象服务众创机制，建立“气象＋”大学生创业基地，推进中国气象服务协会与中国保险学会在上海自贸区设立气象保险实验室，与上海市金融办、保监局和黄浦区政府联合探索开展巨灾保险试点。以气象导航和气象保险为重点，建立混合所有制气象服务企业，探索气象专业服务混合所有制改革，建立多元气象服务市场。

5. 新型气象服务体系初见雏形

2016 年鼓励社会媒体依法传播气象预报，全面开放了气象信息服务市场并逐步建立监管体系。国家级气象服务产品精细化水平不断提高，提升气象服务供给能力。初步建成涉及自然灾害、事故灾难、公共卫生事件与社会安全事件的预警信息发布体系。省级气象服务体制改革全面铺开，多地政府制定了防灾减灾和公共气象服务权责清单，并将公共气象服务和气象防灾减灾内容纳入政府购买公共服务目录。比如，北京出台《北京市气象信息服务单位备案管理办法》，建立了监管对象台账；湖北深入推进气象服务体制改革，调整了省市县三级预报预警业务布局，分类完善了公众气象服务供给，在省气象服务中心组建电力、交通等六大专业服务中心，打造流域水文、能源、交通等 3 个省级专业气象创新团队，形成了省气象服务中心为主体、其他业务服务单位为补充的“1＋N”专业气象服务布局，服务效益占专业气象服务增值的 70％左右。

（四）气象业务科技体制改革不断深化

气象业务科技体制改革是全面深化气象改革的关键，也是深化气象服务体制改革的支撑。2016 年，以科技创新为引领，以建立统筹协调、分工明确、职责清晰、运行高效的气象业务管理机制为目标，认真贯彻落实全国科技创新大会和全国气象科技创新大会精神，加强顶层设计，坚持流程再造，平稳推进业务体制改革，持续推进实施国家气象科技创新工程、科研机构改革和科技管理机制改革，不断增强科技创新动力，实现气象业务的提质增效。

1. 平稳推进气象业务体制改革

2016 年，中国气象局出台《综合气象观测业务改革方案》，确立了优化调整观测质量业务、改革综合气象观测技术体系、改革综合气象观测业务体系、改革综合气象观测管理模式 4 个方面共计 14 项改革任务。研究制定《全国气象预报业务集约化发展指导意见》，加强全国气象预报业务集约化顶层设计，推进天气气候主要业务向国家级和省级集约，加快建设市县级综合气象业务，明确各级的业务职责和任务清单。编制完成《现代气象预报业务质量检验评估体系建设方案》，重点推进预报检验对气象预报业务的全覆盖，完善国家—省级统一的气象预报质量检验平台，推进预报检验评估业务信息化建设。编制完成《气象信息流程再造方案》，从总体流程、气象数据布局和观测采集、加工处理、应用服务、管理信息等方面再造气象信息流程，建立从观测端—信息端—应用端的高效集约信息流程。

2. 扎实推进气象科技体制改革

2016 年,通过进一步深化气象科研机构改革,总结推广了中国气象科学研究院、乌鲁木齐沙漠气象研究所改革试点经验,组织制订专业所改革方案,推进北京、广州、乌鲁木齐三个专业研究院建设,组织制订深化省级气象研究所改革意见。北京、广东、新疆气象局分别启动城市气象、热带海洋气象、中亚天气专业气象研究院建设。探索在浙江、河南、深圳等地建设气象科学研究分院。出台《加强灾害天气国家重点实验室建设的意见》,全力支持灾害天气国家重点实验室整改。统筹优化部门重点实验室布局,规范野外科学试验基地管理,强化科研仪器设备共享。健全科技成果转化激励机制,出台《加强气象科技成果转化指导意见》,扩大中试基地试点范围,推动国家卫星气象中心、国家气象信息中心中试基地试点,一批成果已通过中试投入业务应用。健全科技成果转化激励机制,推进成果认定,加强成果登记,研究制定气象科技成果分类评价指标体系。完善开放合作机制,推进局校合作任务落实,强化南京、上海联合研究中心建设,批准成立广州联合研究中心。通过系统推进科研体系改革,科技创新体系整体效能不断提升,气象科技创新驱动能力增强、活力有效释放。

(五)气象管理体制继续完善

气象管理体制改革是全面深化气象改革的重要保障。2016 年,全国气象部门按照国家财税制度要求,不断加大气象管理体制机制改革力度,加快建立适应气象现代化的气象管理体系。

预算作为公共财政的基石和国家治理的重要方式,它涉及编制、执行和监督等诸多环节。2016 年,按照中央预算管理制度改革的精神,结合三重一大决策机制的要求,修订《中国气象局综合预算编制规程》,严格预算编制、审议和安排的程序。根据事权和支出责任相适应改革精神,进一步理顺气象部门各项业务资金保障渠道,引导地方财政资金加大支持力度。进一步优化整合业务项目,完善气象部门项目支出管理体系,中央财政安排气象业务维持项目形成 8 个一级项目、18 个二级项目、33 个三级项目的项目管理体系。优化综合预算编报指标体系,修订《气象部门综合预算报表》,综合预算编制更加全面,预算结构更加清晰。加强预算管理标准化建设,制定了《2016—2018 年项目支出定额标准建设计划》,制修定 128 项具体业务支出定额。切实提高预算编制的准确性,推进项目预算评审工作。加强预算绩效管理,扩大预算绩效管理范围,纳入财政部试点考核项目总数增加到 7 个。加强对重点专项的资金管理,修订《人工影响天气专项资金管理暂行办法》《"三农"专项资金管理办法》,着力推进预算编制的制度化。

2016 年,推进了气象服务领域财政事权和支出责任改革,起草制定《气象领域中央与地方财政事权和支出责任划分改革方案》,进一步理顺了综合预算保障渠道,中央财政资金保障全国统一布局的业务建设和运行,地方财政资金解决为地方服务的业务建设及运维，中央和地方共有的气象业务，由中央财政安排合理补助，引导地方财政资金加大支持力度（图 10.1）。印发了《关于推进气象部门政府购买服务工作的通知》，同时制订《气象部门政府购买服务指导性目录》，在气象部门预算中依托“三农”服务专项持续支持政府购买气象为农服务工作，并合理扩大购买规模。

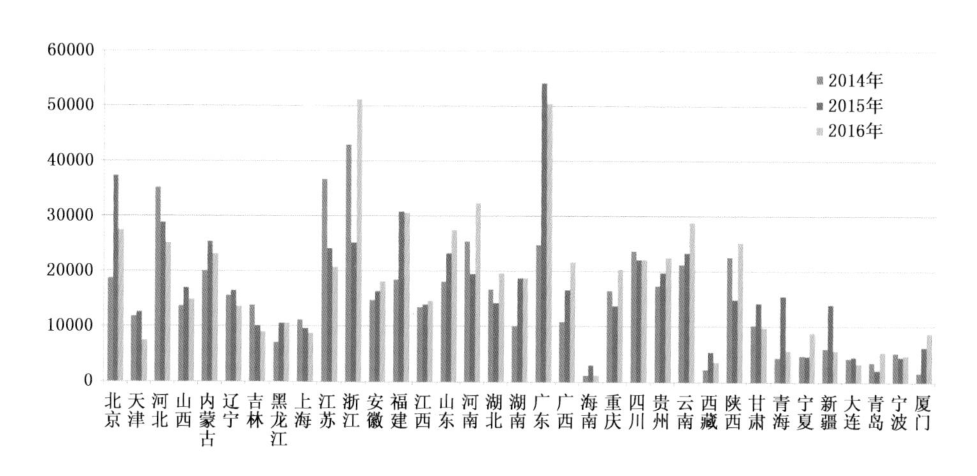

图 10.1　2014—2016 年各省（区、市）地方财政投入情况（单位：万元）

三、2016 年气象法治建设进展

2016 年，全国气象部门加强了气象立法工作，严格气象依法行政，强化了气象普法和气象标准化工作，全面推进气象法治建设取得了新进展。

（一）气象法治建设规划和立法工作不断加强

2016 年，中国气象局全面贯彻落实中共中央、国务院印发的《法治政府建设实施纲要（2015—2020 年）》总体部署和《中共中国气象局党组关于全面推进气象法治建设的意见》精神，实施了《气象部门贯彻落实〈法治政府建设实施纲要（2015—2020 年）〉的实施意见》，确立未来五年气象法治建设总体目标和重点任务。切实落实党和国家关于依法治国的决策部署，不断加强气象立法工作，既注重适应气象改革、服务气象改革需要，又注重发挥立法的引导和推动作用，强化事业发展重点领域立法，着力做好改革配套修法衔接。

坚持运用法治思维和法治方式推进改革，清理废除不再适用的法律法规和政策性文件，同步提出修订意见和建议，确保改革于法有据。一是全力配合全国人大专门委员会和国务院法制办完成《气象法》修订，并于 2016 年 11 月 7 日以中华人民共和国主席令第 57 号对全社会公布；全力配合国务院法制办，结合人工影响天气工作发展实际，认真修订了《人工影响天气管理条例》；围绕国务院“放管服”改革要求，修订了《气象灾害防御条例》。二是修订了部门规章制。出台实施了《气象专用技术装备使用许可管理办法》《气象台站迁建行政许可管理办法》《新建改建扩建建设工程避免危害气象探测环境行政许可管理办法》和《雷电防护装置检测资质管理办法》4 部部门规章(表 10.8),推进《涉外气象探测和资料管理办法》《气候可行性论证管理办法》《气象灾害预警信号发布与传播办法》3 部规章修订,完成废止《防雷工程专业资质管理办法》报批。三是加强指导和有效推进地方气象立法,积极推进“霾”写入《北京市气象灾害防治条例》。四是按照国务院文件清理工作的要求,中国气象局对改革开放以来以本部门名义印发的涉及稳增长、促改革、调结构、惠民生的政策性文件进行了清理,截至 2015 年年底废止和宣布失效的政策性文件共计 43 件(表 10.9)。

省级气象部门也全力配合地方人大、政府积极推进地方性法规和地方政府规章的出台,年内新增 3 部地方性法规、3 部地方政府规章(表 10.10、图 10.2、图 10.3)。同时认真做好放管服改革涉及法规、规章和规范性文件的制修订和清理工作。

这些重大的立法活动,为气象改革和发展提供了坚实的法律法规支撑和制度保障。

表 10.8 2016 年国家气象立法情况统计表

序号	法律法规名称	完成单位	颁布时间
1	《中华人民共和国气象法》(修改)	全国人大常委会	11 月 7 日
2	《气象专用技术装备使用许可管理办法》(制定)	中国气象局	4 月 2 日
3	《气象台站迁建行政许可管理办法》(制定)	中国气象局	4 月 7 日
4	《新建改建扩建建设工程避免危害气象探测环境行政许可管理办法》(制定)	中国气象局	4 月 7 日
5	《雷电防护装置检测资质管理办法》(制定)	中国气象局	4 月 7 日

表 10.9 中国气象局废止和宣布失效政策性文件目录

序号	文 号	标题
1	气办发〔2011〕27 号	关于进一步加强气象部门政务公开工作的通知
2	气办发〔2011〕57 号	关于印发气象部门深化政务公开加强政务服务工作方案的通知
3	气预函〔2005〕105 号	关于进一步规范公众气象信息发布工作的通知
4	气测函〔2007〕199 号	关于加快推进气象灾害预警信息手机小区广播发布服务工作的通知
5	气发〔2009〕30 号	关于印发《公共气象服务业务发展指导意见》的通知
6	(82)国气办字第 012 号	关于发布天气预报的有关规定的通知
7	(82)国气办字第 016 号	关于对发布天气预报有关规定的补充说明
8	国气业发字(1987)第 104 号	国家气象局关于重申发布天气预报有关规定的通知

续表

序号	文　号	标题
9	国气候发〔1991〕1号	关于下发《气候资源管理大纲(试行)》的通知
10	中气候发〔1996〕4号	关于下发试行《气象信息产品供应管理暂行规定》的通知
11	气候发〔1996〕4号	关于转发《关于加强新闻、信息媒介天气预报归口发布管理的通知》的通知
12	中气预发〔1999〕21号	关于下发《公开发布气象信息管理暂行办法》的通知
13	气发〔2004〕206号	关于下发《突发气象灾害预警信号发布试行办法》的通知
14	国气装发〔1989〕20号	国家气象局关于印发《气象技术装备管理办法》的通知
15	国气装发〔1990〕19号	国家气象局关于印发《气象技术装备使用许可证管理暂行办法》的通知
16	国气装发〔1990〕7号	国家气象局关于印发《关于深化气象技术装备工作改革的意见》的通知
17	国气装发〔1991〕28号	国家气象局关于印发《气象技术装备供应管理办法》的通知
18	气装发〔1992〕113号	关于印发《地面气象仪器使用许可证实施细则(试行)》的通知
19	国气装发〔1993〕3号	关于印发《气象部门技术装备列装管理暂行办法》的通知
20	中气装发〔1994〕8号	关于继续加强气象技术装备管理的通知
21	气装发〔1995〕020号	关于印发《气象技术装备出厂验收暂行办法》的通知
22	气发〔2008〕201号	关于进一步加强气象探测环境保护工作的通知
23	中气候发〔1997〕7号	关于下发《中国气象局关于加强气象科技扶贫开发工作的意见》的通知
24	中气候发〔1994〕15号	关于加强施放庆典氢气球服务安全管理的通知
25	中气候发〔1995〕16号	关于重申加强庆典氢气球服务安全管理的通知
26	气装发〔1998〕10号	关于认真做好防雷机构计量认证工作的通知
27	防雷办发〔1998〕16号	关于贯彻实施防雷工程专业设计、施工资质管理办法有关事宜的通知
28	中气装发〔1998〕16号	关于颁发防雷工程专业设计、施工资质管理办法(试行)的通知
29	中气法发〔1999〕13号	关于下发《关于加强气象科技服务和科技产业管理工作的原则意见》的通知
30	中气法发〔2000〕8号	印发《关于加强气象行政执法体系建设的指导性意见(试行)》的通知
31	中气法发〔2001〕9号	关于印发《气象行政执法证件管理办法(试行)》的通知
32	气法函〔2002〕2号	关于开展防雷工程专业资质年检的通知
33	气法函〔2002〕18号	关于组织防雷工程专业设计、施工甲级资质书面评审的通知
34	气发〔2002〕215号	关于印发《中国气象局关于进一步加快发展气象科技服务与产业的意见》的通知
35	气法函〔2003〕57号	关于印发《施放气球培训考核大刚》(试行)的函
36	气办发〔2003〕39号	关于印发《向媒体提供气象信息服务的规定》(试行)的通知
37	气发〔2004〕186号	关于加强气象行政许可工作的通知
38	气发〔2004〕126号	关于加强对气球和风筝等升空物体管理确保航空飞行安全的通知
39	气发〔2006〕184号	关于进一步加强施放气球安全管理工作的通知
40	气发〔2007〕268号	关于印发《气象科技服务管理暂行办法》的通知
41	气发〔2009〕92号	关于印发《气象行政处罚自由裁量权管理办法》的通知
42	气发〔2011〕62号	关于印发全面推进气象依法行政规划(2011—2015年)的通知
43	中气函〔2011〕192号	关于印发气象行政执法体制改革试点方案的通知

表 10.10　2016 年地方气象立法情况统计表

省份	地方性法规(3)	省份	地方政府规章(3)
河北	河北省气候资源保护和开发利用条例	辽宁	葫芦岛市气象设施和气象探测环境保护办法
山西	太原市雷电灾害防御条例	福建	福建省气象设施和气象探测环境保护办法
四川	甘孜藏族自治州气象条例	广西	广西壮族自治区气象设施和气象探测环境保护管理办法
规范性文件备案情况(4)			
天津	天津市新建扩建改建建设工程避免危害气象探测环境行政许可实施细则	江苏	江苏省雷电防护装置检测资质管理实施细则
山东	山东省气象局实施新建扩建改建建设工程避免危害气象探测环境行政许可细则	山东省气象局实施气象台站迁建行政许可细则	

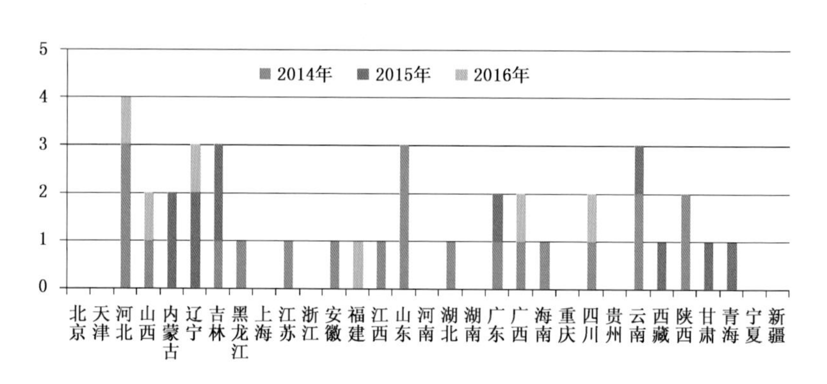

图 10.2　2014—2016 年地方立法统计(单位:件)

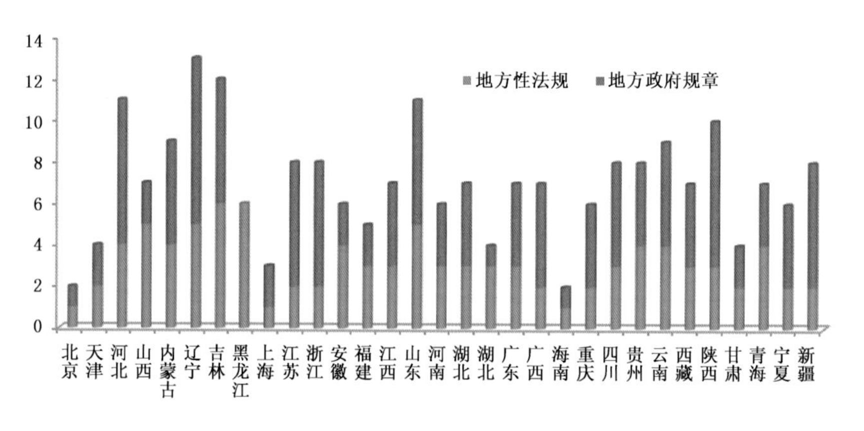

图 10.3　地方性法规、规章现有情况(单位:件)

（二）气象依法行政更严

2016年6月，中共中央办公厅、国务院办公厅印发了《关于推行法律顾问制度和公职律师公司律师制度的意见》，法律顾问可以对政府制定和出台重大决策作出合法性判断，及时提出意见和建议，避免违法违规的政策出台，为法治政府建设保驾护航。结合气象法治建设的实际，中国气象局印发了《落实推行法律顾问制度和公职律师公司律师制度意见实施方案》（气发〔2016〕88号），积极推行法律顾问制度和公职律师、公司律师制度，截至2016年底，全国已有23个省（区、市）局通过外聘法律顾问建立法律顾问制度，占全国气象部门的74.2%。

2016年，31个省（区、市）建立行政权责清单，建立“双随机”抽查机制，制定随机抽查事项清单，建立气象服务市场监管对象分类名录库和执法检查人员名录库。全国各地执法检查人员入库超过1700人，检查对象（企业）入库超过7800家。抽查对象均通过摇号等随机方式从监管对象名录库中随机抽取，执法检查人员也从执法检查人员名录库随机抽取，并有监督人员对抽查过程全程进行监督。全国气象部门通过常规方式或者多部门联合检查的形式，开展抽查工作386宗，参与的检查人员651人次，发出各类整改意见216份，已经督促完成整改27宗。并及时向社会公开通报抽查结果。全年开展执法检查4.5万次，立案248起，作出处罚决定167件。加强法治队伍能力建设，举办1期气象行政法学高级研修班，2期地（市）级气象行政执法骨干培训班。

2016年，各省（区、市）积极推进网上气象行政审批和一个窗口办理工作，已有25个省（区、市）气象行政审批进入当地政府行政审批管理系统，3个省（区、市）自建了独立行政审批管理系统；16个省（区、市）气象局进入省级政府行政审批大厅，14个省（区、市）气象局自建了气象行政审批服务大厅（窗口），实现“一个窗口受理，一个窗口回复”。各省（区、市）气象局行政审批事项办结时限严格落实“零超时”要求。各省（区、市）气象局完善了行政权责清单，并实行网上公开。北京、天津、河北、山西、内蒙古、辽宁、山东、浙江8省（区、市）强化对施放气球活动管理，为社会安全提供保障。

（三）气象法普及更加广泛

为深入贯彻落实《中共中央、国务院转发〈中央宣传部、司法部关于在公民中开展法治宣传教育的第七个五年规划（2016—2020年）〉的通知》（中发〔2016〕11号）和《全国人民代表大会常务委员会关于开展第七个五年法治宣传教育的决议》，适应新形势新任务对气象法治宣传教育工作提出的新要求，做好第七个五年气象法治宣传教育工作，2016年，气象部门制定出台《开展法治宣传教育第七个五年规划》，明确了深入开展气象法治宣传教育的指导思想、主要目标和主要原则，这项规划的出台，为实现气象现代化和完成“十三五”各项工作任务营造了良好的法治环境，对于提升法治意识、全面推进气象部门依法行政、更好地发挥法治的引领和规范作用具有重要意义。

2016 年,各省(区、市)采取多种方式积极开展气象法治宣传活动,进一步扩大气象法治宣传覆盖面。北京联合律师事务所,开展了以“学习气象法律法规,提升防灾减灾能力”为主题的气象普法宣传活动;安徽组织气象科技人员、科普法治宣传志愿者开展气象科技法律下乡助春耕春播活动;青海依托气象科普进校园和户外科普宣传活动开展法治宣传教育,为中学师生赠送书籍 500 余套,挂图 300 余套等。

(四)气象标准化不断强化

2016 年,注重推进气象标准体系建设,组织研究“十三五”气象标准体系框架,印发《防雷监管标准体系建设工作方案》。推进气象信息服务市场监管标准体系和气象观测装备标准体系建设,加强气象信息化标准体系、气候可行性论证监管标准体系的研究。

大力推进支撑气象改革和现代化重要标准制修订。2016 年,下达 66 项行业标准和预研究项目计划。组织开展对 812 项气象标准项目的集中复审和强制性标准整合精简工作。开展积压国家标准清理,完成报批 106 项、终止 23 项。组织《霾的观测识别》等 140 余项标准征求意见,发布《爆炸和火灾危险场所防雷装置检测技术规范》等 7 项国家标准,发布《气象预报传播质量评价方法及等级划分》等 59 项气象行业标准,备案地方气象标准 33 项(表 10.11、图 10.4、图 10.5)。

加强标准化管理和协调。2016 年,中国气象局印发《气象标准制修订管理细则》《气象领域标准化技术委员会评估办法》,着力完善标准化工作机制;成功承办 ISO 天气雷达国际标准工作组会议;与水运研究院商讨联合制定水运气象安全保障标准,与中国标准化杂志社联合出版《标准科学(气象专刊)》。“中国气象标准化网”用户量和访问量持续增加。各省(区、市)局对“执行标准清单”实现动态更新和公开,初步建立标准应用反馈工作机制,对部分标准适用情况进行收集、反馈,不断加大标准实施应用力度。如吉林、黑龙江、福建、山东、湖北、四川、云南、青海等省联合开展专项的标准实施监督检查;吉林、安徽、福建、山东、广东、宁夏等省(区)开展了标准化专项培训活动;贵州防雷减灾公共服务国家级标准化试点通过国家标准委的验收,山西人工影响天气和北京公共气象服务标准化试点通过中期评估,上海气象装备服务标准化试点项目获国家标准委批准立项。不断加强标准化技术组织建设,截至 2016 年底,北京、河北、吉林、黑龙江、江苏、浙江、安徽、福建、江西、山东、河南、广东、贵州、云南、西藏、甘肃、宁夏、新疆、湖南等 19 省(区、市)质监局批准成立了气象标准化技术委员会。陕西省气象局成立了气象标准化委员会,湖北成立了省标准化协会气象专业委员会。

表 10.11　2016 年度国家标准和行业标准发布情况统计表

序号	标准编号	标准名称	实施日期	发布依据
1	GB/T 32779—2016	超级杂交稻制种气候风险等级	2017-01-01	中华人民共和国国家标准公告 2016 年第 8
2	GB/T 32752—2016	农田渍涝气象等级	2017-03-01	中华人民共和国国家标准公告 2016 年第 14 号
3	GB/T 32934—2016	全球热带气旋中文名称	2017-03-01	
4	GB/T 32935—2016	全球热带气旋等级	2017-03-01	
5	GB/T 32936—2016	爆炸危险场所雷击风险评价方法	2017-03-01	
6	GB/T 32937—2016	爆炸和火灾危险场所防雷装置检测技术规范	2017-03-01	
7	GB/T 32938—2016	防雷装置检测服务规范	2017-03-01	
8	QX/T 313—2016	气象信息服务基础术语	2016-06-01	气发〔2016〕13 号
9	QX/T 314—2016	气象信息服务单位备案规范	2016-06-01	
10	QX/T 315—2016	气象预报传播规范	2016-06-01	
11	QX/T 316—2016	气象预报传播质量评价方法及等级划分	2016-06-01	
12	QX/T 317—2016	防雷装置检测质量考核通则	2016-10-01	气发〔2016〕25 号
13	QX/T 318—2016	防雷装置检测机构信用评价规范	2016-10-01	
14	QX/T 319—2016	防雷装置检测文件归档整理规范	2016-10-01	
15	QX/T 320—2016	称重式降水测量仪	2016-11-01	气发〔2016〕41 号
16	QX/T 321—2016	温度计量实验室技术要求	2016-11-01	
17	QX/T 322—2016	湿度计量实验室技术要求	2016-11-01	
18	QX/T 323—2016	气象低速风洞技术条件	2016-11-01	
19	QX/T 324—2016	花粉过敏气象指数	2016-11-01	
20	QX/T 325—2016	电网运行气象预报预警服务产品	2016-11-01	
21	QX/T 326—2016	农村气象灾害预警信息传播指南	2016-11-01	
22	QX/T 327—2016	气象卫星数据分类与编码规范	2016-11-01	
23	QX/T 328—2016	人工影响天气作业用弹药保险柜	2016-11-01	
24	QX/T 329—2016	人工影响天气地面作业站建设规范	2016-11-01	
25	QX/T 330—2016	大型桥梁防雷设计规范	2016-11-01	
26	QX/T 331—2016	智能建筑防雷设计规范	2016-11-01	

续表

序号	标准编号	标准名称	实施日期	发布依据
27	QX/T 332—2016	气象服务公众满意度	2017-03-01	气发〔2016〕73 号
28	QX/T 333—2016	船舶引航气象条件等级	2017-03-01	
29	QX/T 334—2016	高速铁路运行高影响天气条件等级	2017-03-01	
30	QX/T 335—2016	主要粮食作物产量年景等级	2017-03-01	
31	QX/T 336—2016	气象灾害防御重点单位气象安全保障规范	2017-03-01	
32	QX/T 337—2016	高清晰度电视气象节目演播室录制技术规范	2017-03-01	
33	QX/T 338—2016	火箭增雨防雹作业岗位规范	2017-03-01	
34	QX/T 339—2016	高炮火箭防雹作业点记录规范	2017-03-01	
35	QX/T 340—2016	人工影响天气地面作业单位安全检查规范	2017-03-01	
36	QX/T 341—2016	降雨过程强度等级	2017-03-01	
37	QX/T 342—2016	气象灾害预警信息编码规范	2017-03-01	
38	QX/T 343—2016	气象数据归档格式 自动观测土壤水分	2017-03-01	
39	QX/T 344—2016	卫星遥感火情监测方法 第 1 部分:总则	2017-03-01	
40	QX/T 345—2016	极轨气象卫星及其地面应用系统运行故障等级	2017-03-01	
41	QX/T 346—2016	自动气象站信号模拟器	2017-03-01	
42	QX/T 347—2016	气象观测装备编码规则	2017-03-01	
43	QX/T 348—2016	X 波段数字化天气雷达	2017-03-01	
44	QX/T 349—2016	气象立法技术规范	2017-03-01	
45	QX/T 2—2016	新一代天气雷达站防雷技术规范	2017-03-01	
46	QX/T 350—2016	气象信息服务企业信用评价指标及等级划分	2017-05-01	气发〔2016〕86 号
47	QX/T 351—2016	气象信息服务单位运行记录规范	2017-05-01	
48	QX/T 352—2016	气象信息服务单位服务文件归档管理规范	2017-05-01	
49	QX/T 353—2016	气象信息服务单位年度报告编制规范	2017-05-01	
50	QX/T 354—2016	烟花爆竹燃放气象条件等级	2017-05-01	
51	QX/T 355—2016	电线积冰气象风险等级	2017-05-01	
52	QX/T 356—2016	气象防灾减灾示范社区建设导则	2017-05-01	

续表

序号	标准编号	标准名称	实施日期	发布依据
53	QX/T 357—2016	气象业务氢气作业安全技术规范	2017-05-01	气发〔2016〕86 号
54	QX/T 358—2016	增雨防雹高炮系统技术要求	2017-05-01	
55	QX/T 359—2016	增雨防雹火箭系统技术要求	2017-05-01	
56	QX/T 360—2016	碘化银类人工影响天气催化剂静态检测规范	2017-05-01	
57	QX/T 361—2016	农业气象观测规范 玉米	2017-05-01	
58	QX/T 362—2016	农业气象观测规范 烟草	2017-05-01	
59	QX/T 363—2016	烤烟气象灾害等级	2017-05-01	
60	QX/T 364—2016	卫星遥感冬小麦长势监测图形产品制作规范	2017-05-01	
61	QX/T 365—2016	气象卫星接收时间表格式	2017-05-01	
62	QX/T 366—2016	太阳质子事件现报规范	2017-05-01	
63	QX/T 367—2016	地球静止轨道处能量 2MeV 以上的电子日积分强度分级	2017-05-01	
64	QX/T 368—2016	太阳常数和零大气质量下太阳光谱辐照度	2017-05-01	
65	QX/T 369—2016	核电厂气象观测规范	2017-05-01	
66	QX/T 20—2016	直接辐射表	2017-05-01	

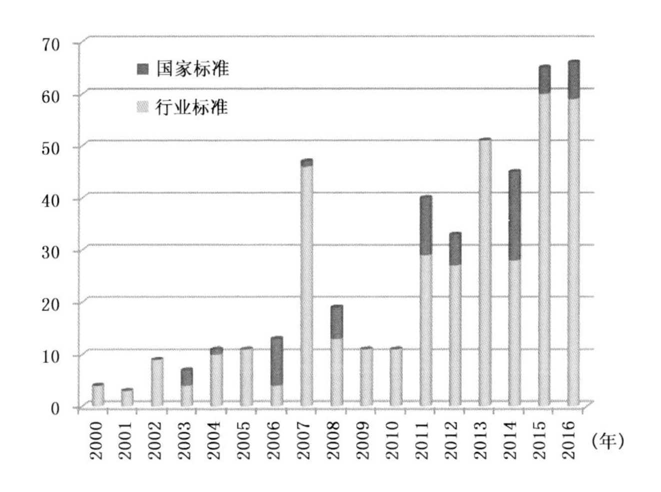

图 10.4 2000—2016 年度气象标准年度发布情况(单位:个)

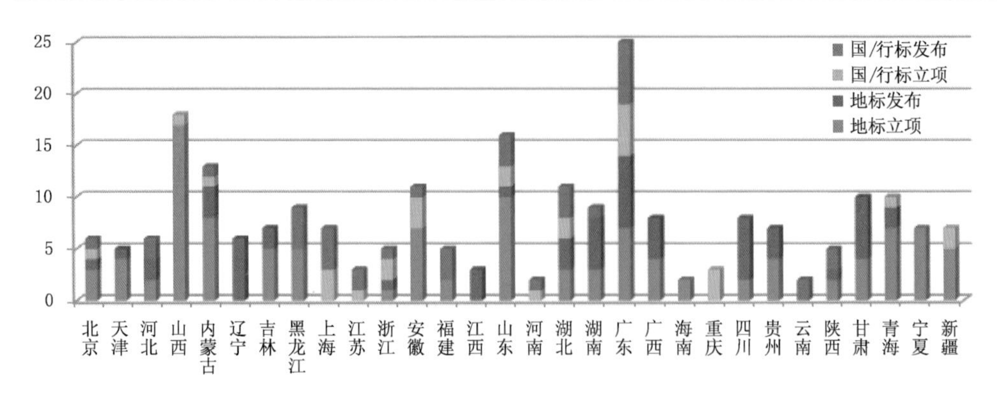

图 10.5　2016 年度各省(区、市)气象标准制修订工作情况(单位:个)

四、展望

2016 年,全国气象部门全面深化气象改革和全面推进气象法治建设取得了突出成效,但面对新形势、新要求,全面深化改革和全面推进气象法治建设的任务依然艰巨,还需做好以下方面的工作。

(一)继续全面贯彻落实党和国家改革决策部署

贯彻落实《关于推进防灾减灾救灾体制机制改革的意见》,深化气象防灾减灾体制机制改革,提高气象灾害监测预报预警水平。继续落实国家行政审批制度改革要求,聚焦"痛点",继续做好行政审批事项取消下放的研究论证和落实衔接,落实"放管服"要求,完善依法行政、市场监管等体制机制,提高资源配置的质量和效益。落实国务院"互联网+政务服务"要求,大力推进气象行政审批信息化建设,重点推进气象行政审批事项网上审批流程开发。稳妥推进省以下气象事业单位分类改革工作。继续做好气象部门绩效工资改革和养老保险政策落实。落实激发事业单位创新活力相关政策,优化企业结构、完善监管机制。坚持党的建设与改革同步谋划、同步设置、同步开展,确保全面推进气象改革取得实效。

(二)继续深化防雷减灾体制改革

以贯彻落实国务院 39 号文件为依据,进一步深化防雷体制改革,巩固和发展改革成果,着重补齐防雷减灾履职能力不到位和防雷市场体系不完善的短板。加快构建防雷减灾安全责任体系,落实责任分工,层层压实政府、行业部门和企业的防雷减灾安全责任。创新防雷安全监管方式,加强法规制度和标准体系建设,充分运用信息化手段提高防雷安全监管效能,建设全国统一的防雷安全监管平台,逐步实现对易燃易爆等场所建设工程的防雷安全实时动态监管。积极争取进入当地政府,将防雷安全工作纳入安全生产责任制和地方政府考核评价指标体系。加强与安监等部门的沟通协调和工作联动，建立防雷安全联合检查机制。不断优化政策环境，支持各类市场主体依法平等参与市场竞争并提供防雷技术服务，培育和发展防雷服务市场，不断提高自身防雷装置检测、雷电灾害风险评估等技术服务能力，补齐服务短板，扩大供给能力。规范开展雷电防护装置检测资质认定，切实开放检测市场。强化防雷专业方面的技术优势，切实做好油库、气库、弹药库、化学品仓库、烟花爆竹、石化等易燃易爆建设工程和场所重点领域防雷装置设计审核和竣工验收，确保防雷安全。健全监测预警业务体系，将防雷减灾融入到气象防灾减灾的大格局中，提升防雷减灾服务能力，为社会提供完整、规范的雷电预报预警等服务项目。扎实稳妥推进市县级防雷减灾体制改革。

（三）继续推进气象体制改革

大力推进业务技术体制改革，着力补齐综合气象观测业务在领域和时空覆盖不全、信息网络业务支撑不足和横向不畅、预报业务精准程度不高和提前量不够的短板以及气象服务产品供给不足、专业气象服务发展滞后、气象服务市场体系不健全等短板。推进以质量管理为核心的观测业务技术体制改革。重构“两级集约、三级布局”的预报业务布局，完善预报业务流程。再造气象信息流程，构建“云＋端”的信息业务格局。继续推进气象服务体制改革，推进决策气象服务机制改革。利用市场机制推动专业气象服务规模、集约发展。健全气象服务管理的标准和制度体系，开展气象服务企业备案、气象预报传播质量评价、气象信息服务企业信用评价。

推进气象科技管理“放管服”改革，进一步向创新主体放权，建立健全以科技创新质量、贡献、绩效为导向的评价分配制度及风险防控机制。强化气象科技成果转化激励措施。深化专业所改革，加快推进专业气象研究院建设，强化省级科研所对核心业务的支撑。推进国家气象科技创新体系建设，优化气象科技创新布局，聚焦核心技术突破，深化开放合作，建立以质量、贡献、绩效为导向的气象科技评价体系。

完善气象规划运行和综合考评机制，围绕质量提升管理效能。继续实施人才优先发展战略，实施国家和部门人才工程和计划，加大培养创新型人才，完善人才选拔和评估机制，完善职称评审和岗位聘用办法，用好用活专业技术岗位。继续推进事业单位分类改革，研究制定气象部门所属事业单位绩效工资改革实施方案及分配办法，稳妥推进生产经营活动事业单位改革。进一步完善省级气象部门党建纪检工作机制，发挥双重领导管理体制优势，将全面推进从严治党和全面深化气象改革纳入部门规划，实现协同推进。

（四）继续适应改革需求全面加强气象法治建设

继续推进气象灾害防御立法和气候资源开发利用和保护立法研究。加快《人工影响天气管理条例》《气象灾害防御条例》的修订，做好部门规章制修订和文件清理，加强地方气象立法工作。做好气象法律法规贯彻实施情况检查和执法调研。积极推行法律顾问制度和公职律师、公司律师制度，推动省级以上气象主管机构普遍设立法律顾问。加快研究制定《气象行政执法监督办法》以及气象行政处罚自由裁量权管理办法和指导标准；探索建立气象部门双随机一公开制度运行评价体制；建立省级气象主管机构建设权责清单事项调整备案工作机制；推动气象行政执法纳入地方综合执法工作，提升气象行政执法能力；关注行业部门改革动向，促进与行业部门合作的深化。

（五）加快促进标准化与气象业务、服务、管理及科技的深度融合

围绕气象改革发展的需求和要求，坚持"三面向"原则，以完善标准体系和加快重点标准出台为主线，以推进标准化试点和气象认证为抓手，按照服务大局、支撑发展、协同推进、科学管理的工作要求，开展"标准化＋"行动，促进标准化与气象业务、服务、管理及科技的深度融合，积极用标准提升行业话语权。要加快《霾的观测判识》《厄尔尼诺/拉尼娜事件判别》等重大基础性标准以及防雷监管、气候可行性论证监管、观测装备等重要领域标准的制定、出台。加快推进城市气象服务、人工影响天气、气象装备、农业气象、防雷技术服务等专业领域的国家级标准化试点，强化标准在气象工作各个领域的实施应用。培育、发展气象认证工作，探索推进气象灾害防御重点单位安全保障、农产品气候品质等认证工作，以认证促进管理创新、拓展专业服务。大力推进气象科技研发对标准研制的支持，组织开展气象科技成果转化为技术标准的试评估，加强标准制修订管理。

第十一章　气象开放合作与交流

2016年，气象部门紧密围绕全面推进气象现代化，全面深化改革的目标、任务和要求，以进一步提高认识为前提，主动融入国家对外开放发展战略布局，积极开展全方位、宽领域、多层次的对外开放及对内合作，努力提升气象开放合作质量与水平，形成了互利共赢的合作格局。

一、2016年气象开放合作与交流概述

2016年，气象国际交流合作工作紧扣服务国家总体外交和服务于气象事业发展的主线，紧密围绕中国气象局党组关于全面推进气象现代化，全面深化改革以及开放发展的目标、任务和要求，主动树立全球意识和战略思维，以进一步提高认识为前提，以制定规划计划为抓手，以务求实效为目标，积极开展了全方位、宽领域、多层次的对外合作与交流活动，开放合作更加活跃，更具有系统性、针对性，有效提升气象科技国际合作质量与水平，取得了显著成效。

一是积极配合国家总体外交，做好气象外事工作。积极推动与"一带一路"沿线国家的气象合作，组织召开了中国—东盟气象合作论坛和第二届中亚气象科技研讨会等国际会议；积极配合中美战略与经济对话，报送的相关建议纳入第八轮中美战略与经济对话成果清单；继续推动气象援非项目的实施；继续推动国际教育培训工作，积极组织国际培训班及气象留学生工作。

二是围绕气象事业发展，突出重点，深化务实国际合作。主要围绕核心业务和重点服务领域，推进多边双边气象科技合作，组织召开中英、中法、中印尼、中越、中澳、中美等双边气象科技合作会议，继续推动中国气象局与欧洲中期天气预报中心（EC-MWF）和欧洲气象卫星开发组织（EUMETSAT）的务实合作。围绕国际治理要求和气象事业发展需求积极参与世界气象组织、政府间气候变化专门委员会、联合国气候变化框架公约、台风委员会等国际组织的活动；为提升核心气象科技能力，组织承办13个国际会议及世界银行多灾种早期预警系统培训班。

三是积极利用国际专家资源，继续提升国际引智和培训工作水平。积极组织多项国家外国专家局支持的引智项目及境外培训项目。①

---

① 数据来源：中国气象局国际合作司．国际司2016年总结和2017年计划．2016－12。

四是落实两岸气象合作协议成果，推进与港澳合作。参与《海峡两岸气象合作协议》生效后第二次工作组会议；举办了2016年海峡两岸灾害性天气分析与预报研讨会；支持福建省举办第八届海峡论坛民生气象论坛；举办了中国气象局与香港天文台高层管理人员会议；召开了亚洲航空气象中心建设工作研讨会。

2016年，全国气象部门立足实际，国内合作主要围绕气象现代化建设、气象防灾减灾、公共气象服务、气象科技创新、气象人才培养等重要工作，不断深化部际合作、省部合作、局校合作和局企合作等。重点是气象国内交流合作工作以构建集约化气象业务平台、优化气象服务供给为总体目标，构建了在防灾减灾、专业气象服务等多领域的联动机制；在总结回顾以往省部合作的基础上，推动了新一轮省部合作，以共同推动地方气象现代化事业发展；开辟了局企合作的新领域，移动气象服务、气象预警服务及气象为农服务等方面的局企合作取得进展，市场、社会资源开始有序进入气象领域；在局校合作共赢机制下，继续推动与高校的战略合作，共建了研究中心、重点实验室。通过积极探索一系列的国内开放合作、融入发展、借智借力举措，取得了明显成效，有力助推了气象事业发展。

二、2016年气象国际交流与合作进展

(一)气象与国家总体外交战略的对接

2016年，我国积极推动与“一带一路”沿线国家的气象合作。组织召开了首届中国—东盟气象合作论坛和第46期多国别考察，通过了《中国一东盟气象合作南宁倡议》，为中国和东盟国家加强区域气象灾害监测与共同防御打造了合作平台。组织召开了第二届中亚气象科技研讨会，继续推动《中亚气象防灾减灾及应对气候变化乌鲁木齐倡议》的实施。结合国家“一带一路”建设和《全国气象发展“十三五”规划》，组织草拟了《中国气象局关于落实“一带一路”建设三年(2016—2018年)滚动实施方案重点任务的方案》。与巴基斯坦气象局积极磋商，推进中巴经济走廊建设气象保障工作。同时，继续做好中国气象局卫星广播系统(CMACast)和现代化人机交互气象信息处理和天气预报制作系统(MICAPS)国际用户的支持。

气象部门积极配合中美战略与经济对话。在2016年6月召开的第八轮中美战略与经济对话中，我局与美国国家海洋和大气管理局共同报送的三条成果建议被纳入战略对话成果清单，内容涉及空间天气监测、预报和服务，气候科学和温室气体监测，灾害性天气监测和预报。

中国气象局继续推动气象援非项目的实施。2016年，按计划完成了科摩罗、津巴布韦和纳米比亚3个非洲国家的气象援助项目。观测资料已经进入当地预报业务系统，并已通过全球通信系统(GTS)进入区域和全球交换，项目建设效益初步呈现。肯尼亚、刚果金、喀麦隆和苏丹等4个国家的援助项目正在实施中。在北京为气象援非项目组织了为期一周的自动气象站培训班。在2016年的世界气象组织执行理事

会第68次届会期间，中国气象局会同我驻日内瓦代表团及世界气象组织秘书处，举办了气象援非项目发布会，通报了中国气象局承担的对非洲7国气象援助项目的基本情况和有关进展。

气象部门协助商务部完成了跨境服务负面清单制订第二阶段工作任务，结合气象部门的监管实践及相关法律法规内涵，澄清和解答了需进一步探讨的问题清单，并递交了第二阶段部门评估意见。

（二）多双边气象合作

2016年，我国气象部门继续围绕核心业务和重点服务领域推进双边气象科技合作。组织召开了中英大气科技合作联合工作组第九次会议、中法气象科技合作联合工作组第六次会议、中印尼气象科技合作联合工作组第一次会议、中越气象科技合作联合工作组第十一次会议、中澳气象科技合作联合工作组第十六次会议、中美第三次卫星事务高层工作组会议共6个双边气象科技合作会议，确定合作项目33个，明确了未来在数值天气预报、气候与气候服务、卫星气象、灾害联合防御、人员培训等方面的合作计划。签署了更新后的中加、中法、中越气象科技合作谅解备忘录。

2016年，围绕国际治理要求和气象事业发展需求参与世界气象组织、政府间气候变化专门委员会、联合国气候变化框架公约、台风委员会等国际组织的活动，积极发挥影响。中国气象局相关人员出席了世界气象组织第17财期（2016—2019年）执行理事会战略运行和计划工作组第1次会议、执行理事会第68次届会，承办并组团参加了基本系统委员会第16次届会和技术大会。中国关于改进世界气象组织治理、公私伙伴关系等方面的主张得到世界气象组织主席、秘书长及其他执行理事会成员的肯定。张文建被任命为世界气象组织助理秘书长，矫梅燕当选基本系统委员会副主席，曾庆存院士荣获第61届国际气象组织奖。由中国气象局倡议发起的“亚洲—大洋洲气象卫星用户大会”自2010年至2016年已由各国成功轮流举办了六届，已成为区域气象合作的典范，并在世界气象组织执行理事会第68次届会期间，中国、澳大利亚、印度、印度尼西亚、日本、俄罗斯和韩国等7个国家气象部门的负责人和世界气象组织秘书长在谅解备忘录上签字，标志着亚洲—大洋洲气象卫星用户大会进入机制化发展的新阶段。2016年，中国专家广泛参与了世界气象组织附属机构的工作，中国的发展理念、标准等已对世界气象组织产生了较大影响。

2016年，中国气象局组团出席IPCC第43和44次全会，派员参加第22届联合国气候变化大会及其他重要气候变化相关会议，提名专家作为IPCC第六次评估报告、3份特别报告、温室气体清单指南方法学报告的规划会议及后续报告编写的候选专家，深入参与气候变化国际治理。继续参与台风委员会事务，借助台风委员会机制继续推进区域气象合作。

2016年，继续推动中国气象局与ECMWF的务实合作。第二次中国气象局—ECMWF双边会议同意双方未来两年将在数值天气预报、次季节到季节预测、卫星资料质量控制、同化和应用、高性能计算和青藏高原数值预报和资料应用关键技术等5个领域继续开展合作。继续推进与欧洲气象卫星应用组织(EUMETSAT)的稳定合作,并就启动中欧联合气象卫星合作计划达成了初步共识。

2016年,组织承办第三届风云卫星发展咨询会、世界气象组织第六届观测系统对数值预报影响研讨会、国际气象卫星协调组织社会经济效益工作组会议、临近预报技术指南编写任务组第1次会议、极端降水天气及灾害国际研讨会、地基遥感降水—天气雷达工作组会议等其他13个国际会议及世界银行多灾种早期预警系统培训班。为提升核心科技能力,支持气象现代化建设,以及参与气象和气候变化国际治理、提升国际合作话语权做出了贡献。

截至2016年年底,中国气象局已与23个国家的气象部门及2个国际机构签署了双边气象科技合作协议、谅解备忘录、议定书或会谈纪要[①]。

(三)境外气象培训和引智

2016年,中国气象局在培训和引智方面,获得国家外国专家局支持引智项目7项、境外培训项目3项。通过各种形式的智力引进项目,积极利用国际专家资源,培养国内事业发展领军人才和带头人,助力气象卫星、数值预报等未来发展。在国际教育培训方面,2016年,利用多部门资金渠道组织了15个国际培训班,共有305位境外学员和41位国内学员参加;继续推动气象留学生工作,2016年利用教育部、商务部等资金渠道新招收50名来自发展中国家的本科、硕士和博士生。

三、2016年气象国内合作进展

(一)部际合作

近年来,中国气象局逐步建立了"一协议、三制度、三平台"的部际合作机制,不断强化气象防灾减灾部际合作,拓展公共气象服务领域。

"一协议",即气象与水利、住建、环保、林业、民航、供销等17个部门和企事业单位签订了合作协议或备忘录,为其提供气象技术支撑和保障服务。

"三制度",即人工影响天气协调会议制度、气象灾害预警服务部际联席会议制度和重大节假日联合会商制度,其中,人工影响天气协调会议制度自1994年经国务院批复成立以来,已发展军地成员单位21家,中国气象局局长、国务院分管秘书长、军委联合参谋部分管首长为召集人,共同加强对全国人工影响天气工作的组织领导,迄今已举办4次全体会议,并组织召开了3次全国人工影响天气工作会议,推动出台了《国务院办公厅关于进一步加强人工影响天气工作的意见》(国办发〔2012〕44号)和《全国人工影响天气发展规划(2014—2020年)》(发改农经〔2014〕2864号);气象灾害

① 数据来源:中国气象局国际合作司．国际组织及双边气象合作汇总．2016－12。

预警服务部际联席会议制度自 2010 年建立以来已发展成员单位 30 家，逐步构建起“多边双边配合，线上线下互动”的部际交流联动平台，每年召开气象灾害预警服务部际联络员会议，展示气象服务工作成果，了解气象服务需求，迄今已举办 10 届会议；同时每逢重大节假日组织 16 个部门召开全国天气会商，为节假日旅游、交通安全提供气象保障服务。

“三平台”，即搭建气象灾害预警部际联络信息平台、手机决策气象服务客户端软件平台、部际联络员微信群平台，及时发布气象预报预警服务信息和相关工作动态，推动部际联络常态化。

2016 年，中国气象局进一步推进了与国家有关部门的部际合作工作，中国气象局与中国民用航空局、中华全国供销总社签署合作协议，与中国民用航空局、香港天文台签署三方联合共建协议[①]。为加强气象灾害预警服务部际联络员会议各成员单位的沟通和交流，研讨各部门气象服务需求和气象灾害部级联动机制，2016 年 9 月 20—21 日，中国气象局组织邀请了 29 个国家部委办有关部门人员参加在黑龙江加格达奇召开的气象灾害预警服务部际联络员第十次会议。

（二）省部合作

近年以来，全国气象部门以“省部合作”为平台，有力推动了气象现代化建设和地方气象事业快速发展。截至 2016 年年底，中国气象局已与 31 个省（区、市）人民政府签署合作协议。当年除内蒙古、西藏尚未举行省部合作联席会议外，其他省（区、市）均以各种形式召开了由中国气象局领导和地方党委政府领导参加的省部合作联席会议，其中广东、宁夏、湖北、吉林、河南、四川、陕西 7 个省（区）年均召开 1 次以上联席会议[②]。2016 年，中国气象局与吉林省人民政府、湖北省人民政府、北京市人民政府、江苏省人民政府、广东省人民政府召开 2016 年合作联席会议；与重庆市人民政府共同召开 2016 年全市气象工作暨汛期防灾减灾会议；与湖北省人民政府共同召开 2016 年湖北省气象现代化推进会；与广东、北京、云南、湖北、青海等 5 省市签订合作协议[③]。

省部合作主要围绕气象“十三五”规划和地方经济发展实际，以气象现代化建设为抓手，重点在气象现代化体制机制改革创新、突发公共事件预警信息发布系统建设、气象信息化建设、生态文明建设气象保障及深化省部合作机制等方面达成了合作共识，共同推进相关省份“十三五”气象现代化建设，提升气象公共服务能力，不断满足地方经济社会发展需求，推动地方气象事业发展。

---

① 数据来源：中国气象局办公室。

② 数据来源：中国气象局办公室．关于关于部际合作、省部合作及局校合作有关情况的报告。

③ 数据来源：中国气象局办公室。

(三)局校合作与局企合作

2016年,中国气象局不断完善局校合作机制,局校合作扩大到北京大学、清华大学、复旦大学、南京大学、南京信息工程大学等21所,与高校签署了局校合作协议,明确重点合作领域和合作机制;同时,与中国科学院、中国社会科学院、中国农业科学院等高端研究机构的合作不断深化;省级气象部门及其所属单位也与58所高校在科技研发、实习基地建设、人才培养等方面签署了106项合作协议。

2016年,为进一步推动气象服务业发展,中国气象局继续推进了局企合作。8月29日,中国气象局与中华全国供销合作总社签署了《联合推进为农服务合作协议》。另外,全国各省局与相关企业进行深入合作,例如,2016年,湖北省局与中国人民财产保险股份有限公司湖北分公司签署战略合作协议,共同推进保险气象业务发展。双方还将建立沟通协调、信息共享、运行保障等合作机制,强化协议落实。

(四)港澳台气象合作

2016年,中国气象局与香港天文台举办了高层管理人员会议,商定了未来两年的合作活动,未来两年双方将加强在亚洲航空气象中心、台风委员会、世界气象组织、与东盟气象合作、粤港澳气象科技合作等方面的合作。2016年10月28日,中国气象局、中国民用航空局、香港天文台在北京召开了亚洲航空气象中心建设工作研讨会,签署了《中国民用航空局　中国气象局　中国香港特别行政区政府香港天文台关于联合建设亚洲航空气象中心的协议》。三方按照"优势互补、共建共享、统一开放"的原则,充分发挥各自业务、技术、服务和人才方面的优势,充分利用各自在国际航空气象领域的优势资源,联合建设亚洲航空气象中心,以建设"亚洲区域危险天气咨询中心"为阶段目标,以建设"世界区域预报中心"为长期目标。

2016年,《海峡两岸气象合作协议》协议生效后第二次工作组会议于4月20—21日在台北召开,双方共同商定未来进一步推动灾害性天气业务合作、气象资料与信息交换、气象业务技术交流等工作分组的工作,以及气象业务人员交流等优先合作领域的活动开展。4月21—27日,在台北举办了"2016年海峡两岸灾害性天气分析与预报研讨会",落实协议中相关合作事宜,主要针对两岸气象界共同关心的台风、梅雨、中小尺度天气、气候变迁与防灾应变措施等相关领域进行研讨和交流。大力支持福建省举办第八届海峡论坛·海峡两岸民生气象论坛,围绕"探索气象防灾科学,普及产品个性化应用"主题,针对两岸民众对气象防灾减灾和民生气象服务的需求,深入交流两岸气象相关业务系统、灾害潜势预报警报、气候资源利用、气象灾害风险评估等方面的前沿性防灾减灾科技成果,进一步深化两岸交流与合作。

四、展望

当期,在世界气象领域,中国已成为深入参与者、积极贡献者,以及未来发展方向的主动引领者，气象对外开放正处于大有可为的战略机遇期。中国是气象国际合作的重要贡献者，通过积极参与重要国际活动，体现我负责任大国形象，履行中国在世界气象组织等国际组织中的义务，发挥在国际治理中的积极作用和影响。根据我国气象发展总体战略，气象事业发展将统筹国际国内两个大局，需要不断提升高水平双向务实合作。把服务气象事业发展作为根本任务，谋求合作、发展和互利共赢作为根本原则，科学合理布局，提升效益水平，为实现我国气象现代化做出积极贡献。

国际合作交流主要在以下方面着力：

一是服从和服务于国家整体外交战略，进一步深化与“一带一路”沿线、金砖国家、非洲国家等的气象国际合作。对“一带一路”沿线国家，重点是加强气象防灾减灾、气候安全风险应对等科技合作，利用中国气象局网点布局和综合化业务平台优势，加强中亚地区及南亚部分国家的气象灾害防御能力和应对气候变化能力合作，提升对丝绸之路经济带建设的气象保障能力和我国天气上游区气象资料获取能力；加强东北亚自然灾害风险监测与识别能力，加强与东南亚国家在极端天气联合监测预警合作及海洋气象联合观测，建立健全多边双边信息共享和紧急联合应对机制；强化面向“全球监测、全球预报、全球服务”的业务服务能力建设，为“一带一路”建设气象保障提供服务产品和核心技术保障。对西方发达国家，重点是深化气象科技交流合作，与发达国家共同构建对区域乃至全球的气象协同治理机制与治理平台，在合作中逐步提升自身实力及影响力。对非洲等发展中国家，重点是加强科技装备输出和防灾减灾合作，以气象预报产品、气象雷达、卫星技术等为代表，通过长期深度的气象合作机制来构建受援国同我国的共同利益点，在实现受援国气象预报服务基础能力和水平提升的同时，实现我国同受援国长期稳定的合作关系。

二是夯实气象外交科技支撑实力，进一步提升我国气象外交在国际气象事务及国家总体外交战略中的地位。重点是继续组织好与美国等国以及 ECMWF 等国际气象组织的气象双边及多边合作，充分利用好各种国际组织或国际协议平台，积极参加全球气象相关事务，全面提升我国在世界气象组织和其他气象相关国际组织中的影响力和话语权，不断发挥全球影响。积极在亚太经济合作组织(APEC)、金砖国家、中非论坛、东盟、上海合作组织等平台中寻找可合作的“气象议题”，发出气象声音，提供气象智慧，发挥气象作用，为气候变化共同应对、防灾减灾国际援助等提供气象支撑。同时，加强对国外最新气象科技发展的跟踪和分析，培养紧跟气象现代化步伐的气象科技创新人才队伍，在全球气象核心科技领域的竞争中抢占气象科技制高点。

三是加强气象外事管理工作，进一步提高我国气象外交软实力。重点加强国际合作人员队伍的建设，建立与我国大国外交地位相匹配的“气象外交官”队伍，真正把中国的气象声音传播出去。统筹安排国际合作交流活动，争取承办一些国际会议，促进中国气象科技人员进一步了解国际发展趋势，寻求合作机遇；同时，大力宣传中国气象现代化建设成果，拓展合作领域，促进深入合作。继续推动与港澳台的合作和智力引进工作。严格执行因公出国(境)计划审批制度，切实控制出访总量，提高国际合作活动质量、规范管理。

国内合作交流主要在以下方面着力：

一是推动国内合作向更高层次、更宽领域发展。充分发挥全国气象部门与地方人民政府双重领导的优势，履行与地方气象事权相适应的支出责任，继续完善气象行业内资源配置与整合，建立气象部门与行业部门的互动合作机制，推动跨领域跨行业协同创新，实现更加科学、更好地开放。大力提高气象业务科研能力，开发专业气象服务指标，研发专业气象服务数值模式以及基于影响的专业气象预报预警核心技术和评估模型，提高有效气象供给，进一步拓展服务领域。

二是强化共享联动、提升专业气象服务能力。进一步深化省部合作、部际合作、局校合作与交流，在优势互补、资源共享、合作共赢的基础上，继续加大部门信息共享力度，建立统一数据格式和规范，共同推进我国深层次气象数据、资源及成果的开放；进一步促进监测数据、灾情信息、预报预警等信息充分共享共用；进一步完善以灾害性天气预报预警信息为先导，各部门高效联动的协同应急机制。强化合作任务督查落实，主要针对部门和行业需求，强化面向行业的气象服务，联合发文出台相关政策，建立台账制度，推动落实合作协议、备忘录各项工作，进一步提高合作质量效益。

三是推进气象与社会资源深度合作。强化社会管理和公共气象服务职能，积极引导、鼓励社会力量参与气象防灾减灾和公共服务；完善政府购买公共气象服务机制，加强有关试点工作。积极培育国内商业化气象服务市场，拓展气象数据应用领域，进一步规范商业化气象服务市场秩序；实现气象服务多元化、个性化发展，提高气象服务的社会经济效益。

愿景篇

第十二章 “十三五”气象发展

通过“十二五”时期气象事业发展，气象防灾减灾能力明显提升，气象监测预报水平稳步提高，应对气候变化支撑和生态文明服务能力不断提升，重大活动和突发事件气象保障水平大幅提高，气象科技创新和人才队伍建设稳步推进，气象发展环境明显改善，气象为保障经济社会发展和人民福祉安康作出重要贡献。但仍然存在着一些亟待解决的突出问题。气象关键领域核心技术薄弱，科技创新能力不强，科技领军人才短缺，预报预测准确率和精细化水平有待提高，气象综合观测能力和自动化水平、气象资料标准化和共享能力仍不强，气象业务服务能力与经济社会发展和人民生产生活日益增长的需求不相适应的矛盾依然存在，气象管理体制还未达到转变政府职能和创新行政管理方式的要求，全面推进气象现代化的挑战和压力依然很大。

“十三五”时期，是气象保障我国顺利实现全面建成小康社会伟大目标的关键阶段，也是我国基本实现气象现代化目标的决胜阶段。在我国经济发展进入新常态背景下，气象发展将面临新的挑战和机遇。

一、“十三五”气象发展环境基本特征

天气气候复杂多变对气象防灾减灾提出新挑战。我国是世界上气象灾害最严重的国家之一，灾害种类多、分布地域广、发生频率高、造成损失重，与极端天气气候事件有关的灾害占自然灾害的70%以上，且近年来极端天气气候事件呈现频率增加、强度增大的趋势。未来，受全球气候变化影响，中国区域气温将继续上升，暴雨、强风暴潮、大范围干旱等极端事件的发生频次和强度还将增加，洪涝灾害的强度呈上升趋势，海平面将继续上升，引发的气象灾害及次生灾害所造成的经济损失和影响不断加大。新时期，人类活动和经济发展与天气气候关系更加紧密，气候安全形势日益复杂多变，我国经济安全、生态环境安全等传统与非传统安全将面临重大威胁和严峻挑战，需要努力实现从注重灾后救助向注重灾前预防转变，从应对单一灾种向综合减灾转变，从减少灾害损失向减轻灾害风险转变，全面提升全社会抵御自然灾害的综合防范能力。这些都对我国气象防灾减灾能力提出新的更高的要求。

经济社会发展和人民生活水平提高对气象服务提出新需求。一方面，我国经济进入新常态，发展方式加快转变，结构不断优化，新型城镇化和农业现代化进程加快，社会财富日益积累，气象工作赖以发展的经济基础、体制环境、社会条件正在发生深

刻变化。另一方面,气象灾害潜在威胁和气候风险更加突出,各行各业对气象服务的依赖越来越强,行业气象发展呈现蓬勃之势,人民群众更加注重生活质量、生态环境和幸福指数,对高质量气象服务的需求更加多样化,气象服务需求逐步呈现出多层次、多元化特点,这些都对气象工作的开放、多元化发展,对气象服务供给侧结构适应需求变化等提出了新的更高要求。

气象现代化跟上科技发展新步伐亟需新突破。当今世界科技进步日新月异,信息化步伐明显加快。我国实施网络强国战略、"互联网+"行动计划、国家大数据战略,加快建设智能制造工程、"中国制造2025"等一系列重大政策举措,蕴藏着推动科技第一生产力的巨大潜能和经济发展、社会变革的巨大动力,有利于激发大众创业、万众创新的巨大活力,这是全面推进气象现代化的新机遇、新动力和新潜力。欧洲中期天气预报中心、美英德日韩等各国气象机构都在积极谋划下一轮发展战略,争夺新的气象科技制高点,我国气象科技创新实现突破面临巨大的压力和挑战。

全面深化改革进入深水区对气象改革提出新要求。随着国家各项改革举措的不断出台和深入推进,改革已进入攻坚期和深水区,要啃"硬骨头",特别是涉及利益调整的改革,力度和深度会明显加大。改革有利于促进国家行政管理体制更加合理高效,事权与责任体系更加清晰协调,依法治国和服务型政府建设更具成效,这些都对深化气象各项改革和转变政府职能提出更高要求,同时带来提质增效的发展机遇。

二、"十三五"气象发展指导思想与基本原则

(一)"十三五"气象发展指导思想

推动"十三五"气象事业发展,必须遵循以下指导思想:全面贯彻党的十八大和十八届三中、四中、五中全会精神,深入贯彻习近平总书记系列重要讲话精神,按照"五位一体"的总体布局和"四个全面"的战略布局,牢固树立和贯彻落实创新、协调、绿色、开放、共享的发展理念,坚持公共气象发展方向,坚持发展是第一要务,坚持全面推进气象现代化、全面深化气象改革、全面推进气象法治建设、全面加强气象部门党的建设,突出科技创新和体制机制创新的双轮驱动,以气象核心技术攻关、气象信息化为突破口,以有序开放部分气象服务市场、推进气象服务社会化为切入点,推动气象工作由部门管理向行业管理转变,加快完善综合气象观测系统,全面提升气象预报预测预警水平,不断提高开发利用气候资源能力,构建智慧气象,建设具有世界先进水平的气象现代化体系,确保到2020年基本实现气象现代化目标,不断提升气象保障全面建成小康社会的能力和水平。

(二)"十三五"气象发展基本原则

推动"十三五"气象事业持续健康发展,必须遵循以下基本原则:

坚持公共气象发展方向。把增进人民福祉、保障人民生命财产安全作为谋划气

象工作的根本出发点，把服务国家重大战略、气象防灾减灾、应对气候变化作为气象发展的重要着力点，坚持大力发展公共气象、安全气象、资源气象，更好地发挥气象对人民生活、国家安全、社会进步的基础性作用。

坚持气象现代化不动摇。发展是第一要务，要将气象现代化作为气象改革发展各项工作的中心，始终发挥科技第一生产力、人才第一资源的巨大潜能，持续推进气象业务现代化、气象服务社会化、气象工作法治化，加快转变发展方式，实现气象发展质量、效益和可持续的有机统一。

坚持深化改革。围绕气象服务保障国家治理体系和治理能力现代化的总目标，全面深化气象改革，发挥好改革的突破性和先导性作用，增强改革创新精神，提高改革行动能力，加快完善适应全面推进气象现代化的体制机制，破解影响和制约气象发展的体制机制难题，着力激发气象发展活力和内生动力，为气象发展提供持续动力。

坚持统筹开放。积极主动开展全方位、宽领域、多层次、高水平的国内外务实交流合作，统筹中央、地方、社会和市场的力量，加大“走出去”发展的开放力度，构建气象发展新格局，推进气象信息资源更好地共享和应用。

三、“十三五”气象发展主要目标与基本理念

（一）“十三五”气象发展主要目标

推动“十三五”气象事业持续健康发展，必须明确以下目标要求：

到2020年，基本建成适应需求、结构完善、功能先进、保障有力的以智慧气象为重要标志，由现代气象监测预报预警体系、现代公共气象服务体系、气象科技创新和人才体系、现代气象管理体系构成的气象现代化，初步具备全球监测、全球预报、全球服务的业务能力，气象整体实力接近同期世界先进水平，若干领域达到世界领先水平，气象保障全面建成小康社会的能力和水平显著提升。具体目标包括：

——综合先进的现代气象监测预报预警。综合气象观测系统实现自动化、综合化和适度社会化。气象预报预警的准确率和精细化水平稳步提升。基于影响的预报和风险预警取得明显进展。

——集约共享的气象信息化。气象数据资源开放共享程度和开发利用效益明显提高。气象信息系统集约化水平和应用协同能力显著提升。新一代信息技术在气象领域得到充分应用。

——效益显著的气象防灾减灾。气象防灾减灾机制进一步完善。气象灾害预警精细化水平、及时发布能力和公众覆盖率大幅提高，气象灾害损失占GDP的比重持续下降。气象防灾减灾知识城乡普及。

——高效普惠的公共气象服务。公共气象服务效益显著提高，公民气象科学素养明显增强，全国公众气象服务满意度稳中有增。气象保障国家重大发展战略能力明显提升。

——功能完善的生态文明保障。环境气象观测体系和区域生态气象观测布局不断完善。生态气象灾害预测预警水平明显提升。人工增雨(雪)、防雹作业能力及效益进一步提高。

——科学应对和适应气候变化。气候变化科学研究取得明显进展，极端天气气候事件应对能力和气候安全、粮食安全保障能力不断提升。气候资源开发利用效率明显提高。在适应方面深度参与全球气候治理支撑保障能力不断增强。

——优先发展的科技人才体系。气象科技创新驱动业务现代化能力显著增强，重大气象科技创新取得明显突破，科技对气象现代化发展的贡献率显著提高。气象教育培训能力明显增强，气象人才素质显著提高，高层次领军人才的科技影响力稳步提升。

——科学法治的现代气象管理。气象法律法规体系和标准体系逐步健全。气象标准完备率和应用率稳步提高。与气象管理体制相适应的预算和财务制度进一步健全。气象服务市场管理有序，依法管理气象事务水平明显提升。

“十三五”时期气象发展主要指标

序号	指标		现状值	目标值
1	全国公众气象服务满意度(分)		87.3	>86
2	气象预警信息公众覆盖率(%)		83.4	>90
3	人工增雨(雪)作业年增加降水量(亿米^3)		502	>600
4	人工防雹保护面积(万千米^2)		47	54
5	全球气候变化监测水平(%)		46.9	80
6	24小时气象要素预报精细度	空间分辨率(千米)	5	1
		时间分辨率(小时)	3	1
7	24小时气象预报准确率	晴雨(%)	81	88
		气温(%)	72	84
8	24小时台风路径预报误差(千米)		75.3**	<65
9	24小时暴雨预报准确率(%)		56	65
10	强对流天气预警提前量(分钟)		15～30	>30
11	气候预测准确率	汛期降水(分)	69.4***	80
		月降水(分)	67.5***	72
		月气温(分)	77.5***	80
12	全球数值天气预报水平	可用预报时效(天)	7.3	8.5
		水平分辨率(千米)	25	10
		气象卫星资料同化量占比率(%)	70	80
13	国家人才工程人选(人次)		26	35

注：** 为近3年平均值；*** 为近5年平均值。

（二）“十三五”气象发展基本理念

实现“十三五”气象事业发展目标，破解发展难题，厚植发展优势，必须牢固树立和贯彻落实“创新、协调、绿色、开放、共享”的发展理念。

突出创新发展，着力激发气象发展的活力。切实把创新作为引领发展的第一动力，坚持科技引领，突出科技创新和体制机制创新的双轮驱动，以科技创新为核心带动全面创新。充分利用云计算、大数据、物联网、移动互联网等技术，大力推进气象信息化，着力构建智慧气象。更加依靠科技和人才，努力在关键科学领域及核心业务技术方面实现新突破。着力构建开放的气象服务体系，培育气象服务市场，优化气象服务发展环境。

推进协调发展，着力补齐气象发展的短板。统筹推进区域、流域和海洋气象协调发展，统筹推进东中西部气象事业协调发展，统筹协调国家、省、地（市）、县气象工作，统筹推进气象业务现代化、气象服务社会化、气象工作法治化，统筹推进气象硬实力与软实力的协调发展。强化气象服务区域发展总体战略，统筹推进行业气象协调发展，统筹推进气象与相关部门协调发展，加快形成气象服务协调发展新格局。

重视绿色发展，着力引领气象发展的新领域。把保障生态文明建设、促进绿色发展贯彻到气象发展各方面和全过程。围绕加快建设主体功能区、推动低碳循环发展、全面节约和高效利用资源、加大环境治理力度等开展工作，科学应对气候变化，有序开发利用气候资源，高度重视气候安全，为国家应对气候变化和生态文明建设提供坚实科技支撑。

坚持开放发展，着力拓展气象发展的新空间。主动适应、深度融入、全面服务国家对外开放总体战略。以战略思维和全球眼光，加强全球监测、全球预报和全球服务。深化国际双向开放交流合作，发挥科技优势，努力提升我国在气象领域的国际影响力和话语权。

强化共享发展，着力增进广大人民群众的福祉。把握公共气象发展方向，牢固树立防灾减灾红线意识，坚持发展为了人民、发展依靠人民、发展成果由人民共享，作出更有效的制度安排。全面加强气象防灾减灾，有力保障国家实施脱贫攻坚工程，加强国民经济重点领域气象服务，加大部门间气象数据共享，推进公共气象服务城乡全覆盖和均等化，让广大人民群众共享更高质量的气象服务成果。

四、“十三五”气象发展主要任务

（一）改革创新，提升气象现代化水平

“十三五”时期，要全面深化气象改革，强化气象技术创新，以体制机制改革激发创新活力，以科技创新为核心带动全面创新，实现气象关键领域核心技术突破，切实提升气象监测预报科技水平与服务能力，有效履行气象行政管理职能，积极培育气象服务市场,实现气象部门管理向行业管理转变。

1.全面深化气象改革

深化气象服务体制改革。以提升公共气象服务能力和效益为导向,创新气象服务体制,建立开放、多元、有序的气象服务体系,推进气象服务社会化。积极培育气象服务市场,制定气象服务负面清单,明确气象服务市场开放领域,加强基于信用评价的气象信息服务管理与监督。引导和规范气象增值服务。规范全社会气象活动,制定鼓励气象中介组织发展的政策措施,规范和引导中介组织参与气象社会管理。

创新气象业务科技体制改革。以提高气象核心竞争力和综合业务科技水平为导向,深化气象业务科技体制改革。以突破重大气象业务核心技术为主线深化气象科技体制改革,建立长期稳定的财政投入机制、有序竞争的人才保障机制、科学合理的考核评价机制,调整优化气象业务职责,建立集约高效的业务运行机制,完善科技驱动和支撑现代气象业务发展的体制机制。

推进气象行政管理体制改革。全面正确履行气象行政管理职能,推进机构、职能、权力、责任、程序法定化,实现由部门管理向行业管理转变,建立市场准入制度、负面清单制度等,提高气象管理效能。坚持和完善双重计划财务体制,进一步明确气象事权和相应的支出责任,建立完善与之相适应的财政资金投入机制。

2.实现气象核心业务技术新突破

推进数值预报自主研发实现突破。发展全球/区域数值模式动力框架等核心技术,改进全球和区域高分辨率资料同化业务系统,完善高分辨率数值天气预报业务系统。大力发展面向台风、环境、海洋和核应急响应等的专业数值预报业务系统,建成基于GRAPES的全球/区域集合数值预报业务系统。完善月—季—年预测一体化的海—陆—冰—气耦合的高分辨率气候预测模式,建立耦合物理、化学、生态等多种过程的地球系统模式。

构建无缝隙精细化气象预报业务。完善一体化现代天气气候业务,推进现代天气气候业务向无缝隙、精准化、智慧型方向发展。建成从分钟到年的无缝隙集约化气象监测预报业务体系,发展精细化气象格点预报业务,强化短时临近预警和延伸期到月、季气候预测业务,提升灾害性天气中短期预报和气候事件预报预测业务能力。提高台风、暴雨(雪)、寒潮、大风(沙尘暴)、低温、高温、干旱、雷电、冰雹、霜冻和大雾等灾害性天气的预报准确率。发展基于影响的预报和气象灾害风险预警业务,实现从灾害性天气预报预警向气象灾害风险预警转变。建立以高分辨率数值模式为基础的客观化精准化技术体系。

发展精细化气象服务技术。建立集高时空分辨率天气实况和天气预报、点对点预警推送、基于用户请求响应、自动适配、人工智能为一体的精细化气象服务系统。研发集气象灾害区划、灾情收集与监测、灾害风险预估与预警、灾害风险转移以及气象防灾增效服务效益评估为一体的灾害风险管理业务系统。研发精细化的专业气象服务数值模式、多种类数值模式产品的解释应用等核心技术，建立一体化的专业气象服务指标、模型、典型案例和相关技术方法等的知识库，实现专业气象服务的互动性、融合式和可持续发展。

发展先进高效的综合气象观测系统。构建全社会统筹气象观测、天地空一体、实现“一网多用”的综合气象观测网。建立健全观测标准质量体系，加强气象观测质量管理，推进气象观测标准化。发展智能观测，推进观测装备的智能化和观测手段的综合化，实现观测业务的信息化。增强观测业务稳定运行能力，提升观测业务运行保障能力，加强计量检定能力建设，完善观测业务运行机制，实现观测业务运行集约化。提升观测数据质量和应用水平，加强观测数据质量控制业务，完善观测产品加工制作业务，提升遥感数据综合应用能力，建立观测数据质量与应用评价制度。

3.提高气象信息化水平

加强气象数据资源整合与开放共享。统一观测设备数据格式标准，制定统一的各类观测数据传输及存储规范，建立健全覆盖气象数据全流程的标准化体系。完善气象数据资源开放机制，构建国家级数据资源共享体系。依托国家数据共享开放平台，建设面向民生的公共气象数据资源池，定期更新基本气象资料和产品共享目录，制定基础气象数据服务开放清单。建立与政府部门、科研机构、企业、社会间数据共享协作体制机制，满足跨学科、跨行业的数据融合、综合分析及信息服务的需求。

建立安全集约的气象信息系统。建设资源集约、流程高效、标准统一的信息化业务体系。按照气象信息化标准规范，构建统一架构、统一标准、统一数据和统一管理的集约化气象云平台，增强对气象业务、服务、科研、教育培训、政务和综合管理的支撑，提升气象信息化技术水平。建立符合国家要求的安全可控的电子政务内网和基于互联网的集约型门户网站群。提高气象信息网络安全性和智能化程度。

推进信息新技术在气象领域应用。积极跟踪国内外信息新技术进展，注重新技术的应用效益，落实国家“互联网＋”行动和大数据发展战略，推进云计算、大数据、物联网、移动互联网等技术的气象应用。构建数据产品加工处理流水线，实现集约发展。基于标准、高效、统一的数据环境，建立天气预报、气候预测、综合观测、公共气象服务、教育培训以及行政管理等智能化、集约化、标准化的气象业务和管理系统。以信息化为基础，满足不同用户需求，加快构建和发展智慧气象，实现观测智能、预报精准、服务高效、管理科学的气象现代化发展模式。

实施气象信息化三大战略。实施“互联网＋”气象战略，构建“云＋网＋端”的气象信息化发展新形态。实施互联网气象平台战略，为气象领域“大众创业、万众创新”提供支撑，汇聚众智实现创新发展，提升公共气象服务的有效供给能力。实施气象大数据战略，统筹布局全国气象大数据中心，加强数据安全保障体系建设，充分挖掘和发挥气象数据的应用价值，实现“用数据说话、用数据管理、用数据决策”。

4.强化科技引领和人才优先发展

完善创新驱动体制机制。把科技创新作为推进现代气象业务发展的根本动力，贯穿到气象现代化建设的全过程，加快推进适应气象现代化发展需求、支撑有力的气象科技创新体系建设。健全以科技突破和业务贡献为导向的科技分类评价体系，完善有利于激发创新活力的科技激励机制，营造良好科技创新环境。加强评价专家队伍建设，积极探索并加快实施第三方气象科技评价。着力发挥评价激励导向作用，引导和激励创新主体、科技人员通力合作、协同创新。加强知识产权创造、运用、保护和管理。建立健全科技成果认定和业务准入制度，完善科技成果、知识产权利益分享机制，促进自主创新和成果转化。推进气象重点领域科技成果转化中试基地建设，建立科技成果管理与信息发布系统，建立气象科技报告制度。打通科技成果向业务服务能力转化通道，提升科技对气象现代化发展的贡献度。

组织重点领域科技攻关。围绕气象业务发展需求聚焦主攻目标，集中资源，凝聚力量，组织协同攻关，实现高分辨率资料同化与数值天气模式、气象资料质量控制及多源数据融合与再分析、气候系统模式和次季节至季节气候预测、以及天气气候一体化数值预报模式系统等重大关键技术的突破。组织台风、暴雨、强对流等高影响天气监测预报预警、中期延伸期预报、极端天气气候事件监测预测等关键领域研发。开展气候变化影响、农业气象灾害防御、人工影响天气、气候资源开发利用、环境气象监测预报、空间天气监测预警等重点领域研发，形成一批集成度高、带动性强的重大技术系统。

实施气象人才优先发展战略。以高层次领军人才和青年人才建设为重点，统筹推进各类人才资源开发和协调发展。优化人才队伍结构，引进和培养在气象现代化建设关键领域急需的人才，着力加强科技研发、业务一线和基层人才队伍建设。造就高水平科技创新团队，发挥好团队集中优势攻关和人才培养的作用，激发人才创新活力。根据气象现代化建设需要，制定人才培养规划。健全气象培训体系，加强气象培训能力建设，开展全方位、多层次的气象教育培训，推进气象教育培训现代化。深化省部合作和局校合作，加强气象学科和专业建设，推进基础人才培养。不断优化人才成长的政策、制度环境，形成尊重人才、尊重知识、公平竞争的良好氛围。加快人才发展体制机制创新，建立和完善科学的人才工作评估、人才评价发现、选拔使用、编制管理、流动配置、职称评聘、待遇分配、激励等机制，构建充满生机和活力的气象人才体系。

专栏 1　气象创新发展项目

01　气象卫星探测工程

继续开展气象卫星工程建设，推进风云三号、四号系列卫星系统建设及业务应用，发展晨昏轨道气候卫星、降水测量雷达卫星以及静止轨道微波探测卫星，实现多星组网观测业务格局。统筹建设卫星地面接收站网，完善遥感卫星地面辐射校正场与真实性检验系统。发展卫星应用技术，建立卫星遥感综合应用体系，实现一星多用和资源共享，综合满足相关领域业务需求。

02 气象雷达探测工程

编制完成气象雷达发展专项规划，优化完善天气雷达网布局，实施新一代天气雷达技术升级改造，开展风廓线雷达等新型气象雷达的研发与业务应用试验。健全雷达技术支撑体系，着力提高雷达资料的应用水平和效益。建立强对流天气综合观测基地。

03 气象综合观测设备设施建设工程

建成并完善自动化、网络化、标准化、天地空一体化的现代综合气象观测系统。加快观测自动化、技术装备保障系统和仪器装备虚拟现实培训系统建设。强化气象观测仪器设备检定维护，确保气象观测系统稳定运行，提高数据质量。

04 气象信息化系统工程

构建气象信息化标准体系，基于物联网技术升级气象通信系统，建立开放互联的气象大数据平台与集约共享的基础设施云平台。建设气象管理信息系统支撑科学决策，搭建开放的应用系统吸引众智众创，构建气象与经济社会高度融合发展的智慧气象，为社会公众提供更高质量的普惠气象服务。

05 气象科技创新工程

建设高分辨率全球资料同化系统，完善全球数值天气模式，完善面向月—季—年尺度的海—陆—冰—气耦合的高分辨率气候预测模式，构建重大核心技术成果中试平台，开展气象资料质量控制及多源数据融合与再分析，在气象核心业务技术方面实现新突破。

（二）统筹协调，促进气象可持续发展

树立协调发展理念，依法依规，统筹推进气象区域、气象行业、气象与经济社会的协调，实现气象可持续发展。

1.加快气象事业协调发展

统筹推进气象各领域协调发展。推进气象业务现代化、气象服务社会化、气象工作法治化协调发展。统筹气象业务与科研、人才队伍之间的协调发展。统筹推进业务系统内部协调发展，强化气象预报、观测、服务业务之间的协调发展，统筹天气、气候业务的协调发展。加强业务系统一体化总体设计，优化业务分工、完善业务布局、调整业务结构、整合各种资源，实现气象预报、观测、服务、资料等各业务领域的科学管理和集约高效。

统筹推进区域气象事业协调发展。根据国家区域发展战略和主体功能区规划，有计划有步骤地推进全国气象现代化。切实做好“一带一路”、京津冀协同发展、长江经济带的气象保障工作。推动东部沿海地区率先实现气象现代化，不断提高中西部地区气象现代化水平。发挥好江苏、上海、北京、广东、重庆等地在全国的现代化试点示范作用及河南、陕西两省在中西部的试点示范作用,加强试点地区经验和成果总结推广。提升东部地区预报预警能力建设,特别是高分辨率区域数值预报的研发和应用。推进中西部地区科技、人才、基础设施和财政投入等保障支撑能力建设。调整优化区域气象中心功能定位和流域气象服务内容。鼓励专项气象服务跨区域、规模化、差异化发展。合理布局各类海洋气象业务,高效集约配置气象资源,避免重复建设。

统筹推进国家、省、地(市)、县四级气象事业协调发展。国家级气象机构围绕气象核心技术突破提升气象业务综合实力,地方气象机构注重加强地区特色的气象服务保障能力建设。夯实基层发展基础,重点推进基层综合气象业务并强化实时监测和临近预警能力建设,优化基层气象机构设置和业务布局。着力加大对边远贫困地区、边疆民族地区和革命老区气象事业发展的支持力度。深化内地和港澳、大陆和台湾地区气象信息共享、气象科技发展、气象灾害联防合作发展。

2.推进气象资源统筹利用

改进气象行业管理,通过建立协调机制,将各部门自建的气象探测设施纳入国家观测网络的总体布局,由气象主管机构实行统一监督、指导。推进气象行业资源优化配置,建立完善全行业的互动合作机制,促进气象资料的共享共用。引导和激励行业部门优势资源参与气象业务重大核心任务协同攻关,强化气象部门在行业领域的技术创新与应用主体地位。健全行业间科研业务深度融合机制,强化行业间知识流动、人才培养、科技和信息资源共享,推动跨领域跨行业协同创新。

3.强化部门间协作机制

加强气象与国土、环保、住建、交通、水利、农业、林业、工信、安监、国防等相关部门间的沟通协调和数据信息共享,开展气象多部门、多学科合作,共同推进气象基础设施、信息资源、服务体系的融合发展,以多种形式完善工作机制,提高预报预测准确度和精细化水平。推进智慧气象与智慧交通、智慧海洋、智慧旅游等的融合发展,在国家智慧城市建设中充分发挥气象的支撑保障作用。进一步加强军民融合气象支撑保障,推动实施军民融合发展战略,提高气象为国防服务水平。

4.依法依规推进气象协调发展

统筹推进气象硬实力与软实力的协调发展,在强化气象基础设施建设、气象科技等硬实力的同时,重视气象法制、标准、科学素养和文化等气象软实力提升,加强气象智库建设。统筹推进气象法律法规建设,依法全面履行气象行政管理职能。依法规范全社会的气象活动,提高气象普法实效,推动全社会树立气象法治意识。推进气象标准化工作,加快制修订气象业务、服务和管理标准,加强气象数据开放共享和气象服务社会化管理等方面的规章标准建设,实现气象标准在基础业务领域的全覆盖。完善和优化气象标准修订程序,强化标准的质量控制。

专栏2 气象协调发展项目

01 区域协调发展气象保障能力建设项目 重点围绕区域协调发展战略规划、重大区域性开发建设和活动等实施气象保障能力提升工程。强化数值预报模式对区域及相邻省(区、市)气象科研业务的支持能力。继续推进和深化省部合作相关工作,共同提升气象服务保障能力。
02 基层台站基础设施建设项目 重点围绕贫困地区、中西部地区和边疆民族地区基层台站实施业务支撑和配套保障条件建设。建成布局合理、结构完善、功能齐全的标准化气象台站,有序推进基层气象机构现代化进程,不断夯实基层基础设施保障能力。

(三)绿色发展,保障生态建设和气候安全

坚持绿色发展,加强环境气象与生态气象保障能力建设,强化应对气候变化科技支撑作用,提高应对气候变化能力和气候安全保障能力,有序开发利用气候资源,积极参与和保障生态文明建设。

1.加强生态建设和环境保护气象保障能力建设

服务大气污染防治行动计划。开展和完善以城镇化气候效应、区域大气污染治理、流域生态环境、脆弱区生态环境保护等为重点领域的国土气候容量和气候质量监测评估。加强极端天气气候事件风险评估,结合国家主体功能区建设布局和各地社会经济和自然条件,绘制气象灾害风险区划图。完善重点生态功能区、生态环境敏感区和脆弱区等区域生态气象观测布局,提升对森林、草原、荒漠、湿地等生态区域的气象监测能力,建立生态气象灾害预测预警系统,加强气候变化影响下的极端气候事件、水土流失和土地荒漠化、大气污染等生态安全事件的气象预警。

2.强化应对气候变化支撑

加强气候变化系统观测和科学研究,提高应对极端天气和气候事件能力。推进气候变化事实、驱动机制、关键反馈过程及其不确定性等研究,着力提升地球系统模式和区域气候模式研发应用能力,完善气候变化综合影响评估模式,集中在气候变化检测归因、极端气候事件及其变化规律、极端事件风险评估、气候承载力评估等关键技术上,形成一批集成度高、带动性强的科技成果。做好全球和区域气候变化的监测、检测、预测和预估,加强对温室气体、气溶胶等大气成分的监测分析,发布具有国际影响力的全球和区域基本气候变量长序列数据集产品,建立综合性观测业务,加强资料共享,开展华南区域大气本底观测试验,增强温室气体本底浓度联网观测能力。

3.积极应对气候变化

推进传统气候服务与各行业气候变化应对需求的融合,围绕国家适应气候变化战略，完善以基础综合数据库和气候模式系统为支撑，以农业与粮食安全、灾害风险管理、水资源安全、生态安全和人体健康为优先领域的气候服务。加强国家、区域、省在气候服务上的分工协作。初步建成中国气候服务系统。围绕气候变化对粮食安全、能源安全、水资源安全、森林碳汇、湿地保护与恢复、生态环境、生产安全、人体健康和旅游等重点领域与特色产业的影响开展评估，完成国家气候安全评估。强化气候服务意识，积聚跨部门智库资源，围绕气候安全保障、应对气候变化战略部署提供决策支撑。

4.有序开发利用气候资源

以促进城镇空间布局合理均衡为出发点，开展气候承载力分析和可行性论证，完善论证制度和标准。建立重点领域评估报告滚动发布制度。加强风能、太阳能资源的精细评估和气候风险论证。建立较为完善的人工影响天气工作体系，全面提升人工影响天气业务能力、科技水平和服务效益，合理开发利用空中云水资源，基本形成东北、西北、华北、中部、西南和东南六大区域发展格局，提高人工增雨(雪)和人工防雹作业效率，推进人工消减雾、霾试验，加强协调指挥和安全监管。科学开展人工影响天气活动，重点做好粮食主产区、生态脆弱区、森林草原防火重点区、重大活动等气象保障服务。

专栏3　气象绿色发展项目

01　生态文明建设气象保障工程

完善生态气象观测布局，建成覆盖全国主要生态安全屏障区和生态环境脆弱区的以生态气象地面观测站为核心的气象观测网络。建立生态气象灾害预测预警系统，绘制气象灾害风险区划图，形成国家、省两级业务服务体系，建立统一共享的生态气象保障服务业务平台，强化生态气象评估和生态文明气象保障。

02　人工影响天气能力建设工程

完善全国人工影响天气业务布局，实施东北、西北、华北、中部、西南、东南6个区域人工影响天气能力建设工程，重点开展飞机作业能力建设，提高作业装备现代化水平及科技支撑能力，充分发挥人工影响天气在促进农业增产增收、改善生态环境等方面的作用。

03　应对气候变化科技支撑能力建设项目

强化气候系统监测评估及气候资源开发服务能力。紧扣气候安全，加强气候变化事实和规律的科学认识和研究。完善气候资源开发利用保护方面的法律制度，营造好的政策环境。加强基础研究，充分发挥科技进步在适应气候变化中的先导性和基础性作用，为应对气候变化、增强可持续发展能力提供强有力的科技支撑。

04 粮食生产气象保障能力建设项目

建成上下协调、分级服务的粮食气象保障服务业务体系。推进气象和农业部门联合科研攻关,强化气象为农服务适用技术研发。加强自动化农业气象观测能力建设,完善农业气象观测仪器和设备保障系统。建立完善国家、省、市、县四级农业气象服务信息处理和发布系统。加强专业化农业气象技术支撑能力建设,深化特色农业、设施农业气象服务,强化保障粮食安全和重要农产品供给气象服务。加强农业气候资源调查和精细化区划工作,合理开发农业气候资源。

(四)开放合作,构建气象发展新格局

以战略思维和全球眼光,主动融入国家开放发展新布局,研究制定气象全球战略,深化国际双向开放交流合作,构建气象对外开放发展新格局。

1. 融入国家开放发展新布局

牢固树立并切实贯彻国家开放发展理念,制定与国家开放发展战略有效对接的气象保障专项规划,主动适应、深度融合、全面服务,切实做好“一带一路”的气象保障工作,重点加强与“一带一路”沿线国家和地区的气象部门沟通协作。积极开展与中亚、西亚、南亚气象科技合作交流,推进中国—中亚极端天气预报预警合作、中国—东南亚极端天气联合监测预警合作和海洋气象联合监测、人工影响天气合作等项目建设。

2. 深化国际气象合作

积极承担相关国际责任和义务,提升气象领域国际影响力和话语权。完善国际气象信息交换与共享机制,实现无缝隙获取全球综合气象观测信息,大力发展全球数值模式动力框架等核心技术,开展全球预报。积极参与全球气候治理国际标准和规则制定,参与应对气候变化谈判,提升全球规避气候风险和应对气候变化的服务能力。

加强全方位、宽领域、多层次、合作共赢的气象国际交流与合作格局,推动双向开放、信息交互、资源共享。有效扩大气象对外开放领域,放宽准入限制,积极有效引进境外资金和先进技术。加强国际赛事和活动气象服务保障交流,增强气象服务保障能力。加强气象国际合作示范项目建设,广泛开发利用国际气象科技资源,推动相关领域研究。加强智力引进、人才交流培养和国际培训力度。推动气象技术、标准、装备、服务等的输出,扩大对外合作和援助。

(五)共享共用,提高以人民为中心的气象服务能力

把推进基本公共气象服务均等化作为实现气象共享发展的首要任务,强化气象防灾减灾,加强面向国民经济重点行业和领域的气象服务,实现气象服务共享共用。

1. 提高气象防灾减灾保障能力

强化气象防灾减灾保障体系建设。进一步完善“政府主导、部门联动、社会参与”的气象灾害防御机制，建成自上而下、覆盖城乡的气象灾害防御组织体系，不断完善气象灾害应急响应体系。统筹城乡气象防灾减灾体系建设，推动气象防灾减灾体系融入式发展，突出强化“政府主导、资源融合、科技支撑、依法运行”的气象防灾减灾发展模式。健全基层气象防灾减灾组织管理体系，建立以预警信号为先导的应急联动和响应机制，扩大贫困地区气象灾害监测网络覆盖面，提高气象灾害预报预警能力，提升防范因灾致贫和因灾返贫的气象保障能力。推动气象防灾减灾融入地方公共服务和综合治理体系。依法将气象防灾减灾工作纳入公共财政保障和政府考核体系，推动气象防灾减灾标准体系建设，引导社会和公众依法参与气象灾害防御，保障气象防灾减灾工作长效发展。

提升气象灾害预警能力。建立预警信息快速发布和运行管理制度，健全横向联接各部门、纵向贯通省市县、相互衔接、规范统一的国家突发事件预警信息发布系统，扩大气象预警信息公众覆盖面。建设及时性强、提前量大、覆盖面广的气象预警业务，充分发挥新媒体和社会传播资源作用，形成气象灾害等突发事件预警信息发布与传播的立体网络，消除预警信息接收“盲区”。

强化气象灾害风险管理。加强气象灾害风险调查和隐患排查，建成分灾种、精细化的气象灾害风险区划业务，强化对台风、暴雨洪涝、干旱等主要灾种的气象灾害风险评估和预警服务，建立规范的气象灾害风险管理业务，全面实施气象灾害风险管理。充分发挥金融保险的作用，推进气象灾害风险分散机制，建立气象类巨灾保险制度。

2.推进公共气象服务均等化

完善公共气象服务供给方式。以更好地满足经济社会发展需要和人民群众生产生活需求为出发点，巩固和加强公共气象服务，优化气象服务格局。强化政府在出台公共气象服务发展政策法规、健全公共保障机制和督导考核中的主导作用，将基本公共气象服务纳入国家相关规划和各级财政保障体系。加强气象部门在公共气象服务供给中的基础作用，建成适应需求、快速响应、集约高效的新型公共气象服务业务体系。推进气象服务供给侧结构性改革，注重供给的产品、业务、渠道、主体和治理结构的改革创新，增强供给结构对需求变化的适应性和灵活性。积极培育和规范气象服务市场，激发气象行业协会、社会组织以及公众参与公共气象服务的活力，探索建设气象服务应用众创平台和气象服务技术产权交易平台。逐步形成公共气象服务多元供给格局，有效发挥市场机制作用。

推进城乡公共气象服务全覆盖和均等化。提高城市防灾减灾精细化气象服务水平，将气象服务纳入城乡网格化管理。提高城市防御内涝、雷电、风灾、雪灾、高温等气象灾害的能力，完善城市“生命线”和重大活动气象服务管理运行机制。加大农村气象基础设施建设，提高气象灾害监测预报预警水平和防御能力，完善农村气象服务，加强“幸福家园”和“美丽乡村”建设的气象保障，将农村防灾减灾和气象服务融入乡村治理，逐步实现城乡公共气象服务全覆盖和均等化。大力实施精准气象助力精准扶贫行动，实现贫困地区气象监测精准到乡镇、预报精准到村（屯）、服务精准到户、科技精准到产业，发挥气象服务在精准扶贫、精准脱贫中趋利避害、减负增收的作用。

加强气象文化建设，增强公民气象科学素养。弘扬气象人精神，树立气象人形象，营造团结和谐、开拓创新的良好氛围，树立科学、高效的管理理念，加强气象文化基础设施建设，促进全国气象事业持续、快速、健康发展。加强和改进气象科普工作，广泛借助社会资源提高气象科学知识社会普及程度，增强公众气象防灾减灾和应对气候变化意识与能力，促进全民气象科学素质提升。

3.加快发展专业气象服务

发展农业气象服务。加强研发统计、遥感、作物生长模拟模型相结合的作物产量集成预报与服务。推进气象为农服务信息融合与应用，深化气象为农服务“两个体系”建设。开展草地、森林生态质量的气象综合监测评估。

发展环境气象服务。建立并完善环境气象数值预报业务系统，加强霾、沙尘和空气污染气象条件，以及光化学烟雾等环境气象中期预报和气候趋势预测业务。

发展交通气象服务。开展高影响天气交通气象预报和灾害风险预警，逐步实现以“点段线”为特征的高分辨率交通气象预报。加强交通气象服务与交通管理、调度的联动，提高道路、内河等综合交通气象服务能力。

发展海洋气象服务。建立全球海洋气象监测分析业务，实现全球关键海区海洋气候要素的实时监测，重点关注全球关键海区海温异常监测。建立1～7天全球10千米分辨率、我国责任海区5千米分辨率的海洋气象格点预报业务，建立责任海区海上大风、海雾概率预报业务和全球海域8级以上大风概率预报业务。提高海洋气象灾害监测预警的精度和覆盖度，建立多手段、高时效、广覆盖的海洋气象灾害预警信息发布系统，提高海上气候资源调查评估和开发利用气象服务能力。发展船舶海洋导航气象服务技术，建立海洋经济气象服务指标体系，形成海洋气象灾害应急联动服务体系。

发展水文和地质气象服务。开展流域雨情实时监测分析业务，强化流域强对流天气监测预警业务，提高流域精细化面雨量和致灾暴雨预报预测能力。发展国家级精细化水文、地质灾害气象风险预警技术与模型，建立集约化的水文、地质灾害气象风险预警上下一体化业务体系。推进山洪地质灾害防治等气象保障建设。

发展航空气象服务。完善航空气象监测和预报业务系统，建立机场和航路危险天气指导产品体系。推进亚洲航空气象中心建设，开展全球主要航路和我国机场天气指导预报业务，加强通用航空气象保障能力建设。

发展空间天气和航天气象服务。推进空间天气业务建设，发展和完善空间天气预报模式，加强太阳活动态势分析能力，提高空间天气爆发事件的短时临近预报水平，提升空间天气定量化预报能力。加强航天气象保障科研与服务。

发展能源、林业、旅游、安全生产、健康等专业气象服务。完善风能、太阳能资源预报业务。推进风能、太阳能资源利用气象服务标准体系和服务机制建设。加强森林草原火险及重大林业有害生物发生趋势气象预报服务。搭建多部门跨行业的旅游气象服务综合信息数据支持库。发展完善气象景观天气预报、旅游气象指数预报和景区气候评价等旅游气象服务。发展安全生产专业气象服务,严防重大气象灾害引发生产安全事故。加强健康气象服务。发展基于物联网技术的物流气象服务。

专栏4　气象共享发展项目

01　气象防灾减灾预报预警工程 全面实施现代气象预报业务发展规划,建成无缝隙、集约化的现代气象预报业务系统,发展客观化、精准化技术体系,完善城市、生态、环境等专业气象预报预警业务系统,进一步加强农村气象灾害防御能力建设,加大农村气象灾害防御的科普宣传力度。健全覆盖全国内陆和邻近海域的国家突发事件预警信息发布系统,显著提升气象预报预警时效、精细化水平和气象防灾减灾能力。
02　海洋气象综合保障工程 全面实施海洋气象发展规划,建设海洋气象观测站网,维护领土主权和海洋权益。发展海洋气象综合监测业务,建立责任海区海上大风、海雾概率预报业务,同时推进重要航道和大型水体的水上交通安全气象保障能力建设。发展全球海洋气象预报模式,建设海洋气象灾害防御体系,形成全球监测、全球预报、全球服务能力,显著提升远洋气象保障能力。
03　山洪地质灾害防治气象保障工程 建成山洪地质灾害防御气象监测预报预警服务体系,进一步提高观测系统自动化水平,做好防治区局地突发性强降水及其引发的中小河流洪水、山洪、地质灾害等的气象监测、预警和风险评估工作,加大地质灾害高易发区气象监测站网建设,基本消除气象监测盲区。加强气象灾害信息管理业务标准体系建设。
04　基层气象防灾减灾能力建设项目 以灾害风险预警服务建设为重点不断完善基层气象灾害防御体系。加强与地方政府部门的合作,联合推进基层防灾减灾能力建设。加强基层防灾减灾队伍建设,做好灾害信息员培训工作。
05　现代气象服务能力建设项目 构建面向不同行业和领域的专业气象服务系统。拓展气象服务领域,发展和培育气象中介和气象服务市场,扩大气象数据和模式产品服务,增强气象保障经济转型升级能力。

主要参考文献

初子莹,尹志聪,丁谊,等,2017.互联网气象服务现状及前景研析[J].气象软科学,(1).

段昊书,李一鹏,2016.G20杭州峰会气象保障服务纪实[N].中国气象报,2016-09-08. http://www.nbqx.gov.cn/government/static/govNews/20160908/3649.html.

龚维斌,2016.中国社会体制改革报告 No.4(2016)[M].北京:社会科学文献出版社.

龚维斌,2017.中国社会体制改革报告 No.5(2017)[M].北京:社会科学文献出版社.

国家发展和改革委员会,2016.中国应对气候变化的政策与行动2016年度报告[M].北京:中国环境出版社.

国家海洋局,2017.2016年中国海平面公报.(2017-3-22). http://www.soa.gov.cn/zwgk/hygb/zghpmgb/201703/t20170322_55304.html.

国家林业局,2017.2016年中国国土绿化状况公报[EB/OL].(2017-03-12).中国日报网. http://www.chinadaily.com.cn/interface/toutiaonew/53002523/2017-03-12/cd_28524504.html.

国家统计局,2017.中华人民共和国2016年国民经济和社会发展统计公报.2017-02-28.

李林,田禾,2016a.中国法治发展报告 No.14(2016)[M].北京:社会科学文献出版社.

李林,田禾,2016b.中国法治发展报告 No.15(2017)[M].北京:社会科学文献出版社.

李元寿,李峰,王胜杰,等,2017.关于加强海洋气象综合保障工程能力建设的思考与建议[J].气象软科学,(2).

刘维成,杨晓军,2016.气象部门精准服务"天宫二号"成功发射[N].中国气象报,2016-09-16. http://china.huanqiu.com/hot/2016-09/9448628.html.

气象信息化战略研究课题组,2016.气象信息化发展战略——研究与探索[M].北京:气象出版社.

孙楠,杨春竹,2016.我国出台实施光伏扶发电贫工作意见75%的贫困县可开展光伏扶贫[N].中国气象报,2016-04-08.

唐伟,王喆,朱玉洁,2017.省级气象现代化评估怎么看?怎么办?[N].中国气象报,2017-5-11(3).

魏礼群,2013.中国行政体制改革报告 No.3(2013)[M].北京:社会科学文献出版社.

魏礼群,2015.中国行政体制改革报告 No.4(2014—2015)[M].北京:社会科学文献出版社.

肖林,陈振林,2016.迈向国际一流的大都市气象现代化体系——上海率先实现气象现代化第三方评估[M].北京:气象出版社.

中国气象局,2004—2015.气象统计年鉴[M],2004—2015.北京:气象出版社.

中国气象局,2017.中国公共气象服务白皮书(2016)[M].北京:气象出版社,2017.

中国气象局发展研究中心,2016a.《全国气象发展"十三五"规划》辅导读本[M].北京:气象出版社.

中国气象局发展研究中心,2016b.中国气象发展报告2016[M].北京:气象出版社.

中国天气网,2016.国内外十大天气气候事件评选.(2016-12-29). http://www.weather.com.cn/zt/Climateevent_2016_result.html.

WMO,2017. WMO Statement on the State of the Global Climate in 2016 [R].

附录　2016 年中国天气气候

一、2016 年天气气候概述

2016 年，全球气候系统复杂，上半年赤道中东太平洋异常暖海温快速减弱，厄尔尼诺事件进入衰减期；5 月，超强厄尔尼诺事件结束。6—7 月，赤道中太平洋海温呈现正常状态；7 月后期开始出现冷海温，8 月赤道中东太平洋大部海温异常偏冷，进入拉尼娜状态。

2016 年，受超强厄尔尼诺影响，中国平均气温较 30 年平均偏高 0.81℃，为历史第三高；四季气温均偏高，其中夏季为历史最高。全国平均年降水量 730.0 毫米，较 30 年平均偏多 16%，为历史最多；四季降水量分别偏多 53%（春）、22%（夏）、6%（秋）、37%（冬）。华南前汛期和西南雨季开始早；梅雨入梅早，出梅晚，梅雨量偏多；华北雨季短，雨量多；华西秋雨开始晚、结束早、雨量偏少。

二、2016 年中国气候特征

根据国家气候中心发布的《2016 年中国气候公报》，2016 年全国气温、降水、日照等气候要素主要呈现以下特征。

（一）气温四季均偏高

1. 全国平均气温为历史第三高

2016 年，全国平均气温 10.36℃，较常年（9.55℃）偏高 0.81℃，为 1951 年以来第三高，仅次于 2015 年（10.49℃）和 2007 年（10.45℃）（附图 1）；除 1 月偏低、11 月接近常年同期外，其余各月均偏高，其中 12 月偏高 2.6℃，为历史同期最高。全国六大区域平均气温均较常年偏高，其中西北、长江中下游分别偏高 1.1℃、0.8℃。从空间分布看，除黑龙江和内蒙古东北部气温略偏低外，全国其余地区接近常年或偏高，其中西北大部及西藏大部、四川西北部、浙江大部、江苏东南部、山东中部等地偏高1～2℃。

2. 四季气温均偏高，夏季气温为历史最高

冬季（2015 年 12 月—2016 年 2 月），全国平均气温 －3.1℃，较常年同期（－3.4℃）偏高 0.3℃。

春季（3—5 月），全国平均气温 11.6℃，较常年同期（10.4℃）偏高 1.2℃，为 1961

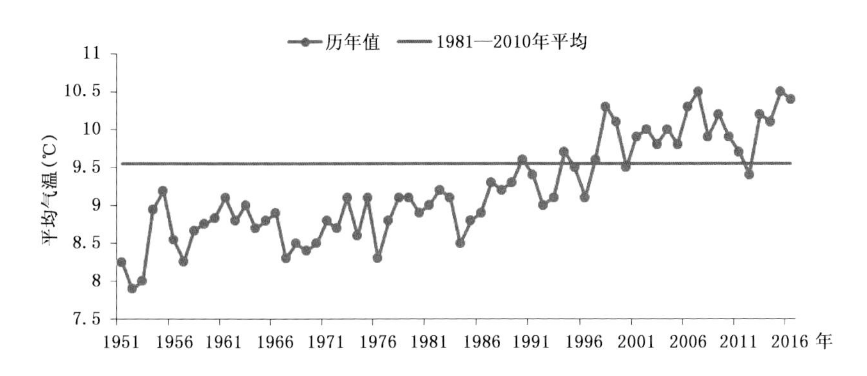

附图 1　1951—2016 年全国年平均气温历年变化

年以来第二高，仅低于 2008 年(11.8℃)。全国气温普遍偏高。

夏季(6—8 月)，全国平均气温 21.8℃，较常年同期(20.9℃)偏高 0.9℃，为历史最高。全国大部地区气温偏高。

秋季(9—11 月)，全国平均气温 10.4℃，较常年同期(9.9℃)偏高 0.5℃。除东北北部及内蒙古东北部、新疆北部气温偏低 1～4℃外，全国其余大部地区气温接近常年同期或偏高。

3. 高温日数较常年偏多且积温为 1961 年以来第三多

2016 年，全国平均高温(日最高气温≥35℃)日数 10.7 天，较常年(7.7 天)偏多 3 天，较 2015 年偏多 2.2 天。黄淮及其以南大部及陕西南部、四川东部、重庆、新疆中南部、内蒙古西部等地高温日数有 15～30 天，江南大部、华南大部及四川东北部、重庆中部和北部、湖北西北部、新疆东部和南部等地超过 30 天。

2016 年，全国平均≥10℃活动积温(作物生长季积温)为 4975℃ • d，较常年(4730℃ • d)偏多 245℃ • d，较 2015 年偏多 180℃ • d，为 1961 年以来第三多。与常年相比，除东北地区接近常年外，全国其余大部地区偏多 100～400℃ • d。

4. 极端高温事件和极端低温事件均偏多

2016 年，全国共有 384 站日最高气温达到极端事件标准，极端高温事件站次比为 0.34，较常年(0.12)和 2015 年(0.19)均明显偏多。年内，全国有 83 站日最高气温突破历史极值，主要分布在四川、重庆、内蒙古、甘肃、青海、云南、海南等省(区、市)，其中内蒙古新巴尔虎右旗最高气温达 44.1℃。

2016 年，全国有 70 站日最低气温突破历史极值，其中内蒙古额尔古纳市最低气温达－46.8℃。极端低温事件站次比 0.39，较常年(0.11)和 2015 年(0.01)明显偏多。

（二）降水

1. 全国平均降水量为历史最多

2016年，全国平均降水量730.0毫米，较常年(629.9毫米)偏多16%，比2015年(648.8毫米)偏多13%，为1951年以来最多(附图2)。2月和8月降水偏少，3月接近常年同期，其余各月均偏多，其中1月偏多94%、10月偏多55%，均为历史同期最多。

与常年相比，全国大部地区降水量接近常年或偏多，其中东北中部和东北部、华北西部、长江中下游沿江、江南南部、华南中东部及重庆南部、湖北中南部、新疆大部、甘肃西北部、内蒙古西部、西藏西部等地偏多20%～50%，江苏南部、安徽东南部、福建南部等地偏多50%至1倍。

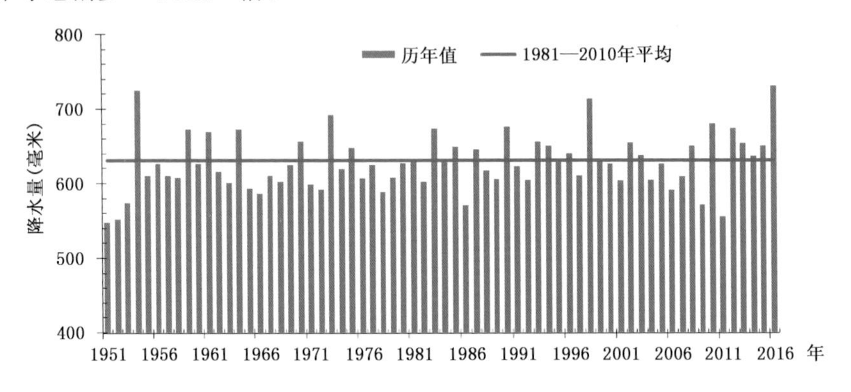

附图2　1951—2016年全国年平均年降水量历史变化

2. 四季降水量、六大区域和七大江河流域降水量均偏多

冬季，全国平均降水量62.3毫米，较常年同期(40.8毫米)偏多53%，为1961年以来最多。春季，全国平均降水量174.9毫米，较常年同期(143.7毫米)偏多22%，为1961年以来第二多，仅次于1973年(179.1毫米)。夏季，全国平均降水量343.4毫米，较常年同期(325.2毫米)偏多6%。秋季，全国平均降水量164.4毫米，较常年同期(119.8毫米)偏多37%，为1961年以来最多。

2016年，全国各区域平均降水量均偏多，其中长江中下游(1680.5毫米)偏多25%，为1961年以来最多；华北(546.1毫米)偏多23%，华南(1987.9毫米)偏多19%，东北(687.1毫米)偏多17%。七大江河流域中，长江流域(1410.5毫米)偏多19%，仅次于1954年；海河(624.7毫米)偏多22%，珠江(1835.3毫米)偏多18%，松花江(604.7毫米)偏多16%，辽河(679.4毫米)偏多15%。

3. 暴雨日数为1961年以来最多且极端降水事件偏多

2016年，全国共出现暴雨(日降水量≥50.0毫米)8303站日，比常年(5992站日)偏多39%，为1961年以来最多(附图3)。

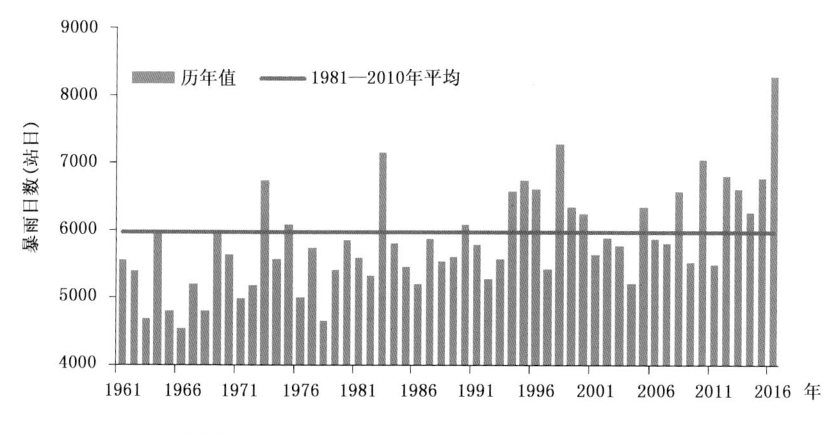

附图3　1951—2016年全国年暴雨日数历史变化

2016年，全国共有421站日降水量达到极端事件监测标准，日降水极端事件站次比为0.21，较常年(0.10)偏多。全国共有89站日降水量突破历史极值，在暴雨少发地区，多站日降水量突破历史极值，如甘肃碌曲(123.5毫米)、新疆尼勒克(74.6毫米)等。

2016年，全国共有351站的连续降水日数达到极端事件标准，站次比为0.16，较常年(0.13)偏多；其中有26站连续降水日数突破历史极值，主要分布在河南、安徽等地。

(三)日照

与常年相比，除广西中部、四川东部等地日照时数偏多100～200小时外，2016年全国其余地区接近常年或偏少，其中，东北大部、华北南部、黄淮、江淮、江南大部、华南中东部及新疆、西藏等地偏少100～400小时，局地偏少400小时以上。

三、2016年中国天气气候事件

2016年，我国暴雨洪涝、台风和风雹等气象灾害比较突出，部分地区灾情重。气象灾害造成农作物受灾面积2622万公顷，死亡失踪1600余人，直接经济损失约5000亿元。与2011—2015年平均值相比，死亡失踪人数和直接经济损失均明显偏多，受灾面积略偏少。总体来看，2016年气象灾害属偏重年份。初步统计，2016年，全国干旱受灾面积占气象灾害总受灾面积的37%，暴雨洪涝占33%，风雹占14%，台风占8%，低温冷冻害和雪灾占8%(附图4)。

(一)台风

2016年，西北太平洋和南海共有26个台风(中心附近最大风力≥8级)生成，接近常年(25.5个)，其中8个登陆我国(附图5，附表1)，较常年(7.2个)偏多0.8个。初台“尼伯特”登陆日期仅早于1998年，是今年造成人员伤亡最多的台风，“莫兰蒂”

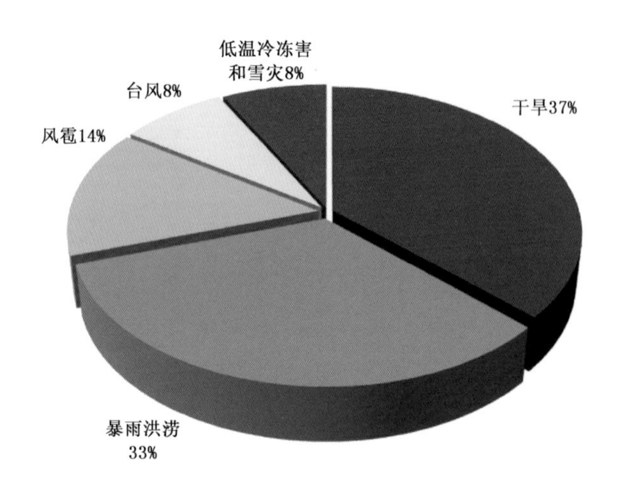

附图 4　2016 年全国主要气象灾害受灾面积占总受灾面积比例(单位:%)

造成的经济损失最重。全年台风共造成 174 人死亡、24 人失踪,直接经济损失 766.5 亿元。与 2006—2015 年平均值相比,2016 年台风造成直接经济损失明显偏多,死亡失踪人口偏少。其对我国主要影响详见附表 1。

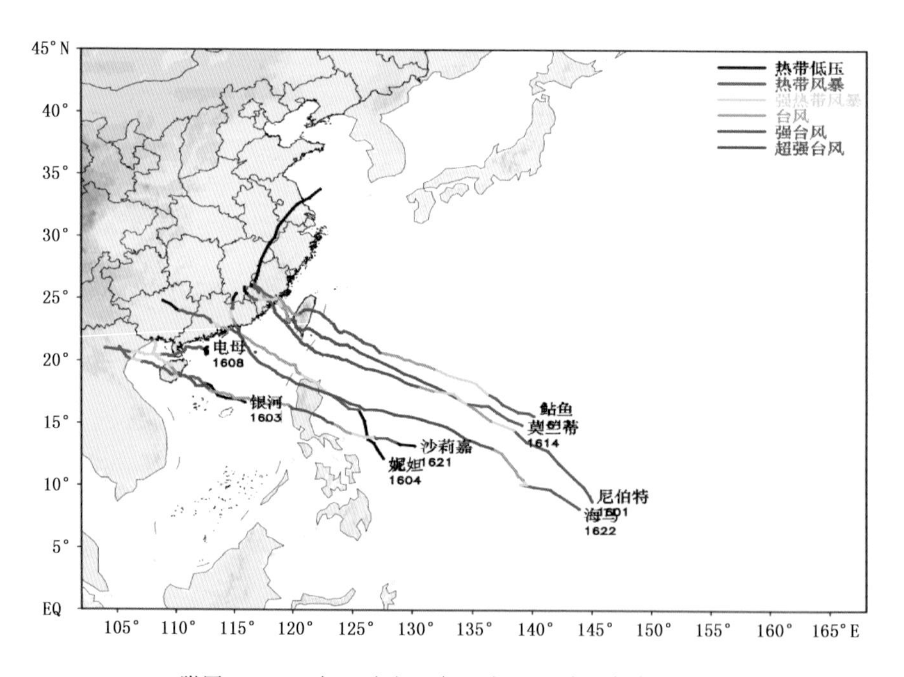

附图 5　2016 年登陆中国台风路径图(中央气象台提供)

附表1　2016年登陆中国台风简表

台风编号名称	登陆地点	登陆时间（月.日）	登陆时最大风力（风速）	影响区域	造成损失
1601 尼伯特	台湾台东 福建石狮	7.8 7.9	16(55米/秒) 10(25米/秒)	台湾、福建、江西、广东	闽江支流梅溪发生历史实测最大洪水，造成105人死亡失踪，“尼伯特”成为近5年来登陆我国造成因灾死亡失踪人数最多的台风
1603 银河	海南万宁	7.26	10(28米/秒)	海南、广西、云南	造成24万人受灾，直接经济损失逾3亿元
1604 妮妲	广东深圳大鹏半岛	8.2	14(42米/秒)	广东、广西、云南、贵州、湖南	造成21万人受灾，直接经济损失约1.75亿元
1608 电母	广东湛江	8.18	8(20米/秒)	广东、广西、海南、云南	造成5人死亡，283万人受灾，直接经济损失约27亿
1614 莫兰蒂	福建厦门	9.15	15(48米/秒)	福建、浙江、江西、上海、江苏	造成8人死亡，116万人受灾，直接经济损失约61亿元
1617 鲇鱼	台湾花莲 福建泉州	9.27 9.28	14(45米/秒) 12(33米/秒)	浙江、福建、江西	造成181万人受灾，直接经济损失约51亿元
1621 莎莉嘉	海南万宁 广西防城港	10.18 10.19	14(45米/秒) 10(25米/秒)	广东、广西、海南	造成2人死亡，485人受灾，直接经济损失约71亿元
1622 海马	广东汕尾	10.21	14(42米/秒)	广东、福建	造成3人死亡，87万人受灾，直接经济损失约25亿元

（二）暴雨洪涝

2016年，我国共出现46次区域性暴雨过程，为1961年以来第四多，强降水导致26个省（区、市）出现城市内涝，为暴雨洪涝灾害偏重年份。其对我国主要影响详见附表2，其主要特征如下。

1. 入汛早，华南、江南暴雨洪涝灾害重

3月21日，华南进入前汛期，较常年（4月6日）偏早16天，较2015年（5月5日）偏早45天，为近7年最早。3月21日至6月19日，江南、华南出现20次区域性暴雨过程。频繁强降水引发山体滑坡、泥石流和城乡积涝等灾害，其中福建、湖南、广东、广西等省（区）受灾较重。5月6—10日的暴雨过程强度大、影响范围广，福建泰宁（235.9毫米）、将乐（225.7毫米）及广西阳朔（197.5毫米）日降水量突破历史极值；此次强降水引发山体滑坡造成福建泰宁38人死亡。

2. 6月下旬至7月中旬，长江中下游汛情严重长江中下游6月19日入梅，7月20日出梅，梅雨量偏多1倍。期间，共出现7次区域性暴雨过程。6月30日至7月6日，江淮、江汉、江南北部、华南中西部等地出现2016年持续时间最长、强度最强、影响范围最广的暴雨过程，累计降水量100毫米以上的面积约65万平方千米，300毫米以上面积约14万平方千米。长江中下游和太湖流域全线超警，其中长江流域发生1998年以来最大洪水，太湖发生流域性特大洪水。

附表2　2016年主要暴雨洪涝一览表

事件	时间	影响区域	主要影响
洪涝地质灾害	1月	江南、华南等地出现强降雨过程，近百个观测站日降水突破建站以来1月历史极值	全国共有8个省(区)27个县遭受洪涝和地质灾害，造成33.1万人受灾，17人死亡或失踪，直接经济损失3.2亿元
暴雨洪涝事件	3月下旬	雨区覆盖华南、江南、西南东部等地，其中3月20—23日降雨过程影响最大，共有20个站日降水量突破3月历史极值，福建、江西、湖南和广东等地灾情较重	此次暴雨过程导致广东、江西、湖南多条河流发生超警戒水位，部分地区遭受洪水，局部出现滑坡等地质灾害。暴雨洪涝导致农田受淹，房屋和道路、水利等基础设施受损，并造成人员伤亡和一定的财产损失
暴雨洪涝事件	4月	4月份，我国南方大部地区降水量较常年偏多2～8成，南方各省份累计遭受洪涝灾害(含地质灾害)过程25次，较2009年以来均值偏多5成以上	全国14个省(区、市)173.4万人次受灾，因灾死亡失踪30人，紧急转移安置3.2万人次；倒塌房屋4000余间，损坏房屋5.1万间；直接经济损失12亿元
暴雨洪涝事件	5月	全国平均降水量较常年同期偏多近2成，南方地区遭受6次强降水过程，江河来水量呈现北少南多，长江、西江流域来水量偏多3—5成	全国17个省(区、市)和新疆生产建设兵团629.4万人次受灾，因灾死亡失踪101人，紧急转移安置18.9万人次；倒塌房屋1万间，损坏房屋9.6万间；直接经济损失90.3亿元。福建、湖南和广东等地灾情较重
暴雨洪涝事件	6月	上旬赣湘黔地区、下旬安徽湖北相继遭受重大洪涝灾害	全国10省(区、市)768万人受灾，35人死亡，24人失踪，38.8万人紧急转移安置，29.8万人需紧急生活救助，5600余间房屋倒塌，3.1万间不同程度损坏；农作物受灾面积439.9千公顷，其中绝收34.1千公顷；直接经济损失62.9亿元
暴雨洪涝事件	7月	一些大城市和中小城镇频繁遭受内涝，武汉、合肥、石家庄、太原等多个城市严重积水，对市民正常出行和生产生活造成较大影响	—

续表

事件	时间	影响区域	主要影响
强降水过程	8月	全国多分散性降雨，共出现6次区域性强降水过程	全国408万人次受灾，55人因灾死亡和失踪，10.1万人次紧急转移安置；1.3万间房屋倒塌；农作物受灾面积473.9千公顷；直接经济损失84.9亿元
暴雨洪涝灾害	10月下旬	黄淮、江淮、江汉持续出现连阴雨天气；江苏、安徽等地累计降雨量均突破1961年以来的同期历史极值，太湖出现超警水位	全国15个省(区、市)58.5万人受灾，11人死亡；农作物受灾面积101.3千公顷，其中绝收7.9千公顷；直接经济损失7.8亿元
连阴雨	11月	南方大部分区域	全国9个省(区、市)11.4万人受灾，8人死亡失踪；农作物受灾面积4.7千公顷；直接经济损失近1亿元

数据来源：民政部减灾中心《全国自然灾害基本情况》系列。

(三)强对流天气

2016年，我国大风、冰雹、龙卷风、雷电等局地强对流天气发生频繁。初步统计，全国有2052县(市)次出现冰雹或龙卷风天气。与2001—2015年平均值相比，2016年降雹次数明显偏多，其中北方风雹灾害突出；强对流天气造成的受灾面积和经济损失均偏多，死亡人数偏少，江苏、山西、新疆受灾严重。其对我国主要影响详见附表3。

附表3　2016年主要强对流天气一览表

事件	时间	影响区域	主要影响
冰雹	4月14—17日	湖南省郴州、衡阳、娄底等11个市州45个县(市、区)遭遇雷雨、大风和冰雹袭击	受灾人口90.9万人，死亡6人；倒塌房屋1701间，损坏房屋3024间；农作物受灾面积4.5万公顷，绝收1200公顷；直接经济损失6.9亿元
风雹	4月	全国有20个省(区、市)和新疆生产建设兵团遭受风雹灾害	273.7万人次受灾，因灾死亡失踪39人，紧急转移安置2.1万人次；农作物受灾面积146.4千公顷，其中绝收20.3千公顷；倒塌房屋2000余间，损坏房屋18.7万间；直接经济损失20亿元
风雹	5月	全国有27个省(区、市)和新疆生产建设兵团遭受风雹灾害	298万人次受灾，因灾死亡23人，紧急转移安置3.6万人次；倒塌房屋3000余间，损坏房屋6万间；直接经济损失45亿元

续表

事件	时间	影响区域	主要影响
风雹	6月12—14日	山西省太原、大同、阳泉等9市48个县(市、区)遭受风雹灾害	61.8万人受灾;房屋倒塌200余间,损坏房屋1.9万间;农作物受灾面积56.0千公顷,其中绝收4100公顷;直接经济损失4.5亿元
龙卷风	6月23日	江苏省盐城市阜宁县、射阳县遭受龙卷风、冰雹特大灾害,阜宁县最大风速达34.6米/秒,突破历史极值,阜宁县城北出现直径达20～50毫米的冰雹,盐城大部出现强降雨	此次强对流天气造成99人死亡,846人受伤;4.6万间房屋倒塌,2.4万间损坏
风雹	6月30日—7月3日	江苏省南京、无锡、徐州等8市35个县(市、区)遭受风雹灾害	44.5万人受灾;房屋倒塌500余间,损坏房屋5400余间;农作物受灾面积102.0千公顷,其中绝收7500公顷;直接经济损失10.8亿元
风雹	7月	全国共23个省(区、市)近450个县(市、区)遭受风雹灾害	326.7万人次受灾,18人因灾死亡失踪,5.2万人次紧急转移安置;4000间房屋倒塌,7万间不同程度损坏;农作物受灾面积466.2千公顷,其中绝收75.5千公顷;直接经济损失47.9亿元
风雹	8月	全国共26个省(区、市)近230余个县(市、区)遭受风雹灾害	195.1万人次受灾,16人因灾死亡和失踪,5.2万人次紧急转移安置;8万间房屋不同程度损坏;农作物受灾面积264.4千公顷,其中绝收28.5千公顷;直接经济损失22.6亿元

数据来源:《中国气候公报》;民政部减灾中心《全国自然灾害基本情况》系列。

(四)干旱

2016年,我国没有出现大范围、持续时间长的严重干旱,旱情较常年偏轻。年内,东北地区及内蒙古东部出现夏旱,黄淮、江淮及陕西等地发生夏秋连旱,湖北、湖南、贵州、广西等省(区)出现秋旱。其对我国影响详见附表4。

附表 4　2016 年主要干旱一览表

事件	时间	影响区域	主要影响
干旱	4 月	北方冬麦区降水持续偏少，旱情于 4 月中下旬达到峰值，河北、山东、河南局部旱情有所发展	全国 68.8 千公顷农作物受灾，直接经济损失近 1 亿元
干旱	8 月	东北地区西部、西北地区东部及长江上中游部分地区出现旱情	全国 18 个省（区、市）300 余个县（市、区）2085.2 万人受灾；农作物受灾面积 8046.3 千公顷，其中绝收 1122.2 千公顷；直接经济损失 313.7 亿元，内蒙古、黑龙江、陕西和甘肃 4 省（区）损失较重
干旱	10 月	北方部分地区及湖北	全国 4 个省（区）53.5 万人受灾；农作物受灾面积 88.5 千公顷，其中绝收 4.4 千公顷；直接经济损失 4.8 亿元

数据来源：民政部减灾中心《全国自然灾害基本情况》系列。

（五）低温冷害及雨雪

2016 年，全国平均降雪日数 15.2 天，比常年偏少 11.2 天，为 1961 年以来第三少。全年低温冷冻害和雪灾共造成 12 人死亡，农作物受灾面积 200 万公顷，绝收 26.3 万公顷，直接经济损失 179 亿元。与 2010—2015 年平均值相比，死亡人数、受灾面积、直接经济损失均偏少，属低温冷冻害及雪灾偏轻年份。其对我国影响详见附表 5。

表 10.5　2016 年主要低温冷害及雨雪事件一览表

事件	时间	影响区域	主要影响
雨雪冰冻天气	1 月 21—25 日	南方地区	全国共有 19 个省（区、市）346 个县遭受低温冷冻和雪灾，共造成 982.4 万人受灾，2 人死亡；农作物受灾面积 1166.8 千公顷，其中绝收 114.1 千公顷；直接经济损失 102.5 亿元
低温冷害	2 月	河北、山东、山西、内蒙古、重庆、甘肃	全国 8 个省（区、市）53 个县（市、区）和新疆生产建设兵团 39.6 万人受灾；农作物受灾面积 35 千公顷，其中绝收 1.5 千公顷；直接经济损失 2.1 亿元
低温冷害	10 月	吉林、黑龙江、青海和新疆	5.8 万人次受灾；农作物受灾面积 24.6 千公顷，其中绝收 9 千公顷；直接经济损失 2.5 亿元

续表

事件	时间	影响区域	主要影响
低温冷害雪灾	11月中下旬	中东部地区及新疆	全国9个省(区)和新疆生产建设兵团19.9万人受灾,1人死亡;农作物受灾面积5.5千公顷;直接经济损失3.7亿元

数据来源:民政部减灾中心《全国自然灾害基本情况》系列。

(六)霾天气

2016年,我国共出现8次大范围、持续性中到重度霾天气过程(主要集中在1月、11月和12月),过程次数少于2015年。

1月1—3日,北京、天津、河北中南部、山东、河南、山西东部和南部、陕西关中等地出现持续性霾天气,霾影响面积为195万千米^2,部分地区$PM_{2.5}$浓度超过350微克/米^3,河北中南部局地超过500微克/米^3。

11月3—6日,东北、华北、黄淮及陕西、江苏南部等地出现霾天气过程,霾影响面积为97万平方千米,污染较重,北京$PM_{2.5}$日均值超过300微克/米^3,哈尔滨局地$PM_{2.5}$日均值超过1000微克/米^3。

12月16—21日,华北、黄淮以及陕西关中、苏皖北部、辽宁中西部等地出现霾天气。全国受霾影响面积268万千米^2,其中重度霾影响面积达71万千米^2,有108个城市达到重度及以上污染程度;北京、天津、河北、河南、山西、陕西等地的部分城市出现"爆表",北京和石家庄局地$PM_{2.5}$峰值浓度分别超过600微克/米^{3}和1100微克/米^3。此次过程为2016年持续时间最长、影响范围最广、污染程度最重的霾天气过程,北京、天津、石家庄等27个城市启动空气重污染红色预警,中小学和幼儿园停课,北京、天津、石家庄、郑州、济南、青岛等城市多个机场出现航班大量延误和取消,多条高速公路关闭;呼吸道疾病患者增多。

四、2016年气候变化与影响

气候变化导致了更为频繁以及可能更为强烈的天气相关灾害,并且由于气候系统的变化导致部分地区资源萎缩、海平面上升导致沿海低海拔地区不适宜居住等问题,加大了社会压力和环境压力。在此背景下,《巴黎协定》的生效以及作所处的全球承诺,对于减缓气候变化,加强人类的适应性和恢复力,无疑是极其有意义的。

(一)全球气候变化事实及影响

2016年全球气候变化事实及影响,世界气象组织发布2016年气候状况声明内容如下[①]：

(1)2016年是有气象记录以来最热年。2016年是有气象记录以来最热年，高出工业化时代之前水平约1.1℃，高出2015年0.06℃。2016年温暖状况基本蔓延全球，在一些高纬度地区，年平均气温高出1961—1990年平均值至少3℃。对于大多数的陆地区域，温度都高于1961—1990年平均水平；唯一一块低于平均水平的大片陆地区域是南美洲亚热带部分地区(如阿根廷北部和中部、巴拉圭部分地区和玻利维亚低洼地区)。

(2)全球海平面上升达到创记录的新高。大多数海洋地区，温度高于正常水平，并已造成一些热带水域发生严重的珊瑚白化以及海洋生态系统破坏，如澳大利亚东海岸的大堡礁部分地区报告的珊瑚死亡率高达50%。2014年11月至2016年2月期间，由于厄尔尼诺现象，全球海平面上升了约15毫米，远高于1993年后每年3~3.5毫米的趋势，而2016年初的数值已达到创记录的新高。

(3)温室气体平均浓度创记录。2015年，全球二氧化碳年平均浓度首次达到400ppm[②]，2016年又创造了新记录，达到407.7ppm。WMO正在努力改进对温室气体排放的监测，以帮助各国降低排放；并且从几个星期到几十年时间尺度上提高气候预测水平，以帮助农业、水管理、卫生和能源等关键部门进行规划并适应未来。

(4)积冰和冰雪远低于常年平均水平。北极海冰范围全年远低于常年水平，9月份达到最低值，414万千米^2，是2012年之后并列第二的有记录以来的最低范围。秋季结冰也远比常年缓慢，截至10月底，海冰范围是年同期有记录的最低值。格陵兰冰盖夏季融化显著高于1990—2013年的平均值，7月的融化尤其强烈。数年远高于常年水平之上的南极海冰范围，也降至接近常年水平。

(5)极端天气气候事件频发，造成影响恶劣。2016年10月4日，“马修”飓风登陆海地，并以230千米/时的速度席卷古巴和海地；“马修”飓风在移动中加强，最高时速达到251千米/时，于当地时间10月7日早晨冲击美国佛罗里达。截至2016年11月，“马修”飓风导致海地546人死亡，438人受伤；导致美国27人死亡，近200万家庭和企业失去电力，经济损失高达数百亿美元。

中国长江流域发生了其自1999年以来最严重的夏季洪水，造成310人死亡。5月中旬，斯里兰卡发生洪水和滑坡，导致200多人死亡或失踪，数十万人无家可归。萨赫勒异常降水导致尼日尔河流域严重洪水。

2016年全球多次出现严重的热浪。年初非洲南部出现了极端热浪，持续干旱又使其加剧。4月28日，泰国创下了44.6℃的全国记录。5月19日，珀洛迪创下51.0℃的印度新记录。中东部分地区及北非部分地区在夏季多次出现了创记录温度

① http://reliefweb.int/report/world/wmo-statement-state-global-climate-2016.

② $1ppm=10^{-6}$。

或接近记录的温度。7月21日,米特巴哈(科威特)的温度为54℃,是亚洲有记录以来的最高温度。2016年5月,加拿大因为持续的干旱,艾伯塔省墨里堡市发生了历史上最具破坏性的森林大火,过火面积达59万公顷,烧毁2400栋建筑,保险损失将近40亿加元,其他损失数十亿加元。

(二)中国气候变化事实及影响

中国气象局在发布的《2016年中国气候公报》中称,2016年是中国是自1951年以来平均气温的历史第三高。《2016年中国气候公报》和《2016年中国海面公报》表明:

(1)气温。2016年,我国平均气温较常年偏高0.81℃,为1951年以来最第三高。据统计,2016年,全国平均气温10.36℃,较常年(9.55℃)偏高0.81℃。2016年,除黑龙江外,全国其余30个省(区、市)气温均较常年偏高,其中青海、甘肃、河南、贵州4省均为历史最高。

(2)降水。全国降水为历史最多,全国平均降水量730.0毫米,较常年(629.9毫米)偏多16%,为1951年以来最多,且四季降水量均偏多,尤以冬季降水偏多最为明显,较常年同期偏多53%。从各区域情况看,六大区域和七大江河流域降水量偏多,并且东部地区降水日数偏多,暴雨日数为1961年以来最多。全国入汛早,暴雨多,南北洪涝并发。

(3)海平面。1980—2016年中国沿海海平面上升速率为3.2毫米/年,高于同期全球平均水平。2016年,中国沿海海平面较常年高82毫米,较2015年高38毫米,达1980年以来的最高位。中国各海区沿海海平面上升明显。与常年相比,渤海、黄海、东海和南海沿海海平面分别高74毫米、66毫米、115毫米和72毫米。高海平面加剧了中国沿海风暴潮、洪涝、海岸侵蚀、咸潮及海水入侵等灾害,给沿海地区人民生产生活和经济社会发展造成了一定影响。

(4)气候变化对中国的影响。气候变化对中国的影响主要集中在农业、水资源、生态系统、能源需求、交通、人体健康等方面,具体影响如下:

对农业的影响。2016年冬小麦全生育期光热充足,但夏收期间雨日偏多,影响冬小麦的产量和品质。早稻生育期内,部分地区暴雨洪涝、寡照等影响早稻生长发育;并且在6月下旬,江南南部、华南大部出现高温天气,不利于早稻授粉结实和充分灌浆。晚稻、一季稻和玉米,主产区气象条件总体有利于晚稻生长发育及产量形成。

对水资源的影响。2016年,全国年降水资源总量为68888亿米^3,比2015年多7704.8亿米^3。从全国年降水资源量历年变化及年降水资源丰枯评定指标来看,2016年属于异常丰水年份,为1961年以来最多。2016年,十大流域中仅有西南诸河流域地表水资源较常年偏少,其他流域较常年偏多。

对生态系统的影响。2016年5—9月,秦岭及淮河以南大部分地区、东北大部、华北大部、西北东南部及内蒙古东北部植被覆盖较好或好;西北大部、青藏高原中西部及内蒙古中西部等地植被覆盖较差。

对能源需求的影响。北方15省(区、市)冬季采暖耗能评估结果显示,内蒙古、宁夏、甘肃气温较常年同期偏低,采暖耗能略增加,内蒙古增幅最大为2%。夏季全国大部分地区气温较常年同期偏高,降温耗能不同程度偏高。全国大部分区域80米高度平均风速接近近10年平均值,仅河北中部、山西中东部、新疆北部等地偏低。

对交通的影响。2016年,全国大部地区交通运营不利日数(10毫米以上降水、雪、冻雨、雾及扬沙、沙尘暴、大风)有20～60天,其中南方大部及吉林东南部、辽宁东北部、北疆局部等地超过60天。与常年相比,除西北中部及西藏大部偏少外,我国其余大部地区交通运营不利日数偏多,其中,中东部大部地区偏多20天以上。

年内,雾和霾造成的低能见度、降雪、沙尘天气、台风、暴雨等不利天气给公路、铁路及航空运输造成较大影响。特别是11月下旬,寒潮降雪天气使河南、陕西、山东等地交通运输受到明显影响,部分路段发生重大交通事故,造成人员伤亡。

对人体健康的影响。2016年,全国平均年舒适日数146天,比常年偏少3天。全国大部地区年舒适日数偏少,其中华南南部、西北东南部及四川北部、重庆东南部、湖北西北部、河南西南部、河北东北部、内蒙古东南部、新疆中部和北部等地偏少10～30天;华北大部、黄淮中东部、江南大部等地舒适日数略偏多。

五、2016年国内外十大天气气候事件

为了提高社会防灾减灾意识,最大限度预防和降低气象灾害造成的损失,中国气象局已经连续十年主办“国内外十大天气气候事件”评选活动。2016年投票选出的国内外十大天气气候事件主要与超强厄尔尼诺、暴雨洪涝、台风、超级寒潮、高温热浪、雾、霾、干旱等灾害相关①。

(一)国内十大天气气候事件

1.2016年全国降水量为1951年以来最多

2016年(1月1日至12月27日)全国平均降水量729毫米,偏多16%,为1951年以来历史最多,其中江苏、福建、新疆和广东降水量为历史最多。全国主要江河流域降水均偏多,长江流域为1954年以来最多,有206个县市累计降水量超历史极值。全国旱情偏轻,虽有阶段性干旱,但持续时间短、影响范围小、灾害损失轻。

2.2016年全球最强台风“莫兰蒂”重创厦门

9月15日“莫兰蒂”以强台风强度登陆福建厦门,成为2016年登陆中国大陆最强的台风(附图6)。受“莫兰蒂”影响,福建、浙江等地出现暴雨或大暴雨;厦门、泉州等地出现12级以上阵风。福建、浙江因灾死亡(含失踪)36人,直接经济损失160亿元。

① http://www.weather.com.cn/zt/Climateevent_2016_result.html.

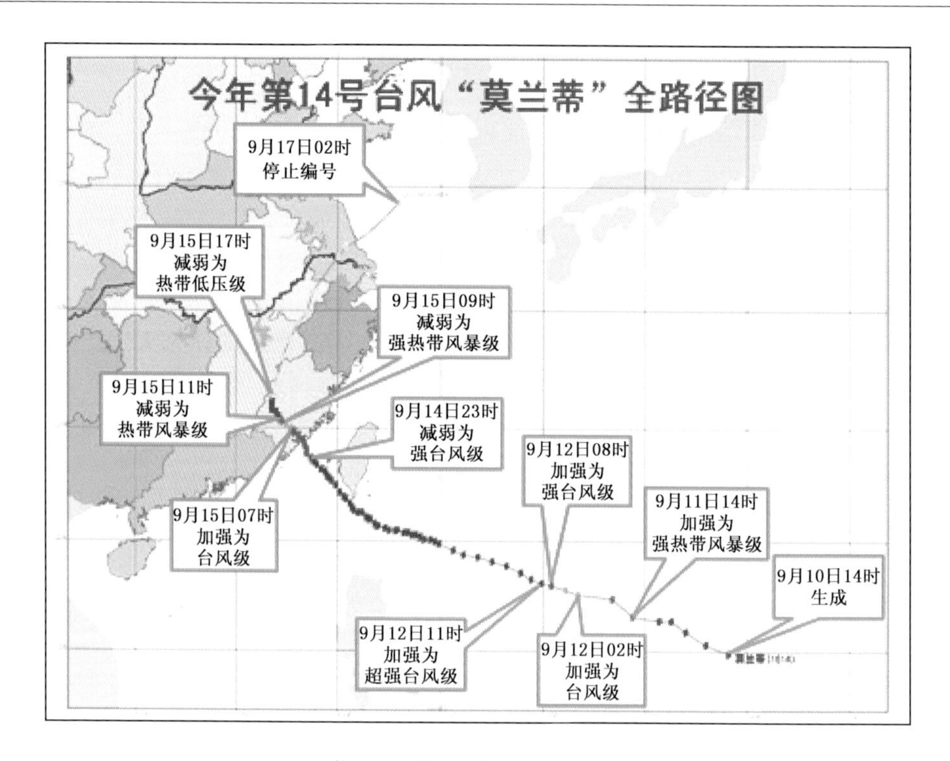

附图 6　台风“莫兰蒂”路径图

3. 超强厄尔尼诺携暴雨高温闯大江南北

受 2015/2016 年超强厄尔尼诺事件影响，2015 年冬季我国南方出现罕见冬汛，2016 年春雨多、入汛早、降水多、暴雨强，南北洪涝并发，长江中下游干流、太湖流域全线超警，暴雨洪涝损失重。近 90 县市日降水量刷新历史记录。夏季全国平均气温创新高，我国中东部地区及新疆 1500 余县市出现不同程度的高温天气，仲夏 2 次持续大范围高温天气笼罩我国大部。

4. “Boss 级”寒潮来袭，广州家中赏雪

1 月 20—25 日，强冷空气自北向南影响我国大部地区。全国过程降温超过 6℃面积达到 786 万千米^2，529 县市过程降温超过 12℃，16 县市超过 18℃。23 站连续降温幅度突破历史极值，67 县(市)日最低气温突破历史极值。24 日，广州出现建国以来首场降雪。此次强冷空气过程造成广东、江苏、浙江等 13 省(区、市)254.3 万人受灾，直接经济损失 12.4 亿元。

5. “暴力梅”致长江中下游全线超警

长江中下游 6 月 19 日入梅，7 月 20 日出梅。其间，长江中下游先后经历 7 次强降水过程，平均降水量达 586 毫米，较常年偏多 1 倍以上，为历史第三多。6 月 30 日至 7 月 6 日，江淮、江汉、江南北部、华南中西部等地遭遇今年最强暴雨袭击，降水量

100毫米以上的面积约65万千米^2，300毫米以上面积约14万千米^2。长江中下游和太湖流域全线超警，江苏、湖北等10余省（区、市）遭受洪涝、风雹、滑坡、泥石流等灾害，直接经济损失超700亿元。

6. 罕见龙卷风发威，重创盐城阜宁

1—10月全国共发生59次大范围强对流天气过程，为2010年以来同期最多。6月23日下午，江苏盐城发生了历史罕见龙卷风冰雹灾害天气。14—15时阜宁县西南部出现大范围8级以上短时大风，最大风速为阜宁新沟镇34.6米/秒，突破历史极值；盐城大部出现强降雨；阜宁县城北出现直径达20～50毫米的冰雹天气。此次过程共造成99人死亡。

7. 汛期44次大范围暴雨致近百城内涝

今年汛期全国共出现44次大范围暴雨过程，20余省（区、市）1600余县市（近7成县市）先后出现暴雨，暴雨洪涝灾害南北多发重发。360余县市达到极端日降水量事件标准，86县市最大日降雨量突破历史极值。强降水导致湖北、江苏、浙江、江西、山西、河北、北京等26个省（区、市）近百城市出现内涝。

8. 全球变暖下我国夏季气温创新高

世界气象组织预计：2016年可能是有记录以来全球平均温度最高的年份。我国夏季平均气温（21.8℃）为1961年以来同期最高，1500余县市日最高气温超过35℃。7月20日至8月2日、8月11—25日我国先后出现两次大范围持续高温天气过程。7月25日高温影响范围最大，35℃以上面积达188万千米^2；8月14日35℃以上高温面积达117万千米^2。高温致上海等地用电负荷屡创新高，对人体健康、南方农作物不利。

9. “7.20”超强暴雨重创华北多地

7月18—20日，华北、黄淮等地出现2016年北方最强降水过程，华北雨季拉开序幕。北京、河北及河南局地降水量为310～680毫米，河北邯郸市局地690～881毫米，北京大兴（242毫米）等22个县（市）日雨量突破历史极值。19日16—17时河北赞皇县嶂石岩雨量达140毫米，是2016年最大小时雨强。强降水致部分地区遭受暴雨洪涝灾害，河北受灾严重。

10. 2016年最强霾过程拉响27城重污染红色预警

12月16—21日，京津冀及周边地区出现大范围持续性霾天气，是今年持续时间最长、影响范围最广、程度最重的霾过程。此次霾过程持续时间长达6天，华北、黄淮及周边共13个省（区、市）受霾影响区域面积达到268万千米^2，其中受重度霾影响区域面积达71万千米^2，石家庄、郑州等地$PM_{2.5}$浓度爆表，最低能见度不足1千米。

（二）国外十大天气气候事件

1. 全球5月送别超强厄尔尼诺，拉尼娜迅速接棒

2015/2016年超强厄尔尼诺事件为1951年以来14次厄尔尼诺事件中历时最

长，累计强度最强和峰值强度最大事件，对全球和中国气候造成了显著影响。超强厄尔尼诺5月结束后，赤道中东太平洋8月进入拉尼娜状态，随后受拉尼娜状态的影响，东南亚多国遭遇严重洪涝灾害，已造成700多人死亡。

2. 莫斯科遭遇80年来3月最大暴雪

3月，气温刚刚转暖的莫斯科迎来了一场强降雪。3月1日晚，大雪席卷全城，当夜降雪量高达26毫米，超过莫斯科月均降雪量的70%，此次降雪是1936年以来莫斯科遇到的最大暴雪。莫斯科市环卫工人进入紧急状态，应对此次强降雪。在降雪最密集时刻，莫斯科街头有6万多名环卫工人和超过1.5万辆除雪车共同清理道路。

3. 非洲多国持续高温干旱，粮食严重短缺

1月至2月上旬，非洲多个国家高温干旱，南非首当其冲，西北各省最高气温连续数天保持在40℃以上，德班市出现45℃高温，打破当地历史记录。厄尔尼诺事件导致过去两年非洲东部和南部降雨急剧减少、干旱增多，从而加剧了粮食短缺问题，导致成百上千万儿童受到饥饿、疾病和缺乏用水的困扰。

4. 北半球多地1月下旬同时遭遇寒流

1月下旬，北半球多地同时遭遇寒流袭击。韩国南部地区出现强降雪天气，济州最大积雪深度达12厘米，为近32年来最大值，最低气温创近40年来新低。冬季风暴“乔纳斯”袭击美国大西洋沿岸中部和美国东北部部分地区，67个城市积雪深度超过2英尺[①]。寒流过程影响范围波及美国20个州，8500万人，共造成42人丧生，万余航班取消。

5. 美国多城遇夺命热浪，创百年最热记录

6月下旬，纽约、费城和华盛顿的气温稳定维持在华氏95～100度(约35～38℃)，但是因为湿度极高，人们的体感温度达38℃以上，25日下午上述地区气温达到百年来最高记录。这是从2013年6月中旬以来，纽约市经历最长的热浪。同时，由于西海岸的炎热干燥天气，南加州的山火已经延烧了3万多英亩[②]。

6. 全球最严重雾霾笼罩新德里

10月，印度新德里的$PM_{2.5}$浓度超出了世界卫生组织(WHO)规定安全标准的10倍。日均$PM_{2.5}$浓度多次超过世界卫生组织发布参考标准的12倍。在全球范围，空气污染每年造成数百万人死亡，其中有62.7万人在印度，主要污染源包括燃煤发电厂、焚烧秸秆、木柴或牛粪取暖和做饭，以及机动车燃烧柴油。

7. 冬季强风暴袭击英国，泰晤士河决堤

2月中旬，受冬季强风暴“伊莫金”的影响，英国连日暴雨，导致泰晤士河水位升至5.6米并出现决堤，引发伦敦市内多处水浸，大量房屋被淹，城市出现一片看海景

---

① 1英尺≈0.3048米。

② 1英亩≈0.4公顷。

观。位于伦敦中部的泰晤士河防洪闸在12日关闭，这条全长520米的防洪闸是全球最大型可移动防洪闸之一，保护着伦敦125千米^{2}地区。

8. 东南亚严重旱灾，湄公河水位创新低

3月，东南亚发生严重旱灾，其中泰国出现半个世纪以来最严重干旱，全国59%的地区出现干旱。越南南部的湄公河三角洲遭受百年来最严重旱情，湄公河水位降至近90年最低。湄公河流域受灾稻田达16万公顷，损失近5万亿越南盾。

9. 加拿大持续高温干旱，森林大火蔓延

5月3日，加拿大西部能源大省艾伯塔省因高温和大风天气发生森林大火，并逐渐蔓延至邻近的萨斯喀彻温省，5日过火面积扩大将近9倍至850千米^2。火灾最为严重的麦克默里堡全市8.8万居民被迫疏散撤离，造成约90亿加元经济损失，成为加拿大史上损失最为惨重的自然灾害。

10. 法国洪水泛滥，巴黎及周边地区“被困”

6月上旬，巴黎塞纳河因连日强降雨，水位暴涨达30年来最高水平。在巴黎及周边地区，共有20多千米的路段受到洪水的直接影响。临近塞纳河岸的卢浮宫、奥赛美术馆、大皇宫美术馆、发现宫和法国国家图书馆临时闭馆，卢浮宫和奥赛美术馆放在地下室的展品被迫紧急疏散。